JN296550

カラーアトラス
最新 ネコの臨床眼科学

朝倉宗一郎　　太田　充治　監訳

文永堂出版

表紙デザイン：中山康子(㈱ワイクリエイティブ)
　原書表紙の眼写真を使用しデザイン

Feline OPHTHALMOLOGY

An Atlas & Text

KEITH C BARNETT
OBE, MA, PhD, BSc, DVOphthal,
FRCVS, DipECVO,
Principal Scientist and Head, Centre for
Small Animal Studies, Animal Health
Trust, Newmarket, UK

SHEILA M CRISPIN
MA, VetMB, BSc, PhD, DVA,
DVOphthal, MRCVS, DipECVO,
Senior Lecturer in Veterinary
Ophthalmology, School of Veterinary
Science, University of Bristol, UK

CONTRIBUTORS

R. DENNIS
MA, VetMB, DVR, MRCVS
Head, Imaging Unit, Centre for Small Animal Studies, Animal Health Trust,
Newmarket, UK

M.C.A. KING
BSc, BVMS, CertVOphthal, MRCVS
Resident in Veterinary Ophthalmology,
University of Bristol, UK

J.R.B. MOULD
BVSc, BA, DVOphthal, MRCVS
Lecturer in Veterinary Ophthalmology,
University of Glasgow, UK

J. SANSOM
BVSc, DVOphthal, MRCVS, DipECVO
Head, Comparative Ophthalmology Unit, Centre for Small Animal Studies, Animal Health Trust,
Newmarket, UK

A.H. SPARKES
BVetMed, PhD, MRCVS
Lecturer in Feline Medicine, School of Veterinary Science,
University of Bristol, UK

© 1998 W. B. Saunders Company Ltd

This book is printed on acid free paper

All rights reserved. No part of this publication may be
reproduced, stored in a retrieval system or transmitted, in any
form or by any means, electronic, mechanical, photocopying or
otherwise, without the prior permission of W. B. Saunders Company Ltd,
24–28 Oval Road, London NW1 7DX, England

監　訳 (敬称略，五十音順)

故・朝倉宗一郎　　姫路キロン動物病院(兵庫県姫路市)
太　田　充　治　　おおた動物病院(岐阜県可児市)

翻　訳 (敬称略，五十音順)

上　岡　尚　民　　うえおか動物病院(広島県広島市)
太　田　充　治　　おおた動物病院(岐阜県可児市)
小　宮　貴　行　　姫路キロン動物病院(兵庫県姫路市)
志　鷹　秀　俊　　アイバリット動物病院(兵庫県神戸市)
高　羽　美　香　子　滝ノ水動物病院(愛知県名古屋市)
瀧　紫　珠　子　　姫路キロン動物病院(兵庫県姫路市)
瀧　本　良　幸　　タキモト動物病院(岡山県倉敷市)
西　　　　　賢　　おんが動物病院(福岡県遠賀郡)

翻 訳 分 担 (敬称略)

序文,謝辞　　太田　充治
1章　　西　　賢
2章　　高羽美香子
3章　　小宮　貴行,太田　充治
4章　　上岡　尚民
5章　　瀧本　良幸
6章　　瀧　紫珠子
7章　　小宮　貴行
8章　　西　　賢
9章　　太田　充治
10章　　上岡　尚民
11章　　高羽美香子
12章　　太田　充治
13章　　瀧　紫珠子
14章　　瀧本　良幸
15章　　志鷹　秀俊
付　録　　高羽美香子

監訳者序文

　近年の小動物診療技術はその教育と検査機器の発展に伴い，著しく向上してきていると感じる。獣医眼科学においてもここ数年の診断・治療技術の向上はめざましいものがある。

　また，最近の小動物診療に関するテキストの刊行も非常に増加してきている。しかしながら，まだ獣医眼科学に関するテキストは充実しているとは言い難い。ここ数年，国内の学会や講演会でも眼科学に関するレクチャーが増えてきているようであるが，ほとんどはイヌを対象としたものであり，しかもその内容は限られた疾患に集中してしまうことは否めない。

　本書はイヌとは全く異なった性質を持ち，イヌとは共通しない多くの特有な眼疾患を持つネコを対象にしたものであり，しかもその内容については，鮮明な写真と最新の情報を盛り込んだものとなっており，本書がこのように早々に日本語版として出版されることは，我々臨床に携わっている獣医師，とりわけ私も含めた獣医眼科学に興味をお持ちの臨床現場の先生方にとって大きな喜びであろうと考える。

　専門医制度のない本邦の獣医診療の現場において，我々は日々あらゆる診療科目の疾患についての診断と治療をこなさなければならない。中でも，眼科診療においては，迅速な治療がその予後を左右するような緊急疾患に遭遇する機会も決して少なくはない。しかし，異常を訴えて来院する動物の眼疾患が，緊急疾患かどうかを正確に判断することは常に容易ではなく，セカンドオピニオンとしての専門医の診察を受けることも決して日常茶飯というわけにはいかない。また，疾患の予後判定をオーナーに充分に説明するためには，豊富な経験と知識が必要である。

　本書はそのような日常の診療現場でクイックリファレンス的に使用でき，さらに後のカンファレンスの場においても参考にしていただけるだけの充分な内容を含んでいると考える。まさに臨床家の座右の書にしていただきたいテキストであると自負している。

　本書の製作にあたって，翻訳を担当していただいた諸先生方はもちろん，おおた動物病院スタッフ小島博美，瀧本泉，中嶋圭子および岐阜大学家畜解剖学教室田中暁子諸氏の多大の助力を得た。また，本書の出版は文永堂出版株式会社社長永井富久氏，編集部松本晶氏の大変なご努力によるものであり，ここに厚く感謝の意を表する。

　最後になったが，大学を卒業したてで眼球の解剖すら満足に説明できなかった私を，この興味深い獣医眼科学の世界に導いてくれ，今回，このような大役を私に託していただいた恩師，故・朝倉宗一郎先生の生前からの多くのお心遣いに感謝すると共に，その絶大なる業績に敬意を表し，改めてご冥福をお祈りする次第である。

　2000年2月　姫路・書写山の深緑を懐かしみつつ

太田　充治

序　文

　『Feline Ophthalmology：An Atras & Text』は，小動物臨床に携わる獣医師および臨床獣医学を学ぶ獣医科の学生のためのものである。愛玩動物としてのネコ飼育頭数が激増した結果，獣医眼科専門医に紹介されてくる患者の数も増加してくるので，我々は獣医眼科医がこの本の有用性を認めてくれることも期待している。我々はこのアトラスがネコ科の動物に興味を持っている科学者，ブリーダーおよびオーナーに対しても気に入ってもらえると信じている。

　ネコの眼の問題の多くはイヌやその他の動物とは非常に異なる。例えば角膜黒色壊死症はネコに独特のものである。これまでに多くの先天性疾患が示されてきたが，生誕時に症状を示したり，生後発達するような疾患のほとんどが現時点では遺伝性が立証されておらず，この点でイヌとは全く異なる。全身性疾患の眼症状はネコでは非常によくみられ，ルーチンな検査は診断のために重要である。例えばネコの眼は，老齢ネコによくみられる全身性高血圧症の影響を特に受けやすく，これは眼底検査によって確信を持って診断することができる。幼ネコにおける神経代謝物蓄積病の診断は，もし角膜や網膜において直接その特徴的な細胞性の蓄積を見ることができたなら容易になる。タウリンやサイアミン欠乏は眼底所見に変化をもたらす。タウリン欠乏による変化は通常診断的価値がある。しかし最も一般的には眼科検査が診断の助けになるのは伝染性疾患で，ネコヘルペスウイルス，ネコ伝染性腹膜炎ウイルス，ネコ白血病ウイルスおよびネコ免疫不全ウイルスといったウイルスや，*Toxoplasma gondii*といった寄生虫，そして温暖な気候の下では様々な酵母菌や真菌が偶発的な原因となる。ネコの新生物は，その他の家畜の新生物と比べるとより侵襲的で，眼および眼付属器が原発性または続発性に病変部に含まれる。新生物の浸潤は炎症性疾患に似ているので，その診断や鑑別診断は注意を要する。

　この本では，初章で検査法を述べ，次に出生後における眼球の発育の章，続いて眼科緊急疾患の認識と基本的な対処法，そして解剖学的な分類による眼球の部位についてそれぞれの章でその特徴と疾患について述べるという体裁にした。各々の章には参考文献を選抜して載せたため，決して内容豊富ではないが，通常は最初の報告を採用し，珍しいものや稀なものについては時には新しい文献や評論も共に掲載した。また本の最後には各々の章の参考文献を補うような副読本のリストを掲載した。我々はこの本の強みはその図譜であると信じており，特に図譜間の相互参照については注意を払った。文章に関しては，我々の先人達の本では臨床症状や診断および鑑別診断について記述してあったが，我々は管理，症状の再発時に行う外科的な処置の詳細についても述べた。器具，先天的異常，遺伝性眼疾患，新生物および全身性疾患についての付録は，この本の本文中の情報の要約として使用できる。

　我々はこの『Atras & Text』が調べることを楽しくしてくれ，ネコという魅惑的な動物の多くの興味ある眼疾患の正確な診断と治療の成功を手助けしてくれると信じている。

謝　辞

　図譜を貸していただいた多くの同僚の先生方に深謝いたします。そしてそのすべてに本文中で感謝の意を述べてあります。特にすべての肉眼的および組織学的解剖写真を提供していただいた John Mould，ならびに眼球の発育過程における超音波測定値や画像診断写真を提供していただいた Ruth Dennis に謝意を表します。我々は，高血圧症のセクションでは Jane Sanson に，神経眼科のセクションでは Andrew Sparkers と Martin King に恩恵を受けました。また，ブリストル大学獣医学部の John Conibear と Tracy Townsent，そして写真を分類し，症例のヒストリーを書き写すという貴重な仕事をしていただいた Animal Health Trust の Penelope Rothoff-Rook に喜んで謝意を表したいと思います。

　最後に，このプロジェクトに興味を持っていただいた Animal Health Trust ならびにブリストル獣医科大学に過去および現在において在籍した，親愛なる同僚たちの激励と貴重な討議，そしてご支援に心から感謝いたします。

目　次

1. 眼球と付属器官の検査 ··· 1
   - はじめに ··· 1
   - 検査器具 ··· 1
   - 器具の使用 ·· 1
   - 眼球および付属器官の検査のプロトコール ·············· 4
   - 診断手技 ··· 6
   - 引用文献 ··· 10

2. 出生後における眼球の発育 ······································· 11
   - はじめに ··· 11
   - 臨床上の発育過程 ·· 11
   - 引用文献 ··· 16

3. 眼科緊急疾患および眼外傷 ····································· 16
   - はじめに ··· 17
   - 突然の盲目 ·· 17
   - 眼窩の外傷 ·· 18
   - 眼球の外傷 ·· 19
   - 眼窩蜂巣炎および球後膿瘍 ·································· 20
   - 眼内炎および全眼球炎 ·· 20
   - 異　物 ··· 21
   - 眼瞼の外傷 ·· 24
   - 結膜の外傷 ·· 25
   - 外膜の外傷 ·· 26
   - 融解性実質壊死（'Melting' ulcers） ··················· 31
   - 角膜の化学的物質による損傷 ································ 32
   - 熱　傷 ··· 32
   - ぶどう膜炎 ·· 32
   - 緑内障 ··· 33
   - 引用文献 ··· 33

4. 眼球および眼窩 ··· 35
   - はじめに ··· 35
   - 眼球および眼窩の生後の発達 ································ 35
   - 先天性異常 ·· 36
   - 新生仔眼炎 ·· 38
   - 眼球癆 ··· 38
   - 眼球突出 ··· 39
   - 眼球脱出 ··· 42
   - 牛　眼 ··· 43
   - 眼球陥入 ··· 43
   - 外傷後の肉腫 ·· 44
   - 引用文献 ··· 44

5. 上眼瞼と下眼瞼 ··· 45
   - はじめに ··· 45
   - 上眼瞼および下眼瞼の異常 ···································· 46
   - 睫毛重生と異所性睫毛 ·· 50
   - 皮膚疾患 ··· 50

　　　　新生物 ··· 54
　　　　引用文献 ··· 56
　6．第3眼瞼 ··· 59
　　　　はじめに ··· 59
　　　　第3眼瞼の疾患 ··· 60
　　　　異　物 ··· 62
　　　　新生物 ··· 62
　　　　第3眼瞼フラップ ·· 64
　　　　引用文献 ··· 64
　7．涙　器 ·· 65
　　　　はじめに ··· 65
　　　　検　査 ··· 65
　　　　涙器の疾病 ·· 66
　　　　涙器の他の疾患 ·· 72
　　　　引用文献 ··· 72
　8．結膜，結膜輪部，上強膜および強膜 ································· 73
　　　　はじめに ··· 73
　　　　結膜疾患 ·· 73
　　　　角膜輪部，上強膜および強膜の疾患 ···························· 83
　　　　引用文献 ··· 86
　9．角　膜 ·· 89
　　　　はじめに ··· 89
　　　　角膜創傷治癒 ··· 90
　　　　角膜の疾患 ·· 90
　　　　引用文献 ··· 109
10．房水および緑内障 ··· 111
　　　　はじめに ··· 111
　　　　先天性異常 ·· 111
　　　　緑内障 ··· 112
　　　　房水の他の症状 ·· 115
　　　　引用文献 ··· 118
11．水晶体 ·· 119
　　　　はじめに ··· 119
　　　　先天性異常 ·· 120
　　　　白内障 ··· 120
　　　　水晶体脱臼 ·· 128
　　　　引用文献 ··· 129
12．ぶどう膜 ··· 131
　　　　はじめに ··· 131
　　　　先天性および早発性異常 ··· 133
　　　　虹彩の後天性異常 ··· 134
　　　　ぶどう膜の新生物 ··· 150
　　　　引用文献 ··· 153
13．　硝子体 ··· 155
　　　　はじめに ··· 155
　　　　先天性異常 ·· 155

引用文献	156
14．眼　底	157
はじめに	157
正常な眼底	158
先天性および早期に発生する異常	164
後天性の眼底疾患	165
網膜変性症	171
炎症性網膜症	177
視神経	177
眼底の新生物	179
引用文献	180
15．神経眼科学	183
はじめに	183
眼疾患のあるネコに対する神経学的検査	183
脳神経の評価	183
姿勢反応	186
対光反射経路	186
眼球の交感神経路	186
神経学的疾患の眼所見	187
引用文献	196
付　録	196
副読本	206
索　引	208

1 眼球と付属器官の検査

はじめに

正確な診断は病歴と検査に基づいている。正常な状態（図1.1～1.3）をよく理解して眼科の検査器具を使用し、眼（眼球）やその付属器官（眼瞼，涙器，眼窩，眼窩周辺）の検査を注意深く行えばより確かな診断ができる。

検査器具

眼科検査に必要な基本的な器具は，ペンライト，いろいろな種類の拡大装置，集光レンズと直像検眼鏡である。スリットランプ（細隙灯顕微鏡）もそろえたい器具の1つであり，高価であるが，基本的な範疇に加えておきたい。器具のことについての詳細は付録Iに書いてある。

この他いろいろな，ディスポーザブルな器具が診断的試験を行うにあたっては必要になってくる，それらも付録Iに列挙している。

器具の使用

集光照明

明るいペンライトは眼球やその付属器官を検査するのに役に立つ光源である（図1.4）。ネコでは隅角の検査が直接，徹照法により検査できる（図1.5）そしてこの方法はこの部分の検査に欠かせないものである。この簡単な隅角検査法はルーチンな隅角検査の必要性が無くなる，そしてこの方法はそんなに難しいものではない（Gelatt, 1991）。

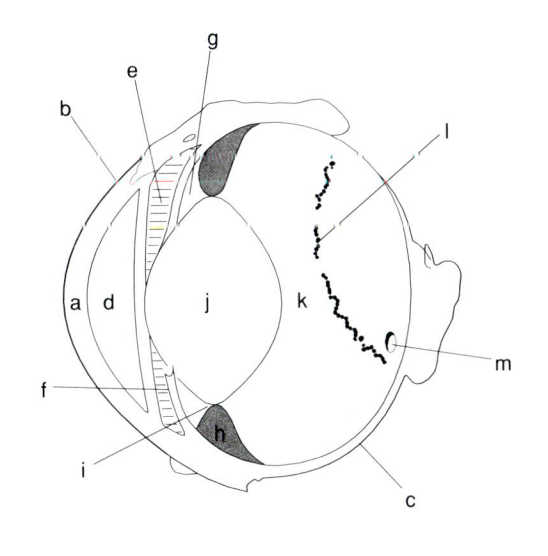

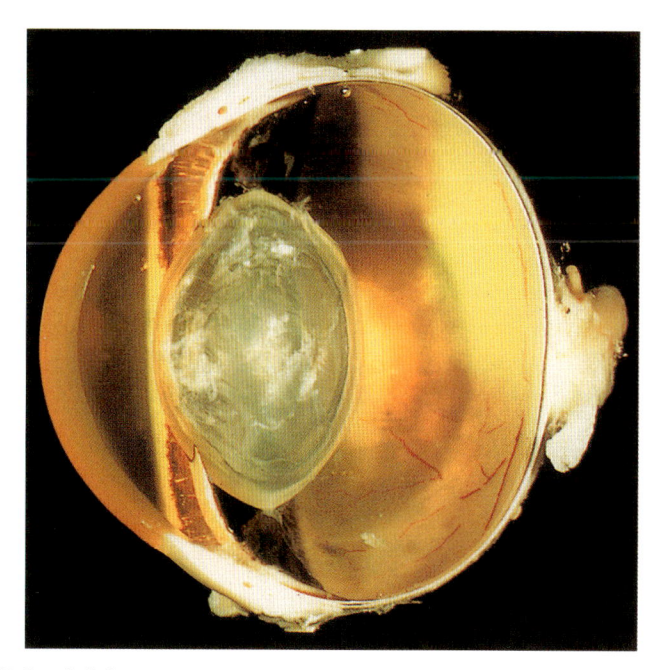

図1.1 ネコの眼球の全体像
a：角膜，b：角膜輪部，c：強膜，d：前眼房，e：隅角，f：虹彩，g：後眼房，h：毛様体，i：チン氏帯，k：硝子体，l：タペタム野とノンタペタム野との結合部，m：タペタム野内の視神経乳頭

図1.2　正常な成ネコ
対照的な顔貌，眼球，虹彩に注意

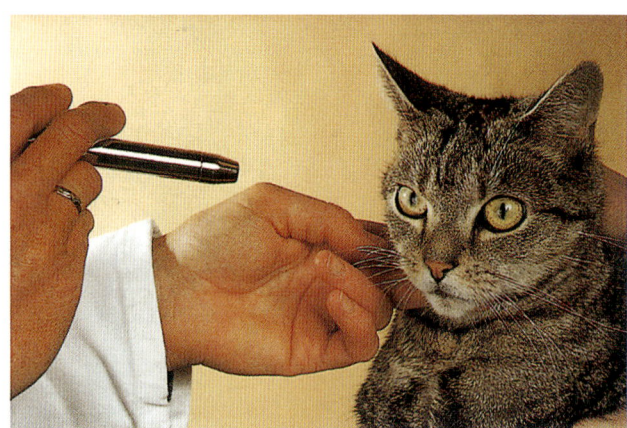

図1.4　ペンライトが眼球とその付属器官検査に使用される。この検査は暗室の中で行い，完全な像を作るためにいろいろな角度から眼球を照らす。

図1.3　正常な成ネコ
眼瞼縁(上下眼瞼，第3眼瞼)がはっきりと見え，色素が濃い。角膜の反射は散乱せずに(カメラのフラッシュ)，眼瞼列のほとんど全域に角膜が認められ，球結膜が横方向に見える(場合による)。虹彩の小虹彩輪と大虹彩輪の境に明瞭な区別はない(第12章参照)，表面の虹彩色素の欠如に関連して，虹彩周囲に大きな動脈輪が見えることもある。

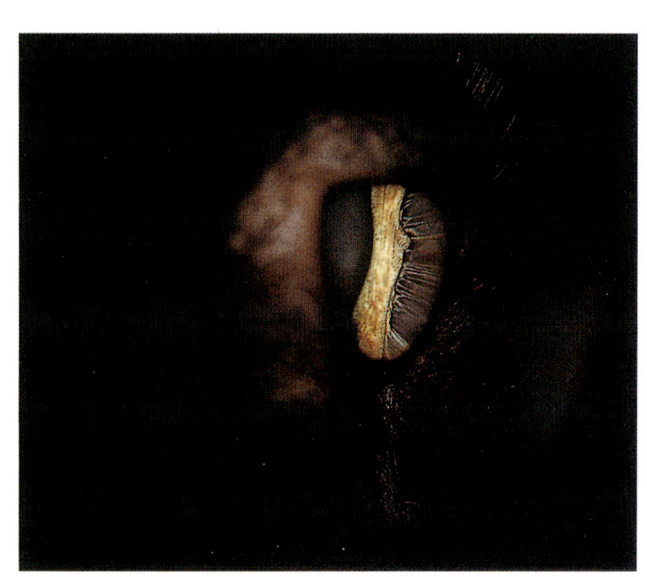

図1.5　ペンライトだけを使って隅角を見ることがネコでは可能である。非常に広く深い，そしてはっきりと虹彩(左)と角膜(右)の隙間に橋渡しをしている櫛状繊維に注意。

拡大鏡

いくつかの拡大鏡が診断治療を行うときに必要になる。これはルーペや，耳鏡のスペキュラをはずしたもの(図1.6)，直像鏡，またはスリットランプがよく使われる。

スリットランプ（細隙灯顕微鏡）

スリットランプは光源部(拡散光とスリット光の光源)と光源と関連して動かすことのできる双眼顕微鏡部から成っている。そしてまず，眼球付属組織や前眼部組織を拡大し

て検査することができるし，それが高い度数(例+90D)の集光レンズを持つものであれば，後眼部組織までも評価できる。ネコでは手持ちタイプ(図1.7)でも，卓上タイプ(図1.8)でもどちらのスリットランプも使用できる。

局所検査

全体の障害，例えば，眼瞼，角膜，前房，虹彩，レンズ，あるいは前部硝子体は拡散光源で検査できる。拡散光をスリット状に細くすれば角膜や水晶体に直接光を斜めから当てて検査できる。

レトロイルミネーション

レトロイルミネーションは，虹彩，レンズ，あるいは眼底からの反射を使い後方から角膜を照らす。小さな角膜の病変がこの方法でわかる。この方法は瞳孔が中程度に散瞳しているときの眼底反射が適している。

倒像鏡検査

この検査法は集光レンズとペンライトを使って簡単に行える（図1.9）。散瞳させた後，レンズを持っている以外の指をネコの頭に軽く乗せてレンズをネコの目から2〜8 cmの位置に保持する。ペンライトは，レンズから50〜80 cm（この距離はネコの目と検者の眼との距離）の所からレンズを通すように照らす。

単眼倒像鏡検査は虚像（すなわち逆向きの像），回転して拡大された像でこの拡大率は使用するレンズの強さによるものを観察する。より精巧で高価な単眼（図1.10）または，双眼（図1.11）倒像鏡が販売されている。

倒像鏡の長所は，広範囲でわかりやすい像が得られ，眼内に混濁があるときにも検査でき，双眼倒像鏡を使えば立体視もできる。

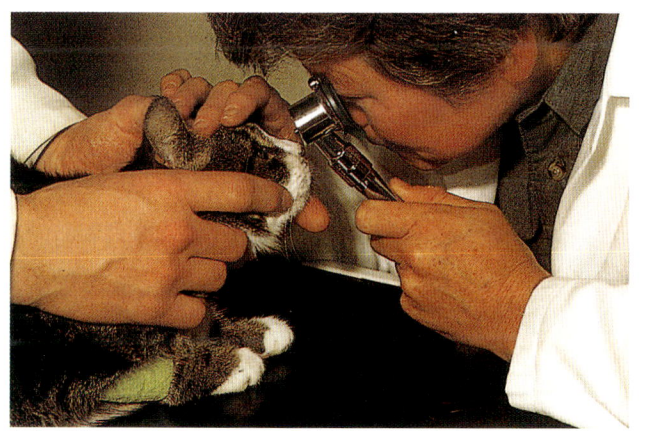

図1.6 スペキュラをはずした耳鏡は簡単な拡大と光源装置になる。この検査も暗室で行うのがよい。

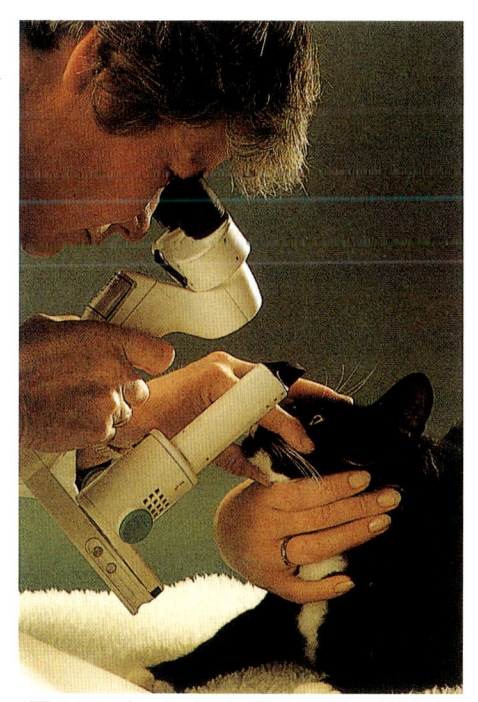

図1.7 ポータブル細隙灯顕微鏡の使用例
このモデル（コーワ SL 14）はネコで使うのに優れている。検査は暗室で行う。

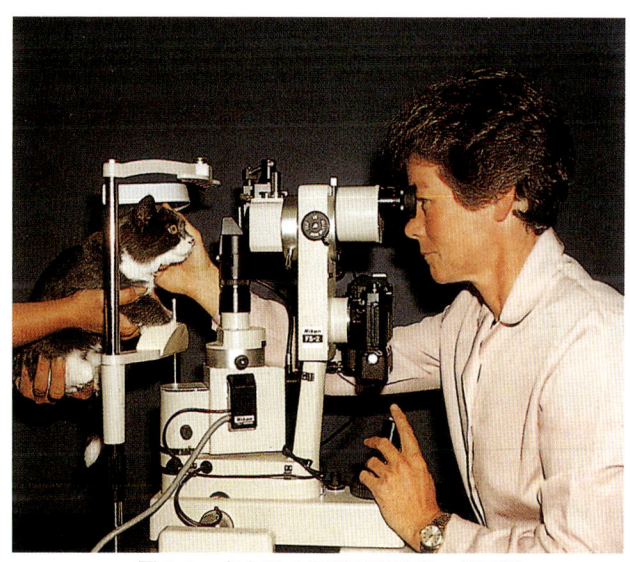

図1.8 卓上用の細隙灯顕微鏡の使用例
ほとんどのネコは検査に耐える。検査は暗室で行う。

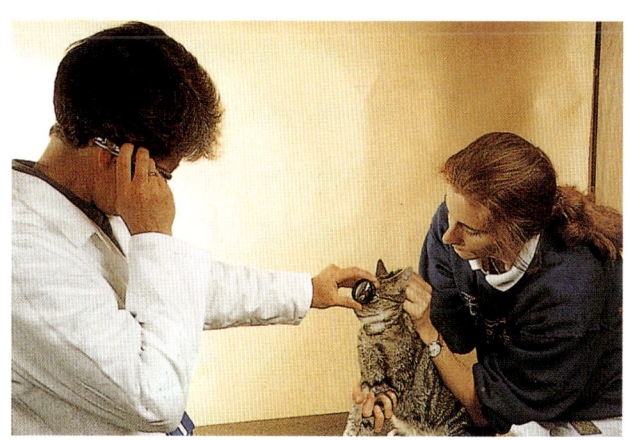

図1.9 単眼倒像鏡検査が28 Dの集光レンズとペンライトで行われている。全ての倒像鏡検査では散瞳処置が必要である。この検査は暗室で行う。検査が正しくできたなら虚像で転倒した像がレンズいっぱいに見える。

遠隔直像鏡検査

　離れた位置からの直像鏡検査は精密検査というよりもむしろ手早いスクリーニング検査として使われている（図1.12）。瞳孔の大きさ形，そして検者と眼底の間のどんな混濁もじっと見ることで発見できる。眼底反射の途中にある混濁（例えば白内障）は影として現れる。検眼鏡の数値を0にあわせ，タペタムや眼底の反射を瞳孔を通して，検者は被検者から腕の長さの間隔をとって検査を行う。

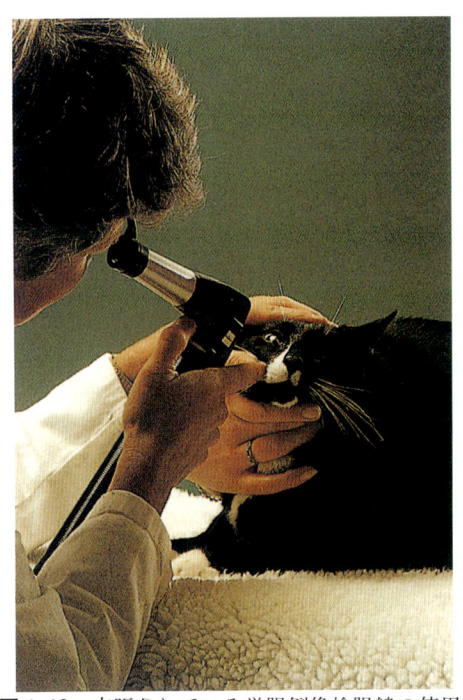

図1.10　市販されている単眼倒像検眼鏡の使用例
　　　　　検査は暗室で散瞳後に行う。

接近した直像鏡検査

　直像鏡検査には可変抵抗器とスイッチ，光源，ビームセレクター（大径のビーム，小径のビーム，スリット光，普通の白色光源の代わりとしての赤色のない光源），凸レンズ（黒色＝＋）と凹レンズ（赤色＝－）がマガジンの中に組み込まれている。検者は直接光を見たい所へ当てて観察できる。直像検眼鏡検査は，実像（言い換えれば直接の像）を見ることができ，15倍の像まで拡大できる。

　直像検眼鏡は眼底検査をする際にもっともよく使われている，そして直像鏡検査は検者の目と患者の目を2 cmの距離に近づけて，0に目盛りをあわせて行われる。最新のハロゲンランプが非常に明るい光源を供給してくれ，検者はon/offスイッチの付いている光量調節器を操作して，光の強度を患者が心地よいレベルに保ち，強い光のために微細な障害も見落とすことがないようにする。この器具は正しい位置で，光が瞳孔を通るように，検者は前もって目と検眼鏡の間の隙間から確認する。検眼鏡を持っている方の手の指は，軽くネコの頭に触れておく。（図1.13および1.14）

　めがねをかけた人にとっても簡単で，検査をするときに，めがねを外して検眼鏡を用意すればよいだけである。このことによりこの器具をより検者の目に近づけることができる。

眼球および付属器官の検査のプロトコール

病　歴

　年齢，種類，性別やワクチンの履歴，現症や以前の健康状態に関する情報を手に入れなければならない。ネコの飼

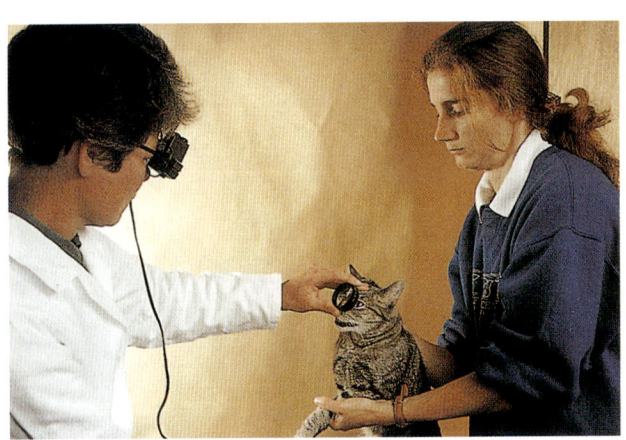

図1.11　双眼倒像鏡検査を立体視の倒像鏡を使用し行っている。検査は暗室で散瞳後に行う。

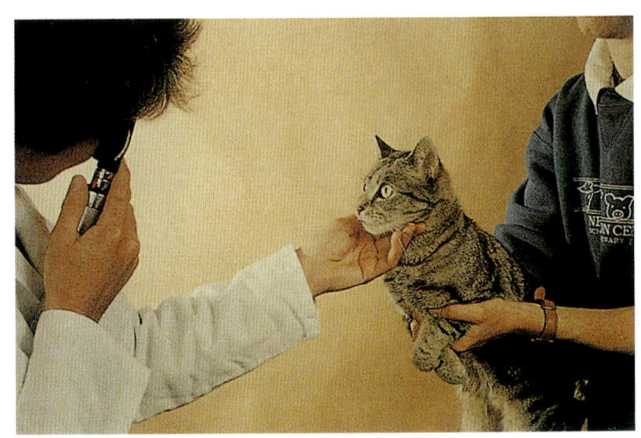

図1.12　遠隔直像鏡検査
　　　　　この検査は暗室で行い散瞳も必要である。

1. 眼球と付属器官の検査

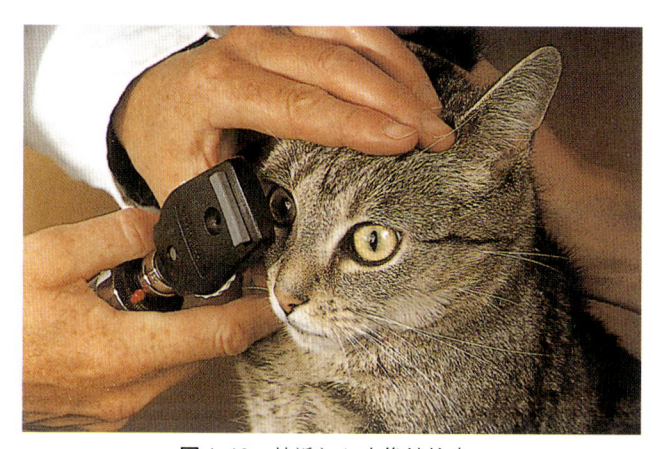

図 1.13　接近した直像鏡検査
この器具は正しい位置で，光が瞳孔を通るように，検者は前もって眼と検眼鏡の隙間から確認する。この検査は暗室で行いわかりやすく検査するためには散瞳が必要である。

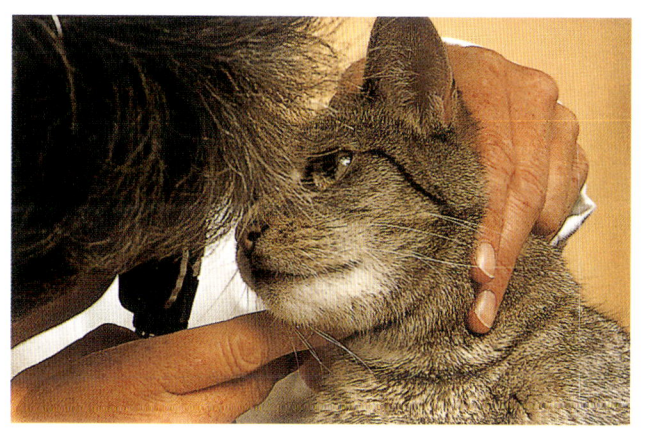

図 1.14　接近した直像鏡検査
検者が眼底を見ているところで，検眼鏡を操作し，4分円の論理的な検査がなされる。指をネコの頭部にあて，器具を確実に保持しているところに注意。

い方や生活様式は患者だけでなく接触し得るネコも含めて，適切に問診する。適切な診断のための手助けとして詳しく病歴を聴取するということはおそらくイヌよりもネコの方が重要である。

検　査：検査は通常，静かで暗室にできる部屋で行われる。そして，眼科一般検査から神経学的検査が行われる（第15章参照）。眼科検査は2つのパートに分けられる。初めは自然光や照明の元で行われる検査で，次は暗室内で行われる検査である。

最初に，ネコを眼における問題点の種類と重症度を調査するために，距離をもって観察する。できるならば，ネコを診察室内で自由にしてみる。このことは，視力の評価をありのままの状態で下せる（光の強度も変えてみる）。

水晶体，硝子体，眼底を詳しく検査するためには，散瞳薬の使用が必要である。これは，イヌに比べ，正常なネコの瞳孔は反応がよく，明るい光に対して瞳孔が円形から細い縦長のスリット状に変形してしまうため，視野が制限されてしまうからである。1%トロピカミドは，選択される薬剤である。

自然光あるいは照明下での検査：一般的に眼球やその付属器官は，片方ずつ検査して比べてみて，お互いに対照である。眼窩に対する眼球の位置は，患者の前からあるいは上から検査される。眼窩骨縁形成不全も視診と触診で検査される。

涙器はこの検査では詳しく評価できないが涙液の生産，分布，排泄異常は症状によってある程度検査できる。上下の涙点の状態と位置は確認できる。瞬きの回数が多いか適当であるかは，涙液フィルムの拡散を調べる経験的な意味を持つものとして注目すべきである。

眼瞼は，上下および内側外側の眼瞼を検査する。上下の眼瞼は眼球に密接しているため眼瞼の内側の検査は容易にできるとは限らない。第3眼瞼の位置も観察する，それは上眼瞼の上から眼球を指で圧迫して第3眼瞼を突出させてからその外側検査を行う。内側の検査はルーチンには行わない。

眼球の表面は，眼瞼縁に始まり，上眼瞼と下眼瞼に広がり，第3眼瞼の表裏を覆い，結膜円蓋，眼球表面へと続く上皮の連続として観察できる。肉眼検査では，眼球表面が正常であるかどうかを調べる。ペンライトは角膜反射が正常であることを確認する（この場合の角膜「反射」とは，ペンライトの光が角膜表面で乱反射することなく，小さく反射されることをいう）。この段階で角膜の感受性のチェックもできる，特に角膜知覚消失が臨床症状の1つとなっている場合（例：ヘルペス性角膜炎）は有効である。これは，綿花の細い毛先を，角膜に触れさせて，正常なネコでは活発な瞬目が見られるという経験的な方法で検査する。もっと正確で確実な方法は角膜知覚計を使用することである。

検査のこの時点でもし散瞳が必要ならば1%トロピカミドを点眼する，散瞳には約15分を必要とする。

暗室検査：暗室検査は妨げになる反射を最小限にでき，眼科検査には必要な部分である。光源と拡大鏡，あるいはスリットランプが必要である。前眼部（レンズを含むそれより前の眼球内の構造）は光源，拡大鏡，またはスリットランプが必要である。

角膜輪部と角膜を最初に検査する。正常なネコでは角膜

輪部は外側方向を除いて眼瞼の下に隠れている。角膜輪部は角膜側に色素の縁があるので通常明確である。

前房は光学上透明である。拡散光よりもスリット光が房水の中の微細な不透明物質を検査するのに使われる。前房の深さはスリット光や明るい光を外側から内側に向かって眼球を横切るように照らすことによって、とても簡単に検査できる。前房は深く隅角の櫛状体が隅角鏡を使わずに見ることができる。

多くのネコで虹彩は、明るい色素が付いている、小虹彩輪（通常暗い）と大虹彩輪（通常明るい）に分ける虹彩捲縮輪は無いこともあり、そのために虹彩は均一の色をしている。色のバリエーションは左右の虹彩や同じ虹彩の部分でも違うことがある。色素の沈着の違いが色の違いを生じさせる（第12章参照）。色素のもっとも少ない状態は、紛れもなくアルビノ虹彩で、それは通常ピンク色をしており、虹彩の厚みはしばしば薄く、光が透けて見えることがある。

成ネコの瞳孔は散瞳時には丸く、縮瞳時には縦長の細いスリット状になる。瞳孔の大きさと形を、散瞳時も縮瞳時も、観察することは大切である。特に瞳孔縁には注意を払う、正常でない時には、後癒着や神経学的な異常が示唆される。瞳孔の対光反射は、神経学的検査の一部として評価される（第15章参照）。

水晶体全体は、散瞳剤を使用しているときにだけ、検査できる。前後の水晶体表面は反射を観察することで検査できるが、それは前囊（凸）後囊（凹）として見える。光源と関連して像が相対的に動く（視差）ので、これらを見分けることは容易である。

眼球後部（水晶体より後ろの構造）はスリットランプ、倒像鏡、直像鏡の器具のうち全部かいくつかを使って検査される。

硝子体前部は、ペンライトかスリットランプを使い簡単に検査できる、そして目に見える濁りがあってはならない。倒像鏡や直像鏡は眼底検査、または硝子体後部の検査に使われる。倒像鏡は広範囲を低倍率で見ることができ、特に眼内の透明度が低下しているときに有効である。直像鏡は、狭い範囲を拡大して見ることができる（Mould, 1993）。

どちらの検眼鏡を使っても、視神経板（乳頭）は、タペタム野の中にあるのだが、最初にそれを探し、その大きさ、形、色を記録しておくべきである。ネコでは、視神経乳頭は通常、無随であるため乳頭は円形である、視神経は篩状板から後方は有髄になる。次に網膜の血管系を特別な注意を払いその数と網膜への分布を検査する。脈絡膜の血管が見えるようであるなら、それらも検査するべきである。よって、例えば背外側、背内側、腹内側、腹外側というように、検者の都合のいいように4分割にした眼底をすべてを検査する。こうしておけば、何か異常があったときに円を4分割した図中に記録するのが簡単にできる。変異、それは臨床上重要であることも無いこともあるが、正常な範疇を理解していなければ正しい判断ができない（第2章および14章参照）。

記　録

眼科検査で見つけたものは、わずかな時間でできるような注釈をつけた図に記録する。写真も特に症状の変化が少ないときなどは役に立つ。正確な記録はネコが検査をする度に続けなければならない。

診断手技

サンプリング法

原因を突きとめるために、スワブや搔爬は有用で（図1.15）、罹患した場所から取らなければならない。サンプリングを結膜や眼瞼から行うときは局所麻酔は必要ないが、角膜のサンプルを取るときには必要である。

正しく培地を選ぶことは重要である、例えばウイルスとクラミジア用輸送培地（VCTM）が、クラミジアやウイルスを分離するには必要で、通常の細菌用培地は不適当である。診断検査を行う前に何か解らないことがあれば、検査センターにサンプルを採取する前に問い合わせた方が賢明である。眼球（結膜や角膜）と喉頭のスワブが、眼球表面に症状の現れている多くのネコで、診断を確立するために要求されることがある（図1.16）。ダクロンあるいは綿花の

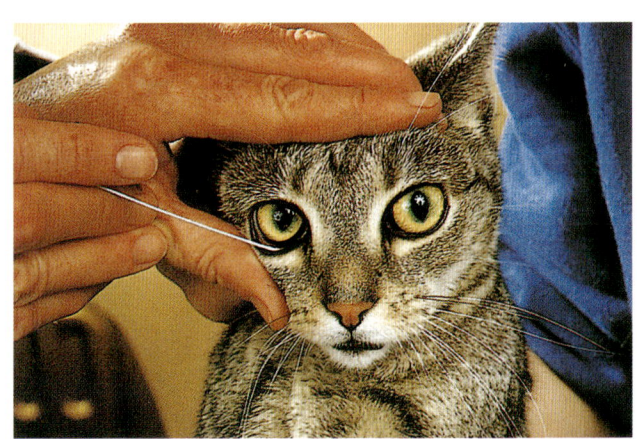

図1.15　結膜スワブが下眼瞼から採取されているところ。

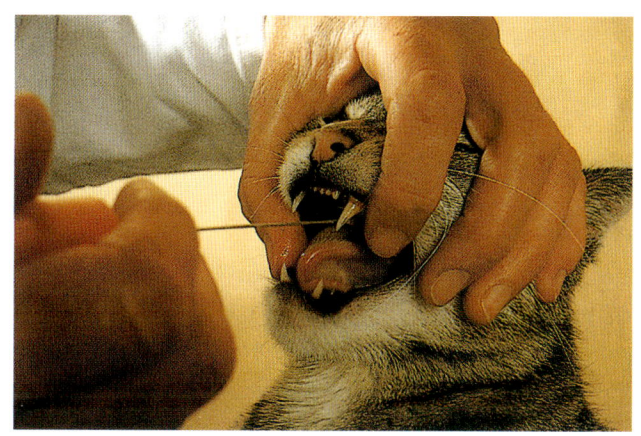

図1.16 喉頭のスワブを取っているところ。

スワブが結膜や角膜の様な場所から表面の細胞を採取するのに古くから使われてきた。しかしサイトブラシのようなほかの器具も細胞を採取、塗布、保護するという意味では勝っている（Bauer et al., 1996；Willis et al., 1997）。

掻爬は、木村のスパーテルやバードパーカー#15の使い捨てメスの刃を使ってする。塗沫は直接きれいな乾いたスライドグラスにして、標本は風乾し、メタノール固定後グラム染色するかまたは、病理組織学者に染色や判読を依頼する。

押捺標本は眼瞼や眼球表面の病変をサンプリングするという意味については有用である。清浄な乾燥したスライドグラスを優しく、しかし確実に病変に押しつける、そして標本は風乾しメタノール固定をする。これらの塗沫標本の判読は難しいため、病理組織学者に依頼した方が確かである。最低2つのスライドを送るべきである。

バイオプシーは局所麻酔（例：塩酸プロキシメタカイン）を施した後に眼瞼や結膜から行われる。1滴の局所麻酔を点眼した後、少しおいて綿花で局所麻酔の効いているところからぬぐい取るのだが、だいたい1分で採取される。もっと広範囲にわたる外科は全身麻酔下において行われるが、局所麻酔を補助的に使うと役立つ。針生検（針による吸引）や外科的切除によってもサンプルを採取でき、そしてすぐに固定液に入れなければならない。固定液の量は少なくとも標本の10倍は必要である。中性緩衝液での標準的な脱水は、通常の顕微鏡検査や免疫学的な組織検査の時に使われる。グルタラールアルデヒド（2.5％，0.1Mのカコジル酸緩衝液）は電子顕微鏡検査に使われる。

角膜生検は、まれな場合（真菌性角膜炎が疑われるとき）に必要になる。全身麻酔が必要で、マイクロサージェリー用のメスや、使い捨ての皮膚用トレパンを使い、浸潤している角膜実質を生検する。組織は直接スライドグラスの上に押捺標本として圧迫する。

房水や、硝子体の吸引は治療と検査の間に位置することで、あまり行わないが、診断を確実にするためや熱帯や亜熱帯の真菌性疾患の治療のために必要ならば行われる。

局所眼科染色

フルオレスセイン塩はオレンジ色であるが、アルカリの中（例：正常の角膜涙液フィルムと接触）では緑色に染まる。それは主として角膜潰瘍（図1.17）の検査に使われ、露出された親水性の角膜実質に速やかに吸収される（第3章および9章参照）。フルオレスセインは脂肪の豊富な角膜上皮細胞やデスメ膜は染めない。フルオレスセインは他の検査の後に行わなければならない（例：シルマーティアテスト、培養感受性試験のための採取）、というのも、染色液がある種の検査の妨げになるからである（Silva Curiel et al., 1991）。短冊形の紙に染み込ませたものや、1回分の入ったバイアルが使われ、ふつう試験紙や溶液を下眼瞼の結膜囊内に付け、瞬きをさせて角膜表面に撹拌させる。少量の減菌生理食塩水が十分な水分を供給し、余分な染色液を角膜表面から流すために使用される。小さな染色されたものは、青い光源を使って検査できる。

フルオレスセインは角膜の障害や修復に続く房水の流出の検査（サイデルテスト）（図1.18）や、涙液の鼻涙管からの排泄試験にも使用される（後述）。

ローズベンガルは赤色に染まり、角膜表面や涙液フィルムの異常を調べるのに使用される。それはルーチンの染色

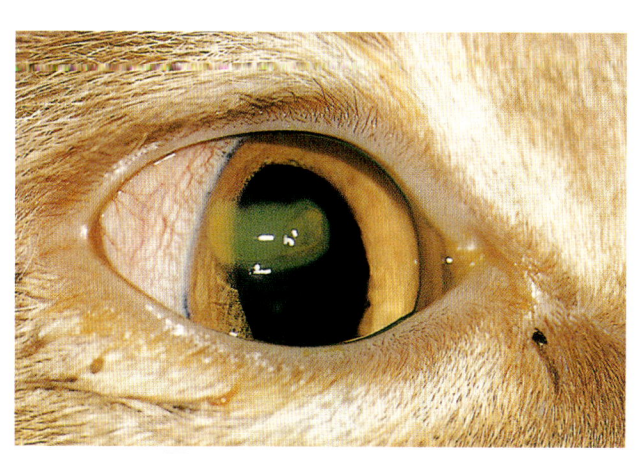

図1.17 11か月齢の在来短毛種
上層性角膜潰瘍（原因はネコに引っかかれた）がフルオレスセインにより染色された。1本の異所性睫毛が下眼瞼中央部にあり偶然見つかった。図3.25のルーズな角膜表層フラップをはずした後の図も参照

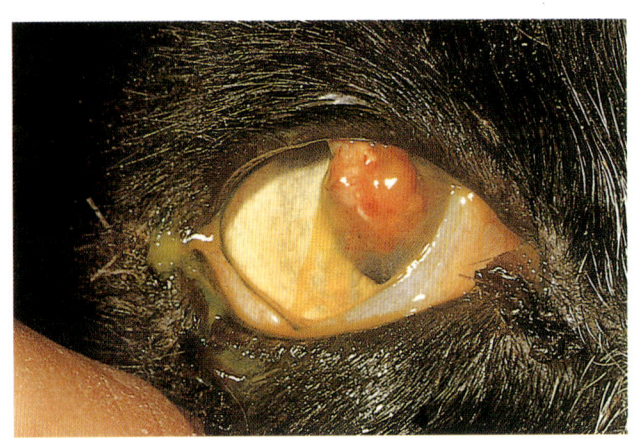

図1.18 ザイデルテスト
房水が，結膜弁を被覆したにもかかわらず角膜穿孔部から漏れている。およそ7時の位置にきれいな房水の流れがフルオレスセインと共に見られる。

としては使われない。なぜなら眼球刺激が強く，角膜や結膜からの病原の分離を阻害するからである。

シルマーティアテスト

シルマーIティアテストは水性涙液の分泌を検査する上でもっとも使用される方法である。検査は知覚的に行われる，涙液分泌の低下を防ぐためネコは鎮静しない，それでもその値はしばしばイヌの値よりも低く得られる。局所麻酔剤はシルマーIティアテスト（SST I）では使用しない，そのためそれは刺激（反射）による涙液分泌を測定していることになる。正常なネコでは平均値はおよそ12 mm（±5）/min である。シルマーIIティアテスト（SST II）は基礎になる分泌量を測定する，そしてそれは局所点眼麻酔を行った後に検査される。この検査での平均値はおよそ10 mm（±5）/min である。両検査での値の幅は広い，76頭のネコを使ったある検査でのシルマーIIティアテストの測定値の範囲は1～33 mm で，12か月齢以下のネコの得られた検査値は12か月齢以上のものよりは明らかに低かった（Waters, 1994）。一般的に，8 mm/min よりも低値の時は，特に異常な眼症状があるときや左右のSST測定値に差があるときなどは，疑いを持たなければならない。繰り返し測定値が5 mm以下であり，他の眼症状（第7章参照）を伴っていれば，涙液の分泌の欠如が示唆される，臨床的には明らかに乾性角結膜炎である。

この検査は商品化されているテストペーパーを使用するが，それは長さ60 mm 以下で先端から5 mmの所に切り込みが付いている。試験紙は切り込みの所で折り曲げる，この作業は指の油で試験紙が汚染されないように，包装の中で行う。試験紙は結膜嚢の中に挿入する（図1.19）。試験紙は1分後に取り外され，測定値は，ミリメートル単位で，切り込みからの長さを迅速に読みとる。

鼻涙管排泄試験

上下の涙点は内眼角から約2 mmの眼瞼縁に小さな開口部として存在する。それらは直接検査できるが，眼瞼内眼角縁がわずかに巻き込んでいれば，イヌのそれよりも見つけにくい。涙器の排泄部は，涙点，涙小管，涙嚢，鼻涙管から成っている。排泄管は涙骨を通り，上顎骨の内側表面に沿って，鼻腔へ至る。最初の検査は涙点の望診による。それらの様子，大きさ，位置を検査する，低倍のルーペが役に立つ。

涙管が開放しているかどうかを検査するには，フルオレスセインを下結膜嚢に滴下して行われる。滴下したフルオレスセインは同側の鼻孔に正常なネコの50％で1～10分で現れる（図1.20）。残りの50％の正常ネコではフルオレスセインは出てこない。現れたものでは明白であるが，現れなかったからといって排泄管が閉塞しているとは言い切れない。実際にフルオレスセインがしばしば咽喉の後ろで見つかることがある。両側を検査しなければならないが，計測時間を間違わないようにしなければならない。培養や同定をしなければいけないときには，フルオレスセインによる検査は通常除外される。

培養同定を必要とする標本は，上涙点から涙小管へカニューレやカテーテルを挿入し滅菌した水で洗い流して採取する。鼻涙管のカニューレは多様である（図1.21）。すべての検査や治療手技は排泄管への障害をさけるために全身

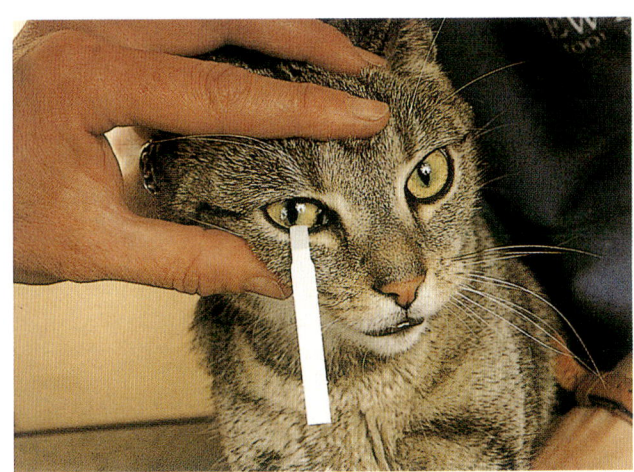

図1.19 シルマーティアテストペーパーが涙液生産の検査で使用されている。

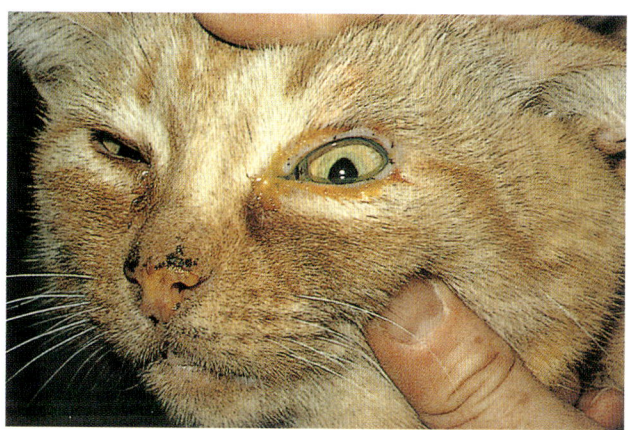

図1.20 フルオレセインが左眼に適応された後，適応側の鼻孔より排泄されている。

麻酔下で行った方がよい。喉頭は湿った，柔らかいガーゼで包まれ，洗浄液を誤嚥しないように頭を下にして保定する。

排泄が正常だということを確かめたり，うまくいかない場合に再度排泄を確かめたりするときには，決まった手順に従って行う。指で鼻涙管を塞ぐために涙嚢の上を押さえる，そして滅菌した水か生理食塩水を25ゲージの涙管洗浄針で上涙点と涙小管を通して注入する。銀の涙管洗浄針がプラスチックのカニューレに比べ傷を付けにくく，また再滅菌して使うことができるという点で最も満足のいくものである。液体はとても弱い力で注入し，下涙点にはすぐ現れる。いったんここまでできれば，下涙点と涙小管を指で閉塞させると，液体は鼻涙管を通過して，同側の鼻孔に注入後，僅かな時間で現れる。培養のための標本は（好気性または嫌気性培養）鼻孔から出てきたものを採取する。

排泄管の開放がはっきりと確認できなかったならば，細いカテーテルやモノフィラメントのナイロン糸を使用して一方の涙点を経由して排泄管を通すこともある。このときカテーテルやナイロン糸は医原性の障害をさけるために滑らかで丸みを帯びているようにする。

鼻涙管造影法はヨード系の造影剤を使用して鼻涙管を描写する方法である。単純撮影（通常はラテラルで開口位）を行い，つぎに上下どちらかの涙点と涙小管にカニューレを通し，2〜3 mmの造影剤を注入した後撮影される。

眼圧測定

眼圧測定というのは眼内圧を計ることである。MacKay-Margの電子圧平式眼圧計がネコに使用するのに最も正確な間接型の装置である。ProTonやTon-Pen（またはTono-PenXL）の様なポータブルな眼圧計もそれなりに正確である。しかしTono-Penは眼圧の読みが低い傾向にある。ProTonやTono-Pen眼圧計はまだ生産されているが，MacKay-Margの眼圧計は中古で時々売られているが，もはや手に入らない。Schiotzの圧入式眼圧計も使用でき，人用の換算表を使用するとより正確である。

鎮静をしてないネコでの眼圧の正常範囲は，Mackay-Marg眼圧計で測定したときには，22.2±5.2 mmHgとされている，これに関連してSchiotzの眼圧計の測定値を人の表での換算したものでは平均21.6 mmHgで，Tono-penでは統計的に明らかに低く平均20.2 mmHgであった（Miller and Picket, 1992）。

局所点眼麻酔（塩酸プロキシメタカイン）が眼圧測定に先立って使用され，鎮静や全身麻酔は眼圧に影響するので，使用しないようにするべきである。

画像診断法

多くの画像診断法が利用できるが，これらは後の章（第2章および4章参照）でも簡単に述べる。

X線検査は骨に異常があるときやX線不透過性の異物があるときなどは有効である，しかし眼球や眼窩の軟部組織の異常の診断的価値は制限される。

眼球の超音波画像診断法（Aモード，Bモード両方）はネコにおいて軟部組織の画像診断としては最も価値があり，7.5と10 Mzの間の高周波数のものが最も良い。この方法は意識のあるネコに行われ，全身麻酔は通常必要でない。超音波画像診断法は生物学的測定においても使用され

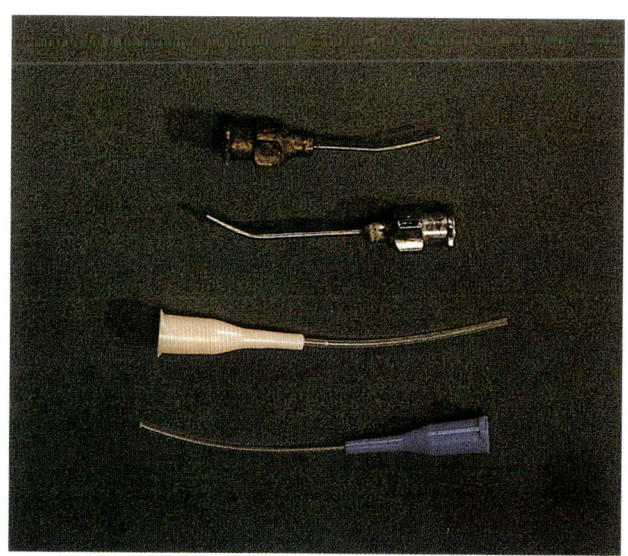

図1.21 いろいろな金属製やプラスチック製の涙管洗浄針

る，また曇ったり濁った眼球の評価の手助けとして，眼球や眼窩内の異物の特定に使用される。眼内や眼窩の領域をしめる病変の検査にも使用されるが，その組織が本来のものかどうかの区別や，炎症か新生物であるかの区別は難しいこともある。

　コンピューター断層診断法（CT）は，眼球，眼窩，頭蓋内の病変を検査したり見つけだすのに有効である，ネコでは眼窩の新生物の評価に使用されている（Calia et al.，1994）。

　磁気共鳴画像診断法（MRI）は今できる画像診断法の中では最もよい。それは眼球，眼窩，頭蓋内の構造を見事に描写する。空間と軟部組織の優れた分析が，場所を占めている病変を正確に描出してくれる。手術の計画には必要であろう（Ramsey et al.，1994）。MRIはいくつかの専門病院で受けることができる。

引用文献

Bauer GA, Speiss BM, Lutz H (1996) Exfoliative cytology of conjunctiva and cornea in domestic animals: A comparison of four collecting techniques. *Veterinary and Comparative Ophthalmology* 6: 181–186.

Calia CM, Kirschner SE, Baer KE, Stefanacci JD (1994) The use of computed tomography scan for the evaluation of orbital disease in cats and dogs. *Veterinary and Comparative Ophthalmology* 4: 24–30.

Gelatt KN (1991) Ophthalmic examination and diagnostic procedures. In: Gelatt, KN (ed.), *Veterinary Ophthalmology*, 2nd edn, p. 195–235. Lea and Febiger, Philadelphia.

Miller PE, Pickett JP (1992) Comparison of human and canine tonometry conversion tables in clinically normal cats. *Journal of the American Veterinary Medical Association* 201: 1017–1020.

Mould JRB (1993) The right ophthalmoscope for you? *In Practice* 15: 2, 73–76.

Ramsey DT, Gerding PA, Losonsky JM, Kuriashkin IV, Clarkson RD (1994) Comparative value of diagnostic imaging techniques in a cat with exophthalmos. *Veterinary and Comparative Ophthalmology* 4: 198–202.

da Silva Curiel JMA, Nasisse MP, Hook RR, Wilson HW, Collins BK, Mandell CP (1991) Topical fluorescein dye: Effects on immunofluorescent antibody test for feline herpes keratoconjunctivitis. *Progress in Veterinary and Comparative Ophthalmology* 1: 99–104.

Waters L (1994) The Schirmer II tear test in cats. In: *Clinical Research Abstracts*. British Small Animal Veterinary Association.

Willis M, Bounous DI, Hirsh S, Kaswan R, Stiles J, Martin C, Rakich P, Roberts W (1997) Conjunctival brush cytology: evaluation of a new cytological collection technique in dogs and cats with a comparison to conjunctival scraping. Veterinary and Comparative Ophthalmology 7: 74–81.

2 出生後における眼球の発育

はじめに

ネコの眼球の出生後における眼球の発育に関する臨床的な記載は極めて少ないが，実際にはネコの新生仔の眼異常は稀なものではなく，遺伝的眼疾患を含む多くの先天性異常が報告されている．本章では個々の仔ネコおよび同腹仔の仔ネコにおける眼球と眼底の発育過程を写真で示しながら説明する．

臨床上の発育過程

出生時には眼瞼は外耳道と同様に閉鎖している（図2.1）．開瞼時期はさまざまで5日齢で大きく開瞼しているものもあれば，7日で内眼角から部分的に開くもの（図2.2）や，1週間たっても全く閉鎖しているものもある．このような差異は同腹の仔ネコ間にもみられるし，1匹の仔ネコの2眼の間においてもみられることがある．開瞼時には通常浮腫性の軽度な角膜混濁があり，このため前眼部や後眼部が精査しにくい時期がある．

7～10日齢では瞳孔全域を覆う微細な線維状の血管として瞳孔膜がみられるが（図2.3），同時に灰青色の虹彩表面には赤い細血管が観察される．したがってこの時期には，眼底および眼底反射は実際は灰色がかった淡紅色であるが，精査することは不可能である．10日齢で角膜は透明となり（図2.4），瞳孔の対光反射は弱いが良好に反応する．この時期には瞳孔膜の残渣が瞳孔領を横切るようにして依然とし

図2.2 眼瞼が内眼角側から開いている（生後7日目）．

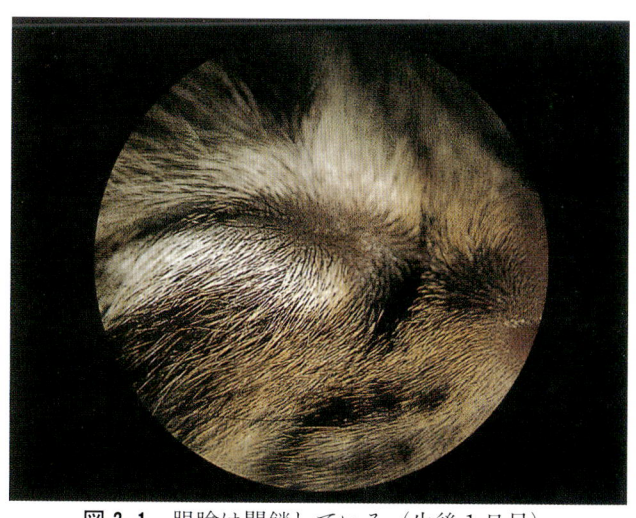

図2.1 眼瞼は閉鎖している（生後1日目）．

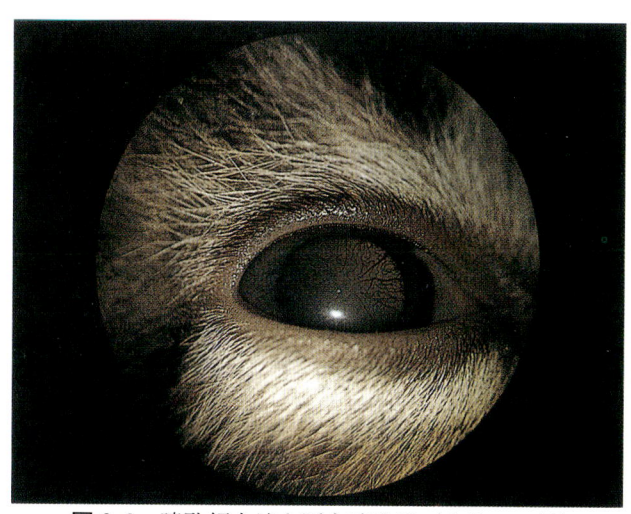

図2.3 瞳孔領全域を覆う瞳孔膜（生後7日目）

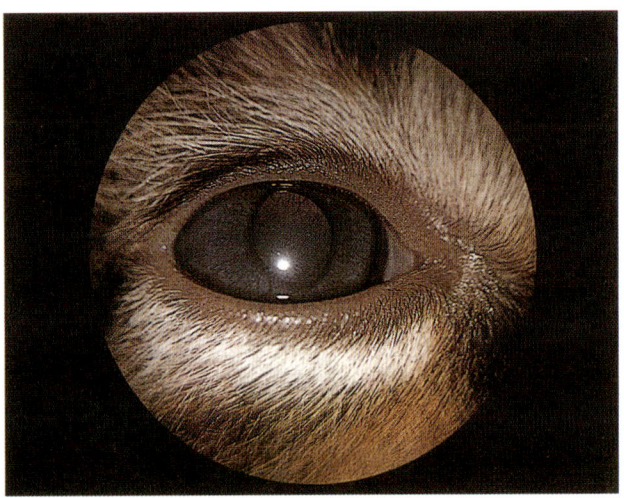

図2.4 透明な角膜と虹彩表面の微細血管に注目（生後10日目）。

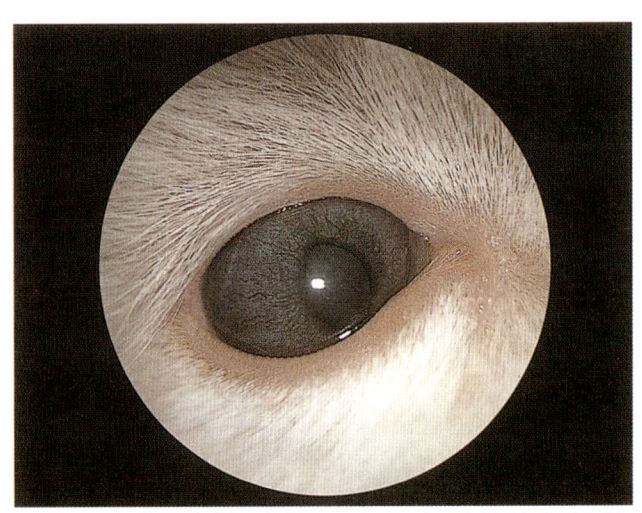

図2.6 虹彩の色調の変化と虹彩表面の血管所見（生後14日目）

図2.5 虹彩表面に隆起した血管と瞳孔膜の残渣が依然として観察される（生後10日目）。

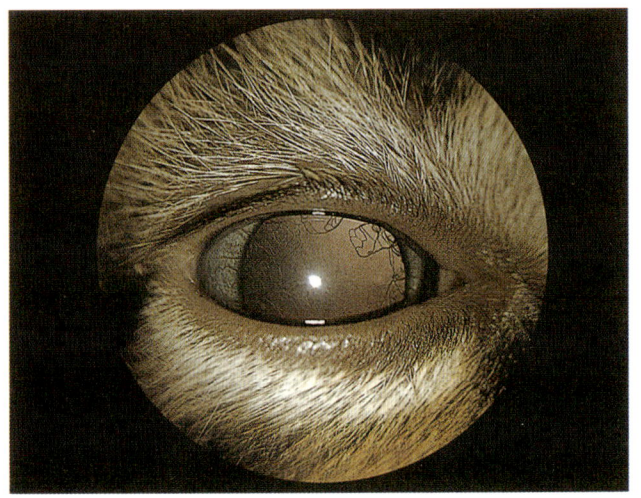

図2.7 瞳孔膜は消退しているが、捲縮輪から水晶体表面にかけて微細な血管が依然として認められる（生後14日目）。

て存在するし、虹彩表面の血管網もかなり明瞭である（図2.5）。

14日齢では虹彩表面の血管分布が明らかに減少し、色調も濃いブルー色が消えていく（図2.6）。その後瞳孔膜の吸収は一段と進むが、前水晶体血管膜の小さなループが虹彩中央部（捲縮輪）から水晶体表面に向かって伸びている血管と共に観察される（図2.7）。その後瞳孔膜の吸収が一段と進み（図2.8）、散瞳させると開いた瞳孔の辺縁で水晶体につながる細い血管残渣がみられるようになる。しかしこの時期には後水晶体血管膜はしっかりと残っており（図2.9）、硝子体動脈残渣と共に観察される。この時点で眼底は観察可能となり、青みがかった灰白色のタペタム領域と暗黒色のノンタペタム領域（図2.10）が識別できるし、上方にはかすかに脈絡膜血管が観察されるようになる（図2.11）。

3週齢に達すると虹彩表面にみられた血管はもはやみられなくなり、ほとんど成ネコの虹彩所見となる（図2.12）。瞳孔を散瞳させると若干の後水晶体血管膜の残渣がみられるし（図2.13）、1～2本程度の前水晶体血管膜の残渣がみられることもある。また眼底では発育中の典型的なタペタムカラーである薄紫色となってくる（図2.14）。

生後1か月齢になると虹彩の色調は更に変化してほとんど成ネコの虹彩に近い金属色（図2.15）となるが、一方では後水晶体血管膜が微細な残渣として残っている（図

2. 出生後における眼球の発育

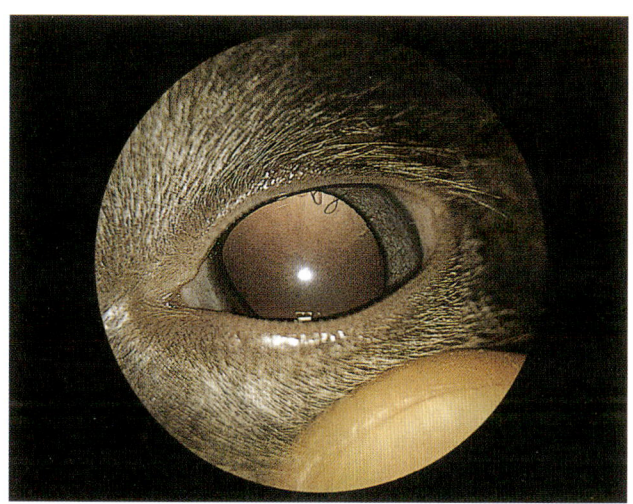

図 2.8　瞳孔膜が一段と変性した所見（生後 14 日目）。図 2.7 および 2.8 は同じ親から生まれた仔ネコを 14 日目に比較したものである。

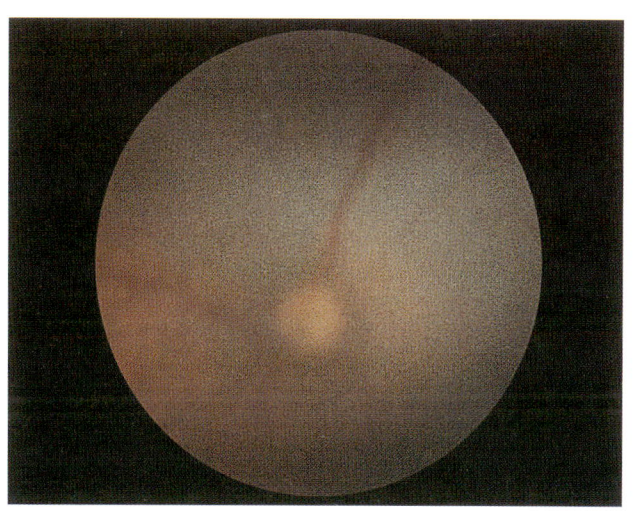

図 2.10　タペタムおよびノンタペタム領域の早期における差異を示す眼底所見（生後 14 日目）

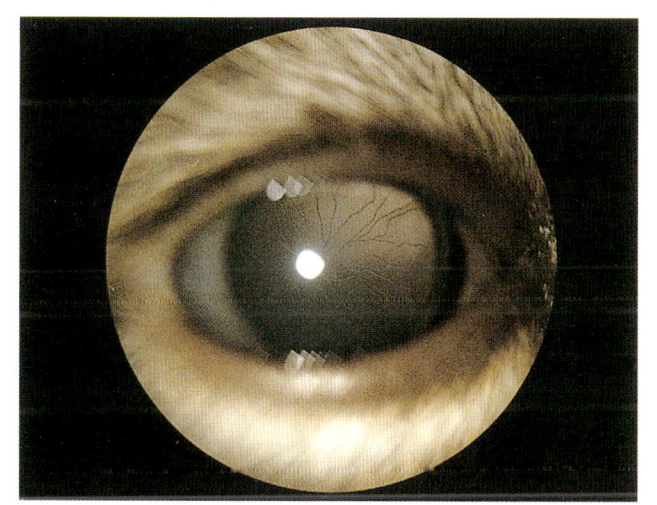

図 2.9　後部水晶体血管膜の所見（生後 14 日目）

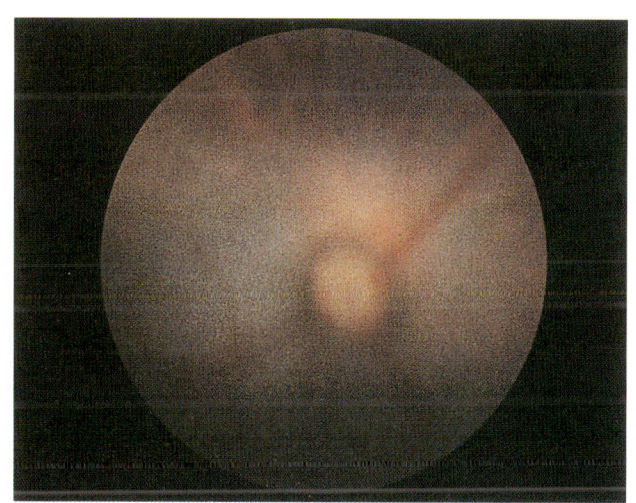

図 2.11　図 2.10 と同日齢の対眼の眼底所見　脈絡膜血管が上方にみられることに注目（生後 14 日目）。

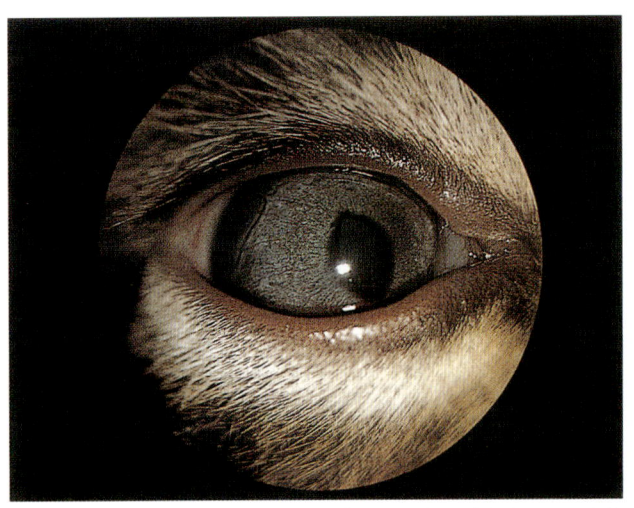

図 2.12 さらに変化した虹彩表面の所見（生後 21 日目）

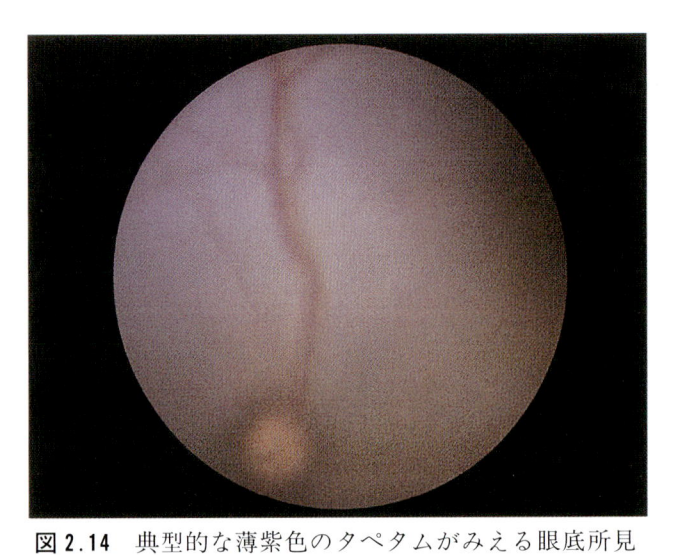

図 2.14 典型的な薄紫色のタペタムがみえる眼底所見（生後 21 日目）
視神経乳頭上にかぶさるように硝子体動脈の残渣がみられることに注目。

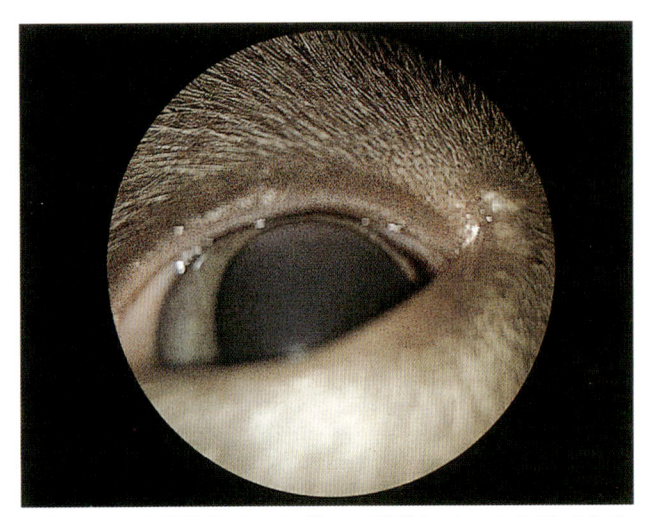

図 2.13 水晶体後面にわずかに遺残している血管（生後 21 日目）

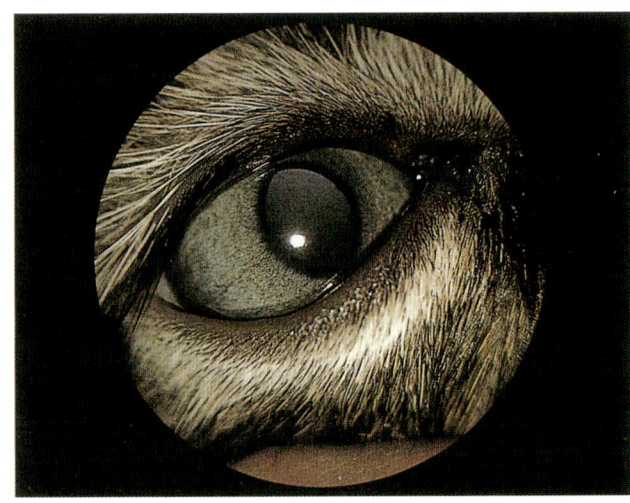

図 2.15 成ネコのように虹彩表面が金属色に変化した所見（生後 28 日目）

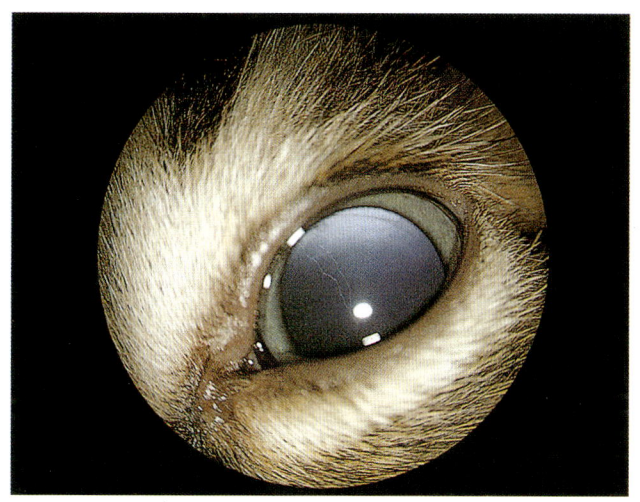

図 2.16 わずかに残った水晶体後面の血管残渣がみえる（生後 28 日目）。

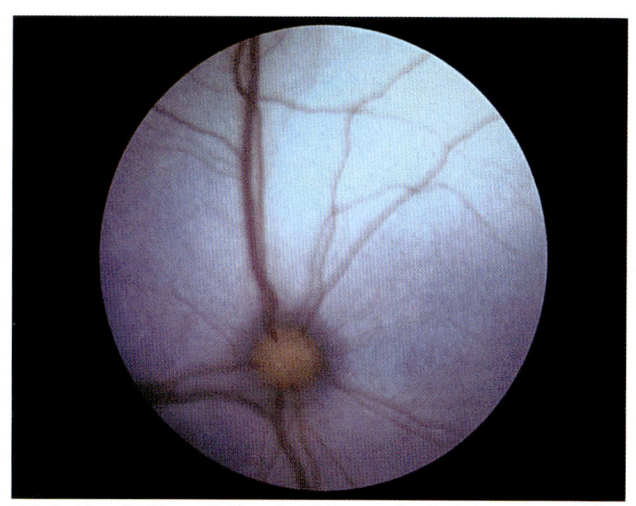

図 2.18 初期のアダルトグリーンを示すタペタム所見（生後 42 日目）

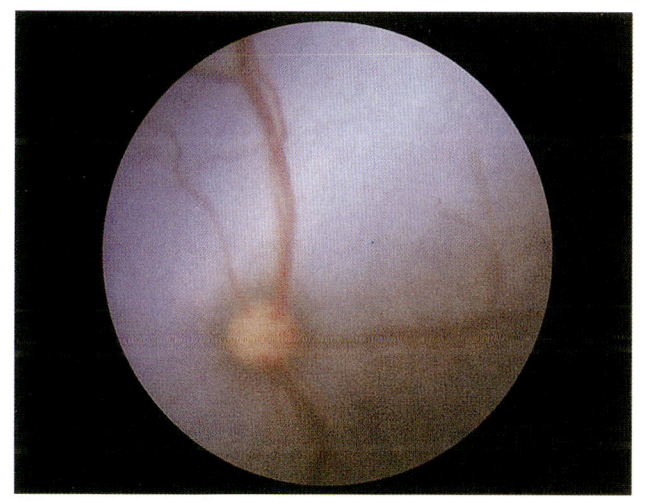

図 2.17 動脈と静脈がはっきりと区別できる眼底所見（生後 28 日目）

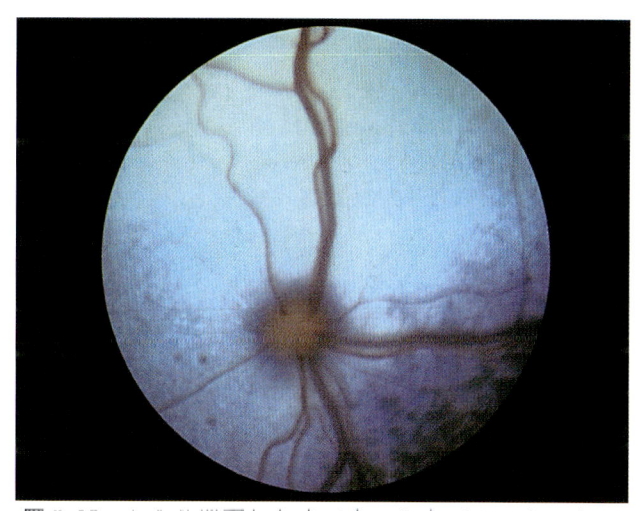

図 2.19 かなり発育したタペタムおよびノンタペタム領域の所見（生後 56 日目。8 週齢）

2.16）。この時期に眼底はタペタムとノンタペタム部分にはっきりと分けられるが，タペタムの色調は依然として薄紫色であり，網膜の血管は動脈と静脈が一段と明確になる（図 2.17）。

6 週齢時の眼底（図 2.18：これは図 2.10 と同じ仔ネコのもの）では成ネコ時のグリーンのタペタムの初期色となっている。8 週齢（図 2.19：図 2.17 と同じ仔ネコの眼底）ではタペタム全域がグリーンとなり，ノンタペタム領域には強い色素沈着がみられるようになる。この日齢に達するともはや水晶体血管膜はみられなくなるし，かつて眼底にみられた脈絡膜血管がもはやみられなくなっている。

10 週齢になるとタペタム領域は上縁からノンタペタムとの境界に向かってイエロー・グリーン・ブルーと変化してみえる（図 2.20）。また 3 か月齢（図 2.21：これは図 2.10 および 2.18 と同一の仔ネコのものである）になるとこれらのタペタムの色調は一段と明確になってくる。6 か月齢（図 2.22）では大略成ネコの所見と一致し，1 歳に達した時点での正常な眼底所見（図 2.23）とほとんど差異がないことが解る。

生れつき外斜視のある仔ネコについての報告（Glage, 1995）によれば，この症状は開瞼直後にはっきりと解るが，2 か月以内に正常にもどる，ということである。しかし本症は，同腹の複数の仔ネコで出生後眼球の発育過程に発生したという報告はない。

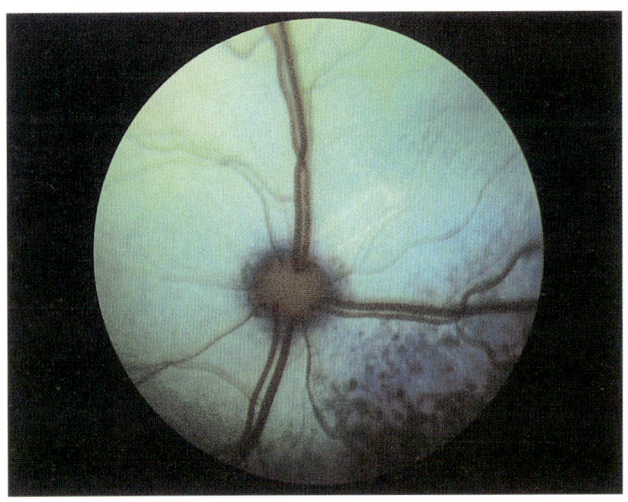

図 2.20 イエロー・グリーン・ブルーカラーを示すタペタム領域（生後70日目。10週齢）

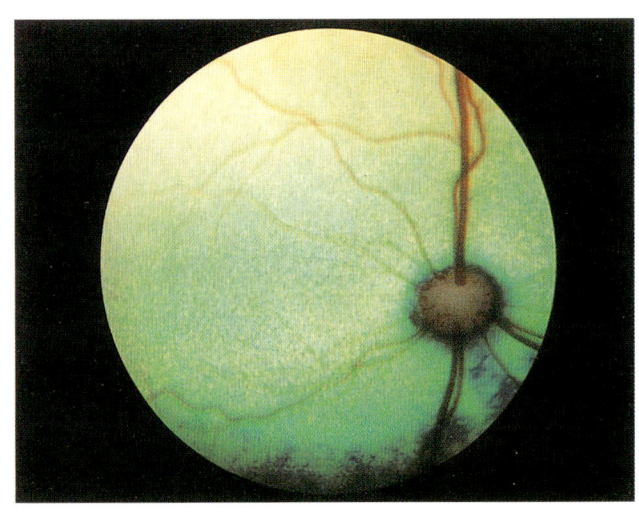

図 2.23 成ネコの眼底像（生後1年目）

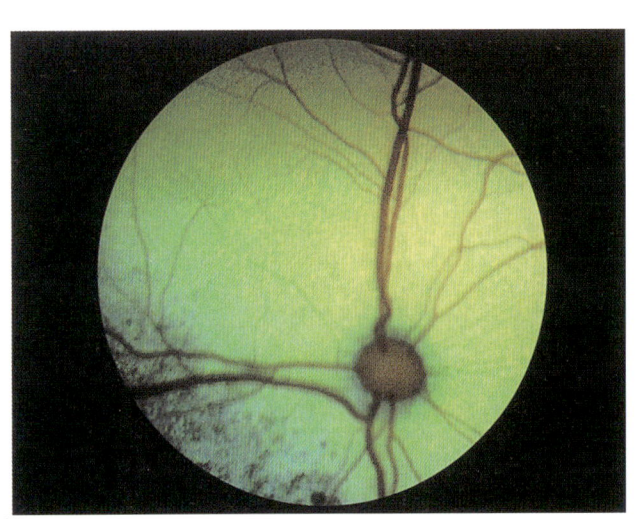

図 2.21 眼底領域が一段と発育した所見（生後3か月目）

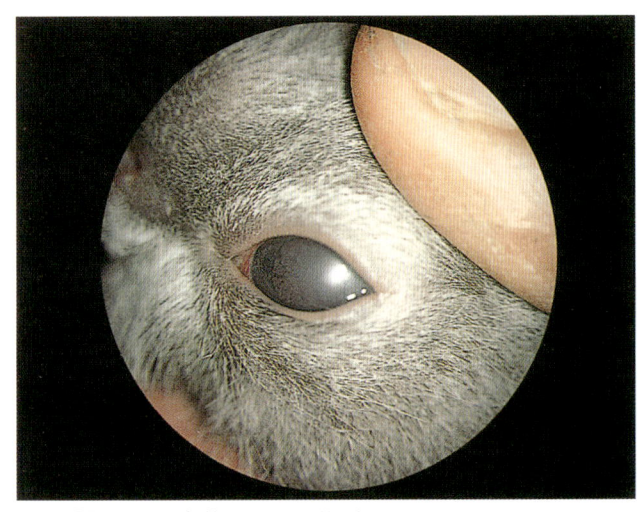

図 2.24 生後2日目で開瞼している仔ネコの眼所見　角膜浮腫がみられることに注目。

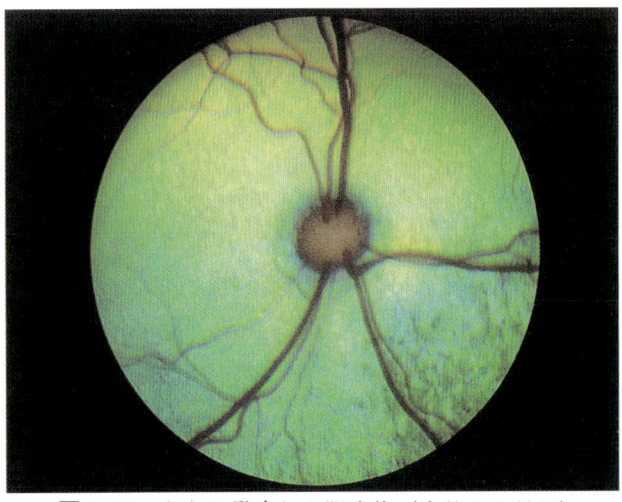

図 2.22 さらに発育した眼底像（生後6か月目）

極めて稀なことではあるが，出生時にすでに眼瞼が開いていることがあり，そのような症例では角膜浮腫のために検眼が困難である（図2.24）。

出生後の眼球と眼窩領域の発育過程は，Bモード超音波診断装置による計測を第4章に記載する。

引用文献

Glaze MB (1995) In Hoskins, JD (ed.), *Veterinary Pediatrics – Dogs and Cats from Birth to Six Months*, 2nd edn, p. 310. W.B. Saunders Co., Philadelphia.

3 眼科緊急疾患および眼外傷

はじめに

　眼科緊急疾患は，迅速な処置がその予後を決定するような状況であると定義付けられる。注意深い患者の評価が必要とされる（Morgan, 1982；Roberts, 1985）。もし最初の検査時におきている問題の真の程度が確信できなければ，直ちに専門医の助言を求めるのが賢明である。

　眼およびその付属器の外傷においては，通常獣医師の迅速な手当てが必要であるが，ここで強調したいことは，十分な設備や器具が利用できない時には，たとえ処置が遅れても専門的な総合施設に紹介した方が賢明であるということである。

突然の盲目

　突然の視力の喪失（第12, 13, 14および15章参照）は，片眼性にも両眼性にもおこり（図3.1），瞳孔対光反射は完全に正常な場合もあり，異常な場合もある。その原因は外傷，炎症，新生物（Davidson et al., 1991a），血管障害，高血圧症および低酸素症と非常に多くの可能性がある。片眼性の場合では，瞳孔不同（第15章参照）あるいは眼内出血といった症状にオーナーが実際に気づかなければ診察する機会はほとんどない。突然の盲目と徐々におこる盲目は区別すべきで，すでに冒されているネコが慣れない環境におかれた時に，オーナーはしばしば急性に視力を喪失したものだと思い込むが，臨床検査において長期症状であることが明らかになる場合がある。

急性の片眼性の盲目：多くの場合，片眼の眼内出血，視神経を含んだ（牽引および抜去）眼の外傷性損傷，視神経炎，網膜剥離，そしてさらにまれであるがぶどう膜炎に続発しておこる。まれではあるがこれらの例では両眼性に発展する可能性もある。罹患した側の瞳孔は通常散大するが，脳疾患および外傷ではにおいては例外もある。

急性の両眼性の盲目：これは頭部外傷に続発して，あるいは全身麻酔中またはその後の低酸素および炭酸過剰や心停止の合併症としておこる。冒された動物では通常盲目を示すが，瞳孔反応は正常であろう。しかし再度述べるが，脳疾患（外傷も含む）では例外もある。外傷性脳損傷は視力に障害を与えると同様に，瞳孔の外観や反応も変化させる。臨床症状はこの本の範疇を越えるものとなるが，Griffiths（1987）によって評価されている。

片眼性あるいは両眼性の盲目：片眼性あるいは両眼性の盲目においてよくみられる原因の1つは全身性の高血圧症である（第14章参照）。原発性および続発性の両方のタイプの網膜剥離や眼内出血を伴うことがある。

対処法

- 適切な処置を施すためには，緊急事態として原因を究明すべきである。
- 高血圧症は治療可能な病態である。高血圧症で失明状態にある例では，緊急に血圧を正常域まで戻す（平均

図3.1　14歳齢の在来短毛種の去勢済みオス
突然の視覚の喪失を呈している。このネコは高血圧症で，眼科検査により両眼の網膜剥離と眼内出血が認められた。視力は以前から時折疑わしかった。

収縮期圧を 180 mmHg 以下にすること)。救急処置としてはニトロプルシッドナトリウムを使用する (Henik, 1997)。
- 治療不可能なその他のタイプの盲目もあるが，確実に防ぐことは可能である。ネコの眼球摘出手術は，視交叉を通して他眼の視神経を不当な牽引状態にしてしまうことがあり，その結果盲目を引きおこす(第14章参照)。注意深い非侵襲的な手術をすれば，この非常に望ましくない合併症は避けられるであろう。
- 麻酔事故に対しては予防的な措置を施す。特に麻酔中やネコが十分に意識を取り戻すまでの回復期は，適切なモニタリングが必要である (Clark and Hall, 1990)。意識のない動物の生活機能の問題に対して，救急蘇生の一般原則(気道，呼吸，循環の確保)が施され，同様に大脳浮腫に対する処置も必要である(後述参照)。麻酔に関係した事変であると認められようとそうでなかろうと，意識のあるネコに明らかな盲目が認められるという不幸な状況にある場合，緊急に行うことは低酸素性の脳損傷に続いておきる大脳浮腫を軽減してやることで，全身的なコルチコステロイド(例：コハク酸メチルプレドニゾロンナトリウム 30 mg/kg i/v) および利尿剤 (例：最初に 20%マンニトール 0.25～1.0 g/kg i/v, 続いてフロセミド 0.7 mg/kg i/v または i/m を 15 分後に) を使用して治療する。十分にあるいは全く正常に視覚を回復するものもあれば，盲目のままということもある。
- その他の原因の急性の盲目に対する治療の成功には，原因の確認と除去が必要である。視神経炎および球後視神経炎では，対症療法としてプレドニゾロンを経口投与 (1～2 mg/kg 5 日間それ以後漸減) して，その間に病因 (例：ウイルス感染，第12章参照) を調べる。

眼窩の外傷

貫通性および鈍性の損傷 (第4章参照) が眼窩の外傷の原因となりうる (図3.2)。ネコではイヌと違って眼窩裂溝の部位にある上顎動脈から内部血管網が発生している。それ故時として出血はこの部分からおこる。

損傷の程度を見極めるために注意深い身体検査が必要で，特に疼痛，腫脹，出血，眼球の位置，顔面の対称性の消失やその他の欠陥，鼻出血，捻髪音，皮下あるいは眼窩の気腫に注目する(wolfer and Grahn, 1995)。眼窩周囲洞の問題は通常最後に現れる。頭蓋骨のX線検査が，その骨

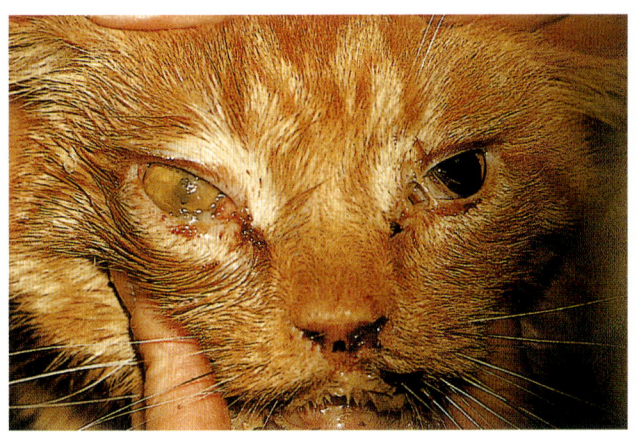

図 3.2 在来短毛種，約8歳齢の去勢済みオス
車による交通事故の結果，頭部に広範囲の外傷がみられた。眼窩と眼球の損傷に加えて，下顎骨結合部と上顎骨の骨折，硬口蓋の損傷，皮膚の裂傷および鼻出血がみられた。右眼の軽度の突出があり，瞳孔は縮瞳して第7脳神経の損傷により，涙液の低下と兎眼性角膜症がみられた。左眼の瞳孔は大きく散大し，こちらの眼は失明していた。

折を確認するのに有用な場合があり，斜め方向からの撮影が最も役に立つ。超音波画像診断といった画像診断法も障害の程度を確かめようとしたり，遺物が残存していないかを確認するのには価値がある。

対処法

- 眼窩出血が重度の場合は眼球が突出するため，圧迫のためと兎眼性角膜症による角膜損傷を避けるための両方の目的で緊急に瞼板縫合が必要となる。適当な点眼剤で眼球を十分潤滑にして 4/0 シルクで 2～3 箇所の水平縫合をした後，眼球自体に直接圧がかからないように眼瞼を持ち上げて眼球上に被せる。時として外眼角切開が必要になることもある。これらの症例では出血は非常に広汎で，ドレナージは不可能であり，もしも下顎洞が損傷を受けていると鈍性のゾンデも問題を悪化させる可能性があるので注意すべきである。
- 骨折部位でひどく変位があったり，骨片が腐骨分離をおこしていたり，異物による汚染がおこっている場合に限って眼窩の外科手術が必要になる。
- 全身的な抗生物質，抗炎症剤および全身的な鎮痛剤を組み合わせて投与する必要がある。角膜および結膜の乾燥を防ぐために，点眼の潤滑剤あるいは抗生物質のゲルを使用することが望ましい。角膜を保護するために治療用ソフトコンタクトレンズ，瞬膜フラップあるいは一時的な瞼板縫合も必要となるかもしれない。

眼球の外傷

ネコのほとんどの品種において，眼球は深い眼窩内にあるが，角膜だけは比較的突出している（第4章参照）。外傷性眼球突出（図4.29）は，その眼窩の解剖学的構造からもわかるように，イヌよりもネコにおいては少なく，それがおこった場合は視力の予後は悪い（Gilger et al., 1995）。貫通性の創傷はけんか傷の結果として比較的よくみられ（後述参照），これに対して鈍性の眼の外傷は珍しいが，眼球に対するダメージは大きい。どちらのタイプの損傷も評価は困難で，特に著明な角膜浮腫や眼内出血がおこっているとさらに困難になる（図3.3および3.4）。診断のアプローチ法については，眼窩の外傷のところですでに述べてある（前述参照）。超音波画像診断法は眼球の損傷（例：網膜剥離や眼球の外膜の分裂）の程度を知るには役立つであろう。貫通創や鈍性損傷に続いておこった広範囲な眼内出血の場合は常に，視覚の予後には注意を要する。

眼外傷でおこりうる合併症は多く，例えば水晶体破裂，白内障形成あるいは網膜浮腫，網膜出血，網膜裂孔，網膜剥離，眼球の外膜全層の分裂，視神経の損傷および眼内出血といった後眼部の損傷（図3.4～3.6）など，眼球を失うものから視覚に様々な影響を及ぼすものまでが考えられる。受傷した時点で行う眼底検査を含めた眼の検査は，予後判定やその後におこる合併症を理解するのに有用であろう。しかしながら，ここでその重要性を強調したいのは，受傷直後では眼は正常な様子を示すかもしれないが，網膜，脈絡膜および視神経にその後におこる退行性変化を発見するために後々の検査の必要があるということである。

対処法

- もし外傷性眼球突出がおこったら，眼窩の外傷のところで述べたように，眼球を元の状態に整復する（第4章も参照）。
- 鈍性外傷は，全身的および局所的な抗生物質，全身的および局所的な抗炎症剤，そして全身的な鎮痛剤を組み合わせて投与し，対症療法的に治療する。鈍性外傷の後には一般的にぶどう膜炎を発症するので，散瞳剤

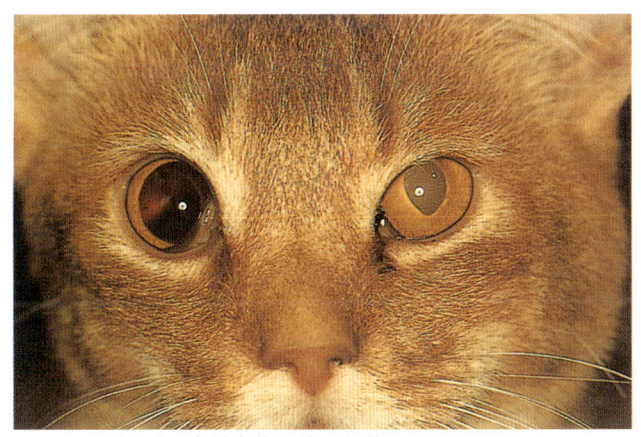

図3.3 交通事故に遭った若いアビシニアン
右眼の瞳孔は散大し，硝子体内に眼内出血が明らかにみられる。基本的な検眼鏡検査では眼内の損傷の程度を把握することは不可能であった。画像診断法の適応となり，超音波画像診断で網膜剥離が示唆された。

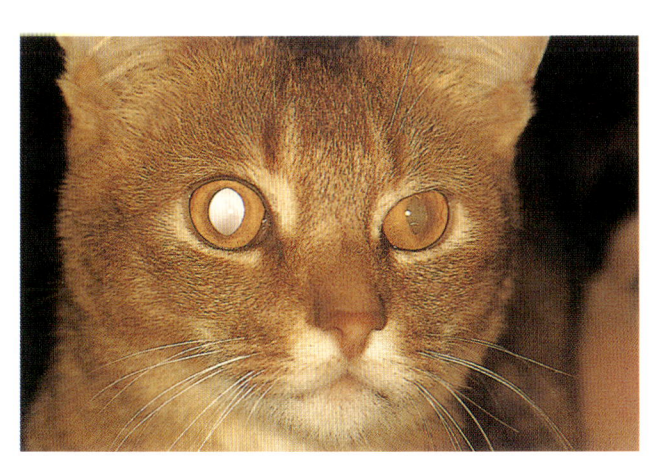

図3.4 図3.3に示したものと同じネコの8か月後の所見
右眼の動向は散瞳したままで，現在は眼科検査により網膜剥離がわかるようになり，失明はしているものの眼内出血は吸収され，外観上の様相はほぼ完璧である。

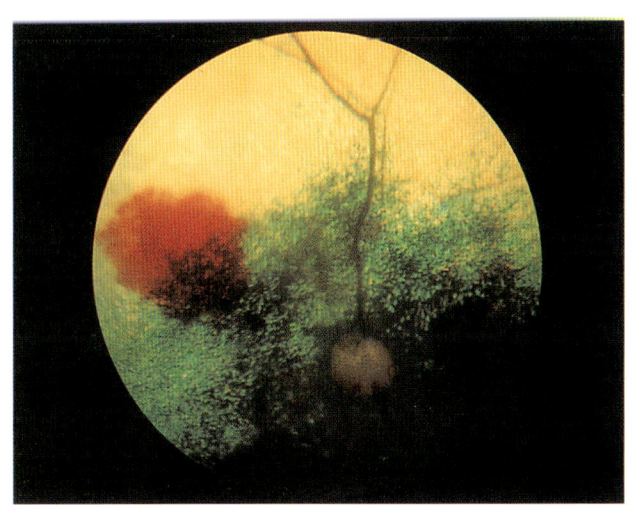

図3.5 1歳齢の在来短毛種の去勢済みオス
外傷による網膜出血がみられる。

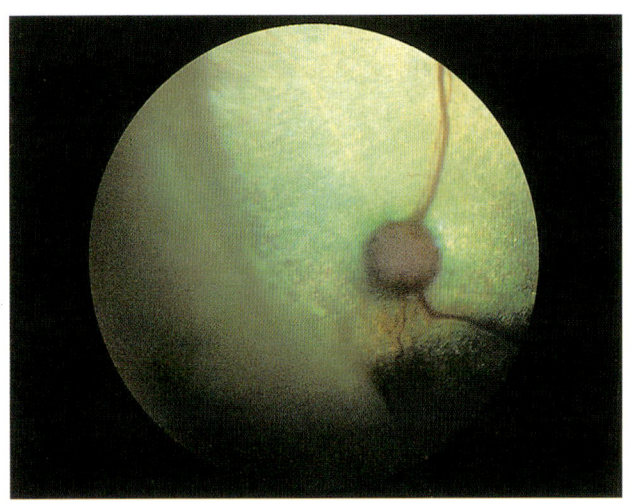

図 3.6 1歳齢の在来短毛種の避妊済みメス
眼の鈍性外傷による大きな網膜裂孔および網膜剥離。また，剥離した網膜の網膜血管と視神経の腹側（下方）の網膜血管からの小さな出血もみられる。

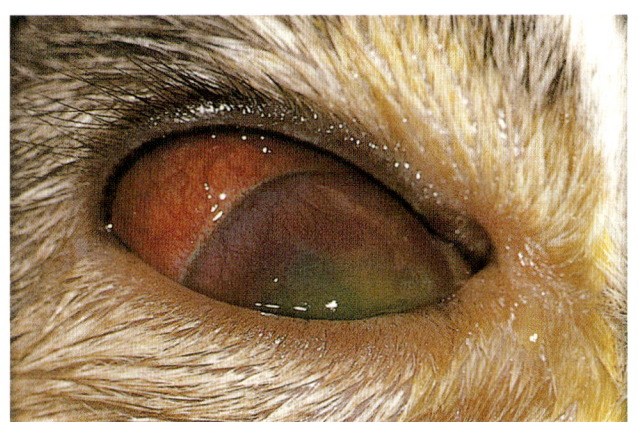

図 3.7 13歳齢の在来短毛種の避妊済みメス
貫通創（ネコの爪による）の結果おこった眼内炎で，治療されていなかった。

の局所投与も必要である。もし合併症として眼球突出がおこったら，先に述べたように眼球が乾燥しないようにすることも必要である。貫通性の創傷の治療は後で述べる。

- 眼内出血を取り除くことは，粘弾性物質や硝子体手術を含めたマイクロサージェリーの設備がないのなら試みるべきではない。

眼窩蜂巣炎および球後膿瘍

多くのネコは他のネコとけんかをして頭部に傷を受けることが多い。咬傷による感染が，眼窩蜂巣炎と球後膿瘍（第4章参照）のおそらく最も一般的な原因であろう。受傷した時と急性症状が出た時ではしばしば時間的なずれが生じる。他に考えられる原因としては，骨折，異物および歯，口腔，鼻腔，副鼻腔の感染がある。

本症に罹患した動物は，急性でび漫性の眼窩周囲の腫脹，結膜充血，結膜浮腫，眼球突出および眼瞼の隆起のうちいくつかあるいはすべてがみられる（図4.14～4.17）。両眼を奥の方へ押し込もうとすると，患眼では強い抵抗を示す。罹患動物では通常食欲不振および発熱を示す。血液検査では好中球の左方移動がみられる。疼痛があり，それは口を開くと顕著に現れる。なぜなら下顎の烏状突起が吻側に動いて炎症をおこした眼窩組織を圧迫するからである。全身麻酔下で動物を検査してみると，最後臼歯の後方に波動感のある腫脹がみられることもある。

対処法

- 原因を究明してできる限りそれに特効性のある処置をするべきである。10～14日間の広域スペクトラムの抗生物質（例：新世代のペニシリン系）の全身的な投与が通常選択される。最後臼歯の後方から眼窩腹側へプローブを通して排膿させることもときには可能である（第4章参照）。

眼内炎および全眼球炎

眼内炎（眼球内腔およびそれに直接隣接した組織の眼球内の重度の炎症であるが，強膜を越えて炎症の浸潤はない）および全眼球炎（眼球を覆っている組織，テノン嚢およびまれではあるが眼窩組織を含んだ眼球内の重度の炎症）は，眼球や眼窩の重大な感染の合併症となりうる（第4章参照）。この激しい炎症は，全身性の真菌症や新生仔眼炎の合併症として，または他のネコによる外傷に続発して最もよくみられる。

臨床症状としては疼痛，赤目，視力消失，発熱，嗜眠，眼脂，眼瞼や結膜または角膜の浮腫および眼内部の混濁あるいは不透明化がみられ，それらによって後眼部の観察ができないこともしばしばおこりうる（図3.7）。全眼球炎で眼窩組織まで炎症が波及している場合は，瞬膜が突出することもある。

対処法

- 房水および硝子体あるいはそのどちらか一方のバイオ

プシーを行い，その材料を培養して感受性試験をする。吸引物の塗抹標本を作成し，グラム陽性菌，陰性菌，酵母菌あるいは真菌かを確認する。吸引材料も培養と感受性試験に供する。

- 処置は本症に気づき次第すぐに始め，適切な治療薬を集中的に使用することが望ましい。投薬は眼内炎では硝子体内経由で，全眼球炎では全身的，結膜下および硝子体経由で行う。コルチコステロイドは組織が抗生物質に反応して，炎症をコントロールするためには使用できるが，真菌感染がある場合には禁忌である。
- 疼痛，炎症，感染を繰り返し，視覚が得られないのなら，抗生物質の投与をしながらの眼球摘出術（眼内炎）あるいは眼窩内容除去術（全眼球炎）が適切なアプローチとなる。

異　　物

ネコにおいては眼外および眼内の異物に遭遇する機会が多い。不幸なことに故意的な外傷が比較的よくみられる（図3.8）。例えばエアガンの弾が眼球を貫いて視覚を奪った上に眼窩内に留まることもある。眼球の炎症がコントロールできていて，水晶体が破れていなければ眼球摘出はせず，エアガンの弾も摘出する必要もない。

ネコにおいて眼外および眼内の異物の大部分は，片眼性の急性症状を示す。もし眼球破裂の可能性がある場合は，非常に丁寧に扱う必要があり，眼球内容物が脱出する危険性があるなら，精査は全身麻酔下で行った方がより安全であ

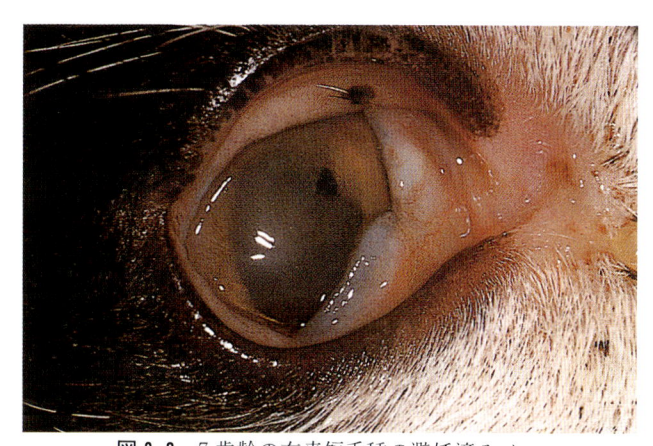

図3.9　7歳齢の在来短毛種の避妊済みメス
上眼瞼の裏側に異物（皮膚および被毛）がみられ，それが原因となって深い潰瘍ができている。このネコは1か月かそれ以上前に他のネコに引っかかれ，第3眼瞼に損傷を受けたとオーナーは言っている（このときの損傷によって第3眼瞼の自由縁に切れ込みがみられる）。このけんかの時に上眼瞼の内側に皮膚と被毛が移植されたものと推測される（図3.12の他のネコの同様の病因によるものを参照のこと）。この異常な部分（毛嚢を含んだ）を切除した後，潰瘍は急速に治癒した。

る。臨床症状は様々で，明白な不快感を全く表示さないものもあるし，疼痛，眼瞼痙攣，流涙といった前眼部疾患の3主徴を示すこともある。典型的な例では粘液膿性の眼脂が特徴となる。臨床症状（例：眼瞼浮腫，結膜充血，結膜浮腫，角結膜炎，潰瘍性角膜炎，虹彩脱出，眼内出血）が広範囲にわたるため，眼球および眼付属器の念入りな検査を行うことが大切である。異物は常に明白にわかるわけではないので，急性の眼の疼痛を示すいかなる場合でも，検査は第3眼瞼の裏側，上下の眼瞼，眼球表面の残留物および眼球内容物を含めて行うべきである。

点眼の局所麻酔（数回点眼）は，検査の日常的な手助けとして用いるべきで，全身麻酔も時に完全な検査のためには必要である。画像診断法も特にX線不透過物の場合には価値がある。

対処法

- 異物は，上下の眼瞼または第3眼瞼の内側にあるであろう（図3.9および3.10）。もし迅速に診断を下せなければ，異物は他の場所に移動してしまい，より発見し難くなるであろう。角膜潰瘍が進行してくる例もあるであろう。この場合，潰瘍面は冒された眼瞼に隣接し，眼瞼の動きに一致しているので，診断は比較的容易になるはずである。こういった部位にある異物のほとん

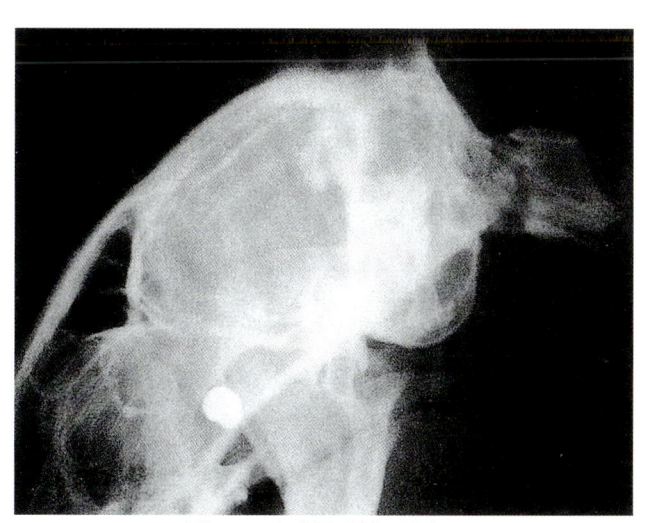

図3.8　在来短毛種の成ネコ
眼窩内にエアガンの弾丸が残存している。

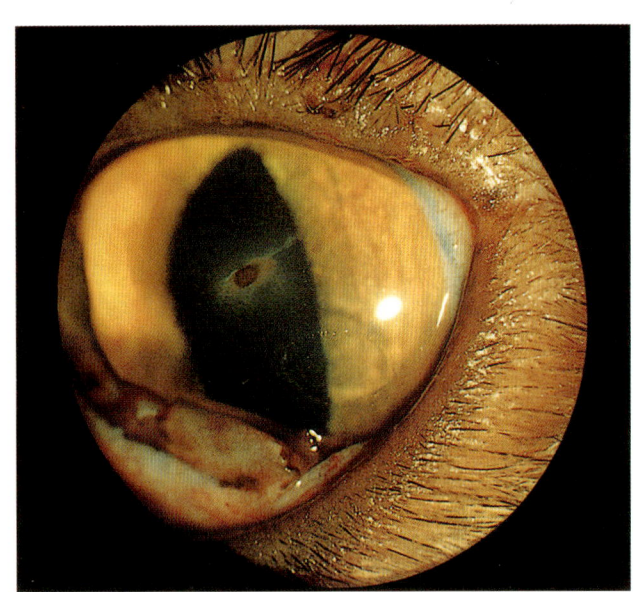

図 3.10 若い成ネコ
角膜の中央（中軸）に明確な異物がみられるが，その腹側で第3眼瞼の自由縁の近くにもっと判りにくい楕円形の表層性潰瘍がある。第3眼瞼の自由縁の腹側に小さな切れ込みがあり，その切れ込みの場所に異物の一部がみえる。角膜潰瘍の原因となっているのは第3眼瞼の下にある異物である。

どは点眼麻酔液を数回点眼することによって除去できる。しかしながら長期化した例では，異物は組織内に埋没したり結膜円蓋の奥の方へ移動してしまい，全身麻酔が必要となる。異物を取り除いたら無刺激性の眼軟膏を局所的に投与する。そうすれば随伴して発生した角膜潰瘍は急速に治癒する。

●結膜，角膜，輪部および強膜内の異物（図3.10～3.14）は，もしそれが表在性であるとか，刺激の原因であったり原因になりそうであるなら除去する必要がある。不活発な異物は，それが移動したり刺激になったりしなければ除去する必要はない。表在性の異物は異物針，25ゲージ注射針，あるいは先端に綿花をきつく巻いた組織鉗子かモスキート鉗子を用いて除去することができる（図3.15）。異物を不注意に組織のより深くまで押し込んでしまったり，眼球を虚脱させないために注意深く安定した技術が必須である。突き出した異物の場合，細いゲージの注射針で垂直に突き刺して，それが侵入した向きと逆方向へ引き抜いて除去する。異物がより深く埋もれている場合は，レザーメスか小さなナンバーの外科用メスで切開し，異物に届くようにしてから掘り下げ，異物鉤，注射針あるいは微細な組織鉗子で取り除く。再度述べるが，鉗子を使用する場合で特に重要なのは，異物をつかむ時に不注意に組織内へ押し込めないようにすることである。

●前房内の異物や虹彩に刺入した異物（図3.16および3.17）は，最初に貫通した傷を通して，あるいは結膜円蓋を基部にした結膜フラップを作成して角膜輪部を切開して除去する。アルガ氏カプセル鑷子やそれに類似したものが前房内の異物を扱うのに最も簡単な器具である。輪部に前置縫合をすれば手術操作はより簡単

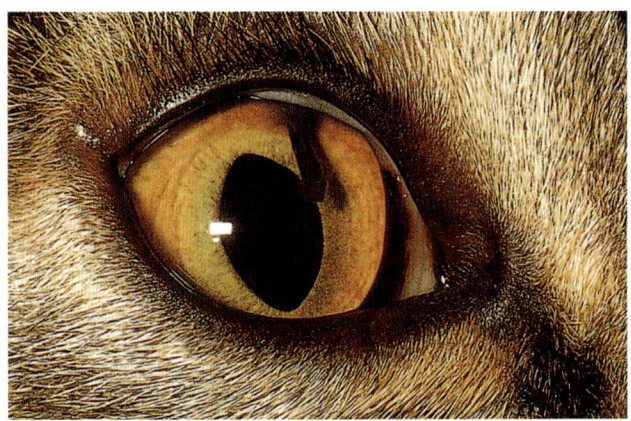

図 3.11 15か月齢の在来短毛種
この若いネコの前眼房内には異物がみられるが，角膜には貫通創はなく，眼球は平穏で不快感もないことに注目。背側の輪部に侵入創（もはや明らかではない）があり，異物は虹彩を突き抜けて前房内に静止し，角膜の内面に接触していた。このネコが紹介されて来た時にはすでにすでに異物（有機体と予想される）の吸収が始まっており，その残骸は線維組織と色素によって覆われていた。病歴と臨床症状からこの異物の除去はしないほうがよいと思われ，吸収されている間は定期的に経過観察のみを行った。

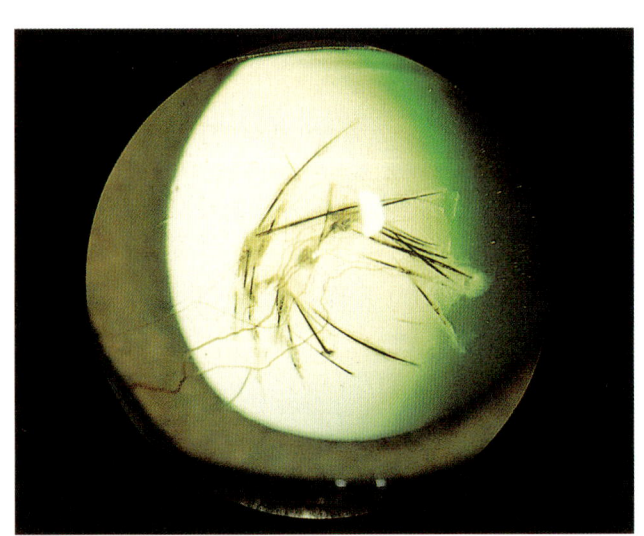

図 3.12 6歳齢の在来短毛種
角膜表面に多くの被毛がみられ，わずかな血管侵入がみられるが，不快感はない。この被毛は，ネコが耳を掻いた時に不注意にも自分で入れてしまったものである。

3. 眼科緊急疾患および眼外傷

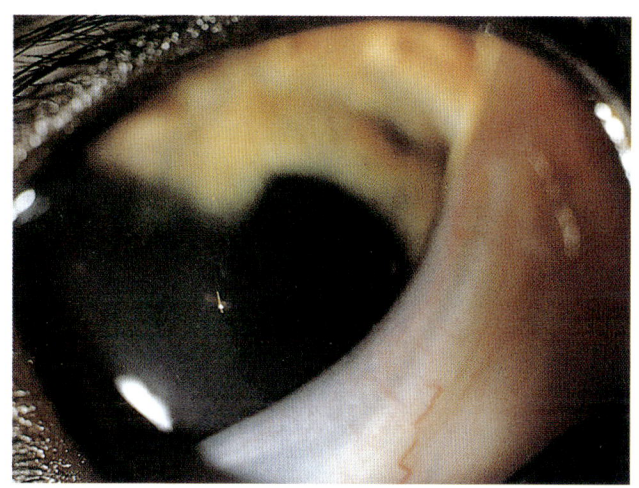

図 3.13 在来短毛種の成ネコ
このネコの角膜にはサボテンのとげが何本か刺さっており、その1本を示した。

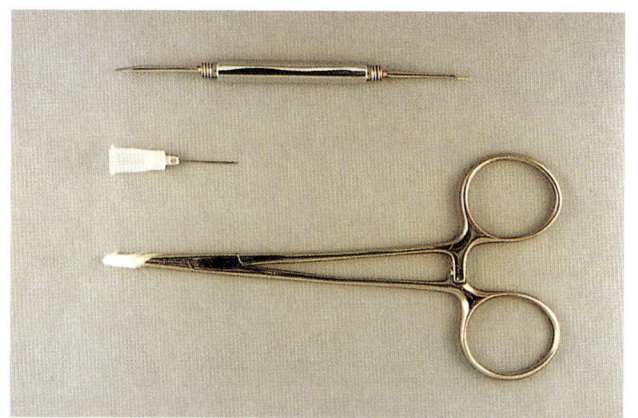

図 3.15 異物除去のための器具
先端に綿花をきつく巻いたモスキート鉗子（図の1番下）は表在性の異物の除去には非常に有用で、異物が綿花に絡みつく。異物鈎と異物針の組み合わさったものを図の1番上に示した。異物鈎は表在性の異物の除去には有用で、この鈎の角度のついた面を異物の下に滑り込ませて角膜から持ち上げる。異物針は異物に垂直に突き刺し、異物が侵入したのと正確に正反対の方向に引き抜くように使用する。マイクロサージェリー用のメスか小さいナンバーの外科用メスもまた、角膜の深部の異物の除去に先立って、角膜を掘り下げるために用いられる。表層性の異物には、細いゲージの皮下針が異物針と同様の使用法で手ごろに使用できる。鉗子を使用する場合は、異物をさらに深くに押し込めないように、異物に対して垂直に使用するのが安全である。いずれの位置に角膜の異物があるとしても、それを除去しようとする前に異物が除去しやすいかを確認した方が賢明である。このことは時には角膜の離開が広範囲であることを意味する。

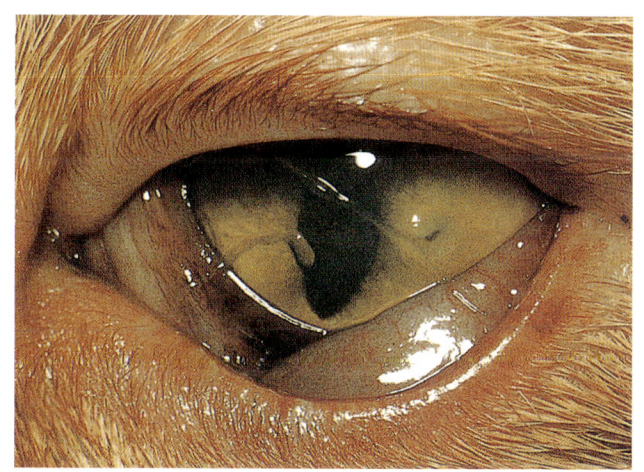

図 3.14 6歳齢の在来短毛種
角膜深部の異物（とげ）。鉗子で異物をつかもうと試みたが、角膜のより深くに押し込んでしまった。

になる。粘弾性物質を用いて前眼房を維持する。輪部の切開創は8/0〜10/0ナイロンまたはポリグラクチンで縫合して閉鎖する。異物によってできた刺入創は通常縫合の必要はない。
●水晶体の貫通創に引き続いておこる水晶体蛋白の漏出による炎症反応は様々である（図3.17〜3.19）。このようなタイプの傷害の後に、イヌやウマにおいてみられるような重度のぶどう膜炎にはネコでは通常は発展しないし、早期に治療をしたなら、対症療法によって炎症は充分コントロールすることが可能である。しかし、水晶体上皮の損傷やそれに続発しておこる眼内肉腫といった合併症が予想されるので、長期的な予後は注意

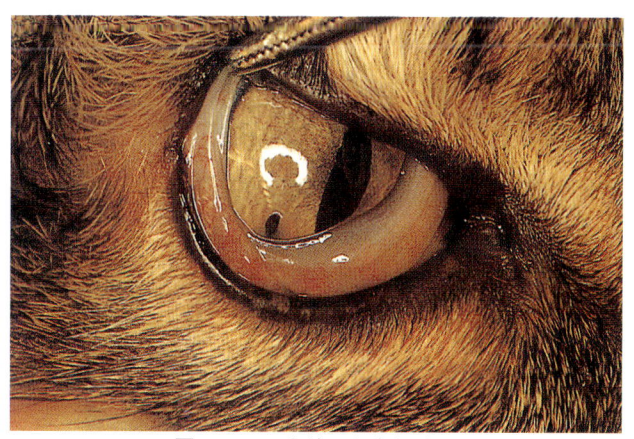

図 3.16 6歳齢の在来短毛種
異物（とげ）が深く角膜を貫通し、虹彩に刺入している。この異物は、とげに対して垂直に刺した異物鉗子を用いて、侵入方向と逆向きに引き抜くことによって難なく除去できた。

を要する（Dubielzig et al., 1994）。

眼瞼の外傷

眼瞼の外傷は通常ネコ同士のけんかや交通事故の結果おこり，けんかによる上下の眼瞼の損傷（図3.20）は，第3眼瞼の損傷（図3.21）よりもっと少ない。眼瞼の損傷は通常明白であるが，眼球，頭部および身体に他のけがを負っていることがあるので，注意深い検査が要求される。

対処法

● 上下眼瞼の打撲は，全身的に非ステロイド系抗炎症剤およびワセリンを基材とした眼軟膏を用いて保存的に治療する。兎眼性角膜症の危険性があるなら，涙液代

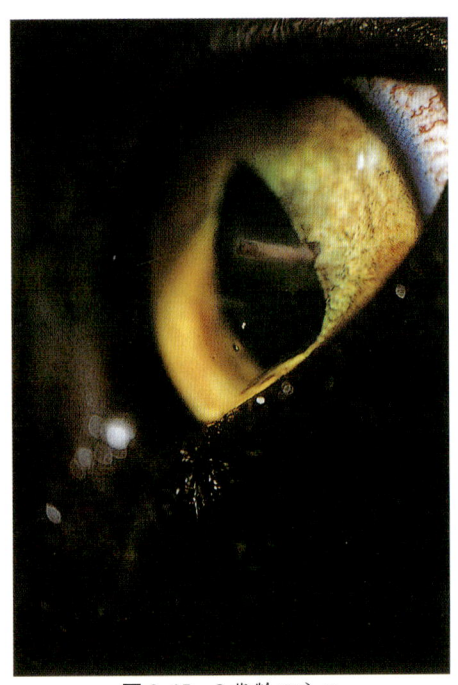

図3.17　2歳齢のネコ
とげが角膜を貫通して虹彩に切れ込みをつくり，水晶体に突き刺さっている。これは図3.16に述べたのと同様の方法で除去した。

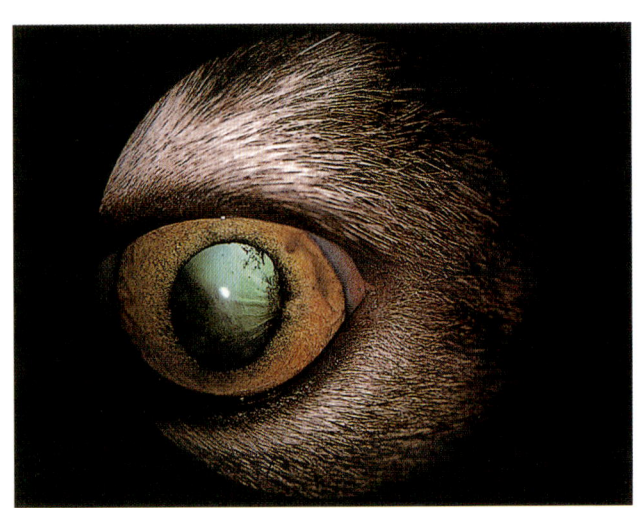

図3.19　図3.18に示したものと同じネコで，異物を除去して1週間後
水晶体蛋白は破裂した水晶体から漏出しているが，随伴する炎症は容易にコントロールできた。水晶体嚢は貫通部において明らかな皺を伴って収縮し，角膜の貫通部も明確である。

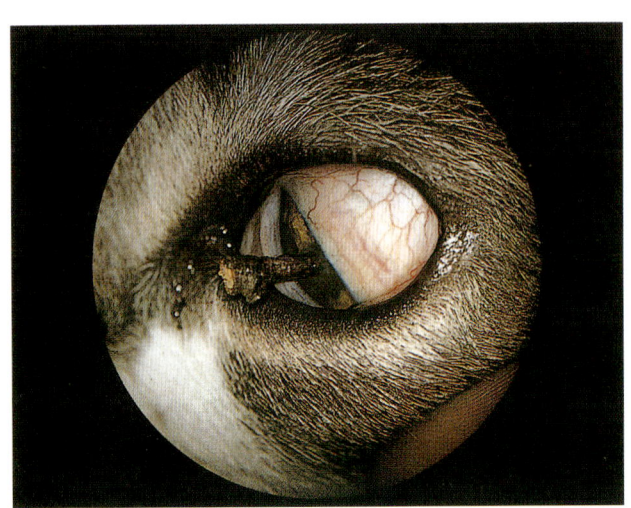

図3.18　18か月齢の在来短毛種
大きな小枝が角膜と水晶体を貫通している。

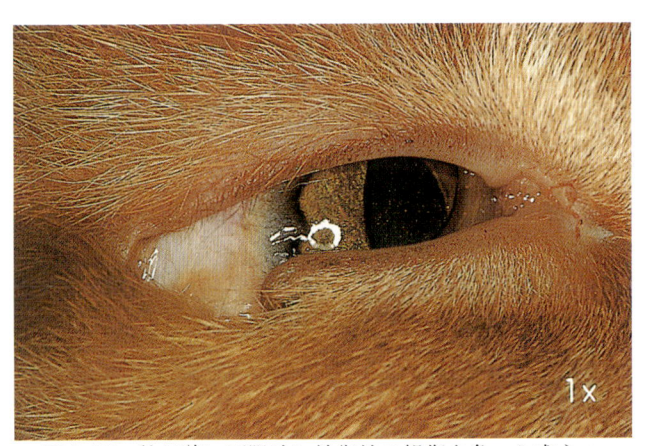

図3.20　数日前に下眼瞼に外傷性の損傷を負った成ネコ
このタイプの損傷は初期に修復するのがベストであるが，このネコのように損傷を受けてから行方不明になると，二次的な修復を余儀なく強いられる。上眼瞼の新しい外傷性損傷は図3.32を参照のこと。

3. 眼科緊急疾患および眼外傷

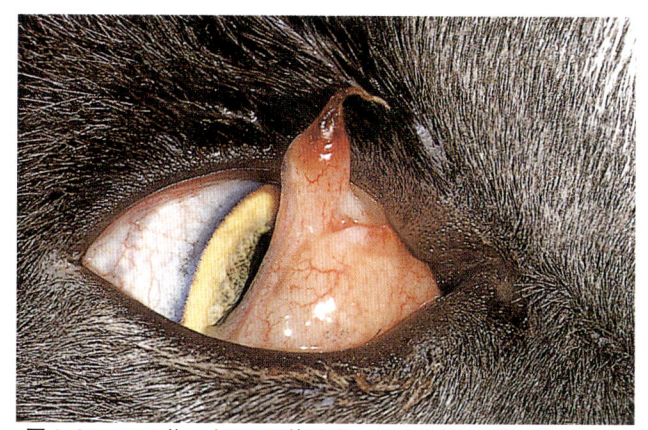

図 3.21 この若いネコは、他のネコによる引っ掻き傷の結果、第 3 眼瞼の自由縁背側面に裂傷を受けた
結膜の乾燥が受傷後 1 時間以内ですでにみられることに注目。この症例では第 3 眼瞼の動きが危ぶまれたため、断端を再付着させた。

用剤による治療も施すべきである。
- まず眼瞼の裂傷に対して最初の治療を行う。可能性のある合併症としては、感染、結膜炎、兎眼性角膜症、流涙および瘢痕収縮による眼瞼外反で、これらの合併症は修復が遅れるとより発現しやすくなる。正常なネコでは眼瞼と眼球は接近して配列しているので組織のデブライドメントは最小にとどめるべきである。深部の組織は 5/0～7/0 の吸収糸（例：クロミックカットガットまたはポリグラクチン）で単層か 2 層の連続または単純結紮縫合をして、皮膚はカッティングニードル付きの 5/0～6/0 の吸収糸（例：ポリグラクチン）か非吸収糸（例：シルク）で単純結紮または 8 の字結紮して閉じる。眼瞼縁を最初に修復して、眼瞼が完全な配列になるようにする。受傷部が感染をおこしていたら、5～7 日間の全身的な抗生物質の投与が必要である。非吸収糸による皮膚縫合は術後 10 日で抜糸する。
- 内眼角付近の外傷は、涙点、涙小管および鼻涙管に障害を与える可能性があり、組織の再構築のための顕微鏡手術が必要となる。
- 第 3 眼瞼の外傷性損傷はネコでは一般的なものである。感染がなければ治癒は迅速である。表層性の裂傷は、もし第 3 眼瞼の運動性が損なわれなければそのまま放置するか、抗生物質の眼軟膏のみで治療する。外傷性の断裂や、運動性が不充分になったり、全層に及ぶ裂傷がある場合は外科的な修復が必要になる。裂傷では、第 3 眼瞼に接着させるように単純結紮縫合をするだけでよいが、さらに広範な外傷の場合、5/0～7/0 のポリグラクチンなどの吸収糸で重層または鍵型の連続埋没縫合を施すのが理想的である。もし軟骨が露出していたら結膜で覆いかぶせる。縫合は第 3 眼瞼の外側面から行い、縫合が特に角膜といったような下にある組織を刺激しないよう、全層を貫通しないようにする。ネコの第 3 眼瞼は眼の健康にとって非常に重要であるので、温存しなくてはならない。

結膜の外傷

結膜の外傷では、結膜浮腫（chemosis）がその程度をわかりにくくすることはあるが、通常は明らかにわかる（図 3.22）。特に眼内構造の外観や配置の変化、透明な眼分泌物（おそらくは眼房水）、あるいは眼内圧の低下がみられる場合は、眼球へのより広範囲のダメージがあると考えるべきである。時に眼瞼の外傷は、貫通してその下の球結膜や強膜に損傷を与える場合があり、このタイプの損傷は見逃しやすい。

対処法

- 結膜は速やかに治癒するため、乾燥を防ぐ意外に特定の治療の必要はない。露出している結膜にルーズな剥離弁がある場合は、単純に切除して縫合はしない。広範な裂傷がある場合は、第 3 眼瞼のところですでに述べたように、吸収糸で連続縫合を行う。感染の恐れがある場合（例：ネコの引っかき傷）は、回復するまでの 3～7 日間は局所的な抗生物質（通常は軟膏）で保護するべきである。

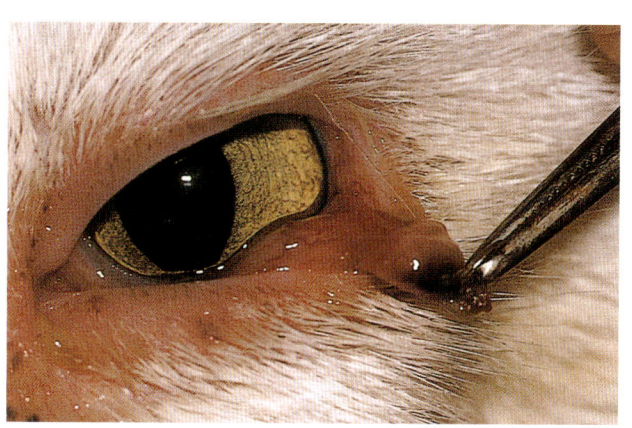

図 3.22 11 か月齢の在来短毛種
ネコの爪による結膜の損傷。局所麻酔下で傷害を受けた結膜を細い鋏を用いて切除した。

● まれなことではあるが強膜まで穿孔している場合は，脱出したぶどう膜組織を元に戻す。強膜の傷は 8/0 ナイロンやヴァージンシルクで単純結紮縫合を行い，結膜は 6/0 のポリグラクチンで結紮縫合を施す。結膜の縫合線は，強膜を修復した創と重ならないようにする。

角膜の外傷

角膜の潰瘍，裂傷，部分的および全層に及ぶ損傷（図 3.23〜3.35）は，ネコでは珍しいことではない（第 9 章参照）。臨床症状はたいてい急性に始まる片眼性の疼痛，眼瞼痙攣および流涙がみられる。角膜の傷害に続発する三叉神経の軸索反射によって，一過性のぶどう膜炎がおこる。眼房水の喪失や出血もみられることがある。動物においては角膜に損傷がある場合，第 3 眼瞼の傷害も常に考慮に入れるべきである。

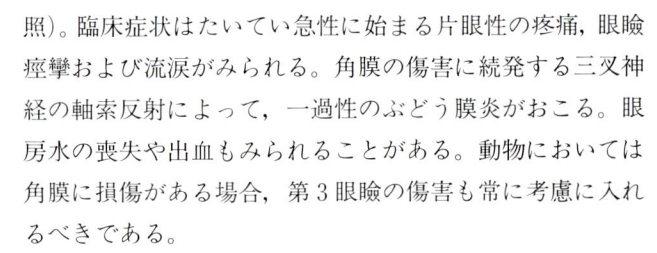

詳細な検査のためには，拡大鏡，明るい光源，完全な暗闇が必要であり，スリット光もまた有効である。検査では，角膜の損傷部位，虹彩の位置，前眼房の深さ，前房出血があるかどうか，瞳孔の形状，角膜の損傷に加えて虹彩や水

図 3.23 この成ネコは急性の眼の疼痛，眼瞼の腫脹，漿液粘性の分泌物を呈している
注意深い検査により，虹彩の損傷を伴う角膜輪部に沿った 4 mm の長さの角膜全層に及ぶ貫通創が明らかになり，外科的修復が必要であった。ヒストリーからこの損傷はネコ同士のけんかによるものであることが示唆された。

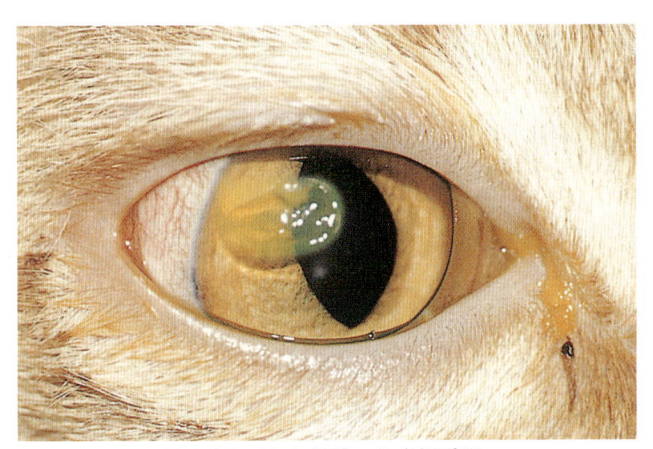

図 3.25 11 か月齢の在来短毛種
局所麻酔を数回点眼後，剥離した角膜を除去した後の角膜裂傷（ネコの引っ掻き傷）。外科的処置を施す前の外観は図 1.17 に示した。下眼瞼の 1 本の異所性睫毛に注目。

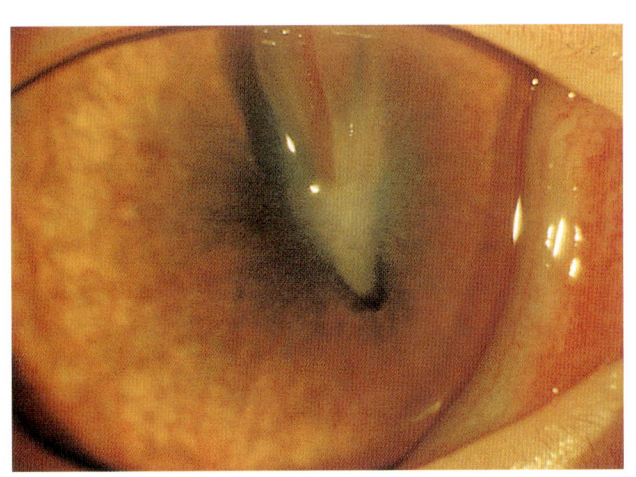

図 3.24 8 か月齢の在来短毛種
ネコの引っ掻き傷による角膜の垂直方向の裂傷。

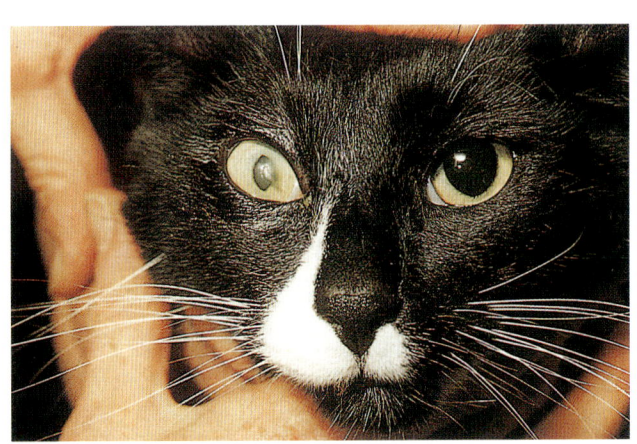

図 3.26 4 歳齢の在来短毛種の去勢済みオス
角膜のほぼ半分の深さの角膜潰瘍（ネコの引っ掻き傷）。損傷を受けた右眼はぶどう膜炎があるため，瞳孔不同があることに注目。

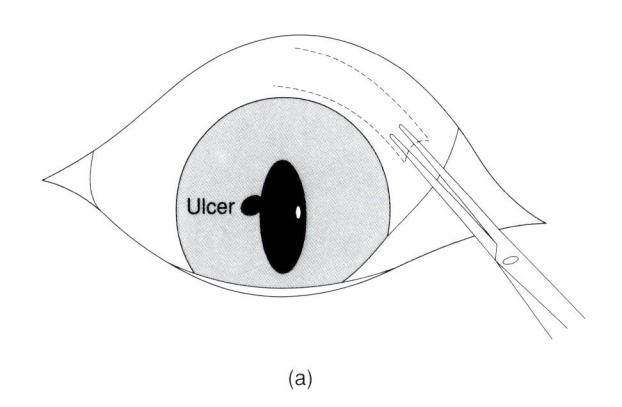

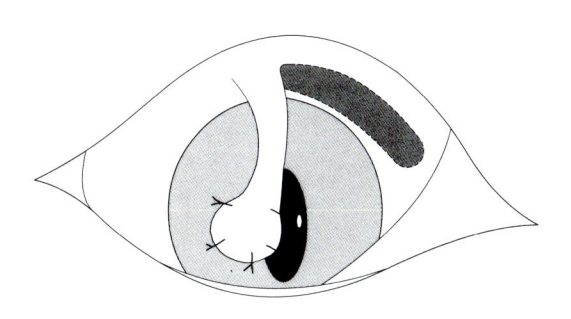

図 3.27 結膜有茎被弁

(a) テノン切開剪刀により，角膜輪部と平行に少なくとも2mm離れて結膜下の鈍性分離を行う。切り取る厚さは欠損部位の深さを満たすために変えることができるが，血液供給の障害を避けるため，一度厚みを決定したら切開面を変えてはいけない。テノン切開剪刀は結膜の切開にも用い，移植弁の基部がやや広がるように形をとる。移植弁は移植床の準備ができるまで湿らせた滅菌綿棒で覆っておく。
(b) 移植床の十分な準備が必要である。すべての壊死組織を取り除かなければ治癒が遅れるし，縫合が維持できない。移植弁の遊離端は7/0～8/0のバイクリルで結紮縫合をする。6時方向の縫合を最初に行い，縫合糸は移植弁に貫通させて欠損部位の壁を通し正常な角膜に入れる。移植弁をしっかりと固定させるために付加的に連続縫合をすることもある。

傍輪部の結膜欠損部は7/0～8/0のバイクリルで連続縫合をして閉じる。移植弁は完全に治癒したらテノン切開剪刀で切り離す。切り離す前に局所麻酔の点眼を数回行う。

Ulcer：角膜潰瘍

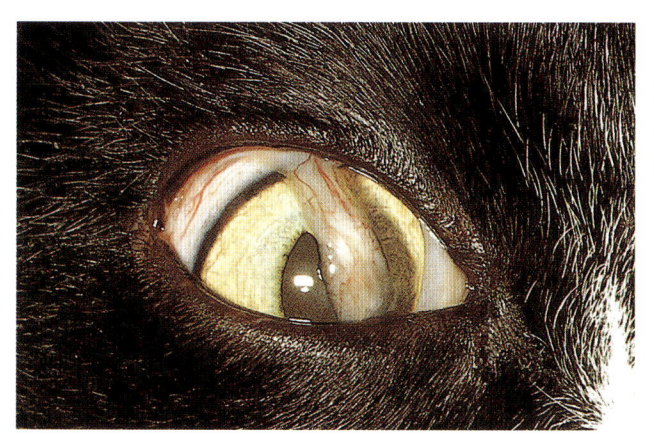

図 3.28 図3.26に示したものと同じネコ
有茎被弁を被せてから約2か月後の所見。局所麻酔下でこれから移植弁を切り離すところ。

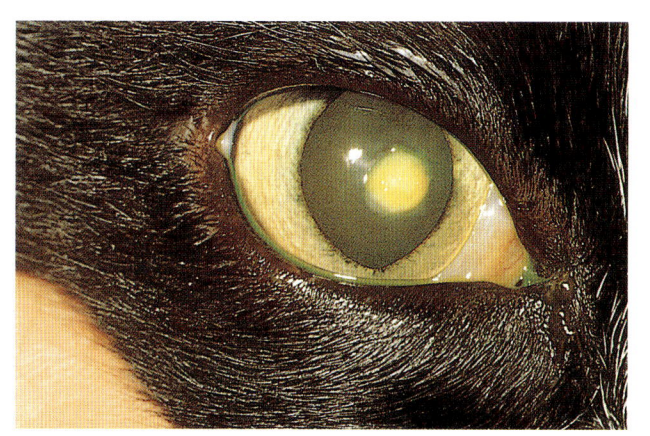

図 3.29 図3.26に示したものと同じネコ
有茎被弁を切り離してから1週間後の所見。

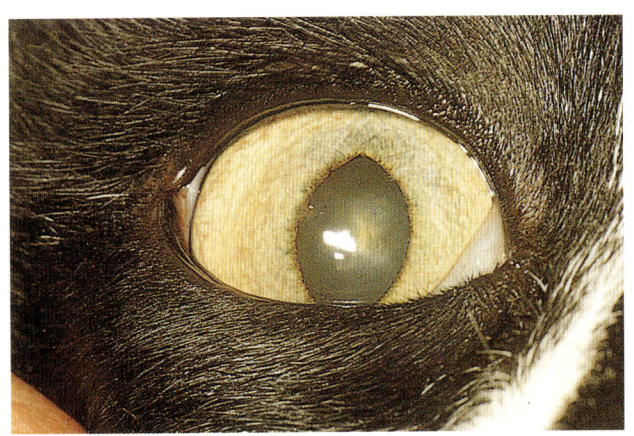

図 3.30 図 3.26 に示しとものと同じネコ．
有茎被弁を切り離してから 6 か月後の所見。わずかな角膜の瘢痕がみられる。

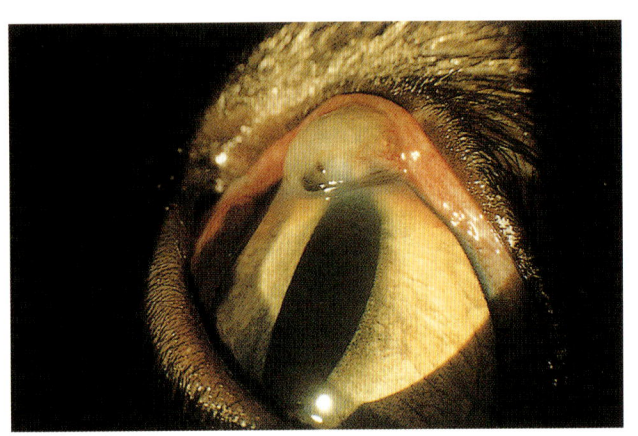

図 3.31 10 か月齢の在来短毛種
虹彩の脱出を伴った角膜の貫通創（ネコの引っ掻き傷）で，眼房水の凝固物が脱出虹彩を覆っている。前眼房はきれいで，瞳孔は虹彩の脱出により歪んでいる。初期の修復がなされれば，予後は非常によい。

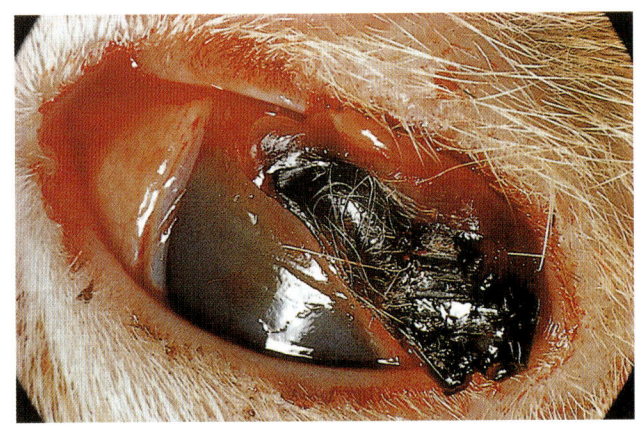

図 3.32 在来短毛種の成ネコ
角膜の全層に及ぶ貫通創と上眼瞼の損傷（原因は不明であるがネコの引っ掻き傷によるものと推定される）。加えて外側の眼瞼縁にも損傷があり，大きくて汚染された血餅が角膜の創口に存在する。広範囲の前房出血もみられる。この段階では損傷の程度を判断することは不可能であるので，予後は警戒を要する。このような症例では，専門医にその診断と治療を委ねる。

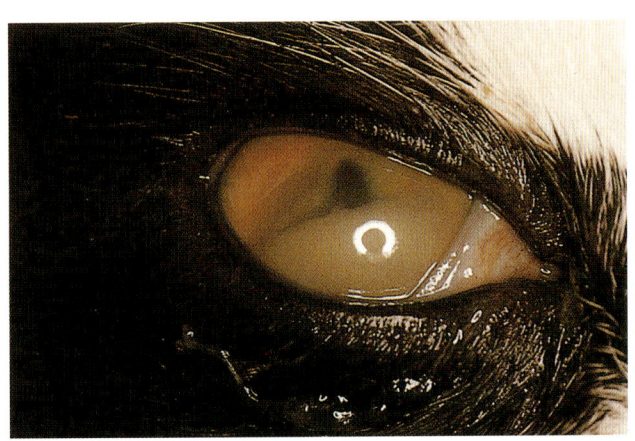

図 3.33 この 2 歳齢のネコは 1 週間前に他のネコに引っ掻かれたのである
オーナーは，ネコが顕著な前房蓄膿による外観の変化を来して，初めて獣医師のもとへやって来た。前部ぶどう膜炎のために眼には疼痛があり，瞳孔は縮瞳のまま固定している。穿孔部と思われる部位の角膜スワブの純培養によって，*Pasteurella multocida* が分離された。前房蓄膿によっていかに角膜の細部が不明瞭になり，眼の詳細な評価を不可能にしてしまうかということに注目。超音波画像検査では水晶体は無傷で，後眼部は正常であることがわかった。

晶体に傷害がないかどうかを調べる。角膜の穿孔がある場合は，眼房水の喪失や虹彩の脱出がよくみられる。通常ぶどう膜炎がおこるが必発ではない。水晶体蛋白の漏出を伴う水晶体の穿孔（Davidson et al., 1991 b）や外傷性の水晶体脱臼はあまりみられない。著しい角膜浮腫や前房出血がみられる場合は，眼の超音波画像検査が有益となることがある。

　適切な設備と専門的技術のもとで，迅速かつ有効な治療を受けたネコの経過は良好である。傷害を受けてから時間が経過した後に治療を受けたり，不適切な治療を受けるネコもある程度は存在する。このような場合は合併症をおこしやすく（第 9 章および 11 章参照），過度の角膜の瘢痕形成，持続的な眼房水の漏出，ぶどう膜炎，癒着，偏位したり部分的あるいは完全に不動化した瞳孔，緑内障，白内障，眼内肉腫の発達および失明といったものがみられる（図 3.33～3.40）。

対処法

　●内科的治療としては，適切な抗生物質の点眼または強

3. 眼科緊急疾患および眼外傷

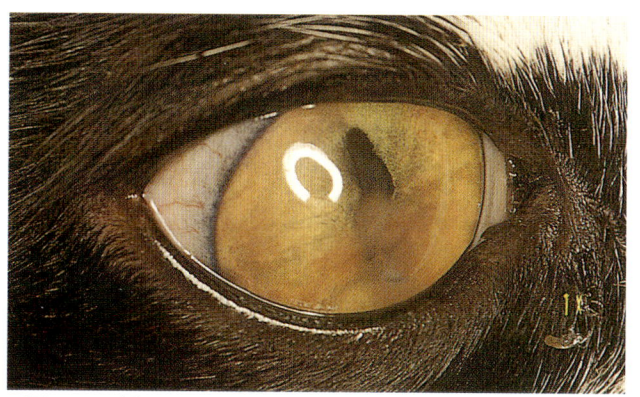

図 3.34 図 3.33 に示したものと同じネコの 3 週間後の所見
この時点で角膜の穿孔創が、腹側の 6 時の位置に明確に判り、前房蓄膿はほとんど吸収されているが、治療したにもかかわらず、瞳孔はいまだに縮瞳で固定している（虹彩後癒着のため）。この眼に不快感はないが、このように初期治療が遅れると長期的な予後に悪影響を及ぼす。

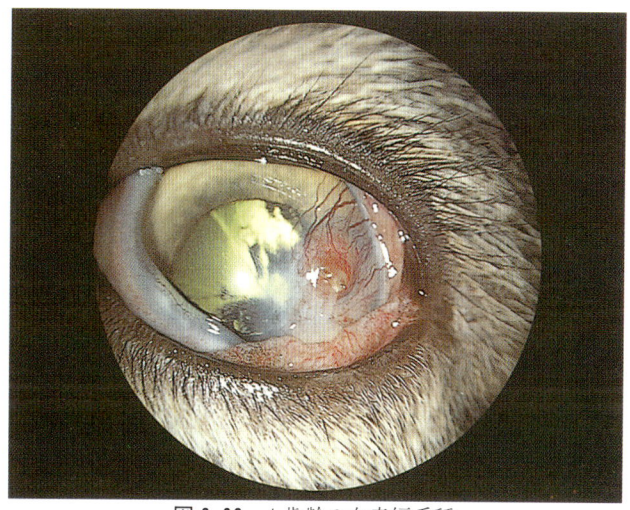

図 3.36 4 歳齢の在来短毛種
角膜全層に及ぶ貫通創があり、修復はされていない。角膜の傷から持続的に眼房水が漏出しており、顕微鏡手術による修復が必要である。

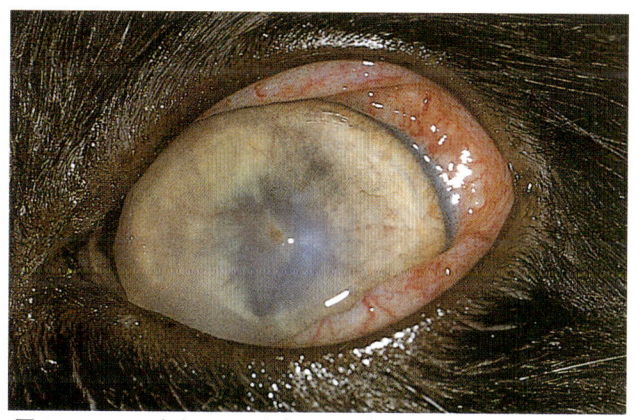

図 3.35 この成ネコは，重度のぶどう膜炎と続発性緑内障（眼内圧 70 mmHg）の結果，（角膜中央部の）貫通性の角膜損傷に陥っている
結膜浮腫，結膜および上強膜の充血，前房蓄膿，不正に固定され縮瞳した瞳孔，広範囲の虹彩後癒着がみられ，水晶体嚢は混濁している。

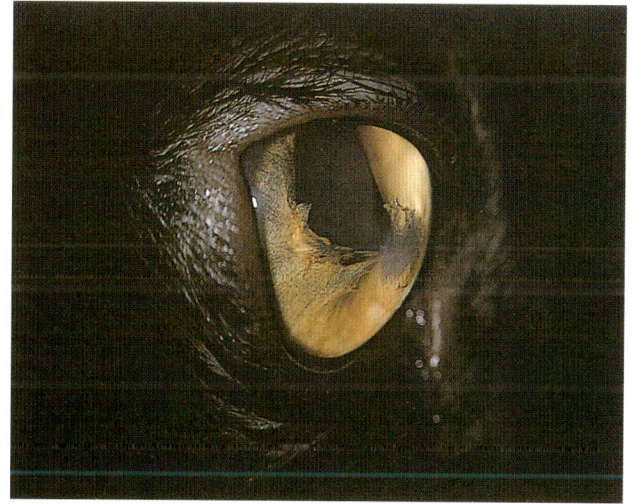

図 3.37 5 歳齢のシャムネコ
以前に受けた角膜の全層に及ぶ貫通創に合併した虹彩前癒着。治療の必要はない。

化した抗生物質の調合液を用いる。適切な調合剤の選択は第 9 章で述べた。

- 角膜の深い傷やぶどう膜炎がある場合には通常，散瞳性調節麻痺薬（例：1% アトロピン）を用いる。ほとんどのネコはアトロピンの液剤よりも眼軟膏の使用に耐えてくれるが，治癒過程で軟膏が角膜内に留まったり，前房内に入り込んだりする可能性がある場合には，軟膏よりも点眼液を選択した方がよい。一旦瞳孔が散瞳したなら，アトロピンは散瞳を保つのに必要なだけの頻度で用いる。
- 眼に疼痛がある場合には，全身性の鎮痛剤を用いる。初期の診断および治療過程以降は，局所点眼麻酔薬は角膜の治癒の妨げとなるので使用しない。
- 表層性の損傷には外科的な修復は必要ないが，局所点眼麻酔を何回か点眼した後，微細な鋏で剥離したルーズな角膜上皮の弁を除去することによって，角膜の治癒は促進される。
- 角膜治癒を助けるためにどのようなタイプの方法を用

図3.38 18か月齢の在来短毛種
以前の角膜輪部における貫通創に起因する偏位した瞳孔に注目。

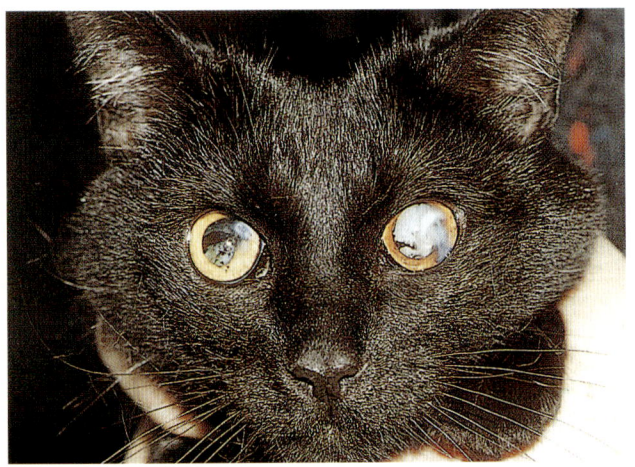

図3.40 ネコの引っ掻き傷によって両眼に損傷がみられた5歳齢の在来短毛種
両眼の角膜が穿孔しており，穿孔部位（右眼は1時，左眼は5時の位置）は明確で，左眼には脂質性角膜症（穿孔創の瘢痕の先端にある三日月）を併発しており，これは図9.59に拡大して示してある。両眼の水晶体が傷害を受け，右眼では部分的な白内障が，左眼には全白内障がみられる。両眼の瞳孔における色素沈着が明確であり，左眼の虹彩は右眼の虹彩よりも濃く，初期により重度のぶどう膜炎が左眼にあったことを示唆する。

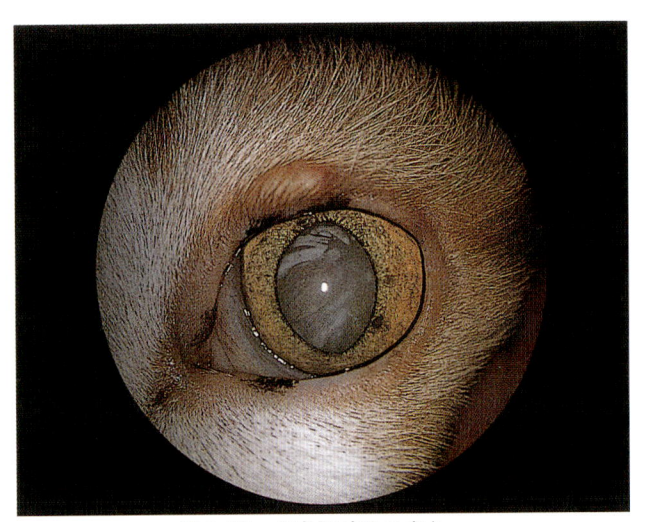

図3.39 在来短毛種の成ネコ
上眼瞼の腫脹は，数年前にネコの引っ掻き傷でできた瘢痕組織である。爪は眼球にも貫入して受傷後数か月で外傷性白内障が発達した。その後白内障は吸収された。

いるかは，角膜の損傷の範囲と深さによって決まる（Peiffer et al., 1987）。治療用ソフトコンタクトレンズ（Schmidt et al., 1977；Morgan et al., 1984）や結膜有茎被弁（Hakanson and Merideth, 1987；Hakanson et al., 1988, Habin, 1995）は，角膜の支持が何もないような穿孔創のある症例の治癒を助ける手段として一般的に用いられる（図3.27～3.30）。治療用ソフトコンタクトレンズの代用として第3眼瞼フラップ（第5章参照）が用いられることもある。短期間角膜を保護するものには，シアノアクリレート生体接着剤（Refojo et al., 1971）や角膜コラーゲンシールドがある。

● 角膜の穿孔創が小さくて，持続的な眼房水の喪失がなさそうなら，必ずしも貫通創の縫合は必要ではない。穿孔創からの眼房水の漏出がなく，前眼房が再形成されているなら，内科的治療のみで対処する。通常は局所的な抗生物質（例：強化した抗生物質の調合液あるいは専用点眼液）および散瞳性調節麻痺薬（例：1％アトロピン）である。アトロピンは一旦瞳孔が散大すれば間隔をあけて用いるが，抗生物質は順調に回復に向かっていることが明らかになるまで，最初は1時間ごとを基本に使用すべきである。

● 多くの穿孔性角膜損傷は初期の再構築のための外科的修復が必要となる。傷を注意深く観察し，異物などのデブリスは除去する。凝固した眼房水が常に角膜の傷を覆うため，これを除去しなければならない（図3.31）。脱出した虹彩は前眼房内に戻すべきで，ここで強調したいのは，嵌頓した虹彩を切除する必要はめったにないということである。眼内出血が放出した場合

や，前眼房内の正常な解剖学的形態を維持するには粘弾性物質が有益で，粘稠度の高い粘弾性物質は使用に最適である。細い縫合材料(7/0〜10/0モノフィラメントナイロン，ヴァージンシルクまたはポリグラクチン)を選択して角膜の厚みの3/4を貫く単純結紮縫合を行い，治癒過程を手助けするように復位させる。確実にウォータータイト（水が漏れない程度の強さ）で縫合することが必須で，粘弾性物質が前房内にあるとこれによって漏出を発見することが困難になるため，通常は粘弾性物質を吸引し，平衡塩溶液（BSS）と小さな気泡で前眼房を再生する。一度治癒してしまえば縫合は抜糸するか，または組織反応がなければ放置してもよい。

- 角膜の欠損が広範囲に及ぶ場合は，異なった縫合法を用いる。角膜の傷の最も長い部分の直径が5mm以下で，傷のマージンが健康であれば水平マットレス縫合を前置できるが，極度の乱視は避けられず，縫合に過度の張力がかかる場合は本法を用いるべきではない。デスメ膜瘤を閉じる場合も同様の縫合法を用いることができるが，厚い結膜/テノン嚢の有茎被弁を選択するほうがよい。より複雑な角膜の損傷には，いくらかの洗練された手術手技が有用である（Parshall, 1973；Brightman et al., 1989；Hacker, 1991）。角膜移植術もネコでは実用的である。
- 眼球摘出術は，緊急の眼外傷の治療法としてはほとんど選択されない。

融解性実質壊死（'Melting' ulcers）

融解性実質壊死はネコではまれであるが，局所的なコルチコステロイド，ネコヘルペスウイルス感染症，細菌性病原，アルカリ，壊死性角膜実質および炎症性多形核細胞に関連している。これらのすべてが実質の崩壊，壊死および融解（それ故'Melting' ulcersと呼ばれる）の結果として，急速な角膜の退化を誘発する場合がある。例えば，コルチコステロイド療法中の動物や，ネコ白血病ウイルス（FeLV）やネコ免疫不全ウイルス（FIV）に感染した動物は感受性がより高い（図3.41）。

対処法

- 治療の原則は角膜，特に上皮再生といった正常な角膜治癒を助けることと，膠原病といったような角膜の破壊につながる因子を抑制することである。角膜疾患を特徴とした膠原病が発生した場合は，常にその特殊な原因を確認して排除することが重要である。治療を成功させるには迅速で積極的な処置が必要で，慎重に患者をモニターするべきである。専門医の助けが必要になるかもしれない。
- （ネコヘルペスウイルスや細菌検査のために）綿棒でスワブや掻爬材料を角膜病変部から採取するべきである。初期の抗生物質療法はグラム染色の結果に基づいて選択するのが理想的である。またネコではトキソプラズマ症，FIVおよびFeLV感染についてもチェックする。
- 穿孔の可能性が考えられる場合は，慎重に角膜の壊死組織のデブライドメントを行い，治癒のための角膜のサポート（例：有茎結膜皮弁）を施すかどうか早急に決断する。
- 広域スペクトラムを持つ強化した抗生物質による局所的な薬物治療は，最初は1時間おきに行うべきである。類似した市販の広域スペクトラムの抗生物質点眼液でも代用できる。点眼回数は回復が維持できれば減らすことができる。
- 新鮮な自家血清，局所的なアセチルシステインおよび非経口的なテトラサイクリン(例：ドキシサイクリン)は*in vivo*ではコラゲナーゼに拮抗作用がある。アルカリ腐蝕の治験の結果，アスコルビン酸（例：非径口的に）が有効であり，局所的な10%クエン酸ナトリウム（1時間ごと）も有効である。
- 随伴するぶどう膜炎には，散瞳性調節麻痺薬(1%アト

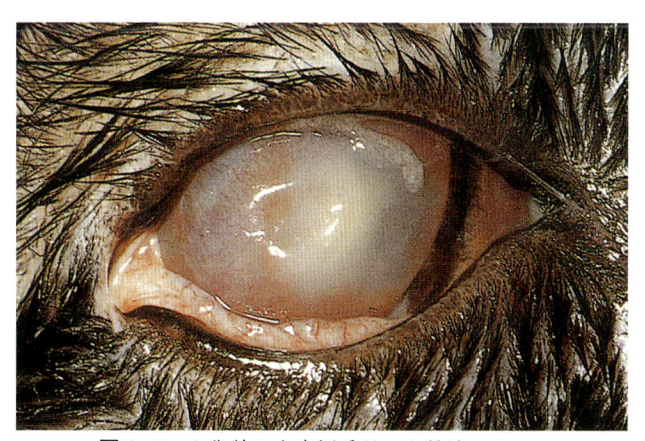

図3.41 9歳齢の在来短毛種の去勢済みオス
FIV陽ネコにおける融解性実質壊死で，コルチコステロイドの局所投与で治療されていた。角膜の「どろどろした」外観と不透明感および前房蓄膿の存在に注目。

角膜の化学的物質による損傷

　化学的物質による損傷はまれである。故意的な傷害ならびに漂白剤，殺虫剤，シャンプーおよび手術前の皮膚の準備などに偶然にさらされたことが原因となる。アルカリは眼のすべての層に浸透し，強アルカリはそれに触れたすべての組織に不可逆的な損傷を与える（図3.42および8.16）。酸は蛋白質を凝固させたり沈着させたりするが，角膜表面の凝固した細胞は深層への浸透を防ぐバリアの働きをするため，損傷はより表層的なものである。

　診断はヒストリーに基づくが，化学物質の同定を行うのが理想的である。予後は結膜嚢のpH（通常は弱アルカリ性）と化学反応物のpHによる。酸度やアルカリ度が高いほど予後は悪い。複雑な症例では専門医のアドバイスを受けるべきである。

対処法

- 応急処置として，病因となっている微粒子を排除し，少なくとも30分間は冷水で優しく洗い流す。この処置のためにはネコには麻酔をかける必要があるであろうし，全身的な無痛状態にすることが重要である。
- 表層性傷害の局所的治療は，広域スペクトラムの抗生物質の点眼のみでよい。より複雑な例では，融解性実質壊死で述べたような処置をするが，これに加えて眼内圧をモニターするべきである。重度の化学的火傷は眼内圧の大きな変化（低い場合と高い場合の双方）と関連しており，持続的な眼内圧の上昇には内科的療法が必要となる。
- 炎症反応をコントロールするために，局所的なコルチコステロイドを傷害を受けた最初の数日間（5～7日間）は専門医のもとで使用するが，これは角膜の融解を促進させるため，患者を数時間ごとにモニターしなければならない。

熱傷

　角膜の熱傷はまれであり，通常は蒸気や熱にさらされておこる（Peiffer et al., 1979）が，熱湯が原因になることもある。低血流量性のショックや呼吸困難といった全身症状は眼および眼付属器の損傷よりも重要である。

対処法

- 眼および眼付属器への受傷直後の緊急処置としては，冷水による充分な洗浄である。全身的な非ステロイド系抗炎症剤は受傷後なるべく早急に投与し，数日間続ける。
- 眼瞼の皮膚への表層性熱傷の処置は抗生物質軟膏を塗布するか，薬物を塗布した薄い布でドレッシングするのが理想的で，このようにして乾燥を防いで瘢痕を最小限に食い止めることが重要である。低刺激性眼軟膏の局所投与は，傷害を受けた結膜の瞼球癒着を防ぐのに有効である。より重篤な眼瞼や結膜の損傷は専門医の助けを借りるべきで，早期の再建手術が必要となる。
- 角膜の熱傷では通常角膜浮腫を呈し，角膜病変は表層性の場合と深層の場合がある。治療法は損傷の程度による。軽症の場合は，涙液代用液や抗生物質で充分であるが，重症の場合には融解性実質壊死ですでに述べたような治療が必要となる。

ぶどう膜炎

　ネコにおいては，外傷（図3.32～3.35）に関連したぶどう膜炎（第12章参照）以外は緊急疾患ではない。片眼性のぶどう膜炎は，最も一般的には外傷性の傷害に関連し（前に論じた），両眼性のぶどう膜炎は全身性疾患に関連している。盲目は両方のタイプのぶどう膜炎における合併症となる可能性があり，よってぶどう膜炎の患者の検査と治療は細心の注意をもって行う。

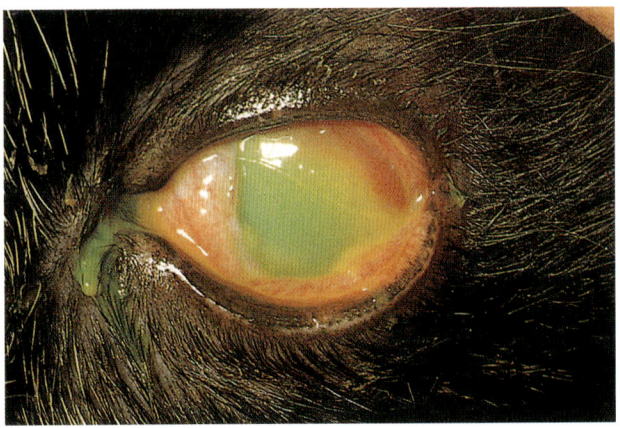

図3.42　水酸化ナトリウム（強アルカリ）を含有した家庭用漂白剤が偶然にかかって，急性の角膜軟化症をおこしている在来短毛種の成ネコ

対処法

- ぶどう膜炎の原因が不明な場合，ルーチンな血液学，生化学および血清学的検査のために採血し，尿検査も行うべきである。
- 貫通性の損傷は，ぶどう膜が病変に含まれている場合も含めて，早急な外科的修復を施す。
- 瞳孔が縮瞳している場合は，瞳孔を広げて毛様体の痙縮を抑えるために散瞳性調節麻痺薬（1％アトロピン）を局所投与する。一旦瞳孔が広がれば，アトロピンは散瞳を維持するために必要な回数のみ使用する。ぶどう膜炎の程度を調べるために眼球全体を検査することは重要であるが，完全な検査は前眼部の病変が少なく，瞳孔が散瞳している時にのみ可能となる。
- ぶどう膜炎が外傷の結果おこったものなら，広域スペクトラムを有する強化した抗生物質か市販の抗生物質点眼液を用いる。
- 虹彩炎および毛様体炎（前部ぶどう膜炎）には抗炎症剤の局所投与を用いる。脈絡膜炎および視神経炎（後部ぶどう膜炎）には局所薬物療法は効果がないので，全身的な治療を行わなければならない。周辺部ぶどう膜炎（中間部ぶどう膜炎）や全ぶどう膜炎には局所的および全身的治療の両方を施す。
- 角膜潰瘍など禁忌となる症状がなければ，コルチコステロイド（酢酸プレドニゾロン）を局所投与するべきである。最初のうちは1時間ごとに点眼し，このアプローチによって症状はおよそ数時間で劇的に改善される。その後点眼は毎日2～4回行い，眼が正常となった後に約7日間かけて漸減していく。
- 全身的なコルチコステロイド（通常はプレドニゾロン）は後眼部の炎症がある場合に（禁忌となる症状がなければ）用いるべきである。局所のコルチコステロイドを併用する場合は初期に多くの回数を投与し，その後漸減する。治療を突然中止すると，症状の急激な悪化を招く。

緑内障

緑内障（第10章参照）はネコではまれで，症状はイヌにおいて典型的な症状である急性のうっ血性緑内障というものではなく，慢性経過の角膜浮腫と眼球の拡張といった症状が典型的である。可能性のある原因としては原発性緑内障や，さらに一般的なものとして外傷（図3.35）や出血，新生物およびぶどう膜炎（第12章参照）に続発した緑内障がある。

水晶体脱臼（通常はぶどう膜炎に続発）もまたネコでは珍しく，イヌの場合と違って緊急疾患ではなく，また緑内障の原因にもならない。

対処法

- 緑内障は，外傷や新生物およびぶどう膜炎に続発しておこることがよくあるので，治療で最も重要なことは基礎疾患を確認して可能ならば治療することである。
- 浸透圧性利尿薬は緊急時に眼内圧を下げるための応急処置として用いられる。選択できる治療法としては，マンニトールの静脈内投与（1～2 g/kgを30分以上かけて）である。

引用文献

Bahn CF, Meyer RG, MacCallum DK, Lillie JH, Lovett EJ, Sugar A, Martonyi CL (1982) Penetrating keratoplasty in the cat. *Ophthalmology* 89: 687–699.

Brightman AH, McLaughlin SA, Brogdon JD (1989) Autologous lamellar corneal grafting in dogs. *Journal of the American Veterinary Medical Association* 195: 469–475.

Clarke KW, Hall LW (1990) A survey of anaesthesia in small animal practice. Association of Veterinary Anaesthetists/British Small Animal Veterinary Association report. *Journal of the Association of Veterinary Anaesthetists* 17: 4–10.

Davidson MG, Nasisse MP, Breitschwerdt EB (1991a) Acute blindness asociated with intracranial tumours in dogs and cats: Eight cases (1984–1989). *Journal of the American Veterinary Medical Association* 199: 755–758.

Davidson MG, Nasisse MP, Jamieson VE, English RV, Olivero DK (1991b) Traumatic anterior lens capsule disruption. *Journal of the American Animal Hospital Association* 27: 410–414.

Dubielzig RR, Hawkins KL, Toy KA, Rosebury WS, Mazur M, Jasper TG (1994) Morphological features of feline ocular sarcomas in 10 cats: Light microscopy, ultrastructure, and immunohistochemistry. *Veterinary and Comparative Opthalmology* 4: 7–12.

Gilger BC, Hamilton HL, Wilkie DA, van der Woerdt A, McLaughlin SA, Whitley RD (1995) Traumatic ocular proptoses in dogs and cats: 84 cases (1980–1993). *Journal of the American Animal Hospital Association* 206: 8, 1186–1190.

Griffiths IR (1987) Central nervous system trauma. In *Veterinary Neurology*. WB Saunders Co, Philadelphia. Oliver JE, Hoerlein BF, Mayhew IG (eds) pp 303–320.

Habin D (1995) Conjunctival pedical grafts. *In Practice* 17: 61–65.

Hacker DV (1991) Frozen corneal grafts in dogs and cats: A report on 19 cases. *Journal of the American Animal Hospital Association* 27: 387–398.

Hakanson NE, Merideth RE (1987) Conjunctival pedicle grafting in the treatment of corneal ulcers in the dog and cat. *Journal of the American Animal Hospital Association* 23: 641–648.

Hakanson N, Lorimer D, Merideth RE (1988) Further comments on conjunctival pedicle grafting in the treatment of corneal ulcers in the dog and cat. *Journal of the American Animal Hospital Asso-

ciation **24**: 602–605.

Henik RA (1997) Diagnosis and treatment of feline hypertension. *Compendium on Continuing Education for the Practicing Veterinarian* **19**: 163–179.

Morgan RV (1982) Ocular emergencies. *Compendium on Continuing Education for the Practicing Veterinarian* **4**: 37–45.

Morgan RV, Bachrach A, Ogilvie GK (1984) An evaluation of soft contact lens usage in the dog and cat. *Journal of the American Animal Hospital Association* **20**: 885–888.

Parshall CJ (1973) Lamellar corneal–scleral transposition. *Journal of the American Animal Hospital Association* **9**: 270–277.

Peiffer RL, Williams L, Duncan J (1979) Keratopathy associated with smoke and thermal exposure. *Feline Practice* **7**: 23–36.

Peiffer RL, Nasisse MP, Cook CS, Harling DE (1987) Surgery of the canine and feline orbit, adnexa and globe. Part 6: Surgery of the cornea. *Companion Animal Practice* **1**: 3–13.

Refojo MF, Dohlman CH, Koliopoulos J (1971) Adhesives in ophthalmology: a review. *Survey of Ophthalmology* **15**: 217–236.

Roberts SM (1985) Assessment and management of the ophthalmic emergency. *Compendium on Continuing Education for the Practicing Veterinarian* **7**: 739–754.

Schmidt GM, Blanchard GL, Keller WF (1977) The use of hydrophilic contact lenses in corneal diseases of the dog and cat: a preliminary report. *Journal of Small Animal Practice* **18**: 773–777.

Wolfer J, Grahn B (1995) Orbital emphysema from frontal sinus penetration in a cat. *Canadian Veterinary Journal* **36**: 3, 186–187.

4 眼球および眼窩

はじめに

ネコの眼球は他の家畜に比べて比較的大きく，ほぼ球形の大きな角膜をしており（図4.1），前頭部を占有して良好な両眼視を得ている。眼球の大きさは腹背方向で20～22 mm，垂直方向で19～21 mm，水平方向で18～21 mmである。

眼球は眼窩にピッタリとはまっており（図4.3参照），それゆえ球後部における占拠性病変が存在する場合はすぐに眼球突出を引きおこす。

眼窩は大きく深くなっており，頭蓋骨の大部分を占めている。眼窩は開放もしくは不完全であるとされている。つまり完全に取り囲まれているのではなく，外側に不完全な骨性眼窩縁が存在し，それは眼窩靱帯によって完全な眼窩を形成している。そして眼窩底を欠くが，前方棚が存在する。

眼球の発達は，神経および上皮性外胚葉，間葉から胚形成をする初期の段階からみられる。神経外胚葉からなる眼胞は，眼球の発達につれて陥入重積して視神経陥凹を形成する。

眼球および眼窩の生後の発達

眼球の大きさと成長を測定する試みが2群の近縁でない同腹仔，計6匹の仔ネコ（4匹と2匹の同腹仔）において行われた。

すべての仔ネコの左右両眼球が，Bモード超音波画像診断装置によって測定された。測定は眼が初めて開く7日齢から始め，1か月齢までは毎週，3か月齢までは2週間おきに，9か月齢までは4週間おきに以後1歳齢になるまで続けた。

測定は両眼とも同じ方法で行われ，性別間の差はなかった。表4.1は，それぞれの年齢での全仔ネコの12眼の平均長をミリメーターで表したものの結果である。

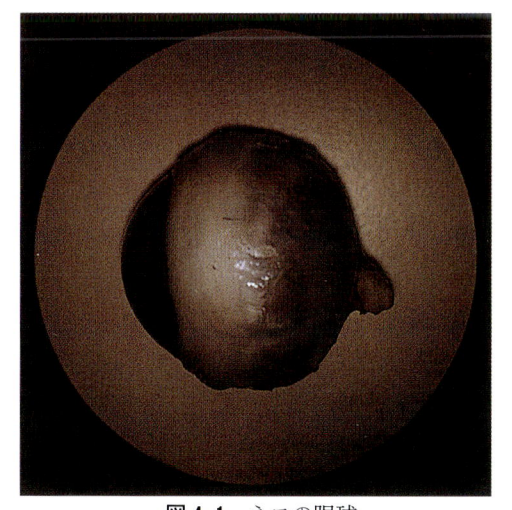

図4.1 ネコの眼球
球状の形と大きな角膜に注目。

表4.1 発育中の仔ネコの超音波検査による眼球の大きさの測定

仔ネコの年齢	眼球の大きさ (mm)
7 日齢	10.2
14 日齢	11.1
21 日齢	11.8
28 日齢	12.0
5 週齢	12.4
6 週齢	13.1
8 週齢	14.1
10 週齢	14.9
12 週齢	15.9
14 週齢	16.0
5か月齢	17.1
6か月齢	17.5
7か月齢	17.9
8か月齢	18.2
9か月齢	18.5
12か月齢	18.7

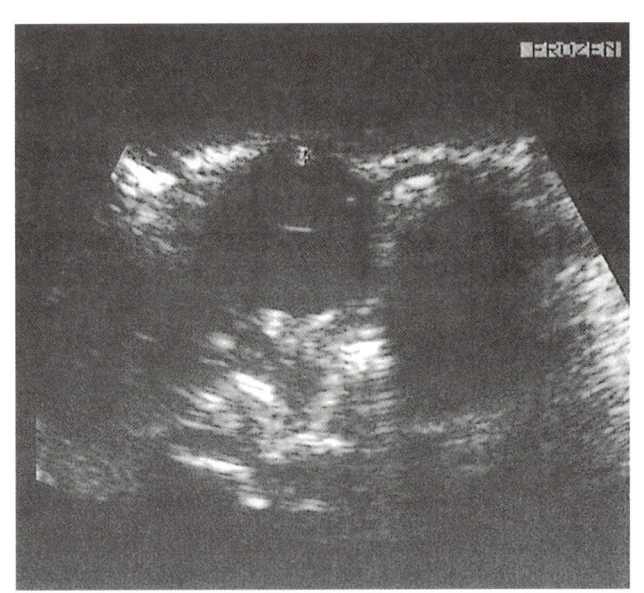

図 4.2 直接プローブを角膜に当てる方法を用いた7日齢の仔ネコの正常超音波画像

眼球は，水晶体の前嚢と後嚢を示す短い高エコーライン以外はエコーフリーに表される。角膜は超音波画像のてっぺんに2本のエコーラインとして観察される。

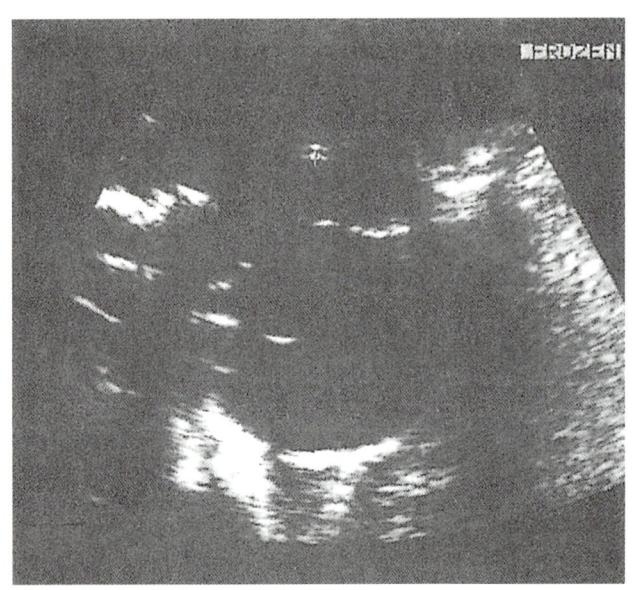

図 4.3 9か月齢のネコの正常超音波画像
図4.2と比較せよ。

図4.2および4.3はそれぞれ7日齢と9か月齢の超音波診断画像である。

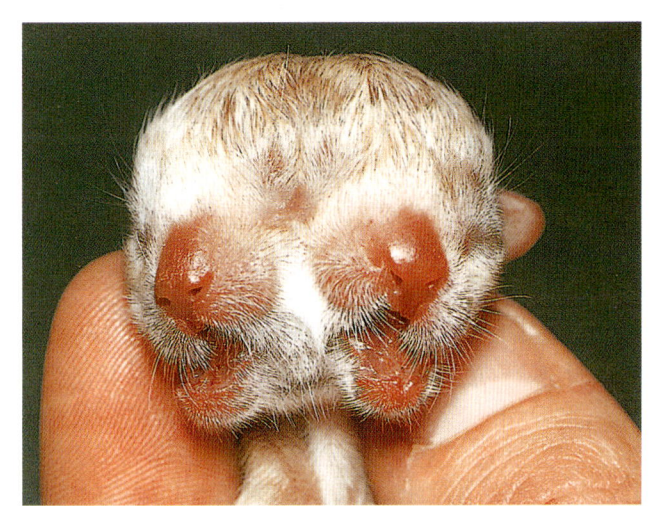

図 4.4 先天奇形（病歴なし）

先天性異常

ネコの多発性眼欠損を含めた先天性眼異常は，あまりみられない。

眼球の欠如である無眼球症は，視神経と視索の欠如が同時に認められると報告されているが，稀である（第14章参照）。無眼球症と単眼症は，妊娠ネコにおけるグリセオフルビンの使用に随伴しておこる催奇形異常として，他の先天性異常に含まれる（Scott et al., 1975）。眼球と眼窩にみられる他の先天奇形はあまりおこらないが，図4.4はその1例である。

先天的に小さな眼である小眼球症は，イヌに比べてネコではとても稀なものである。そしてイヌの場合のように遺伝的性質や品種素因によるものであるという証明はなされていない。小眼球症は片眼性にも両眼性にもみられ，重症例では眼瞼裂の狭小化を伴うとされる。図4.5は，明らかな核白内障と網膜異形成といった，よくみられる他の先天性異常を伴った，軽度の小眼球症を示している。図4.6は先天性白内障を伴ったより重度な例を示している。また，小眼球症は，重度の眼球陥凹や瞬膜の突出といった結果をもたらす場合もある（図4.7〜4.9）。

両眼性内斜視は，ネコの場合おそらくそのほとんどが先天性眼異常である（図15.20参照）。特にそれはシャムにおいてみられ，常染色体劣性遺伝によるものとされている。発生頻度は，選択的繁殖のおかげで数年前のケースに比べ，現在ではあまりみられなくなった（第15章も参照）。

眼球振盪は特にシャムに多くみられるが，必ずしも斜視を伴っているというわけではない。眼球振盪は早く断続的

4. 眼球および眼窩

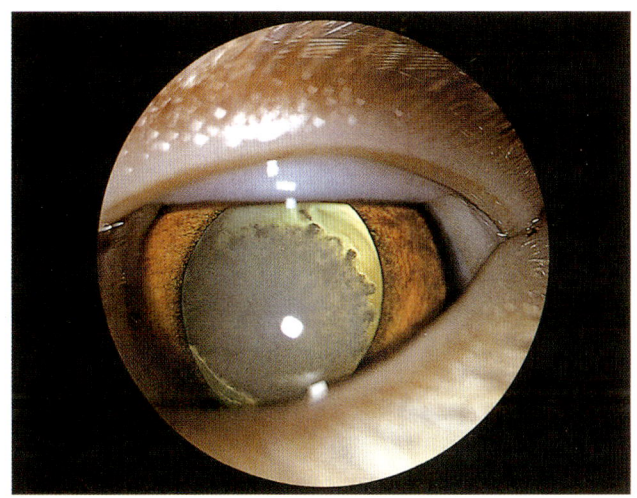

図 4.5　小眼球症（軽症例）
左側の瞬膜の突出と右側の可視強膜に注目。また小眼球症においてしばしばみられる核白内障にも注目。

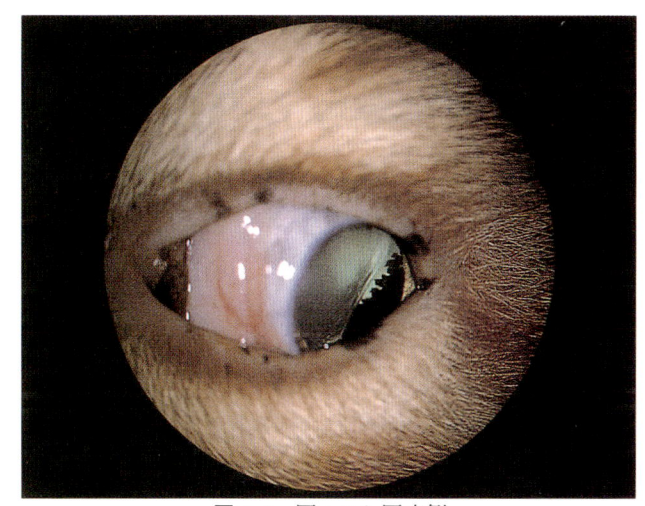

図 4.8　図 4.7 と同症例
瞬膜の突出，白内障，水晶体の形の異常と毛様体突起の不整に注目。

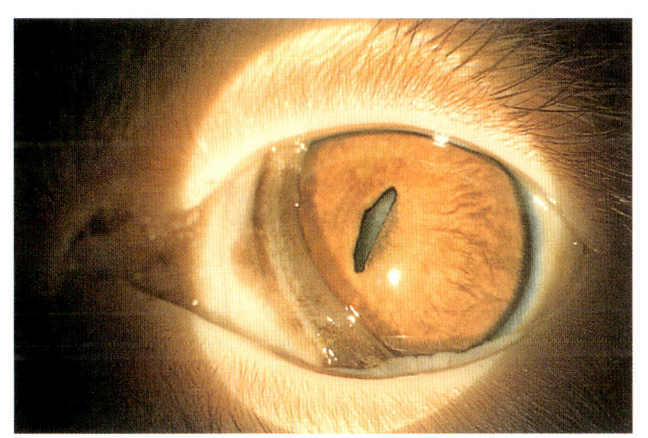

図 4.6　白内障を伴ったより重度の小眼球症の 1 例

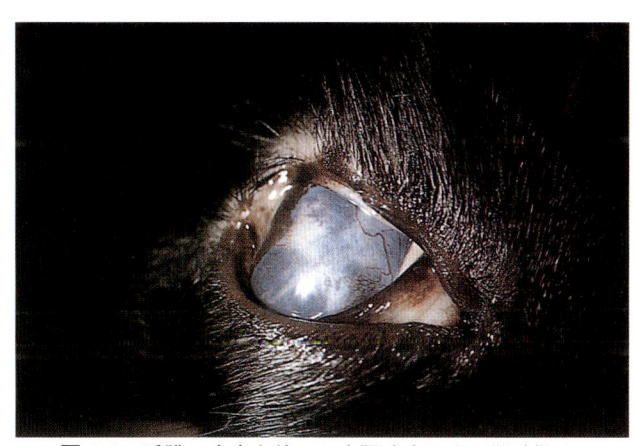

図 4.9　瞬膜の突出を伴った小眼球症および眼球陥入
他の先天性異常に加えて眼瞼の発育不全にも注目。

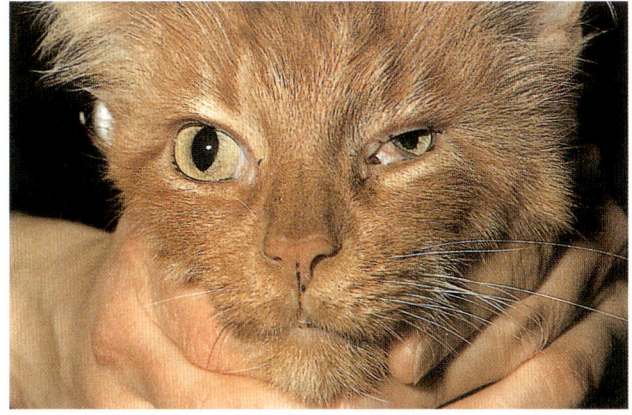

図 4.7　小眼球症と多発性先天性異常を呈しているネコの顔貌

に振動する。また，視力には影響はない（第 15 章も参照）。

　先天性緑内障で眼球が大きくなる牛眼（図 4.10）は，一般に仔ネコでみられる（図 10.4 も参照）。眼球はサイズの増加のために突出しているが，瞬膜は引っ込んでいる。一方，眼球のサイズは正常であるが前方に飛び出している眼球突出の例では，瞬膜も一緒に突出する。

　2 つの状態を鑑別診断する最もよい方法は，眼球を上から見てみることである。影響を受けている方の眼球突出では明らかに前方に押されているが，牛眼の場合は前方に出ていない。眼球突出の例において眼球を後方に押すことに抵抗を示すが，牛眼や水眼症ではそのようなことはない。

　牛眼に対する処置は，第 10 章の水眼症と緑内障の項を参照にせよ。

図 4.10　9週齢の仔ネコにみられた両眼性牛眼

処置は融合線に対して内眼角から先端の丸いはさみを入れて眼瞼を開いてやることである．眼瞼が再び閉じないように頻回の洗浄を行って，すべての化膿性物質を取り除くことが重要である．そして抗生物質の眼軟膏を用い，角膜や結膜を常に湿った状態にする必要がある．

眼球癆

眼球が縮んだ状態となる眼球癆は，外傷（図 4.12），眼球炎やひどいぶどう膜炎（図 4.13）のような重度の眼障害の結果，引きおこされる状態である．小眼球症のように小さな眼球は，眼球陥凹や瞬膜の突出をもたらす．

もし過度の眼脂が現在みられ，以後も続くようであれば，眼球癆に陥った眼球の摘出をすることがよい方法であろう．

新生仔眼炎

眼瞼が開く以前の結膜嚢の感染は，仔ネコが出産時，腟を通過する際にウイルスが感染することによっておこるとされている．しかしながら，臨床症状は仔ネコが生まれて数日経たないと現れないし，多くのものは敷き藁が影響を及ぼしているのかもしれない．臨床症状は，閉じた眼瞼の裏側で腫脹が大きくなり（図 4.11），正常なときに開瞼できないことである．穿孔や眼内炎，瞼球癒着によって引きおこされる角膜潰瘍が，全例においてみられるかもしれない．

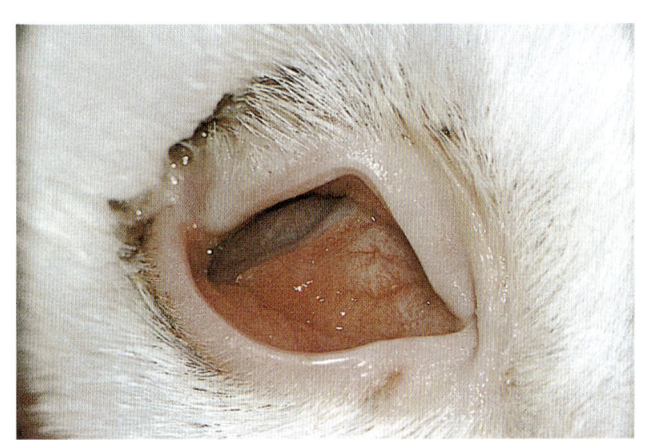

図 4.12　貫通性の外傷後にみられた眼球癆
眼球陥入と瞬膜の突出に注目．

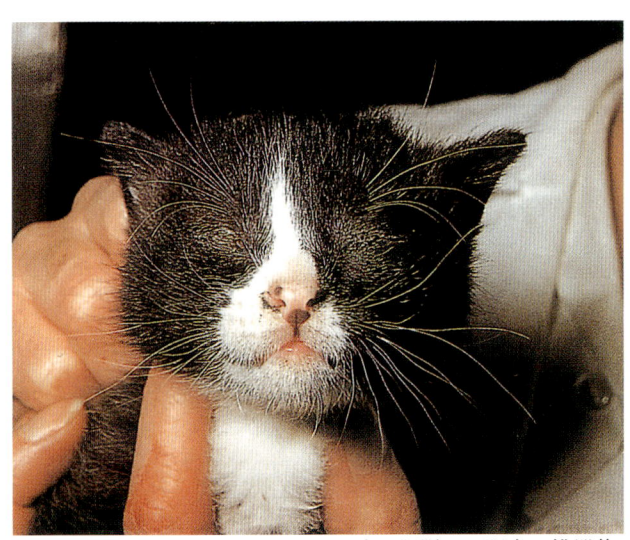

図 4.11　眼瞼が閉じたままでその裏で腫脹し，眼鼻の排泄物を示している新生仔眼炎（図 8.8 も参照）．

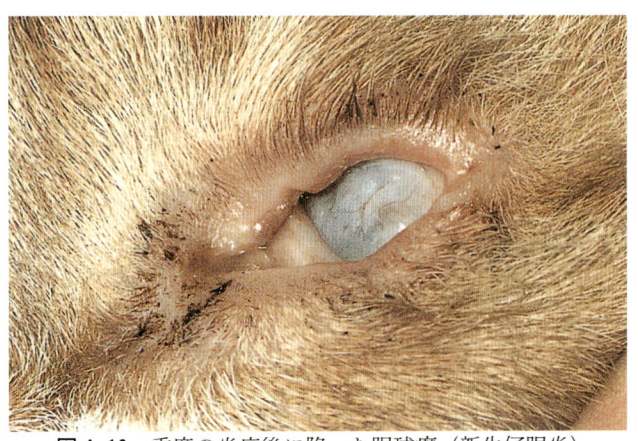

図 4.13　重度の炎症後に陥った眼球癆（新生仔眼炎）

眼球突出

　眼球の異常な前突を示す眼球突出は，空間占拠性病変のため通常瞬膜の突隆や，時には結膜浮腫や斜視を引きおこす。ネコでは眼球が眼窩に密に収まっているため，眼球突出が容易に引きおこされる。

眼窩蜂巣炎

　眼窩蜂巣炎(び漫性炎症)は，異物が結膜や口腔を介して眼窩領域に入り込んだり，眼窩の骨折や傷に随伴したり，前頭洞炎からの波及や，上顎の臼歯の病変といった様々な病変からおこりうるのだが，ネコにおいてはあまり一般的ではない(図4.14および4.15)。眼球腫大に加えて他の眼症状として，結膜浮腫，眼窩周囲の浮腫，そして時に疼痛が認められる。*Penicillium* 属による副鼻腔炎や肺炎を伴った両側性の蜂巣炎がネコにおいて報告されている(Peiffer et al., 1980)。*Pasteurella multocida* による視神経炎を伴った両側性の眼窩蜂巣炎を図14.75に示している。

球後膿瘍

　球後膿瘍は，異物や歯科疾患といった眼窩蜂巣炎で述べたのと同様の理由でおこり得るのだが，ネコにおいてはあまり一般的でない(図4.16および4.17)。眼脂，流涎，疼痛，時に開口といった症状は重度の慢性炎症によるものである。歯に欠陥があれば原因は明らかであるのだが，例外的なこともあり，詳細な歯科学的検査が必要である(Ramsey et al., 1996)。

　眼窩蜂巣炎と球後膿瘍に対する処置は同じであり(第3章も参照)，広域抗菌スペクトラムの抗生物質の全身的な投

図4.14　眼窩蜂巣炎
眼窩周囲の腫脹と眼脂に注目。

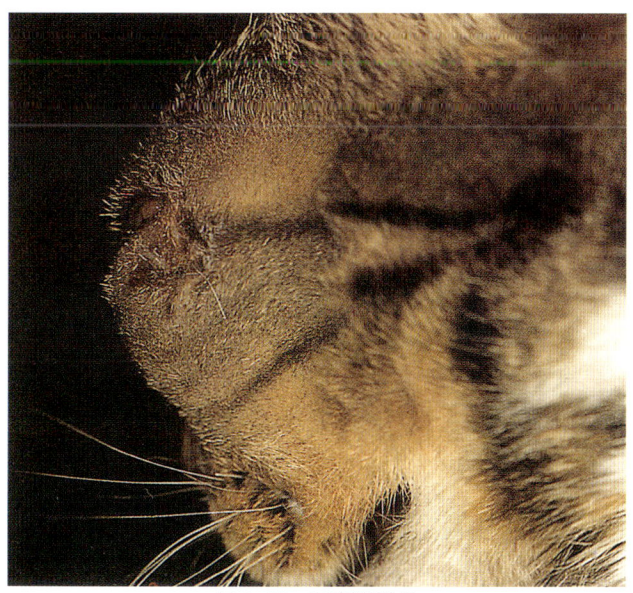

図4.15　眼窩蜂巣炎
図4.14と同症例。

図4.16　球後膿瘍
僅かな眼脂と瞬膜の突出に注目。

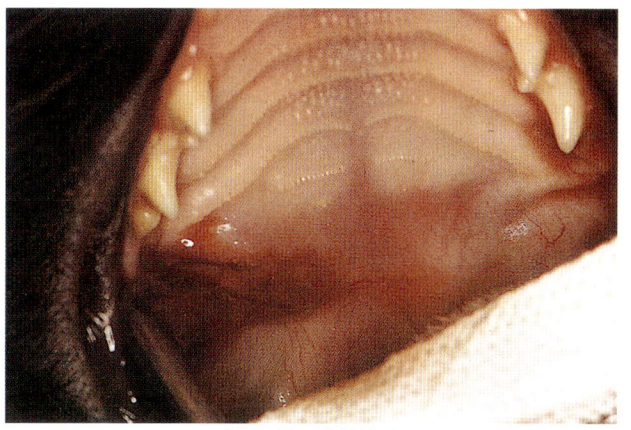

図4.17　球後膿瘍
最後臼歯の後ろに設けた排出口に注目。

図 4.18 球後腫瘍
眼球と瞬膜の上方および前方への変位がみられる。9歳齢の在来短毛種にみられたリンパ肉腫。

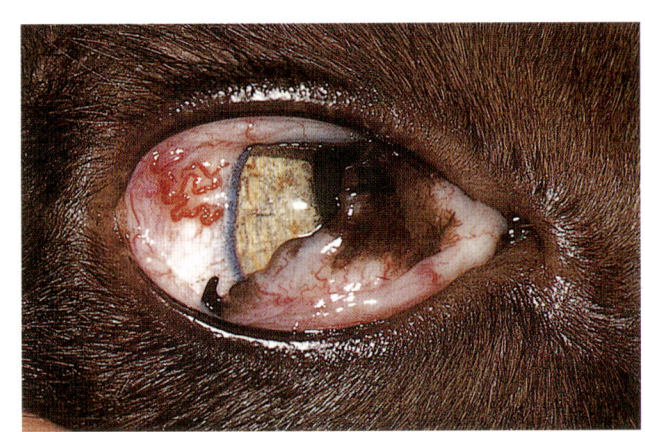

図 4.20 眼窩内に浸潤をしている鼻の腫瘍による眼球突出
表層血管のうっ血，結膜浮腫，そして瞬膜の突出に注目（瞬膜の辺縁が不整になるほどのひどい損傷を受けている）。

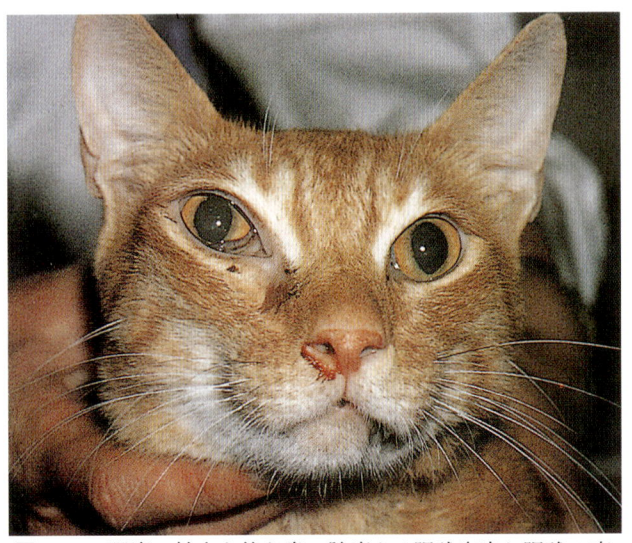

図 4.19 眼窩の拡大を伴う鼻の腺癌よる眼球突出と眼球の変位
罹患側の鼻腔内の出血に注目。

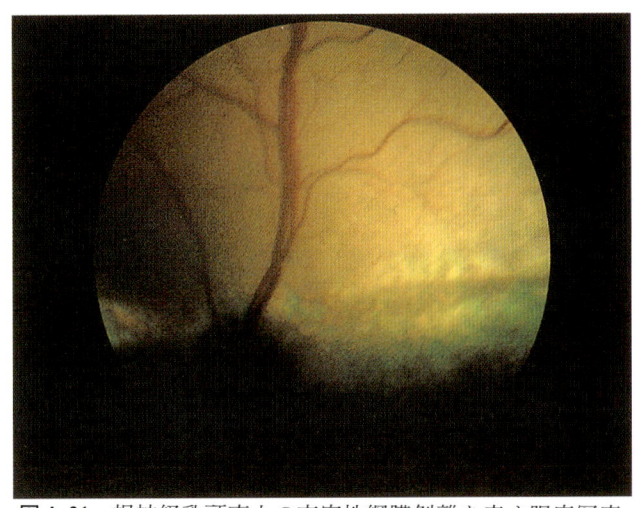

図 4.21 視神経乳頭直上の充実性網膜剥離を表す眼底写真（図4.20と同症例）

与が必要である。球後膿瘍は口腔内に排出口をつくる必要もある。全身麻酔下にて頭部をわずかに下に向け，気管内挿管を行い，湿ったガーゼで咽頭をふさぎ，最後臼歯の後方の口腔粘膜に切開を加える。微細な両鈍の動脈鉗子を切開部に挿入し，鉗子を眼窩と顎に対して上方に向け静かに押す。しかしながら，この方法によって明らかな化膿性物質の排出ができることは稀である。細菌同定のためのスワブ採取と全身的な抗生物質療法が必要である。傷に接している折れた臼歯は抜歯するべきである。

眼窩出血

眼窩出血は交通事故（頭部外傷）や咬傷，また眼窩骨折や結膜下気腫，結膜下出血によりしばしば引きおこされる。可能な限り原因を明らかにすることが重要であり，明らかな外傷が見当たらない場合においても，血餅の排除を考慮すべきである。また兎眼性角膜症の治療も行うべきである。

新生物

眼窩新生物はネコにおいてよくみられ，しばしば悪性である（図4.18〜4.24）。新生物は，眼窩構築物が原発であっ

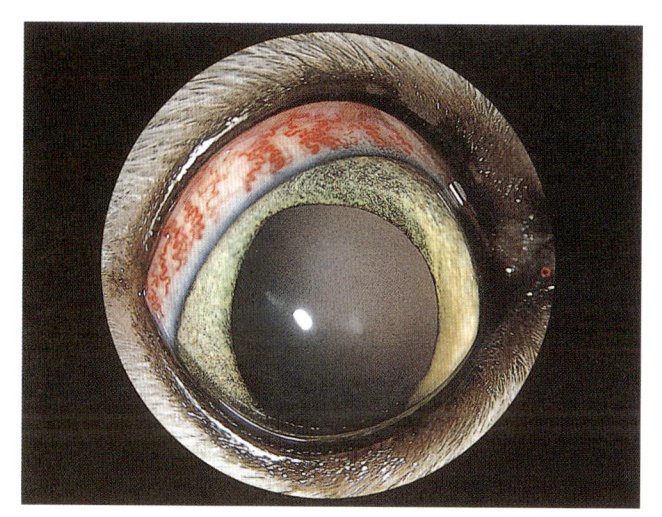

図4.22 眼窩浸潤を伴う多中心性リンパ肉腫
表層血管のうっ血に注目。

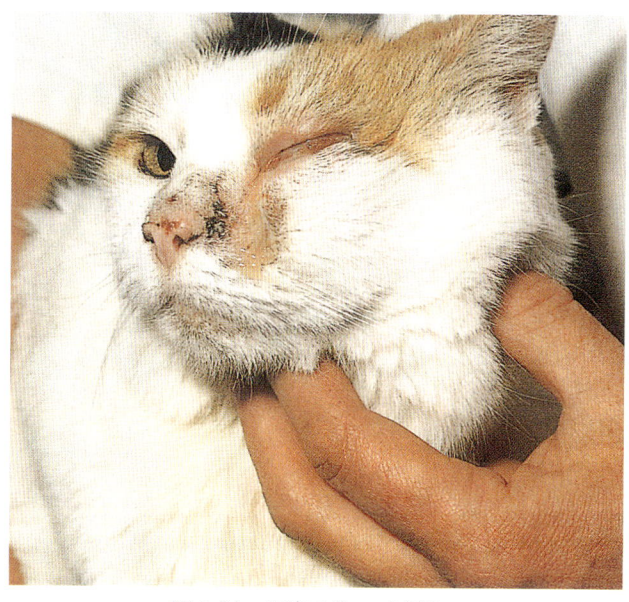

図4.24 眼窩のリンパ肉腫
局所リンパ節の発育腫大（親指とその他の指の間）に注目。

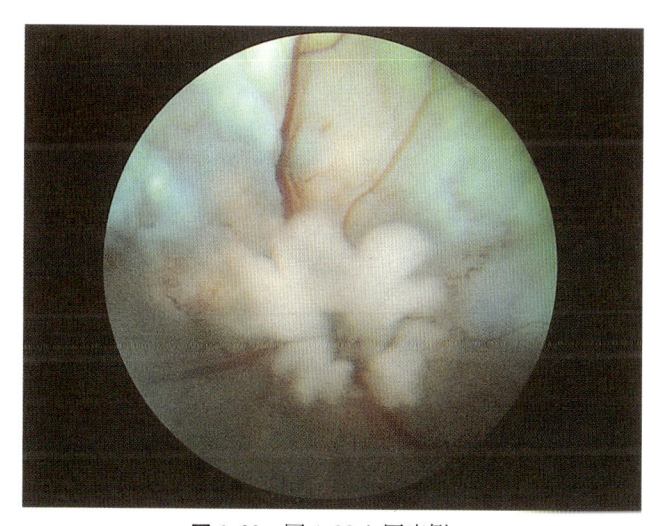

図4.23 図4.22と同症例
網膜剥離と血管新生のみられる視神経病変を示す眼底。

その他の原因

眼球突出は老齢ネコにおける好酸球浸潤を伴った炎症性肉芽腫性病変（図4.25）や，球後腫瘍によって引きおこされるともいわれている（Dziezyc et al., 1992）。

診　断

前述した臨床症状や診断法以上に眼球突出の鑑別診断においては，画像診断技術がかなり有用である。ネコにおける眼球突出の例においてこれらの技術を用い，比較したも

たり，隣接組織から2次的に波及したり，他の組織から転移したりする。新生物は次のようなものである。リンパ肉腫，扁平上皮癌，腺癌，紡錘細胞肉腫，未分化肉腫，線維肉腫，骨肉腫，横紋筋肉腫，骨腫，未分化腺癌，黒色腫，軟骨腫，血管肉腫といったものが挙げられる。眼窩の腫瘍は必ずではないのだが通常片側性で痛みもなく，しばしば発育して眼球突出を引きおこす。眼窩腫瘍は老齢ネコにおいて最も一般的であるのだが，1歳齢以下の動物においてもみられる。

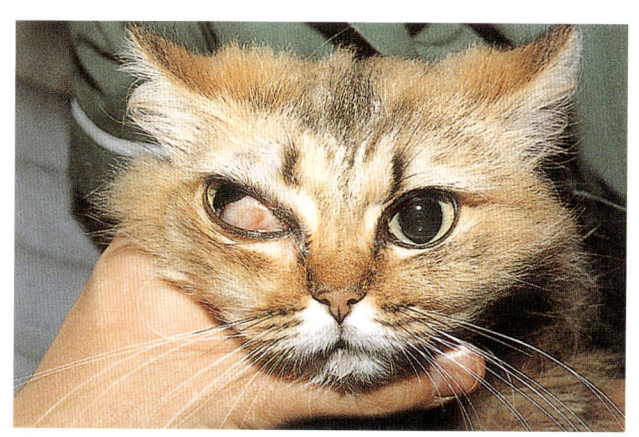

図4.25 炎症性肉芽腫性病変による眼球腫大（このネコは，硬口蓋の腫脹もみられる）

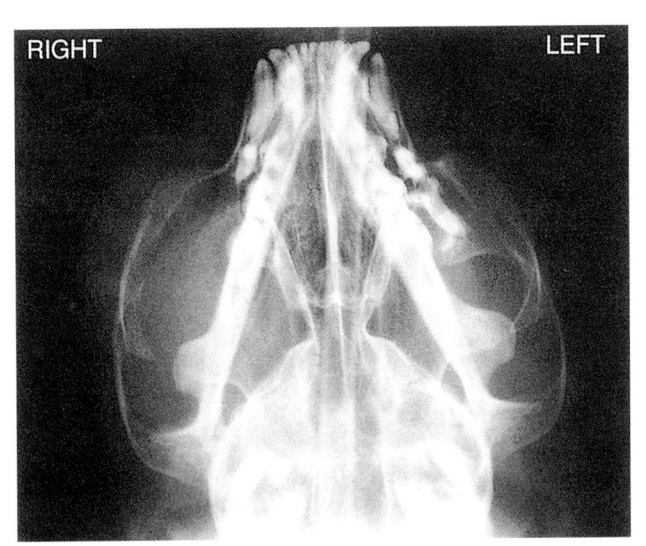

図4.26 歯の欠落による上顎骨鼻側と頬骨吻側の広範な骨融解のみられる，右眼の背側変位を呈した2歳齢の在来短毛種の頭骨X線背腹像
病理組織診断では，エナメル芽細胞腫であった。

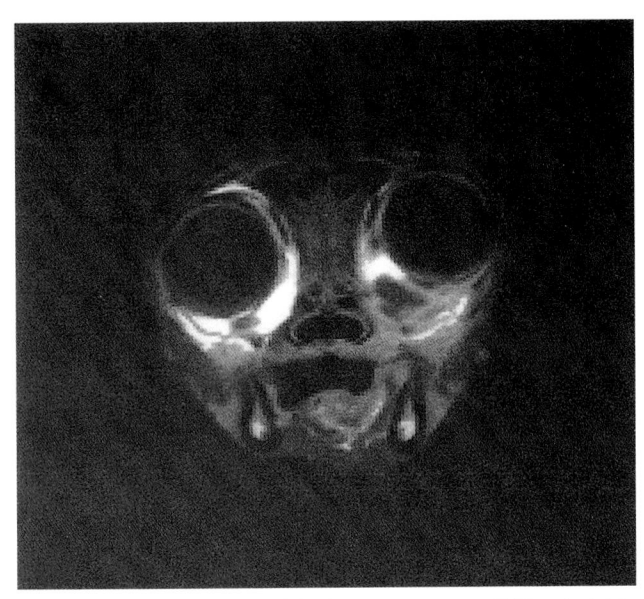

図4.28 疼痛を伴った眼球腫大のみられる14歳齢の在来長毛種の眼窩領域におけるMRI，T1強調横断像
正常な眼球と眼窩が画像の左側でみられ，眼球は低信号で暗く，眼窩は脂肪のため高信号で明るく描出されている。外眼筋は脂肪の中にみられる。罹患側の眼球は変位および変形し，壁の薄い低信号病巣が球後部空間にみられる。さらに詳細な断層像により，これは膿瘍であることが示唆され，2次的に排膿管を形成していた。膿瘍は，前出の超音波検査における硬いマスによく似ていた。

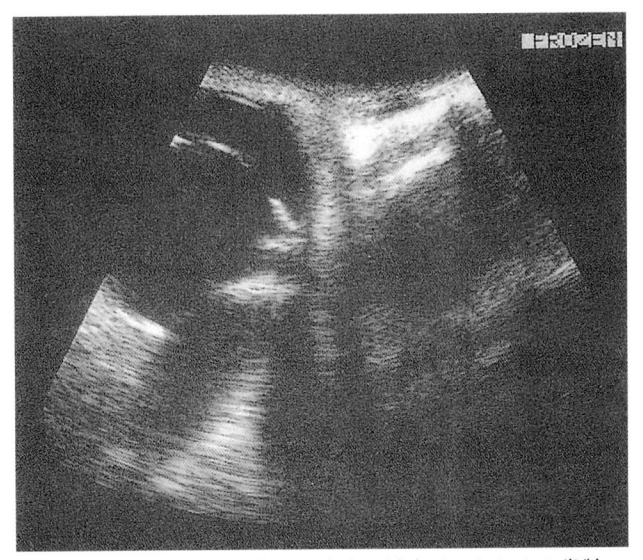

図4.27 眼球腫大と球後部の内容の減少がみられる8歳齢の在来短毛種の眼球と眼窩の超音波診断画像
眼球後部の陥凹のため，球後部のスペースに紡錘形をした低エコーのマスがみられる。病理組織診断では，リンパ肉腫であった。

のが評価されている（Ramsey et al., 1996）。図4.26〜4.28には，ただ骨が病変に含まれているかを示唆するという場合にのみ有用であるX線像，Bモード超音波診断画像および核磁気共鳴画像の例を示した。

眼球脱出

眼球脱出（図4.29）あるいは眼球脱は，眼窩から眼球が前方に変位し，眼瞼に挟まれ眼窩に戻れなくなった状態である。眼球脱出あるいは眼球脱は通常外傷によっておこるのだが，ネコの場合は深い眼窩のおかげでおこりにくい。よって，ひどい外傷や眼窩骨折の場合にのみ認められる。

この状態は，真の救急疾患とみなすべきであり，眼窩内に眼球をすぐに戻す処置が必要である（第3章参照）。まず始めに角膜を滑らかにし，必要ならば全身麻酔をかけ，外眼角切開を行い眼球を元に戻す。整復の次に，第3眼瞼を眼球が覆われるように縫い付けるか，もしこれが不可能な

4. 眼球および眼窩

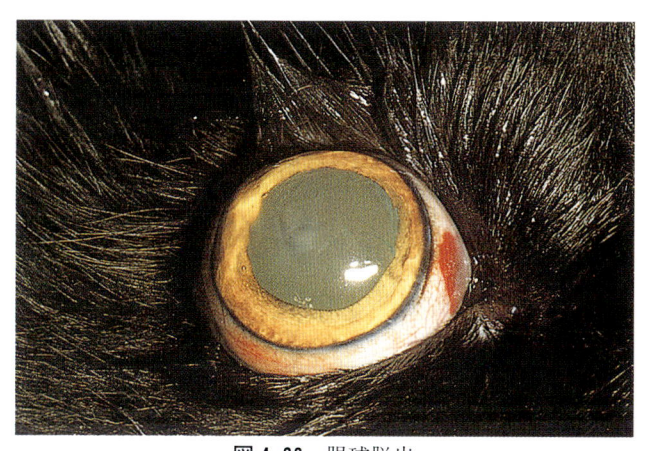

図 4.29 眼球脱出
内眼角の結膜下出血，瞬膜の消失，眼球の裏側に眼瞼が入り込んでいること，強膜の露出，角膜表面の微かな歪みに注目。

的な視力喪失を引きおこす。そうなった眼球は摘出することで，動物はより快適に暮らせるであろう。ネコは眼内肉腫が発達しやすいので（後述参照），眼球摘出は選択すべき処置の1つである。

眼球陥入

眼窩内に眼球が後退する眼球陥入（図4.31および4.32）は，様々な条件によってみられる。
(1) ひどい眼の痛み。
(2) 小眼球症（図4.5および4.9）。
(3) 眼球癆（図4.12）。
(4) 眼窩の腫瘍例で，稀ではあるが腫瘍の発達部位によって陥入がおこるが（図4.31および4.32），一般的には

らば眼瞼を3～4針マットレス縫合することで眼窩内組織の腫脹による再突出を防げるであろう。この縫合は10～14日そのままにしておくべきであり，炎症と腫脹の緩和の目的で全身的な抗生物質とコルチコステロイドの投与が必要である。しかし素早い対処で眼球を元に戻しても，視力の予後についてはかなり注意が必要である。

牛眼

牛眼（図4.30）は，眼内圧の上昇によって眼球の大きさが増加することをいう（第10章と図10.17～10.19も参照）。牛眼は，特にネコにおいては腫大した眼球が痛みを示すことはないのだが，網膜と視神経の萎縮によって不可逆

図 4.31 左眼の瞬膜の突出と流涙症を伴った眼球陥入
これは，鼻腔と眼窩内に浸潤のみられる扁平上皮癌に罹患した3歳齢の在来短毛種の避妊済みメス。

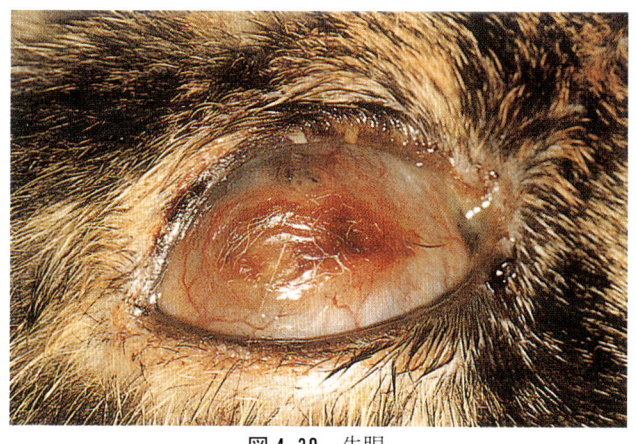

図 4.30 牛眼
眼球の大きさによる兎眼性角膜症に注目。

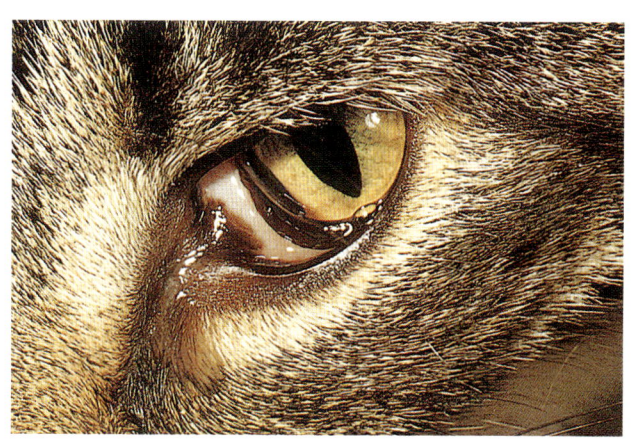

図 4.32 図4.31と同症例
眼球陥入を示すための拡大写真。

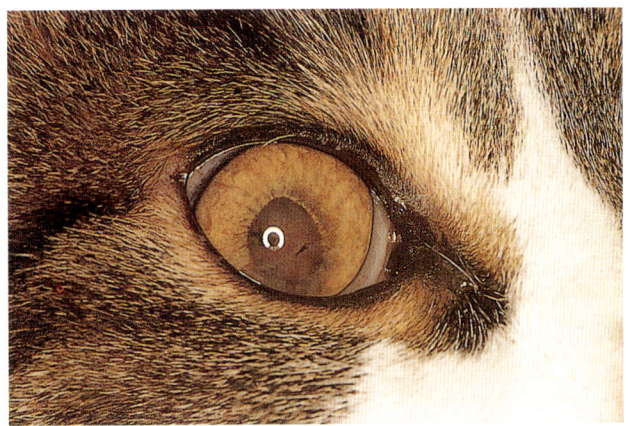

図 4.33 2年前の外傷性穿孔に続発した眼内肉腫に罹患した9歳齢のネコ

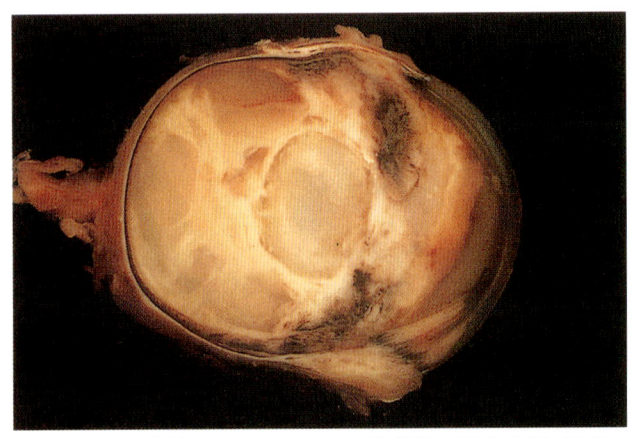

図 4.34 14歳齢のネコにおこった外傷後の眼内肉腫 (J.R.B.Mould 氏の好意による)

眼球突出としてみられる。
(5) ホルネル症候群の1症状(図15.8 および15.9, 第6章および15章も参照)。

外傷後の肉腫

ここ数年ネコにおいて, 外傷や感染, 手術の後に眼内肉腫がみられるという発表が多く報告されている(図 4.33 および 4.34) (Dubielzig, 1984, 1994；Peiffer et al., 1988；Hakanson et al., 1990；Dubielzig et al., 1994)。これらの報告はすべて老齢ネコであり, 外傷を受けてから数か月から数年後に眼内肉腫がおこっている。疼痛は僅か, もしくは全くみられなく, 通常眼は不透明であるため腫瘍の発達は気付かれないまま進行する。肉腫は眼球内で発達するのだが, 通常視神経管を介して眼外にまで波及する。腫瘍細胞は水晶体上皮細胞から放出されることに由来していると考えられる。この肉腫は眼球癆に陥った眼でも発達し, ネコでは牛眼でも眼球癆でも眼球摘出をすることが正当化される。

引用文献

Dubielzig RR (1984) Ocular sarcoma following trauma in three cats. *Journal of the American Veterinary Medical Association* **184**: 578–581.

Dubielzig RR, Hawkins KL, Toy KA, Rosebury WS, Mazur M and Jasper TG (1994) Morphologic features of feline ocular sarcomas in 10 cats: light microscopy, ultrastructure, immunohistochemistry. *Veterinary and Comparative Ophthalmology* **4**: 7–12.

Dziezyc J, Barton CL and Santos A (1992) Exophthalmia in a cat caused by an eosinophilic infiltrate. *Progress in Veterinary and Comparative Ophthalmology* **2**: 91–93.

Hakanson N, Shively JN, Reed RE, Merideth RE (1990) Intraocular spindle cell sarcoma following ocular trauma in a cat: case report and literature review. *Journal of the American Animal Hospital Association* **26**: 63–66.

Peiffer RL, Belkin PV and Janke BH (1980) Orbital cellulitis, sinusitis and pneumonitis caused by *Penicillium* sp. in a cat. *Journal of the American Veterinary Medical Association* **176**: 449–451.

Peiffer RL, Monticello T and Bouldin TW (1988) Primary ocular sarcomas in the cat. *Journal of Small Animal Practice* **29**: 105–116.

Ramsey DT, Gerding PA, Losonsky JM, Kuriashkin IV and Clarkson RD (1994) Comparative value of diagnostic imaging techniques in a cat with exophthalmos. *Veterinary and Comparative Ophthalmology* **4**: 198–202.

Ramsey DT, Marretta SM, Hamor RE, Gerding PA, Knight B, Johnson JM and Bagley LH (1996) Ophthalmic Manifestations and Complications of Dental Disease in Dogs and Cats. *Journal of the American Animal Hospital Association* **32**: 215–224.

Scott FW, LaHunta A, Schultz RD, Bistner SI and Riis RC (1975) *Teratology* **11**: 79–86.

5　上眼瞼と下眼瞼

はじめに

　上眼瞼と下眼瞼は角膜に密着できるようになっていて，眼瞼裂の中に露出している結膜はほとんどないが（図1.2および1.3），内眼角にある第3眼瞼結膜のわずかな部位と，時に外側の球結膜の一部は例外である。成猫の眼瞼裂の長さを測定した平均値は27.8±2.7 mmで，ペルシャはより大きな平均値の28.7±2.9 mmを示した（Stades et al., 1992）。眼瞼縁には通常は色素が沈着し，それは眼の周囲の皮膚や毛の色調が濃い場合に顕著である。加齢とともに少しずつ大きくなっていくような小さな色素斑を眼瞼に持つネコや，眼瞼に全く色素を持たないような色の薄いネコもおり，眼の左右によっても，品種によっても様々なバリエーションがみられる。内眼角の領域で眼瞼の内側をみると，上涙点および下涙点を識別できる。

　成ネコはめったに瞬目しないが，完全な瞬目はおよそ5分ごとにおこり，不完全な瞬目は稀である。ヒトと同様に，下眼瞼に比べて上眼瞼のほうが可動性がある。

　眼瞼は解剖学的に眼窩隔膜という筋膜によって分離される2層から構成されている。前方の一層は皮膚と眼輪筋からなり，後方の一層は眼瞼を後方に牽引する働きを持つ瞼板と結膜の層からなる（図5.1）。眼瞼を後引する筋肉は，交感神経に支配された平滑筋と，上眼瞼においては動眼神経（第3脳神経）に支配された上眼瞼挙筋とからなる。どちらの眼瞼にも豊富に血液が供給されている。

　繊細な被毛が眼瞼の皮膚を覆い，その毛包の多くが腺組織を伴っている。上眼瞼には，睫毛の痕跡である太い毛が生えているが，上眼瞼にも下眼瞼にも眼瞼縁には毛が生えていないのが普通である。厚みのない眼輪筋（第7脳神経である顔面神経によって支配）は眼裂を取り囲み，その上にある皮膚に密着している。

　よく発達したマイボーム腺（瞼板腺）の開口部が1つの眼瞼あたり25～30個存在し（下眼瞼よりも上眼瞼のほうが多い），眼瞼縁の内面の浅い溝のなかに確認でき，腺の大きさも瞼結膜を透して明瞭である。また，上眼瞼のほうが下眼瞼よりも腺がよく発達している。マイボーム腺は瞼板として知られる線維性の結合組織の中に存在するが，板瞼と称されるマイボーム腺の周囲の結合組織はそれほど硬いわけでなく，腺組織の数の多さともあいまっての誤称である。眼瞼の硬さは，特に眼瞼縁のわずかな範囲内における，結合組織の配列状態の複雑さによってほぼ決定される。

　生まれたばかりの仔ネコの眼瞼は，出生後しばらく（通常4～12日）は閉鎖されたままである。まれに眼瞼が開いた状態で仔ネコが生まれることがある。片眼だけが早く開

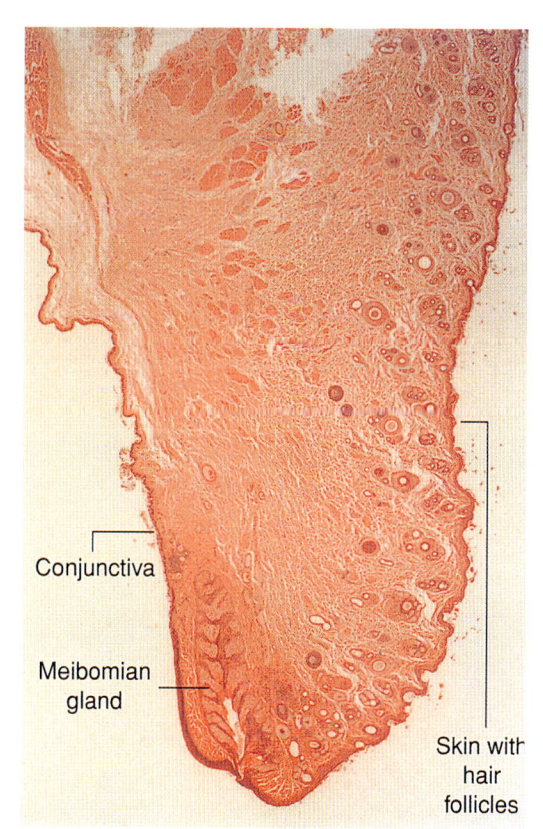

図5.1　ネコの上眼瞼の組織切片
左が結膜側で，右が皮膚側である。
conjunctiva：結膜，meibomian gland：マイボーム腺，skin with hair follicles：毛包を持つ皮膚

瞼することは珍しいことではない。

上眼瞼および下眼瞼の異常

眼瞼癒着

　上下の眼瞼が厚い膜で接着されているような先天性の眼瞼癒着がペルシャで報告されている。

　眼瞼の内側におこった感染（通常はネコヘルペスウイルス1型）の結果，新生仔眼炎が生じることがあり（第4章および第8章参照），そのため正常ならば開瞼すべき時期を過ぎても眼瞼が閉じたままとなる（図4.11）。通常は閉鎖した眼瞼の内側が腫れ，初期であれば透明な眼脂が内眼角よりにじみ出る。治療を行わなければ，眼脂はやがて粘液膿様となり，2次的な細菌感染が生じることとなる（図5.2）。

　視力を脅かすような合併症（図5.3）を避けようとするならば，新生仔眼炎はきちんと認識して治療を行う必要のある病気である。新生仔眼炎の管理については第4章を参照のこと。

　以前に新生仔眼炎に罹患していたネコ，特に治療を行っていないネコには，成長してから複雑な眼瞼の欠陥が存在することがあり，管理するにあたっては症例ごとに注意深い評価が必要である。新生仔眼炎の合併症としては，角膜潰瘍，眼球の穿孔，眼内炎，全眼球炎（第3章参照），涙液の産生および排泄の異常（第7章参照）および瞼球癒着（第8章参照）が挙げられる。

無形成および欠損症

　眼瞼の全層あるいは何層かをを完全に欠いている無形成や部分的に欠いている欠損症は，片眼にみられることも両眼にみられることもあり（図5.4〜5.8），在来種においても野生種においても最も一般的な先天性の眼瞼の異常である（Bellhorn et al., 1971）。最も発生頻度が高い部位は上眼瞼の外側であるが，時に内眼角や外眼角が侵される。稀にではあるが，眼瞼の中央部が侵される。ユキヒョウに多発性の眼瞼欠損症がみられることがWahlbergによって初めて記録され（1978年），その後もBarnett（1981年）とGripenberg et al.（1985年）が報告している。明確な原因は突き止められていないものの，奇形発生，環境による影響および遺伝的素因などの多くの可能性が示唆されている。眼における欠損症の発現は，一部分の欠損（眼瞼欠損症，図5.9）から多発性の欠損症（眼瞼欠損症，小眼球症，白内障，網膜異形成，脈絡膜欠損症および視神経のコロボー

図5.2　重篤な続発性の細菌感染を伴った，10日齢の仔ネコの新生仔眼炎　　鼻漏に注目。

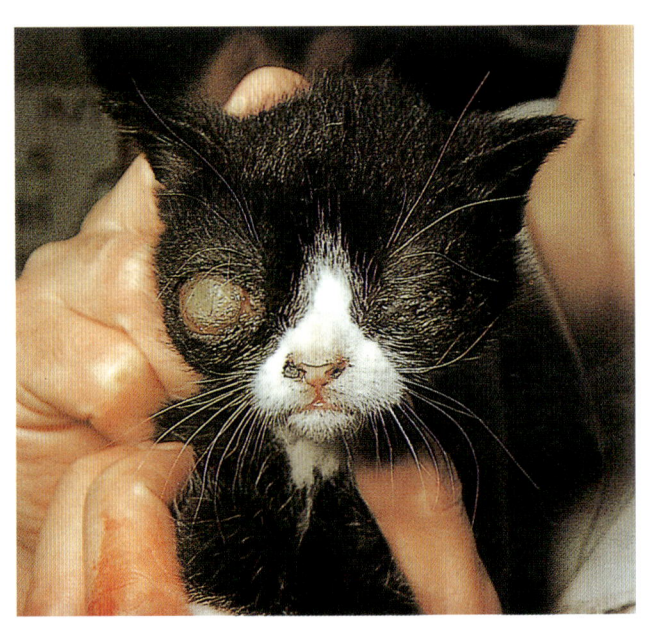

図5.3　約3週齢の仔ネコの新生仔眼炎
右眼では眼内炎がみられ，左眼では眼瞼の内側に眼脂と腫脹が存在する。鼻漏に注目。

マ）に分類される。同様の多発性の先天性眼異常が在来短毛種の仔ネコで報告されている（Martin et al., 1997）。外眼角および内眼角において眼瞼が完全には発達しないような遺伝的素因が，ある系統のバーミーズのネコで示唆されており（図5.10），この品種では眼球上の類皮腫までもが発達性の欠損症に併発するようである（Koch, 1979）。出生前や周産期の感染症の合併症として，大きな眼瞼欠損症がおこることもあり，そういった場合には，程度の差こそあれ，同腹仔がすべて罹患し，瞼球癒着のような欠損症がおこるようである（第8章参照）。

　罹患したネコにおいて，眼瞼欠損の大きさが臨床症状の

5. 上眼瞼と下眼瞼

図5.4 バーマンの仔ネコにみられる多発性の眼異常

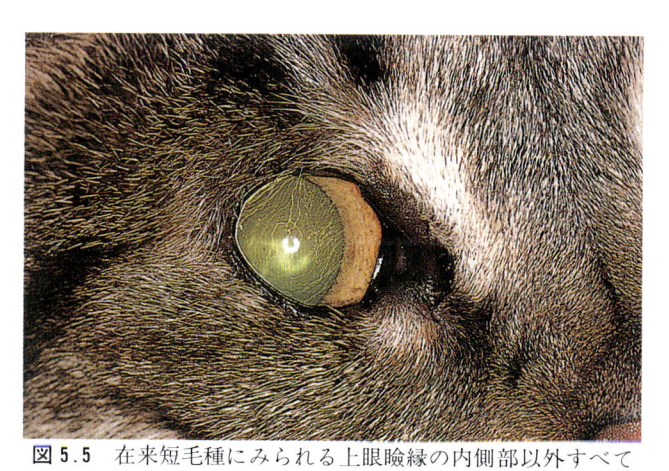

図5.5 在来短毛種にみられる上眼瞼縁の内側部以外すべてを侵している眼瞼欠損
広範な（被毛による）睫毛乱生の結果，軽度の血管新生のある角膜炎を伴っている。

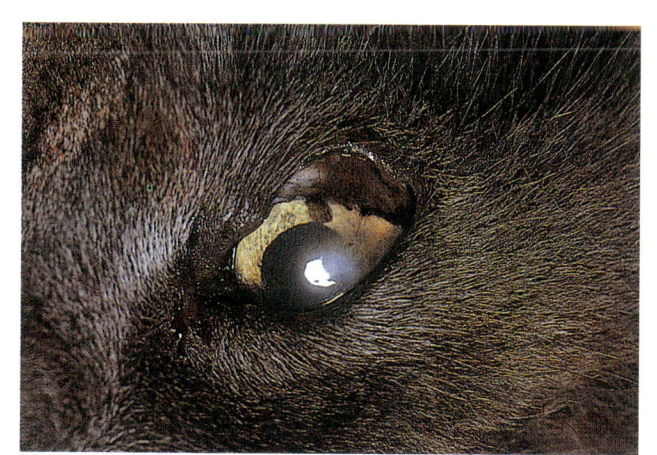

図5.6 在来短毛種にみられる広範な上眼瞼の欠損
上眼瞼の幅約2/3にわたり，かなり深くまで侵されている。露出した球結膜には色素が沈着し，兎眼性角膜症が認められる。

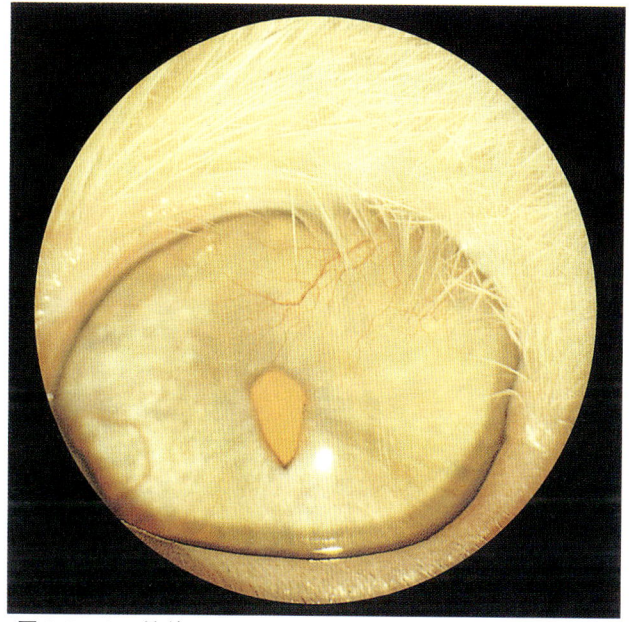

図5.7 6か月齢のカラーポイントにみられる睫毛乱生を伴った外側部の眼瞼欠損
欠損は上眼瞼の外側部，外眼角および下眼瞼の一部に認められる。虹彩の12時の位置に非典型的な虹彩の欠損も認められる。対眼も同様である。

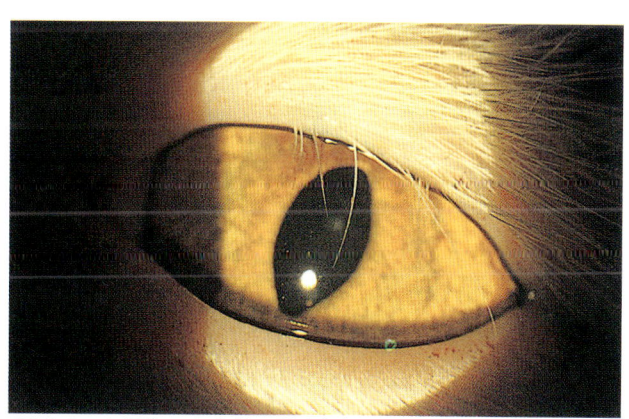

図5.8 上眼瞼の中央部に眼瞼欠損の認められる，2歳齢の在来短毛種
被毛による睫毛乱生に注目。欠損部位にはマイボーム腺は存在しない。同様の欠損が対眼にもみられる。

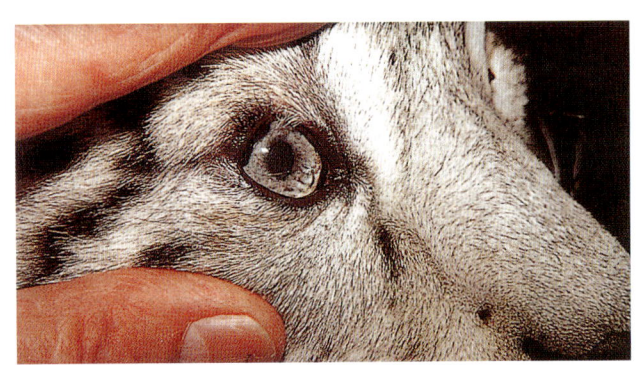

図 5.9 上眼瞼の中央部分に眼瞼欠損の認められるユキヒョウ　左眼の眼瞼も同様に欠損している。

図 5.10 外眼角において眼瞼の不完全な発達がみられるバーミーズの成ネコ（A.L.Lange 氏の好意による）。

重さを決定する。眼瞼縁の欠損に関連して，その領域には明らかなマイボーム腺は存在しないであろう。角膜に及ぼす影響は全く軽微なものから，著しい露出性の角膜症や，時には隣接する被毛が直接角膜を刺激して（睫毛乱生のような状態であるが，角膜に接触しているのは睫毛ではなく被毛）生じる外傷まで様々である。罹患動物においては，眼やその付属器官のその他の異常を見逃さないようにすることが大切である。

軽症例の治療は眼を清潔に保つことと，潤滑剤の使用である。より重症例においても手術に適した年齢になるまでは同様の温存療法を採用するのがよいであろう。外科的修復は欠損部分の大きさや位置に基づいて使用される手術法に影響される（Peiffer, 1987 a, b；Collin, 1989；Dziezyc and Millichamp, 1989；Mustarde, 1991）。上眼瞼は可動性が大きく，重力の影響を受けるという解剖学的特徴があるため，下眼瞼に比べて上眼瞼の手術のほうが挑戦的になってしまうことは避けられない。眼瞼の修復法を詳細に述べることは本書の範囲外であるが，眼瞼の手術を成功させるためには，眼瞼縁をうまく温存あるいは構築させること，きちんと眼瞼の内面を結膜で裏打ちすること，眼瞼の機能的な動きを妨げないようにすることが重要であることを強調しておく。簡単に言うと，眼瞼に歪みを生じさせないように閉鎖できるのであれば，単純に閉鎖することが選択すべき治療法であり，より広範な修復を行う場合には同じ眼瞼，あるいは他の眼瞼からの組織をできるかぎり利用すべきであるという意味である。小さな欠損（眼瞼縁の 1/4 まで）に対しては，その辺縁にわずかだけ新鮮創を切り出して縦長の五角形を作った後に，単純に 1 層あるいは 2 層に縫合するだけでしばしば事足りる。より大きな欠損（眼瞼縁の 1/3 まで）では，外眼角を開放する手技が必要である。さらに大きな欠損（眼瞼縁の 1/3 以上）では，より複雑な手術が必要で，内側の粘液を分泌する層と外側の皮膚で覆われた層とを最小限にでもまかなうことができるような技術を用いるべきである。多くの外科的修復法が広範囲の欠損に対して記述されているが，その方法の多くが眼瞼縁を温存することを目的としておらず，それゆえに正常な被毛が角膜に触れて慢性的な角膜障害を生じさせるために，長期的な予後に関して問題が生じる。これは上眼瞼の広範囲な手術を行った際に顕著な問題である。眼瞼の全層にわたって「Switch-flap」法を用いて，欠損部分に対する下眼瞼を全層に渡って扇型に切り出したものを 180 度回転させて，上眼瞼の欠損部分にはめ込むようにするとこれらの問題を避けることができる。血液供給が妨げられないように移植片の茎部は十分に広くとらねばならず，茎部は通常は術後 12〜14 日で切離する（Mustarde, 1991）。

瞼球癒着

第 8 章参照。

眼球上の類皮腫

眼球上の類皮腫あるいは分離腫とは多くの皮膚成分を含む先天性異常である。これらは眼瞼の不完全な融合の結果であり，皮膚の成分が類皮腫のなかに転置したものであろう。通常，ネコにおいては外眼角の皮膚（図 5.11）や結膜上（第 8 章参照）に位置するが，他の部位にみいだされることもあるし，角膜上に存在することもある（第 9 章参照）。バーマンでは特定の系統で遺伝傾向がみられ（Hendy

Ibbs, 1985)，バーミーズでは眼瞼欠損と類皮腫が遺伝する可能性があることを前にも述べた。

外科的切除が眼球上の類皮腫に選ばれる治療法である。切開は周囲を囲む正常な皮膚に行うべきで，傷口の閉鎖も6/0ポリグラクチンあるいは絹糸のような柔軟な縫合材料を用い，眼瞼縁に近い部位から縫合を始めるべきである。絹糸を用いて縫合した場合には7～10日後に抜糸すべきであるが，ポリグラクチンで縫合した場合は放置してもかまわない。

眼瞼内反症

眼瞼内反症とは眼瞼全体あるいはその一部分が内側に向いた（反転した）状態で，ネコでは稀に問題となる（図5.12～5.14）。解剖学的眼瞼内反症，痙攣性眼瞼内反症（前眼部の疼痛の結果）および瘢痕性眼瞼内反症（傷痕の線維化の結果）に分類できる。

解剖学的眼瞼内反症：解剖学的眼瞼内反症はペルシャに最も一般的にみられる。この品種では年齢的に早期からみられ，通常は下眼瞼に，特にはじめは内眼角におこる（図5.12および5.13）。品種とは関係なく，小眼球症に併発して眼瞼内反症がみられることもある（第4章参照）。時として，解剖学的眼瞼内反症は慢性的な前眼部の疼痛に合併しておこるが，併発した眼瞼内反症だけに目を向けるのではなく，疼痛の原因を究明せねばならない。

解剖学的眼瞼内反症は最も単純にHotz-Celsusの手技

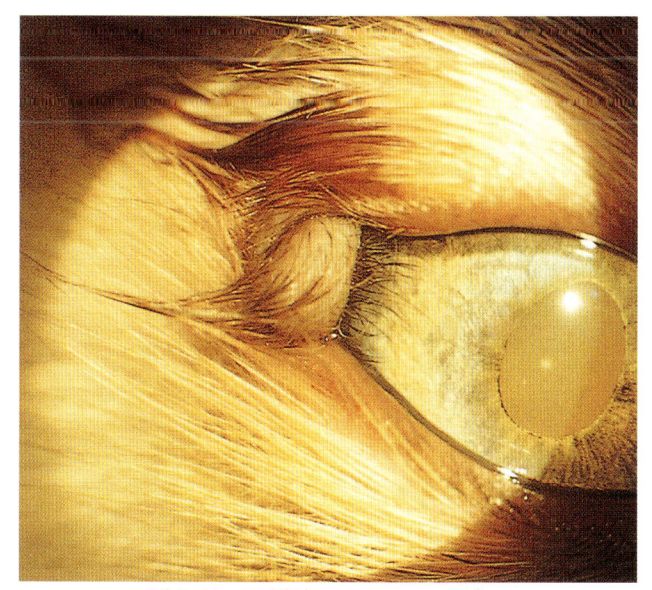

図5.11　10週齢のバーマンの仔ネコ
外眼角に類皮腫（分離腫）がみられる。

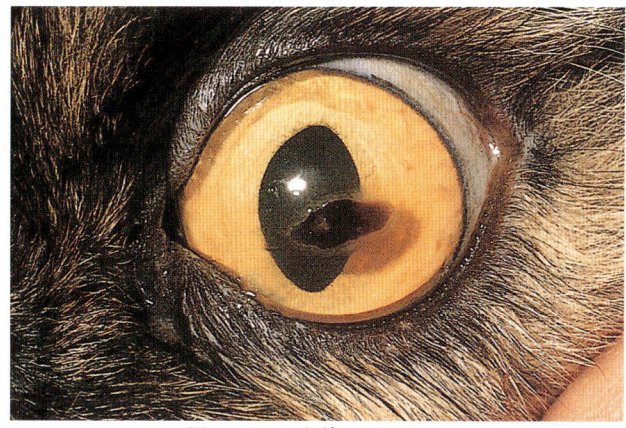

図5.12　4歳齢のペルシャ
両眼の下眼瞼の内側部に眼瞼内反症が認められる。写真は左眼。眼瞼内反症の範囲を確認するには，眼瞼に触れないように，注意深く検査を行うことが必要である。特に，眼瞼縁を直接観察して，眼瞼縁が存在することと，正しく一直線になっていることを確認すべきである。軽度の流涙症および慢性的な弱い刺激に関連して発生したと思われる角膜黒色壊死症の存在に注目。

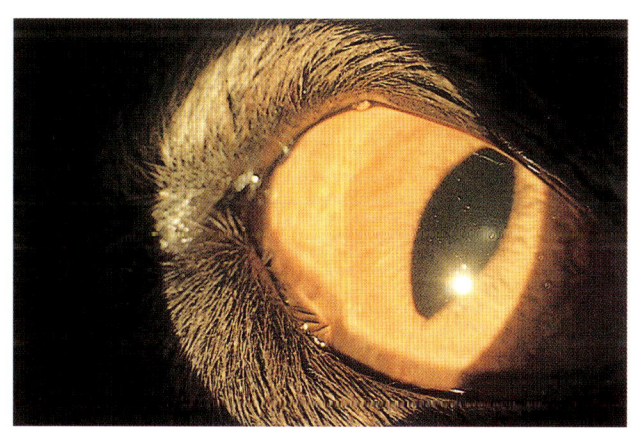

図5.13　2歳齢のペルシャ
内側の下眼瞼の眼瞼内反症の拡大像。「睫毛乱生」（被毛による）に注目。

を用いて治療することができ，手術創は6/0のポリグラクチンか絹糸（術後7～10日で抜糸が必要）を用いた単純結節縫合で閉鎖する。モノフィラメントのナイロンのような硬い縫合材料は使用すべきでない。ネコの眼瞼内反症は再発することがあるため，治療をしても失望させられることがある。眼瞼痙攣が解剖学的眼瞼内反症の様相を複雑なものにしているようであったり，それが手術を繰り返し行った原因であるような場合には，カリシウイルス感染症のように眼を刺激する原因が他にないことを確認したほうが賢明である。

痙攣性眼瞼内反症：痙攣性の眼瞼内反症が予想されたり、明らかな場合(第9章参照)、局所麻酔薬を点眼することが原因を究明するうえで大切であり、もしも局所麻酔薬の点眼後に眼瞼痙攣と、併発している眼瞼内反症が治まれば、眼瞼内反症の手術は不要である。麻酔薬の点眼ではほんのわずかだけ症状の緩和がみられるにすぎず、前眼部の疼痛の原因がみつかって治療をしている間は、一時的な外側の瞼板縫合がしばしば必要となる。

瘢痕性眼瞼内反症：この疾患は、ネコでは特に珍しい(図5.14)。原因は過去の感染症、慢性炎症、外傷、過去の手術、熱傷および腐食性の化学物質による損傷などである。単純な症例であれば内反症した眼瞼縁にかかる緊張を開放するY-V法で、通常は問題は解決される。より複雑な症例では、個々の症例ごとに美容整形手術が必要である。

眼瞼外反症

眼瞼外反症は眼瞼が外側を向いた状態である。眼瞼と角膜の間に隙間が存在するために結膜と角膜が比較的露出した状態となり、涙液膜が喪失する。例えば、ペルシャの中には眼瞼裂の長すぎるネコがいて、そういった眼瞼の構造が貧弱な場合には眼瞼内反症症(上記参照)やごく稀に眼瞼外反症(図5.15)がおこる傾向にある。

損傷(例：炎症、外傷、熱傷、膿瘍)や新生物が原因の眼瞼外反症を除くと、どのタイプの眼瞼外反症もネコでは稀である。眼瞼に裂傷を負った場合に早急に正確に修復がなされないと、眼瞼縁の分断と瘢痕の収縮のために眼瞼の歪曲が併発しやすい。こういった瘢痕性の眼瞼外反症には、単純なV-Y形成法を用いて通常は修復する。瞼球癒着に関連した眼瞼外反症の場合は、個々の状態を評価する必要がある(図8.8)。

睫毛重生と異所性睫毛

睫毛重生は犬に比べてネコでは非常に稀である。眼瞼の無形成や欠損症の病変の辺縁部には、本来は眼瞼縁があるべき場所に、重生しているかのような被毛が生えていることがあり、これは眼瞼の異常な発生に伴って生じたものである(図5.16)。

マイボーム腺開口部から生える睫毛重生は犬では非常によくみられるが、ネコではきわめて稀である(図5.17および5.18)。この疾患は特に下眼瞼に多く発生し、この睫毛が眼に不快感を与えたり、角膜を傷つけるような場合には、陰極針による電気分解で除去してもよい。睫毛が存在しても通常は、唯一明らかな異常として、涙液の分泌を増加させる原因になるくらいであるが、時に角膜潰瘍や黒色壊死症(第9章参照)のような角膜障害がおきることがある。

異所性睫毛の症例報告が1例だけあり、その睫毛はシャムネコの上眼瞼のマイボーム腺の基底部の瞼結膜から生え、笑気による凍結療法を用いて処置されていた(Hacker, 1989)。

皮膚疾患

眼瞼の皮膚疾患は(図5.19〜5.27)、ウイルス、寄生虫、真菌および細菌の感染や免疫介在性の問題によって生じることがある。原因は時として不明で、診断および管理に関

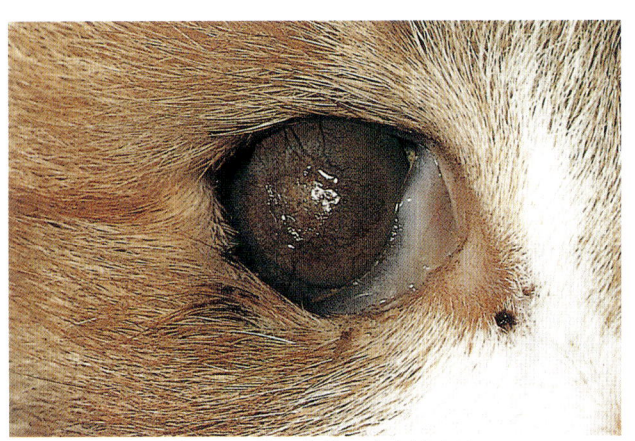

図5.14 約2歳齢の在来短毛種
以前に罹患したヘルペスウイルス性結膜炎の合併症を持っている。乾性角結膜炎および潰瘍性角膜炎の結果、痙攣性の眼瞼内反症に、特に右眼の外眼角および下眼瞼外側が侵されている。

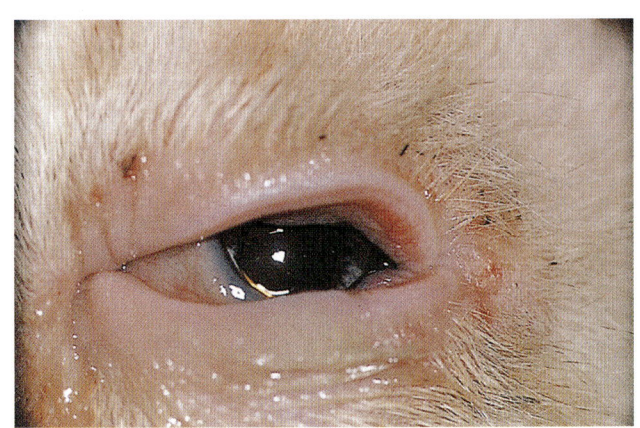

図5.15 眼瞼外反症の2歳齢のペルシャ
長すぎる瞼裂およびカリシウイルス性結膜炎由来の慢性炎症が眼瞼の本来の形状を損なわせ、外反させている。

5. 上眼瞼と下眼瞼

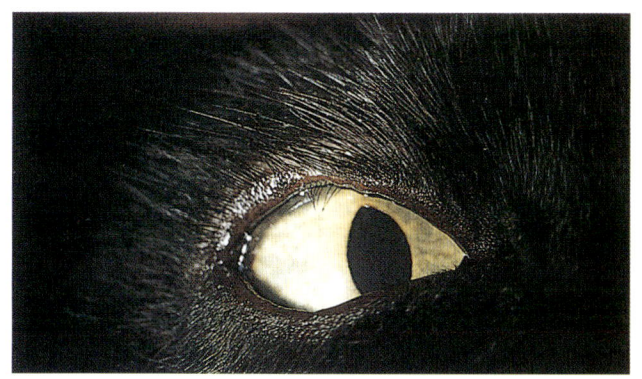

図5.16 1歳齢の在来短毛種にみられる「睫毛重生」および瞼球癒着

「睫毛乱生」と同様に，これらの毛は睫毛ではなく被毛であり，おそらく上眼瞼縁が正しく分化できなかったことに由来している（眼瞼欠損の中で最も軽いタイプ）。この症例にみられる瞼球癒着と軽度の眼瞼縁の奇形の併発は，以前の伝染性結膜炎の結果と思われる。

図5.18 5か月齢の在来短毛種

右眼の下眼瞼に睫毛重生が存在するとともに，慢性的な小さな傷の結果と思われる小型の角膜黒色壊死症が観察される。シルマーIティアテストでは，右眼が25 mm/分，左眼が5 mm/分という結果だった。このネコには，時々くしゃみをしていたという病歴がある。

図5.17 この7歳齢のバーマンでは，異常な毛が下眼瞼のマイボーム腺の開口部から生えており，それゆえ睫毛重生と呼ぶことができる。睫毛重生によって生じた，角膜の微小な傷に注目。

する助言を皮膚科専門の獣医師に求めることが賢明といえる場合も多い。病変部からの材料採取（皮膚掻爬，細菌培養および生検）が通常，最も簡単な確定診断の方法である。

ウイルス性

ネコポックスウイルスは，仔ネコおよび免疫無防備状態のネコに最も重い感染をおこし，通常，病変は眼瞼よりもむしろ皮膚に形成される。しかし，特徴的な多発性の結節，丘疹，痂皮および潰瘍性局面が時には眼瞼に及ぶ場合がある。全身的な徴候には発熱，結膜炎，眼脂，鼻漏および肺炎などがあり，症例の状態に応じて発現する（Bennett et al.，1990）。

ネコのポックスウイルス感染症に対する特異的な治療法はないが，ほとんどの動物は次第に回復する。同時に他の疾患に自然に感染していたり（例：FeLVおよびFIV感染症），不適切な治療（例：コルチコステロイドおよび酢酸メゲステロール）を受けていた結果，免疫抑制状態にあると臨床所見は複雑になり，罹患したネコは重度の全身症状のため命を失いかねないであろう。

寄生虫性

Notoedres cati を原因とするネコの疥癬は稀である。寄生虫は頭および首の周辺に激しい痒感をおこし，通常はある程度の脱毛，皮膚の肥厚および痂皮の形成が認められる。毛包虫症は，ネコの痒みを伴わない眼瞼炎の稀な原因であり（図5.21），全身性の毛包虫症はしばしば免疫抑制状態（ポックスウイルスのところで前述した通り）の宿主にみられる。まれに，*Cuterebra larvae*（ヒフバエ）が眼瞼のハエウジ症の原因となる。

真菌性

臨床的に様々な様相を呈する皮膚糸状菌症は，通常は *Microsporum canis* が原因となるが，まれに他の皮膚糸状

図 5.19 22か月齢のペルシャにみられた慢性眼瞼炎
この品種のネコは，顔の解剖学的特徴から眼瞼および眼周囲に問題が生じる傾向があるが，このネコの場合，食餌アレルギーと自己損傷によって眼瞼に2次的な細菌感染を伴い，病状は悪化した。ネコが顔をこするときに使う前脚が染まっていること注目。

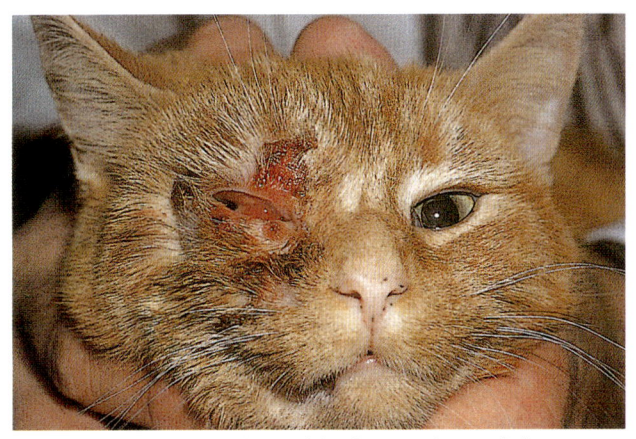

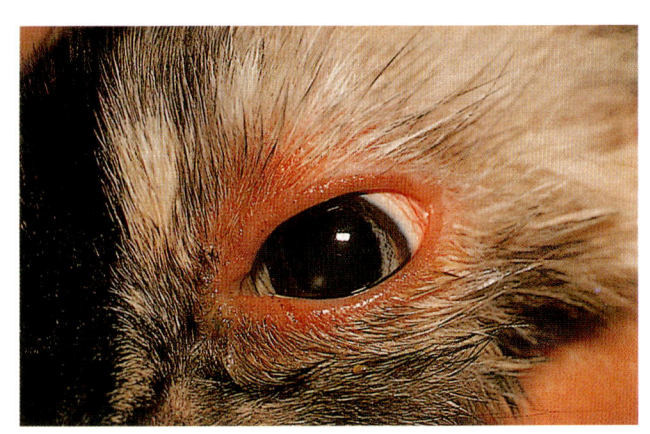

図 5.21 在来短毛種にみられる（両眼性の）毛包虫症（M.P. Nasisseの好意による）。

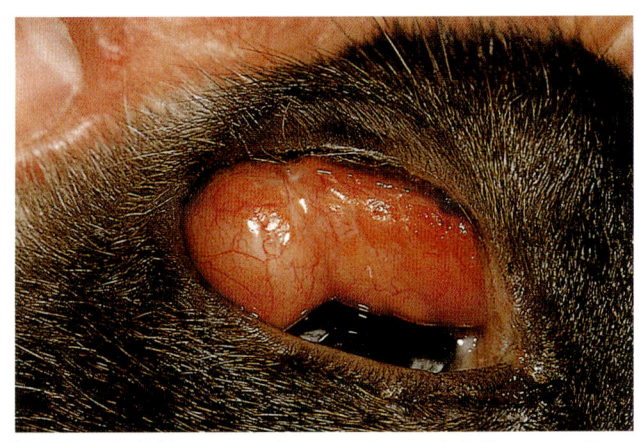

図 5.20 4歳齢の在来短毛種にみられた牛痘
約1か月にわたって看病しただけで，治療は行わなかったが，症状は消失した。

図 5.22 12歳齢のシャムネコにみられる全身性のクリプトコッカス症
このネコはかつてベネズエラに住んでおり，その後ニューヨークに移り，そして英国に輸入されている。右眼の上眼瞼から *Cryptococcus* neoformansが発見され（培養および組織病理検査），また左眼には脈絡膜網膜炎が認められた（図12.49および12.50参照）。

菌が分離されることある。確定診断を行うためには真菌培養を実施すべきである。

全身性の真菌感染症（クリプトコッカス症，ブラストミセス症，コクシジオイデス症およびヒストプラズマ症）は，その動物が外国から輸入されたか，あるいは著しく免疫抑制状態でなければ，イギリスでは稀にしかみられない。組織病理検査および生検材料の培養によって診断は確定される。クリプトコッカス症が最も一般的な全身性真菌感染症の原因である（図5.22）。5-フルオロシトシン，ケトコナゾールおよびイトラコナゾールをおよび治療を行った場合，治療の成否は様々である。

細菌性

噛まれたり引っ掻かれて感染を受けた傷が化膿性眼瞼炎の最も一般的な原因である。臨床徴候は他の部位にできた膿瘍と同様で，腫脹，熱感および疼痛である。広範な化膿

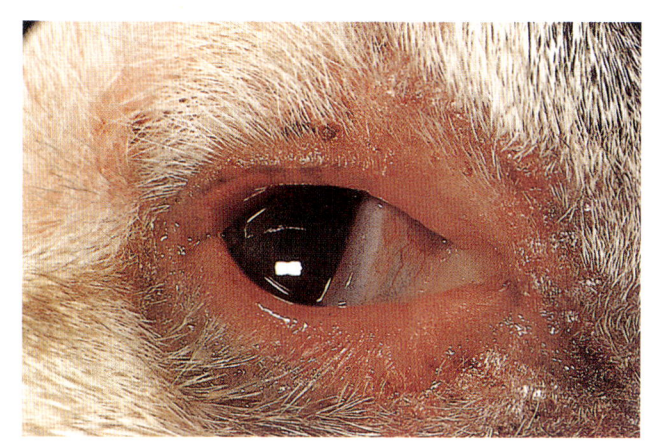

図 5.23 9か月齢のシャムネコにみられる（両眼性の）細菌性眼瞼結膜炎
細菌感染（*Staphylococcus* spp.）は自己損傷の合併症と思われる。

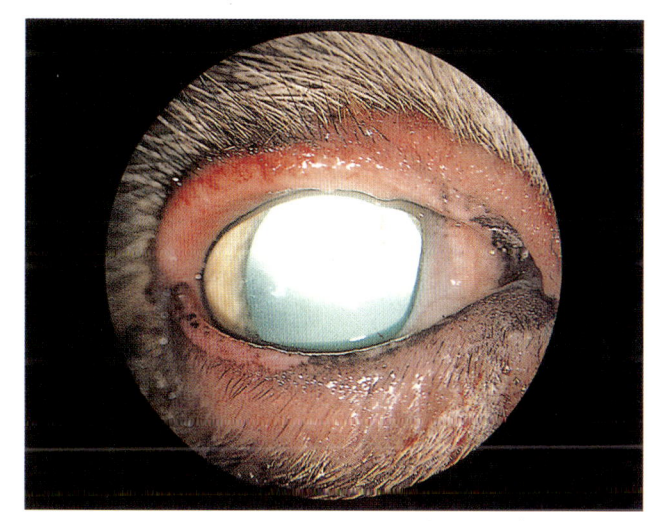

図 5.24 8歳齢の在来短毛種にみられる（両眼性の）落葉状天疱瘡

性眼瞼炎を保存的に治療するには，温かい圧迫帯を用いた局所的治療に，全身的な抗生物質治療を併用する。連続して抗生物質の全身投与を行うのに加えて，大きな傷については排液を行ったり，場合によっては体内にドレイン（例：ペンローズ・ドレイン）を残したほうがよいであろう。もし治療を行わなければ，膿瘍は自潰し，結膜あるいは皮膚から排液がおこり，膿瘍を覆っていた皮膚の壊死および脱落に伴ってより広範囲の腫脹が生じるであろう。骨折や腐骨の形成などさらなる合併症がないことを確認するために，排液している瘻管があるかどうか，頭蓋のX線検査を行うことが賢明である。

慢性的な結膜炎および眼瞼結膜炎の最も一般的な原因となるのはブドウ球菌であるが，時折，成ネコで認められる（図5.23）。臨床徴候としては，ある程度の滲出および眼脂を伴った，両眼性の不快感および痒感などがある。通常，眼瞼縁には紅斑がみられる。潰瘍に至る場合もある。治療としては，滲出物を除去するために温水で洗浄し，その後保湿性の眼軟膏を塗布する。自己損傷が問題となる場合には，経口でコルチコステロイドを投与するとともに，適切な広域スペクトルの抗生物質（細菌培養および感受性検査の結果に基づいて）を全身的に投与する必要があると思われる。

マイコバクテリウム症（古典的な結核，猫癩および非定型性マイコバクテリウム症）は稀な疾患であるが，腫脹した眼瞼のような皮膚病変を伴ったり，地域特異的なリンパ腺症を伴ってみられることがある（Gunn-Moore et al., 1996）。

免疫介在性

落葉状天疱瘡（眼球周辺の角化亢進，痂皮形成および脱毛）および紅斑性天疱瘡（眼球周辺の紅斑性の皮膚炎および擦過傷）は非常に稀な疾患である（図5.24）。どちらの疾患においても，病変は眼球周辺ばかりではなく，鼻，鼻鏡および耳翼にもみられる。確定診断および他の疾患の可能性を除外するには生検が必要である。全身性紅斑性狼瘡（眼球周辺の小水疱および丘疹）および全身的に投与された薬物に対する薬疹（多形性の外観）は，ネコでは稀な免疫介在性疾患である。

アレルギー性

アレルギーはネコでは稀である（図5.25）。点眼薬（例：テトラサイクリン，ネオマイシン，抗ウイルス薬およびアトロピン）によって生じる場合もある。薬物に関連しておこるタイプは，通常は比較的診断が容易である。なぜならば，この疾患を象徴する眼瞼の充血および紅斑は，投薬を中止するとすぐに消退するからである。しかしながら，稀ではあるが，テトラサイクリンの点眼が原因で，眼瞼の色素が永久になくなってしまうこともある。

食餌アレルギーも稀な疾患であるが，重度の紅斑および自己損傷を伴った激しい痒感を合併していることがある。しかしながら，このような症状を呈する眼瞼炎の原因を究明できないことも少なくはない。食餌アレルギーが疑われ

るネコに，アレルゲンを除外した食餌を試みることも可能だろうが，早いうちに皮膚科専門の獣医師に紹介することが最善の策といえるかもしれない。

その他の皮膚疾患

マイボーム腺炎は時折，遭遇する疾患である。罹患したネコは通常は，中程度の眼の不快感と瞬目回数の増加を現している。眼瞼縁およびマイボーム腺を検査すればその症状の原因を明らかにすることができる（図5.26）。慢性化した症例ではマイボーム腺内に脂質性の肉芽腫が形成され，それ自体，霰粒腫と呼ばれる（図5.27）。根底にある病理発生は明らかになっていないが，霰粒腫の時の粘稠性のあるマイボーム腺の脂質は黄色腫の脂質とは起源が異なっており，眼瞼にできたこのような腫瘤に，黄色腫をあてはめて説明するのは不適切である。霰粒腫では瞼結膜の下に，硬く，時にチーズ状の腫瘤が形成される。この腫瘤が慢性的な眼の不快感の原因なっている場合には，結膜側から切開して掻爬し，除去すべきである。

ネコの眼瞼炎に関連して，クリーム色の沈着物および局面がみられることがある。これらの病変は，通常は増殖性（好酸性）角結膜炎の一症状である（第9章参照）。ペルシャで，時に眼瞼の嚢胞をみかけることがある。

黄色腫性の局面（第9章参照）がネコで時々発見されるが，これは常に高脂血症に関連してみられる。この病変は，眼瞼周囲を含む全身のどこにでもみつかることがある。

新生物

ネコでは眼瞼の腫瘍はあまり一般的ではないが，犬に比べて悪性のことが多い。McLaughlinら（1993）は眼瞼の腫瘍に関しての人口統計学的データについて調査し直した。世界中のほとんどの地域で，扁平上皮癌が最も頻繁にみる機会のある眼瞼の腫瘍であった。特に，眼周囲の被毛が白かったり，あるいは眼瞼に色素を欠いているような白ネコで多くみられた（図5.28〜5.31）。この腫瘍の起源は表皮で

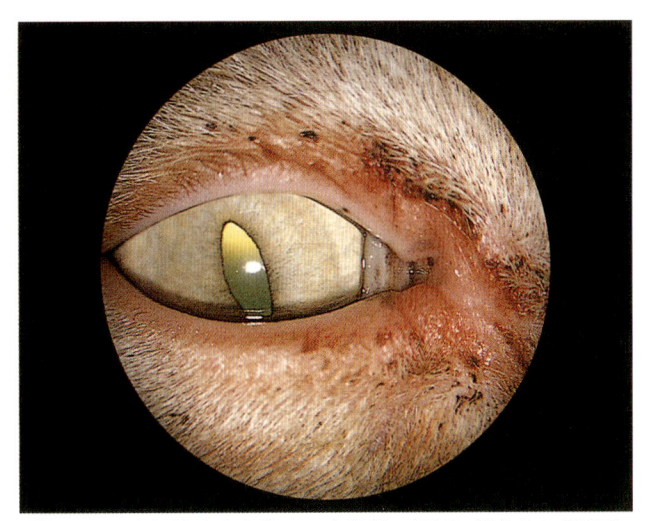

図5.25 テトラサイクリンの点眼薬の使用に明らかに関連した（片眼性の）アレルギー性結膜炎
治療を中止してから2，3日のうちに，充血および眼脂は消失した。

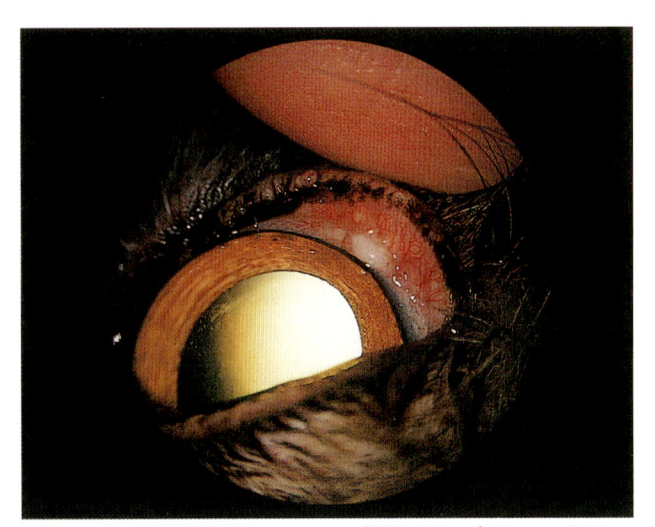

図5.26 この5歳齢のペルシャの雑種では，多くのマイボーム腺の開口部が腫脹しているとともに，腺自体の局所的な腫脹も認められる。これらの病変はマイボーム腺炎の典型である。左眼を図に示したが，両眼ともに侵されている。

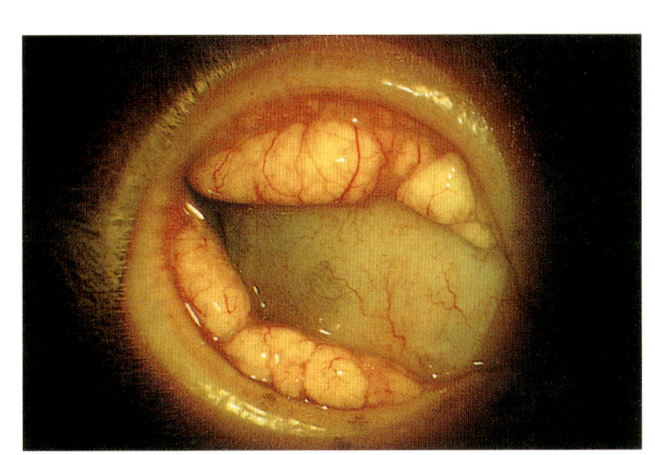

図5.27 9歳齢のバーミーズにみられる，両眼の上眼瞼および下眼瞼を侵している霰粒腫。角膜の2次病変に注目。右眼を図に示している。

図 5.28 7歳齢の白い在来短毛種にみられる，左眼の下眼瞼を侵している扁平上皮癌
右眼の下眼瞼に初期のびらん性の病変も存在することおよび耳介先端がすでに扁平上皮癌のために切除されていることに注目。

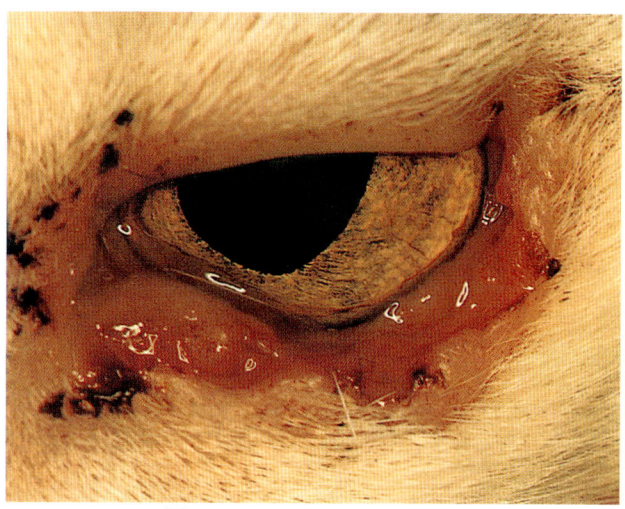

図 5.30 10歳齢の在来短毛種
より大きな扁平上皮癌が白いネコの下眼瞼全体を侵している。眼瞼縁を識別することはできない。

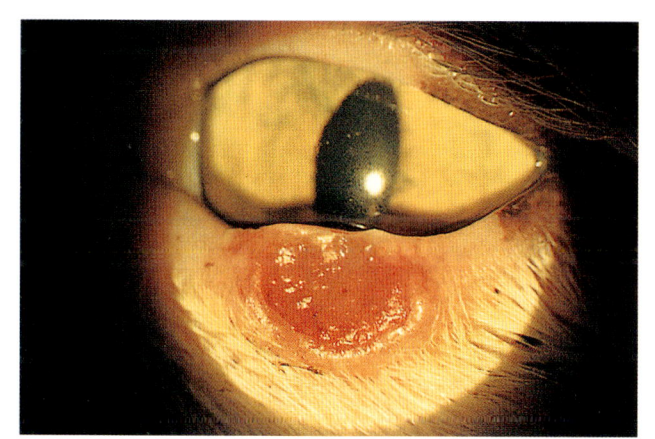

図 5.29 12歳齢の黒白の在来短毛種にみられる下眼瞼の扁平上皮癌
潰瘍によって眼瞼が蝕まれているが，境界は明瞭である。

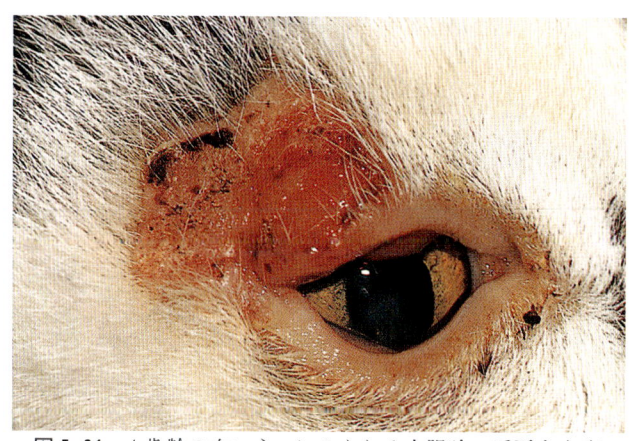

図 5.31 4歳齢の白いネコにみられる上眼瞼の扁平上皮癌
厚みを増した眼瞼の機械的刺激によって生じた角膜浮腫に注目。両耳の先端も扁平上皮癌のために切除されている。

ある。この腫瘍は侵襲性が強く，潜在的に悪性である（はじめに局所リンパ節に広がり，さらに離れた部位へ転移することができる）。そのため，動物の身体全体にわたっての注意深い検査が必須である（図4.26参照）。最初は軽度の眼脂を伴った充血のみがみられるが，さらに特徴的な所見として，眼瞼縁を侵して治癒しない赤みを帯びたびらん領域を形成する。針生検あるいは切除生検によって確定診断を行うべきである。圧迫塗抹標本によっても診断を確定することができるが，生検に比べると組織学的な解釈が困難である。

扁平上皮癌の治療について，多くの治療法が利用可能である。例えば，凍結治療は，単独であるいは広範な外科的切除と併用して行うことができる。しかしながら切除という治療法は，その後必要となる眼瞼形成術の煩雑さゆえに，小さな病変に限れば最善であるといえる。扁平上皮癌は放射線にも感受性を持ち（例：ストロンチウム-90アプリケーターからのβ線照射），この放射線療法とレーザー療法はどちらも，しばしば外科的切除を必要とせずによい結果をもたらしている。温熱療法もまた効果的であるが，一般には利用されていない。

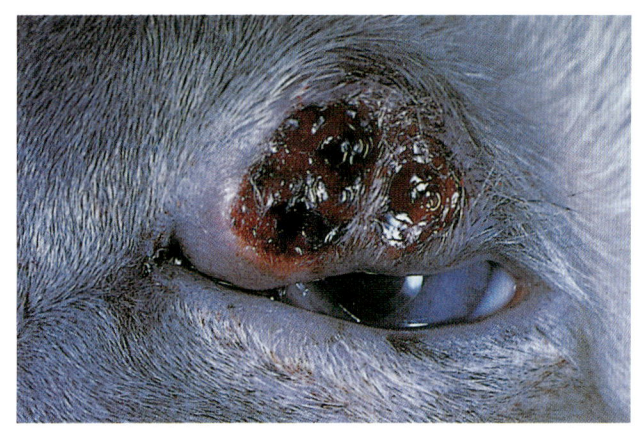

図5.32 在来短毛種にみられる上眼瞼の肥満細胞腫（R.G. Jones氏の好意による）。

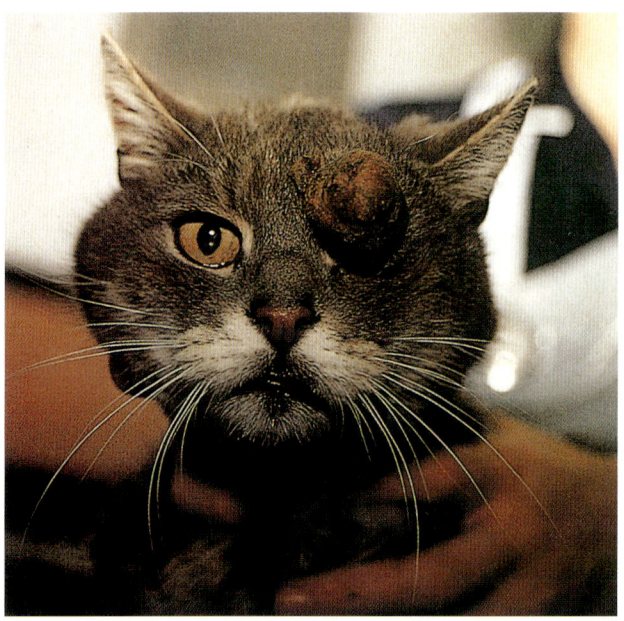

図5.33 在来短毛種にみられる上眼瞼の線維肉腫（R. Pontefract氏の好意による）。

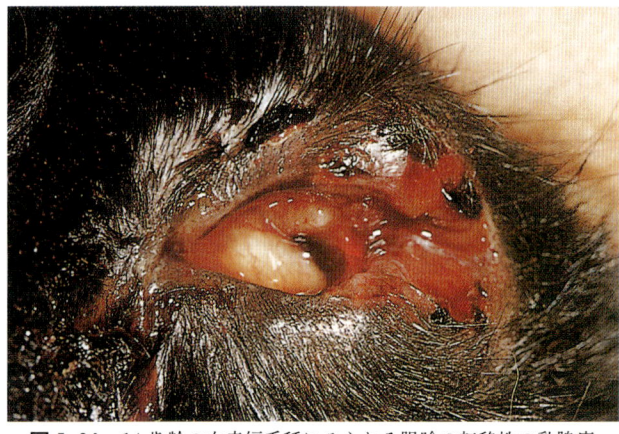

図5.34 14歳齢の在来短毛種にみられる眼瞼の転移性の乳腺癌

腫瘍が広がった場合には眼瞼形成術が必要となることがある。ほとんどの場合，外眼角の解放切開法を用いることで単純に形成することができるが，広範な腫瘍の場合には，さらに複雑な手術法が必要となる。術後に角膜炎を生じさせるような睫毛乱生が長期にわたる合併症をおこさないように，常に眼瞼縁を元どおりの状態に温存することを手術の目的とすべきである。

その他の種類の眼瞼の腫瘍も認められる。基底細胞癌，肥満細胞腫（図5.32）および線維肉腫（図5.33）をはじめ，それらよりも稀ではあるが，乳頭腫，腺腫，腺癌，線維腫，神経線維腫，神経線維肉腫，黒色腫，血管腫，血管肉腫および未分化癌などがある（Williams et al., 1981; Patnaik and Mooney, 1988）。ネコの眼瞼腫瘍のほとんどを潜在的に悪性であるとみなすことが賢明である。そのため，腫瘍を管理するためには常に組織病理学が必要である。眼瞼の侵されている広さに応じて，縦長の5角形の輪郭を形作るような全層にわたる楔型切除あるいはもっと複雑な眼瞼形成術（Peiffer et al., 1987b; Collin, 1989; Mustarde, 1991; Gelatt and Gelatt, 1994）が必要であろう。

眼瞼を侵す全身性の腫瘍は稀であるが，どの年齢のネコでも罹患するリンパ肉腫および転移性の腺癌（図5.34）がその例として挙げられる。一方で，ネコのウイルス性の肉腫は，若いネコにおいて原因となる可能性がある。これらのすべての症例で，予後は不良で期待できない。

引用文献

Barnett KC (1981) Ocular colobomata in the snow leopard *Panthera uncia*. *Journal of the Jersey Wildlife Preservation Trust* 18: 83–85.

Bellhorn RW, Barnett KC, Henkind P (1971) Ocular colobomas in domestic cats. *Journal of the American Veterinary Medical Association* 159: 1015–1021.

Bennett M, Gaskell CJ, Baxby D, Gaskell RM, Kelly DF, Naidoo J (1990) Feline cowpox virus infection. *Journal of Small Animal Practice* 31: 167–173.

Collin JRO (1989) *A Manual of Systematic Eyelid Surgery*, 2nd edn. Churchill Livingstone, Edinburgh.

Dziezyc J, Millichamp NJ (1989) Surgical correction of eyelid agenesis in a cat. *Journal of the American Animal Hospital Association* 25: 514–516.

Gelatt KN, Gelatt JP (1994) *Small Animal Ophthalmic Surgery, Vol. 1: Extraocular Procedures*. Pergamon, Oxford.

Gripenberg U, Blomqvist L, Pamillo P, et al. (1985) Multiple ocular coloboma in Snow Leopards (*Panthera uncia*): clinical report, pedigree analysis, chromosome investigations and serum protein studies. *Hereditas* 103: 221–229.

Gunn-Moore DA, Jenkins PA, Lucke VM (1996) Feline tuberculosis: A literature review and discussion of 19 cases caused by an unusual mycobacterial variant. *Veterinary Record* 138: 53–58.

Hacker DV (1989) Ectopic cilia in a Siamese cat. *Companion Animal Practice* 19: 29–31.

Hendy Ibbs PN (1985) Familial feline epibulbar dermoids. *Veterinary Record* **116**: 13–14.

Koch SA (1979) Congenital ophthalmic abnormalities in the Burmese cat. *Journal of the American Veterinary Medical Association* **174**: 90–91.

Martin CL, Stiles J, Willis M (1997) Feline colobomatous syndrome. *Veterinary and Comparative Ophthalmology* **7**: 39–43.

McLaughlin SA, Whitley RD, Gilger BC, Wright JC, Lindley DM (1993) Eyelid neoplasia in cats: A review of demographic data (1979–1989). *Journal of the American Animal Hospital Association* **29**: 63–67.

Mustardé JC (ed.) (1991) *Repair and Reconstruction in the Orbital Region*, 3rd edn. Churchill Livingstone, Edinburgh.

Patnaik AK, Mooney S (1988) Feline melanoma: A comparative study of ocular, oral and dermal neoplasms. *Veterinary Pathology* **25**: 105–112.

Peiffer RL, Nasisse MP, Cook CS, Harling DE (1987a) Surgery of the canine and feline orbit, adnexa and globe. Part 2: Congenital abnormalities of the eyelid and cilial abnormalities. *Companion Animal Practice* August: 27–37.

Peiffer RL, Nasisse MP, Cook CS, Harling DE (1987b) Surgery of the canine and feline orbit, adnexa and globe. Part 3: Other structural abnormalities and neoplasia of the eyelid. *Companion Animal Practice* September: 20–36.

Stades FC, Boeve MH, van der Woerdt A (1992) Palpebral fissure length in the dog and cat. *Progress in Veterinary and Comparative Ophthalmology* **2**: 155–161.

Wahlberg C (1978) A case of multiple ocular coloboma in the snow leopard. *International Pedigree Book of Snow Leopards* **1**: 108–112.

Williams LW, Gelatt KN, Gwinn RM (1981) Ophthalmic neoplasms in the cat. *Journal of the American Animal Hospital Association* **17**: 999–1008.

6　第3眼瞼

はじめに

　第3眼瞼(瞬膜)は，正常なネコで特に辺縁が無色な場合では目立たない(図6.1)。第3眼瞼は，眼球の形にそって曲がったT字形の弾性軟骨により支持され，半月形の結膜に覆われている。前眼部涙膜(ptf)の一部を供給する瞬膜腺は，軟骨の基部を取り囲んでいる(図6.2)。リンパの組織の集合体は第3眼瞼の内側および外側の面にみられる。

　第3眼瞼はptfの一部を供給するだけでなく，涙膜を広げて，眼を保護する役割を持っている。腹側正中より背側へ涙液を供給することにより角膜全体を洗い流す。ネコは，第3眼瞼を突出するためのメカニズムとして，能動的なメカニズムと眼球が眼球後引筋により引き込まれる時に働く受動的な保護メカニズムをもっており，一般的な家畜の中でも独特である(外転神経：CN Ⅵ支配)。能動的な突出は眼瞼挙筋と第3眼瞼に付着している外直筋からの平滑筋線維に影響をうける。これらの筋線維は外転神経の支配をうけ，交感神経線維は平滑筋を刺激し，緊張性引き込みを司っている。

　第3眼瞼は重要な組織であるため，可能なかぎり保存し

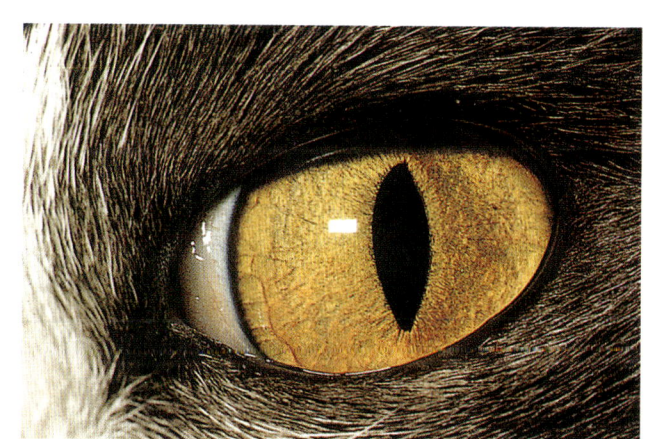

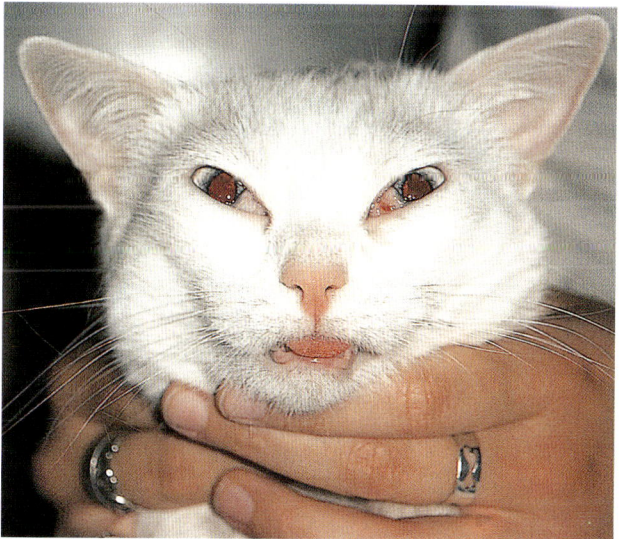

図6.1　色素沈着のない第3眼瞼をもった正常な在来短毛種の成ネコの左眼

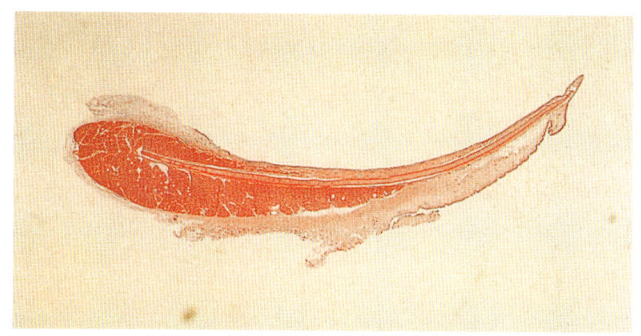

図6.2　第3眼瞼の組織学的断面図
(ヘマトキシリン-エオジン染色)
よく発達した瞬膜腺(濃染)が，軟骨の基部を覆っている。リンパ組織の集合体は，内外表面を覆う結膜中に存在している。

図6.3　在来短毛種
全身麻酔下において内視鏡検査後6時間以内に観察された発達した頭部の腫脹。両眼は進行性の眼球突出を呈し，第3眼瞼はさらに突出している。眼底検査においてはわずかな乳頭浮腫を示し，眼窩に眼球をもどすことは不可能であった。またわずかに顎の下垂がみられた。眼球と眼窩の超音波検査により眼窩浮腫の仮診断が支持され，治療としてコルチコステロイドと利尿剤の全身投与が行われた。

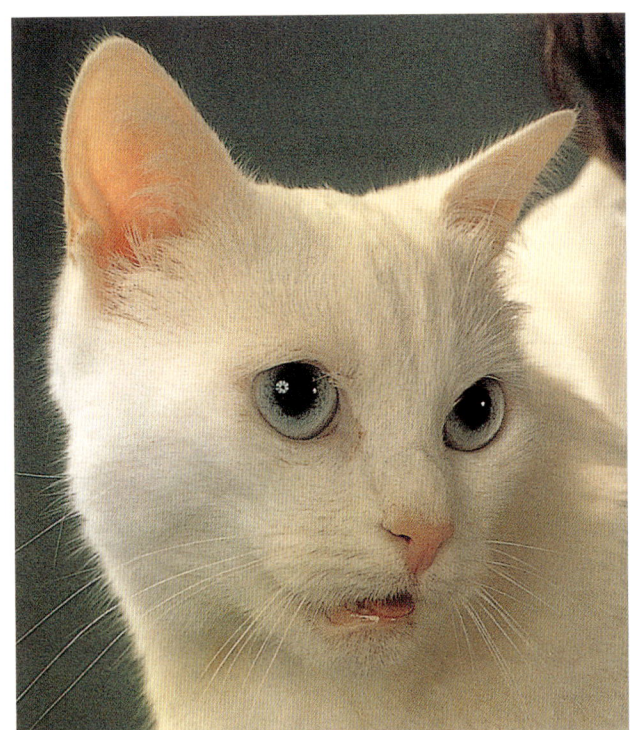

図6.4 図6.3と同じネコの翌日の所見
視覚および眼窩の異常は完全に消え、わずかな顎の下垂だけが残存したが数日で消退した。

図6.5 自律神経障害を持つ若い成ネコにおける両側の第3眼瞼突出および散瞳

なければならない。経験上、それが腫瘍であった場合のみ切除し、外傷や炎症時には切除してはならない。

第3眼瞼の疾患

第3眼瞼の突出

第3眼瞼の突出はネコでは珍しくなく（Nuyttens and Simoens, 1994）、しばしば全身性の問題と関係しており、その場合両側にみられることが多い。原因は常に明らかになるわけではない（図6.3および6.4）。片側、両側どちらであってもその他多くの状態と関係している。

しかし興味深いことに、ネコの第3眼瞼突出と、衰弱、体重減少および球後部脂肪量の縮小との関連は、イヌのように明らかではない。

両側の突出を伴う全身状態

自律神経障害（第15章参照）は、両側の第3眼瞼突出を引き起こす可能性があり、その突出は障害を示すサインとなりうる（図6.5）。散瞳を伴う瞳孔対光反応消失と正常な視覚はその重要な特徴である（第15章参照）。

図6.6 慢性下痢に関連した両側第3眼瞼の突出

慢性の下痢は、特に若齢ネコにおいて自己限定的に両側に引き起こされる第3眼瞼突出（図6.6）に関係していることがある（Muir et al., 1990）。時々、症状は長期に及ぶが、治療は必要ではない。原因は分からないが、感染要因（おそらくウイルス）が関与していると思われる。10％フェニレフリンなどの交感神経遮断薬の局所作用により、数分で第3眼瞼は引き込むため、交感神経節後部の麻痺が障害に関与していると考えられる。

破傷風においても，程度は様々だが第3眼瞼突出を引き起こす(第15章参照)。薬物による突出は，普通にみられ，例えばフェノチアジン系トランキライザーの投与後には一時的にみられる。

第3眼瞼突出の他の原因

小眼球症は(第4章参照)両側，片側にかかわらず第3眼瞼の突出と関係する。眼球癆(第4章参照)は通常片側で，その側の第3眼瞼の突出を伴う。

前眼部の疼痛は眼球後退を引き起こし，その結果として生じる第3眼瞼の突出と眼瞼痙攣は，その原因を不明瞭にする(図6.7)。その状態は，片側または両側におこりうる。

瞼球癒着は第3眼瞼の持続的な突出の一般的な理由の1つで(図6.8)，片側または両側におこりうる(第8章参照)。

まれな先天性腫瘍(例：扁平上皮癌，線維肉腫，腺癌)と，珍しい続発的腫瘍(例：扁平上皮癌，リンパ肉腫)といった第3眼瞼の腫瘍形成(図6.9)は，第3眼瞼突出の原因となる(後述参照)。それらは，先天性な場合では通常片側に発生し，続発的な場合では片側および両側に発生する。

球後部に炎症または腫瘍形成があると(図6.10および第4章参照)，片側の第3眼瞼突出と眼球突出が起こることがある。斜視が存在する場合，斜視の方向は腫瘍の場所を知る有益な糸口となる(第4章参照)。

ホルネル症候群は各種の原因があるが(第15章参照)，根本的な異常は眼球と眼付属器の交感神経の神経支配除去である(Kern et al., 1989)。臨床症状は第3眼瞼の突出，縮瞳，眼球陥没(症)，眼瞼下垂，および眼瞼裂狭小があげられる。ほとんどの場合は片側性である。

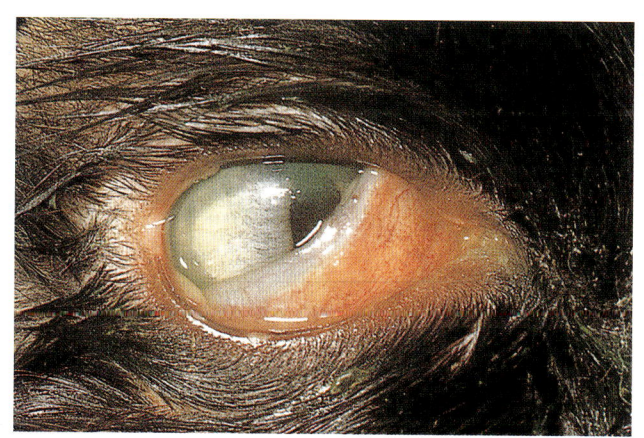

図6.7 前眼部の疼痛による片側性の第3眼瞼突出
(潰瘍性角膜炎)

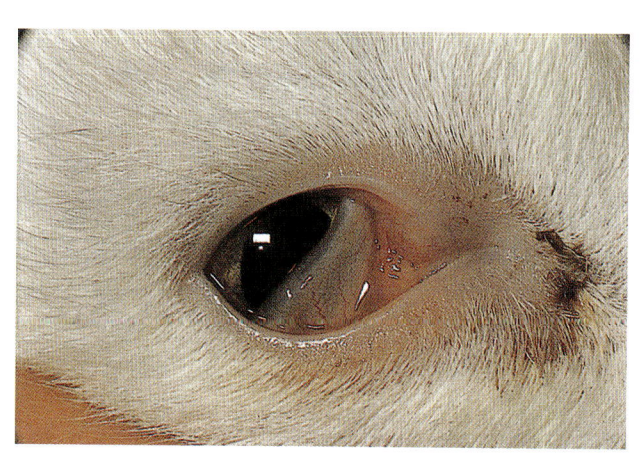

図6.9 7歳齢，避妊済みメスの在来短毛種
第3眼瞼基部の原発性腫瘍形成と関係した片側性の第3眼瞼突出。

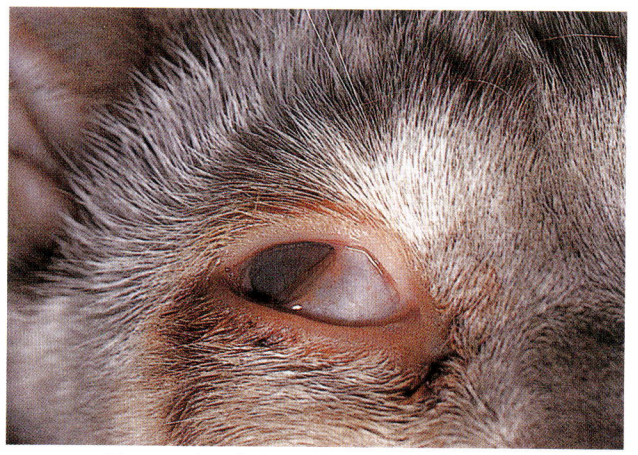

図6.8 瞼球癒着に伴う片側の第3眼瞼突出
第3眼瞼は瞼結膜に癒着している。

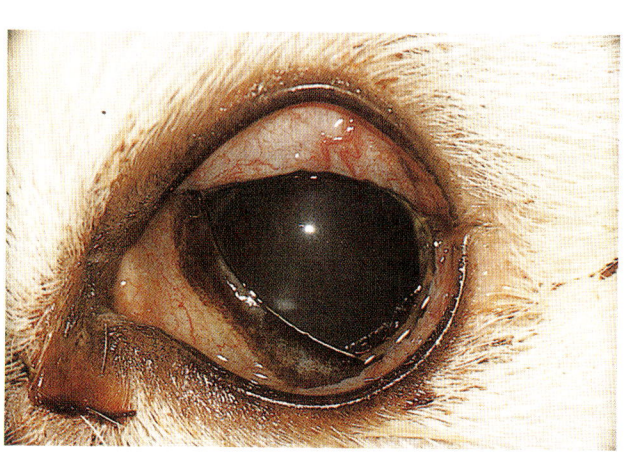

図6.10 7歳齢，去勢済みオスの在来短毛種
眼窩内の腫瘍による第3眼瞼突出。結膜浮腫(chemosis)，可視血管の怒張，および散瞳し無反応な瞳孔がみられる。

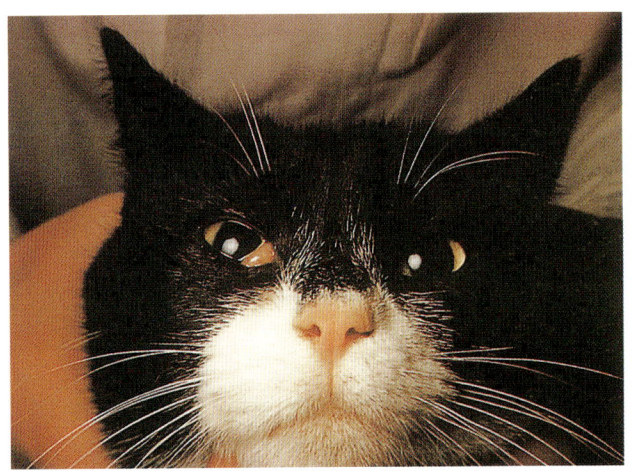

図6.11 若齢ネコの右眼における瞬膜腺の脱出
第3眼瞼脱出と誤りやすい。

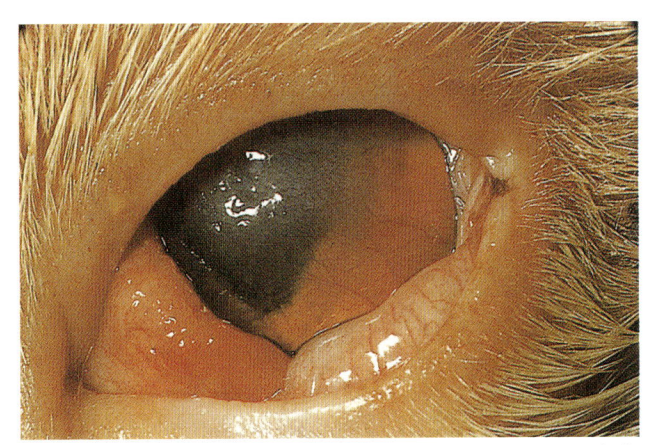

図6.13 第3眼瞼の肥厚を伴う慢性の結膜炎のみられる在来短毛種の成ネコ

角膜びらんおよび慢性角膜炎は，肥厚した眼瞼による機械的損傷と眼瞼機能障害の結果である。

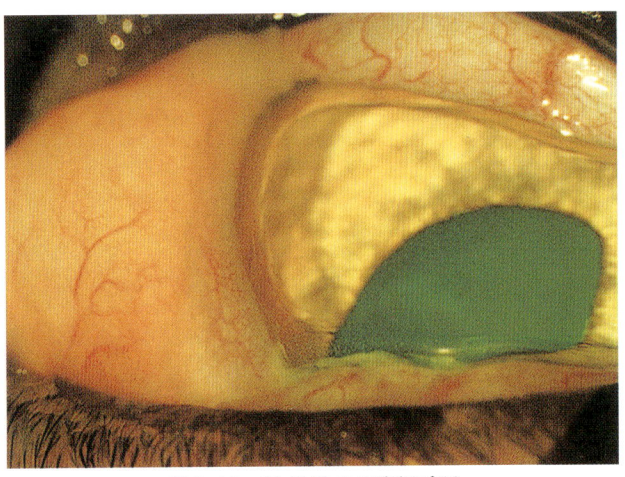

図6.12 11歳齢の在来短毛種
結膜炎に起因する浮腫の結果として起こった第3眼瞼（および瞼結膜）の突出。

瞬膜腺の脱出（図6.11）は第3眼瞼の脱出と誤りやすく，ネコでは非常に珍しい状態である。それは単独におこるかまたは，第3眼瞼軟骨のねじれによっておこる。

結膜炎（図6.12および6.13）は，第3眼瞼の突出を伴うことがある。通常結膜全体が病変に含まれるが，非常にまれに第3眼瞼だけにおこることがある。結膜浮腫は急性炎症を，全体的な肥厚は慢性炎症を象徴する。

第3眼瞼は，外傷を受けることもある（第3章参照）。また第3眼瞼は頭部損傷の結果として突出することもある（第15章参照）。

瞼球癒着

第8章参照。

第3眼瞼軟骨の反転（よじれ）

これはネコ科ではまれな疾患であり，軟骨と深い軌道靱帯の間の筋膜付着が弱いためにおこるともいわれている。それは通常瞬膜腺の付随的な脱出と関係する。バーミーズにおいて報告された2例において（Albert et al., 1982），1例は外科的縫い込み術による腺の再配置で反転軟骨は整復でき，もう1例は次に軟骨を切開し，まっすぐにすることが必要であった。両方の症例において，瞬膜腺は保存されたが，第3眼瞼は固定された。

異　物

第3章参照。

新生物

第3眼瞼の新生物はまれである（図6.9）。線維肉腫（Buyukmich, 1975），扁平上皮癌，肥満細胞腫，およびリンパ肉腫は，遭遇しやすい腫瘍である（Williams et al., 1981）。線維肉腫が第3眼瞼の原発性腫瘍であるのに対して，扁平上皮癌は第3眼瞼原発か，または隣接組織からの浸潤によってもおこる。肥満細胞腫は，上・下眼瞼から広がり，第3眼瞼を含むようになる。未分化悪性腫瘍や全

6. 第3眼瞼

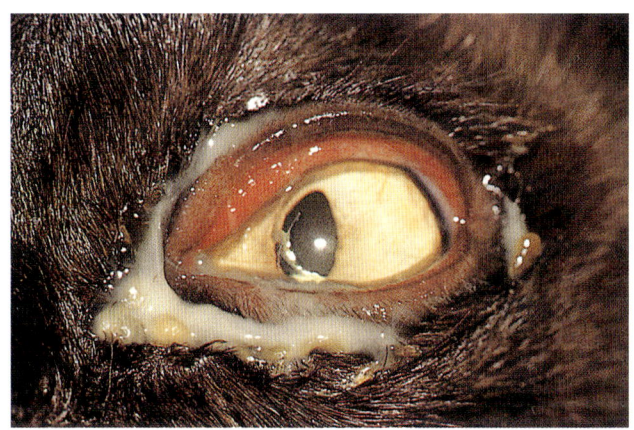

図 6.14 この若いネコの第3眼瞼は，1年前に理由は分からないが切除された。激しい結膜の変化および突出した粘液膿性眼脂に注目。

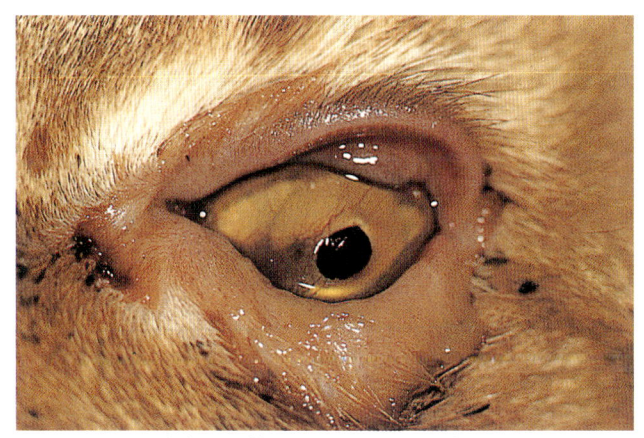

図 6.15 この成ネコは第3眼瞼切除後に黒色壊死が形成された。第3眼瞼切除の理由は不明である。

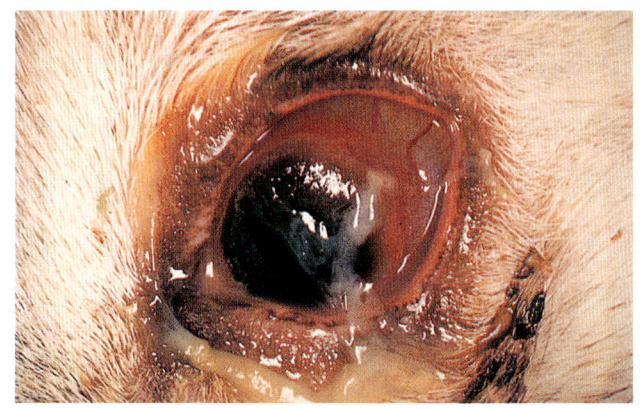

図 6.16 第3眼瞼が切除された1歳齢のペルシャ系雑種，眼病変が重度のため，その後眼球摘出された（J.R.B.Mouldの好意による）。

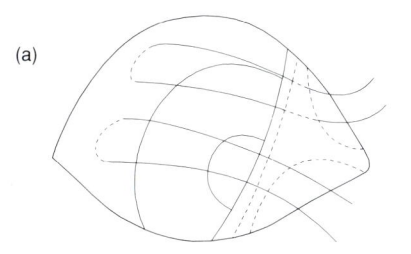

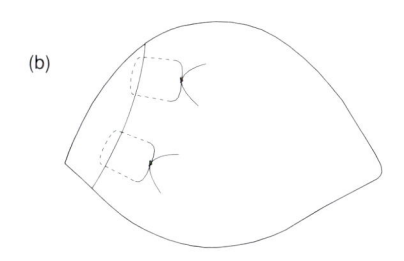

図 6.17 第3眼瞼フラップ
(a) 図のように，第3眼瞼の自由縁を避け，2本の水平マットレス縫合を行う。この際，縫合前に第3眼瞼の内側を糸が貫通していないかを確かめる。
(b) 第3眼瞼は，輪部近くの球結膜およびテノン囊に縫合する。フラップは最低10日は留置するべきで，抜糸は局所麻酔薬で行う。

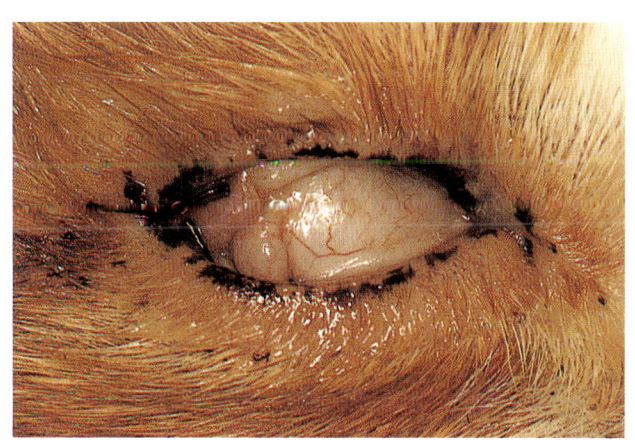

図 6.18 右眼，球結膜とテノン囊に固定された第3眼瞼フラップ

身性リンパ肉腫などの続発性腫瘍は，第3眼瞼に波及することがある。

第3眼瞼の慢性の炎症（後述参照）は，針生検により腫瘍形成と区別しなければならない。外科的切除では，腫瘍の周囲に十分マージンをとり，時には第3眼瞼すべて切除することもある。第3眼瞼（図6.14～6.16）の欠損は，ネコの眼瞼機能に重大な症状を示すことがある。

第3眼瞼フラップ

第3眼瞼フラップは角膜の保護と治癒を促進する（図6.17および6.18）。フラップを覆せたまま局所点眼液を点眼し，最低10日間フラップを置いておく。第3眼瞼フラップにかわり，治療用ソフトコンタクトレンズがある程度使用されるようになってきており，これは治療過程を直接見ることによって容易にモニターできる。また，第3眼瞼フラップよりも有茎弁移植はより治癒が急速である。

引用文献

Albert RA, Garrett PD, Whitley RD (1982) Surgical correction of everted third eyelid in two cats. *Journal of the American Veterinary Medical Association* **180**: 763–766.

Buyukmichi N (1975) Fibrosarcoma of the nictitating membrane in a cat. *Journal of the American Veterinary Medical Association* **167**: 934–935.

Kern TJ, Aramondo MC, Erb HN (1989) Horner's syndrome in cats and dogs: 100 cases (1975–1985). *Journal of the American Veterinary Medical Association* **195**: 369–373.

Muir P, Harbour DA, Gruffydd-Jones TJ, Howard PE, Hopper CD, Gruffydd-Jones EAD, Broadhead HM, Clarke CM, Jones ME (1990) A clinical and microbiological study of cats with protruding nictitating membrane and diarrhoea: isolation of a novel virus. *Veterinary Record* **127**: 324–330.

Nuyttens J, Simoens P (1994) Protrusion of the third eyelid in cats. *Vlaams Diergeneeskundig Tijdschrift* **63**: 80–86.

Williams LW, Gelatt KN, Gwinn RM (1981) Ophthalmic neoplasms in the cat. *Journal of the American Animal Hospital Association* **17**: 999–1008.

7 涙 器

はじめに

　涙器（lacrimal system または lacrimal apparatus）は涙液の分泌と排出の2つの構成要素からなる（Poels and Simoens）。分泌要素は前眼部涙膜（ptf）を作り，それはマイボーム腺（瞼板腺）で作られる脂質層，涙腺と瞬膜腺から分泌される漿液層，結膜の杯細胞で作られるムチン層の3層構造を持つ厚さ7μmの膜である（Carrington et al., 1987）。脂質層が中間層である漿液の過剰な蒸発を抑え，ムチン成分の充分な吸着能力をもって涙膜の安定を保っている。

　涙膜は眼の表面を被い，それは上下眼瞼の瞬目も一部関係しているが，主に眼球の後引運動と組み合わせた瞬膜の動きによって拡散されている。涙液は蒸発でもいくらか消失するが，排出路からの排水という形でも消失する。涙器の排出部は上下の涙点，上下の涙小管，それに結合したあまり発達していない涙嚢および鼻涙管からなる。鼻涙管は涙孔を経て涙骨の中を通っていき，上顎骨の内側面に沿って続き，腹側甲介真下の鼻腔前庭に開孔している。

　上下涙点の開口部は内眼角に近い位置の眼瞼の内側にあり，そこの眼瞼縁をわずかに反転させれば観察することができる。その附近は通常色素沈着がない。涙液は重力，毛細管現象そして瞬目による眼輪筋の収縮によるポンプ効果によって排出される。

検　査

　涙器の検査は眼表面の涙液の産生，散布，排出を評価すること，ならびに眼の表面部を入念に調べる必要がある。用いられる技法のいくつかは第1章で述べた。

産　生

　涙液の産生に異常があると思われる症例では，眼を入念に観察することが重要である（図7.1）。瞬目の頻度を評価し，前眼部涙膜に関連する眼の表面の状態に注目し，眼瞼縁およびマイボーム腺開口部が正常かを調べ，涙膜の量と質を評価してみる。前眼部涙膜のどれか1つ（脂質，漿液，ムチン）の機能不全が他の成分に悪影響を与えている（Johnson et al., 1990）。

　ネコではマイボーム腺から分泌される脂質の質や量を正確に測定する手段がない。先天的に眼瞼の発達不全のあるネコ（第5章参照）では，その異常部位においてはマイボーム腺の開口部ははっきりしないだろうし，存在しないことさえある。マイボーム腺炎（第5章参照）はよくおこり，急性でも慢性でも炎症はマイボーム腺の脂質にいかほどかの影響は与え，したがって涙膜も影響を受けてしまうので，マイボーム腺開口部の検査はルーチンに行う必要がある。

　臨床の場において，シルマーⅠ（STT Ⅰ）またはシルマーⅡティアテスト（STT Ⅱ）の方法を用いて頻繁に測定されるのは，ptf の漿液成分である。正常なネコでの平均値は正常なイヌ程高くない（第1章参照）が，12か月齢未満のネコは例外で，少なくとも8mm/分はあるであろう。

　ムチンの分泌異常はネコではイヌよりは少なく，涙膜を安定させていることを立証したり，あるいはムチン部分の

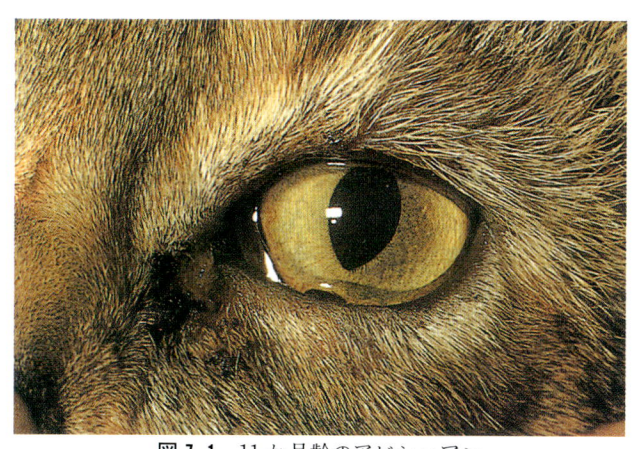

図7.1 11か月齢のアビシニアン
鼻涙管の後天性通過障害によってあふれんばかりの涙湖がみられる。

質や量を評価しようとしたりする検査は重要なことではない。

拡散

ネコではイヌほど解剖学的な眼瞼異常が多くないので、そのほとんどの品種で涙膜の拡散の問題は少ない。例外として、眼瞼が眼球に対してぴったりと並置されているため涙湖が浅い顔面が扁平な品種、とりわけペルシャ系のネコ（図7.2）が挙げられる。眼瞼内反の傾向や内眼角の毛の毛細管作用もあると涙の拡散や排出が不充分となり、明らかな症状として流涙が認められる。診断のためには注意深く観察する以外に特別な検査法はない。

排出

排出の問題の検査法は第1章で述べた。プロトコールはまず第1に視診で、それから涙の産生量の測定、次いで必要であればサンプルの収集である。器官の開存はやや不充分ではあるがフルオレスセイン液で調べることができ、その結果に混乱を生じないように左右に滴下する間隔を充分に取る必要がある。

器官の開存が疑わしい場合は、次に完全な排出器官を検査する意味で、上涙点と涙小管のカニュレーションをすることが必然となる。上下涙点からの涙管洗浄ができないときは涙嚢鼻腔造影をするといいであろう。あるいは全排出器官に細いカテーテルを通してみるのもよい。どちらの技法でも障害部位はみつけられるだろうし、方法としてはどちらも通常上涙点・涙小管から試験する。

涙器の疾病

涙器の疾病は産生の異常（分泌部分）あるいは不充分な排出（排水部分）および炎症と新生物（その両方が侵される）の結果である。

涙の産生

背理性流涙：ネコでのこの現象の報告は1例ある（Hacker, 1990）。物を食べる時に片眼から過度の流涙がみられる現象（そら涙：クロコダイル・ティア）で、原因は不明である。

乾性角結膜炎：ドライアイ症候群（図7.3〜7.8）はイヌよりネコでははるかに少なく、その原因を特定することは常には容易でない。乾性角結膜炎（kcs）はネコヘルペスウイルス感染症の結果であることが多く、特に涙小管の機能に影響を与えるほどの結膜の瘢痕化がおこるような、重度の結膜炎に罹患した後にみられる。眼窩の外傷、涙腺への直接の外傷、顔面神経の副交感神経分枝の損傷は涙液分泌を低下させ、瞬膜あるいは瞬膜腺を除去しても涙液の低下はおこるであろう。涙毒性薬剤（全身的、局所的の両方）の影響は、ネコではイヌのようには充分に立証されていない

図7.2 若いペルシャの成ネコで典型的な顔貌と軽度の流涙がみられる

図7.3 在来短毛種の成ネコ
左眼が乾性角結膜炎に罹患している。

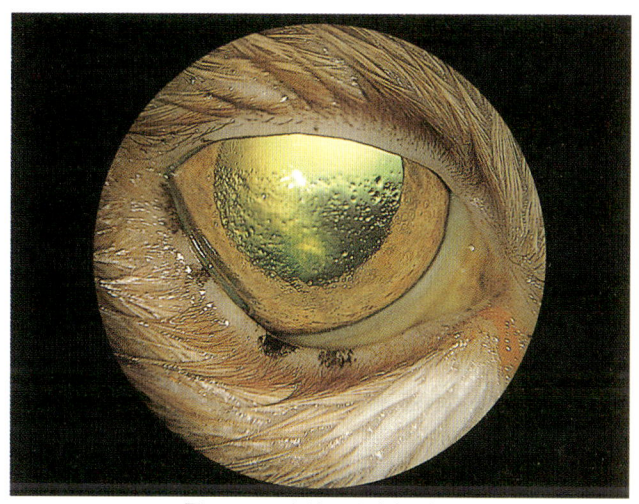

図 7.4　8 歳齢の在来短毛種
免疫介在性の多関節炎と舌炎が示唆されるネコでの多様な涙液異常。涙液産生とマイボーム腺の機能不全が存在し、マイボーム腺の異常によって涙膜中に過度の粒子がみられ、眼瞼縁の防御機能を不充分なものにしている。

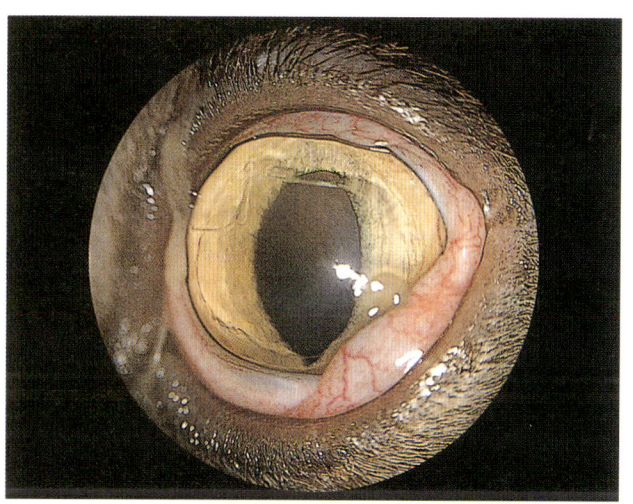

図 7.6　原因不明の片眼性の慢性乾性角結膜炎がみられる 4 歳齢の在来短毛種
結膜浮腫、角膜反射の消失したやや光沢の無い角膜とわずかな眼脂がみられる。

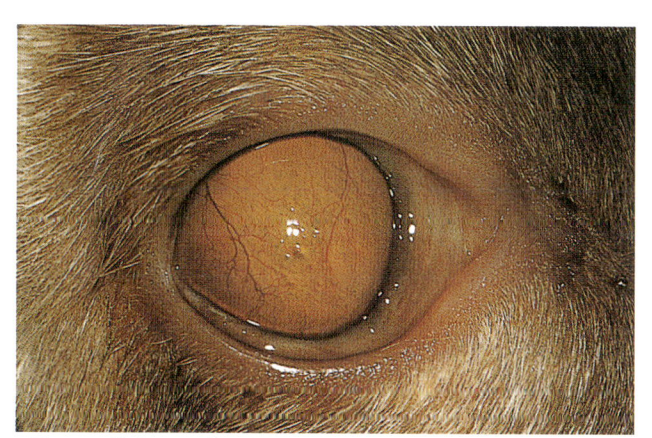

図 7.5　幼ネコの時のネコヘルペスウイルス感染の結果と思われる重度の結膜炎がみられる 10 か月齢のシャム
瞼球癒着、乾性角結膜炎と眼表面不全がみられる（図 8.14 も参照）。

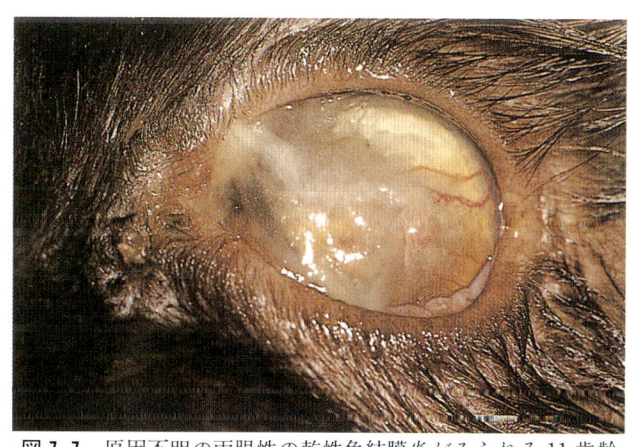

図 7.7　原因不明の両眼性の乾性角結膜炎がみられる 11 歳齢のペルシャ
粘稠性のある眼脂と血管侵入性角膜炎に注目。

が、イヌに対して涙毒性があると判っている薬剤でも、ネコでは涙分泌に影響しない。老齢のネコでは特に原因もなしに涙液分泌量が減るものもある。

ネコの自律神経障害や自律神経の多神経節障害（第 15 章参照）は、副交感神経が分布する器官に影響を与える。そして kcs はその臨床症状の 1 つであり、急性期には瞬膜の突出、散瞳、無反応の瞳孔（視覚は正常）といった症状がより明白にみられる。涙液代用治療薬（例：0.2%ポリアクリル酸；Vicostears CIBA Vision；0.2%w/w カルボマー 940；GelTears Chauvin）が涙分泌の減少によって受ける影響を和らげるのには必要であろう。

原因は何であれ kcs の臨床症状は瞬目の増加、結膜の充血ないし結膜炎それに不鮮明な光沢のない角膜といったうちのいくつか、あるいは全ての症状がみられる。僅かな眼脂だけがみられることもある。本症の初期ではただみるだけの簡単な検査だけなら極めて正常にみえ、シルマーティアテストを実施しなければ診断を誤る。本症に罹患したネコはシルマー I テスト（STT I）が 8 mm/分以下で、通常

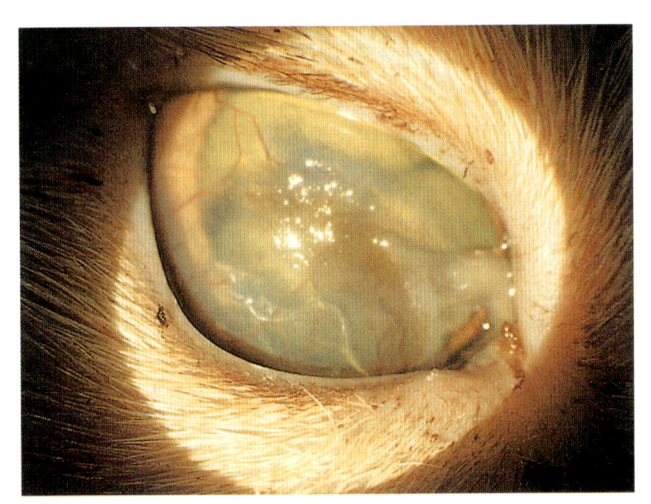

図7.8 初期の黒色壊死症と乾性角結膜炎がみられる6歳齢の在来短毛種

図7.9 1歳齢のペルシャ
流涙症は軽症であるが，左右比べると右眼の方が顕著である。一般的なペルシャの解剖学的特徴に加えて，右眼の上涙点の形成不全がみられた。

図7.10 両眼性の流涙症がみられる7か月齢のペルシャでフルオレスセインル染色後の写真
本症例では上涙点が欠損していたが，下涙点は位置も大きさも正常であった。

は5mm/分以下を示し，みた目では正常な眼でも0mm/分ということも珍しくない。慢性化した例では角膜に血管新生，混濁，潰瘍がみられ，そしてネコヘルペスウイルス（FHV）の慢性感染を伴う例では眼表面疾患が明白となる（第9章参照）。

治療は可能ならば原因の究明と排除であるが，ほとんどの場合は病気を治すというよりは一時しのぎ，姑息的なものとなりがちである。原因が神経性の症例では，通常1日に2回，0.5%あるいは1%ピロカルピンを1滴食餌に混ぜて与える方法が治療となる。不幸なことに多くのネコはこれを混ぜた餌を食べないし，ピロカルピンをネコの口腔に入れるのも難しいであろう。ピロカルピンの点眼はいくらか有効であるであろうが，臨床的には評価されていない。

原因が神経性でないkcsでは，通常慢性例には人工涙液療法が適用され，1日に3～4回点眼をするが，オキュサート法も用いられることもある。サイクロスポリンはネコのkcsには効果的ではないようである。内科的治療で反応しない症例では，時として耳下腺管移植術が考慮するが，ネコではイヌより手術が困難である。しかしながらそれが可能であるなら効果的な方法である（Gwin et al., 1977）。

もし角膜に血管新生があるなら，コルチコステロイド（通常はデキサメサゾン，ベタメサゾンあるいはプレドニゾロン）の点眼は治療の初期なら有効である。しかし通常は用心をして角膜潰瘍が無いのを確かめることが重要である。

涙の排出

涙点閉鎖と形成不全：鼻涙排出器官の部分的あるいは完全な欠損は，先天的なものはネコでは珍しい（図7.9～7.14）。通常は上下どちらかの涙点が欠損し，それに続く涙小管も欠損していることもある。涙点が時として違った場所にあることもある。ネコでは上方の涙点および涙小管の欠損の方が多い。ところがイヌでは大抵は下涙点の欠損か低形成（微小点）で，涙小管の欠損は伴わない。

臨床症状は流涙であるが，慢性症例では粘性あるいは粘液膿性の眼脂がみられることもある。一番罹患しやすい品

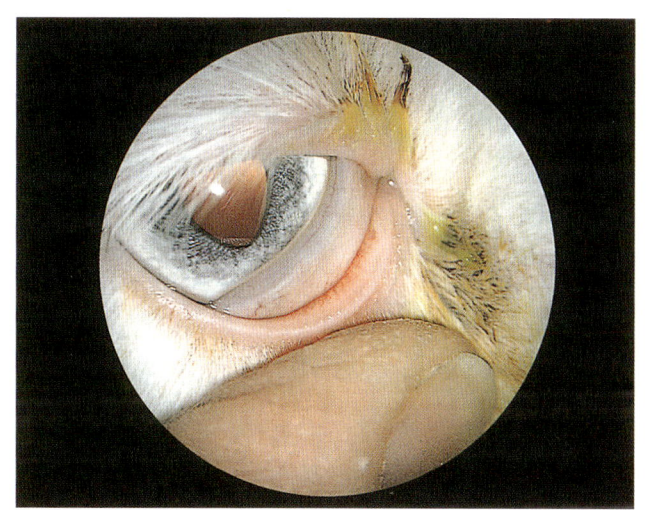

図7.11 図7.10と同症例
下涙点を示している。

図7.14 両眼に流涙のある7か月齢のベンガルキャット
左眼には上涙点は認められるが、下涙点と涙小管の一部が見当たらない。

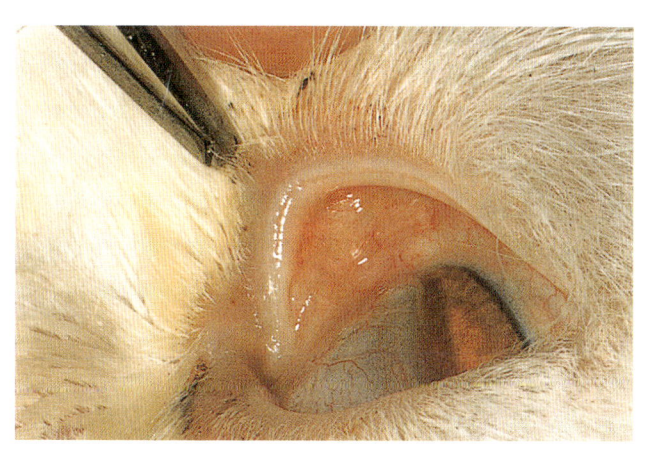

図7.12 両眼性の流涙および上涙点の無形成がみられる1歳齢のペルシャ
写真は左眼で上涙点が認められない。

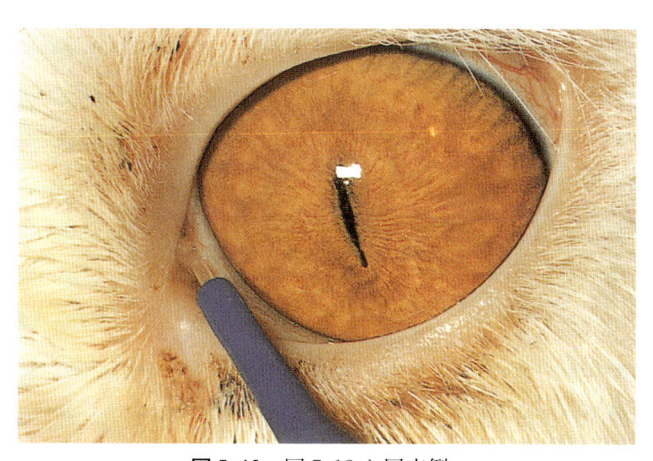

図7.13 図7.12と同症例
涙点の位置が正常でないことを示すため、下涙点にカニューレを入れている。

種はペルシャで、この品種では頭部の形状の特徴（浅い眼窩、突出した眼球、浅い涙湖、涙点の不整列、よじれた涙小管、眼瞼と眼球がぴったりと並置されている）による流涙症にも悩まされるので、最初の身体検査で涙点があるかどうかを調べることが重要である。頭部構造が貧弱な場合、鼻涙管排出器は2次的に閉塞状態になりうる。したがって根本的問題を解決しない限り、排出器の洗浄は一時しのぎにしかならないであろう。

検査で上下どちらかの涙点が欠損していることが判ったら、第1章で述べたように他の涙点からカニューレを入れて洗浄する。涙点に粘膜がシート状に被っているだけなら、そこに一時的に水疱を形成させて、被っている粘膜を単純に切開するだけで開放させることができる。瘢痕形成を最小限にするために、処置後5～7日間は抗生剤とコルチコステロイドの点眼を施すことにより、開口部の開放を維持する。

欠損ではなくて単に涙点が塞がっているというなら、涙嚢鼻腔造影法が問題の程度を知るのに役立つ。そして代わりの排出路を作らなければならないような場合もある。細く柔らかい涙管カニューレを正常な涙点と涙小管、涙嚢を通して悪い方へ挿入することによって、時に欠損した涙点と涙小管を形成することが可能な場合もある。涙点を作るためにカニューレの先にある結膜を切除し、カニューレの管腔を通じて細いナイロン糸を通す。カニューレを引いてナイロン糸は双翼状弁を使ってそこに維留する。水路を確保するために約3～4週間はそのままの状態で留置しておく（図7.15および7.16）。

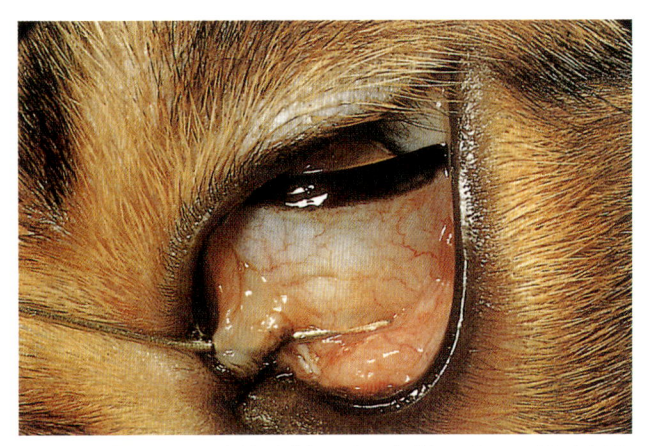

図7.15 図7.14と同じ症例で，細い銀製のプローブを上涙点から涙小管および涙嚢を経由して下涙点の部位に通した後の所見
プローブによる鈍性切開によって下涙点および涙小管が再構築されている。

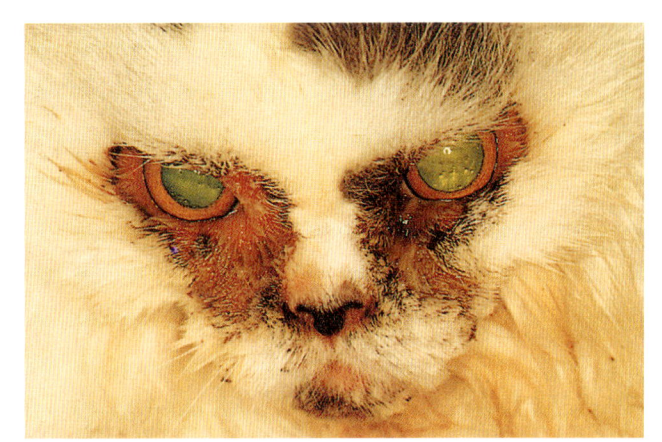

図7.17 眼周囲に皮膚炎のみられる2歳齢のペルシャ　上涙点が両眼とも欠損している。

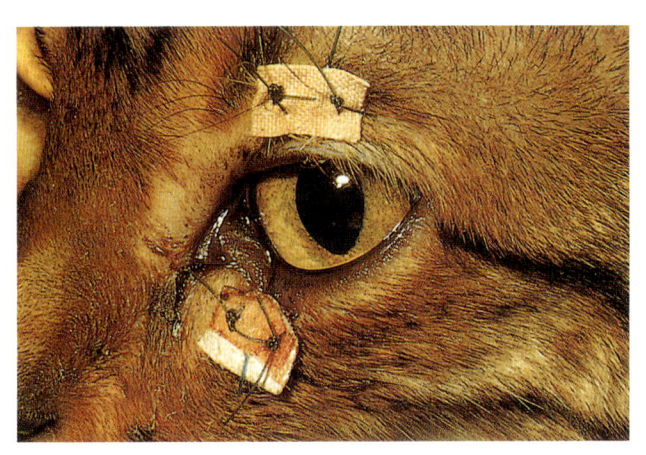

図7.16 図7.14および図7.15と同症例
治癒するまでモノフィラメントのナイロン糸を留置し，開存させておく。

別の排出路を作るその他の方法もあるが，結膜鼻腔吻合術や結膜口蓋吻合術といったバイパス術を用いた別の排出路の設置は，ネコでは常に簡単に行える手技ではなく，長期的な結果は失望しうるものである（Gelatt and Gelatt，1994）。それゆえに原因の如何を問わず，流涙症が例えば著しい被毛の着色，皮膚の擦傷，眼周囲の感染および慢性涙嚢炎（涙嚢炎とは厳密には涙嚢の炎症を指すが，家畜においては通常鼻涙排出器官の炎症という意味を含む）といった深刻な問題をおこしているような症例（図7.17）でなければ，外科的手段は差し控えるべきである。

涙排出器の後天性通過障害：後天性の部分的あるいは全体的な通過障害（図7.18～7.22）の原因となるのは炎症，外傷，排出器官外の異常（例：内眼角，鼻，副鼻腔および歯根），あるいは内部の異常（例：異物，感染）がある。包括的な検査が原因を追究する上で必要で，それには視診，細胞診と培養のための鼻涙管と鼻の洗浄，涙嚢鼻腔造影と画像診断といった手技が含まれる。流涙が最も良くみられる症状であるが，時として赤味の強い眼脂をみることもあり，その場合は通常涙嚢炎を併発している。

後天性狭窄または閉塞の最も多い原因は，以前に罹患した新生仔眼炎で，瞼球癒着によって片方あるいは両方の涙点の閉鎖がおこる（図7.18）。この場合の診断は，内眼角に接近して検査することで容易にできるが，どんな外科的方法を用いてもすぐに癒着形成をおこすため治療は困難である。

通過障害のその他の原因ははっきりせず（図7.19～7.22），上部気道感染症，慢性鼻炎，鼻腔ポリープおよび新生物といった鼻腔の問題，歯牙疾患（特に歯根部），またまれではあるが副鼻腔の炎症と腫瘍が原因となる。局所新生物（例：扁平細胞癌）が鼻涙排出器官を含んで部分的あるいは完全な閉塞をおこすこともある（Peiffer et al.，1978）。特定の原因を確定することは常には不可能である。

外傷，特に内眼角のネコの爪による傷も涙の排出を障害する。涙小管の傷の根本的な修復には熟練したマイクロサージェリーの技術が必要である。この病変部でみられる傷害の慢性合併症は涙嚢炎，膿瘍，腐骨分離と内眼角下方の瘻管形成である。

7. 涙器

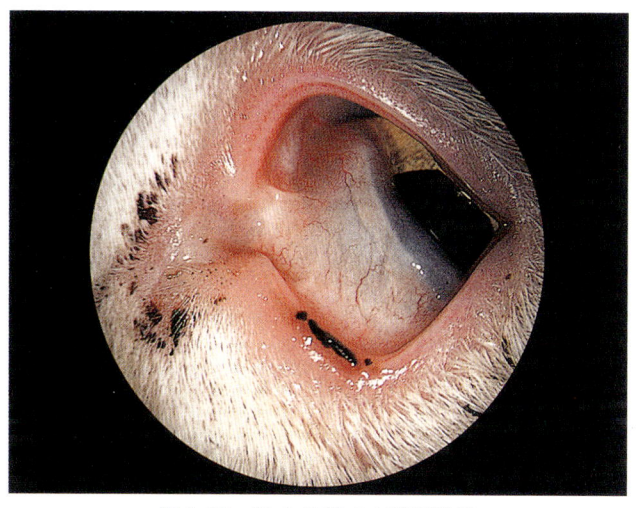

図7.18 15か月齢の在来短毛種
広範囲の瞼球癒着（FHV感染による）の結果，上下の涙点が閉塞している。

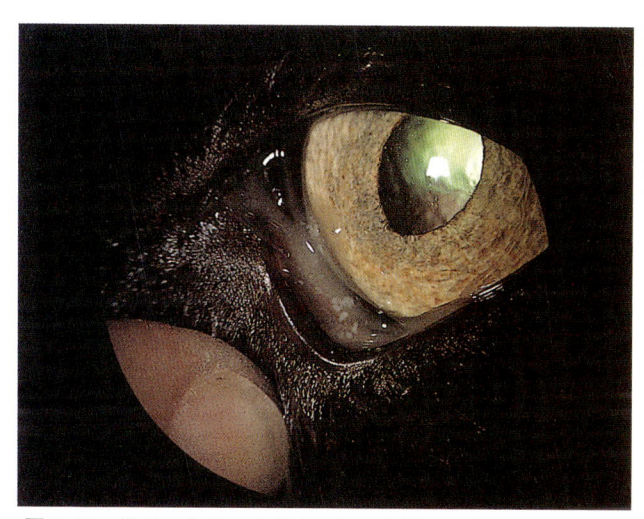

図7.20 慢性の鼻炎の合併症として左眼に涙嚢炎を発症した6歳齢の在来短毛種
最初の症状は下涙点からの綿状分泌物の排出であった。

図7.19 17歳齢のバーミーズ
右側の重度の鼻出血および外鼻孔と下涙点からの膿の排出がみられる。検査によって右側鼻腔にポリープが発見され，ヘマトクリット値が8％であったため術前に輸血をした後，外科的に切除した。このネコは無事に回復した。

図7.21 図7.20と同症例
紹介された時の眼脂はもっと赤かった。検査の結果，鼻炎による慢性の破壊的変化がおこって，左側の鼻涙管と鼻腔が通じており，更に左右の鼻腔も疎通していた。初めの培養では *Bacteroides* spp.が検出され，後の培養ではグラム陰性嫌気性球菌が検出された。培養と感受性試験結果を元に，3週間テトラサイクリンを局所および全身的に投与したところ，良く反応した（J.R.B.Mould氏の好意による）。

　最初の原因が何であれ，通過障害がおこるような疾患の結果として涙嚢炎を発症しやすく，その臨床症状は典型的である。通常，眼球あるいは眼周囲に眼脂を認め，特に慢性化したものでは多量で膿性のものとなる（図7.20～7.22）。涙点から出ている分泌物や，涙嚢の位置の内眼角を指で優しく押すことによって膿性分泌物が出てくるのがしばしば確認できる。内眼角領域がわずかに赤くなる。

　涙嚢炎では可能な限り根本的な原因をみつけて除去すべきである。涙管を洗浄することによって分泌物を好気的，嫌気的に培養して抗生物質の感受性試験もできる。合併症のない症例では，適切な抗生物質を7～10日間全身的および局所的に投与すべきである。もっとこじれた例では，排出

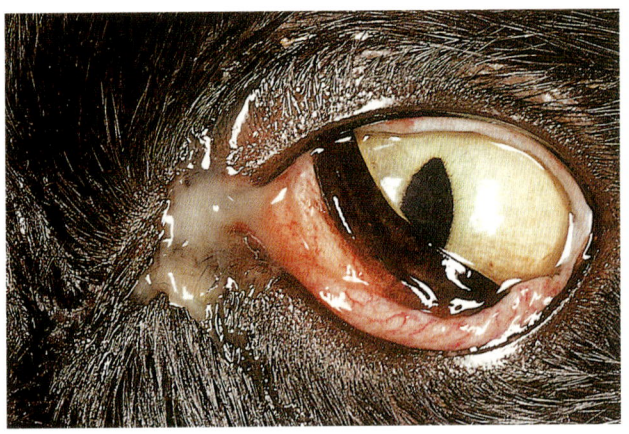

図7.22 図7.20および7.21と同症例のクローズアップ像
（J.R.B.Mould氏の好意による）

器全体のカニュレーションをした場合でもしなかった場合でも，少なくとも1か月間の抗生物質治療が必要となる。

膿瘍や副鼻腔炎になった症例では，外科的処置（膿をドレナージしたり，壊死組織を除去したり，瘻管を作るといった）が必要である。通過障害部の外科的なバイパス手術が必要となるかもしれない。

涙器の他の疾患

涙腺炎

涙腺炎（涙腺の炎症）はネコではあまりみられない。眼窩の好酸球性肉芽腫と涙腺の結核症が，涙腺炎の原因として報告がある（Robert and Lipton, 1975）。

新生物

涙腺と瞬膜腺の新生物はまれである。遭遇するものとしては扁平上皮癌か腺癌が最もよくみられる腫瘍である。排出器ではしばしば隣接器官の新生物（例：内眼角，鼻咽腔や副鼻腔に発生する扁平細胞癌，リンパ肉腫，腺癌）から続発的に病変に含まれるようになる。

引用文献

Carrington SD, Bedford PGC, Guillon JP, Woodward EG (1987) Polarised light biomicroscopic observations on the pre-corneal tear film III. The normal tear film of the cat. *Journal of Small Animal Practice* **28**: 821–826.

Gelatt KN, Gelatt JP (1994) Small Animal Ophthalmic Surgery, Volume 1: Extraocular Procedures, pp. 132–134. Pergamon: Oxford.

Gwin RM, Gelatt KN, Peiffer RL (1977) Parotid duct transposition in a cat with keratoconjunctivitis sicca. *Journal of the American Animal Hospital Association* **13**: 42–45.

Hacker DV (1990) 'Crocodile tears' syndrome in a domestic cat: Case report. *Journal of the American Animal Hospital Association* **26**: 245–246.

Johnson BW, Whiteley HE, McLaughlin SA (1990) Effects of inflammation and aqueous tear film deficiency on conjunctival morphology and ocular mucus composition in cats. *American Journal of Veterinary Research* **51**: 820–824.

Peiffer RL, Spencer C, Popp JA (1978) Nasal squamous cell carcinoma with periocular extension and metastasis in a cat. *Feline Practice* **8**: 43–46.

Poels P, Simoens P (1994) The lacrimal apparatus of cats. *Vlaams Diergeneeskundig Tijdschrift* **63**: 87–89.

Roberts ST, Lipton DE (1975) The eye. In Catcott EJ (ed.) Feline Medicine and Surgery, 2nd Edn. American Veterinary Publications, Santa Barbara.

8 結膜，結膜輪部，上強膜および強膜

はじめに

　結膜は角膜輪部に始まり，眼球前面を覆い(球結膜)，結膜円蓋で反転し上下の眼瞼の内側表面(眼瞼結膜)，第3眼瞼の両表面(瞬膜結膜)を覆っている。第3眼瞼の中央部や外眼角からみえる球結膜のほんの一部を除いては，正常なネコでは結膜の露出は非常に少ない(図1.1～1.3)。*Staphylococcus* spp.が正常なネコの結膜嚢からしばしば分離される (Espiola and Lilenbaum, 1996)。

　結膜は，典型的な半透明の性質を持った粘膜である。それは，ムチンを生産する杯細胞を含む外側の非角化上皮とその下に横たわる血管，神経，リンパ腺や副涙腺を含む粘膜固有層から成る(図8.1)。結膜に関連したリンパ組織(CALT)は免疫に関係した結膜反応にかかわっている。樹枝状のランゲルハンス細胞は，抗原を免疫システムに知らせるのに重要であり，輪部と角膜周辺部の上皮細胞の間に認められる(Carrington, 1985)。

　上強膜と強膜は球結膜の直下に位置し，一緒に考えられている。テノン嚢は比較的充分に広がっており，4つの直筋は眼球上から輪部の縁まで広がった筋膜を持っている。上下斜筋ははこれらの広がった筋膜下を通っている。強膜の厚さは前よりも後ろの方が薄く，脈絡膜色素が透けてみえるように暗い色をしている。強膜櫛状板は，隣接した強膜とほとんど同じ厚さをしている。前述したように，強膜は薄くて白いが輪部の周辺を除いてのことで，そこは多くのネコで強い色素の沈着があり，輪部周囲は青色に着色している。輪部では通常とてもきれいに色素のある狭い縁を示し，それは透明な角膜と眼球の白い色の接合部を描き出している(図1.1～1.3)。

結膜疾患

眼球上の類皮腫

　眼球上の類皮腫(第5章参照)または異所的組織腫は第5章に述べている。結膜に現れるこれらの病変は，通常外眼角にみられる(図8.2～8.5)，そこでその病変はしばしば外眼角の皮膚を巻き込み，そして角膜にまで侵入してくる。眼球上の類皮腫は結膜の他の部位にもみられる。それらは，外

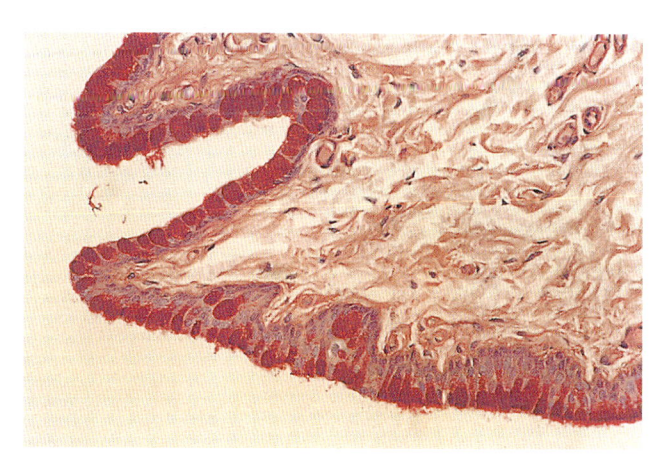

図8.1　結膜の組織学的標本
過ヨード酸-Schiff染色されたもので，結膜上皮の中の豊富な杯細胞を検査するためのものである。

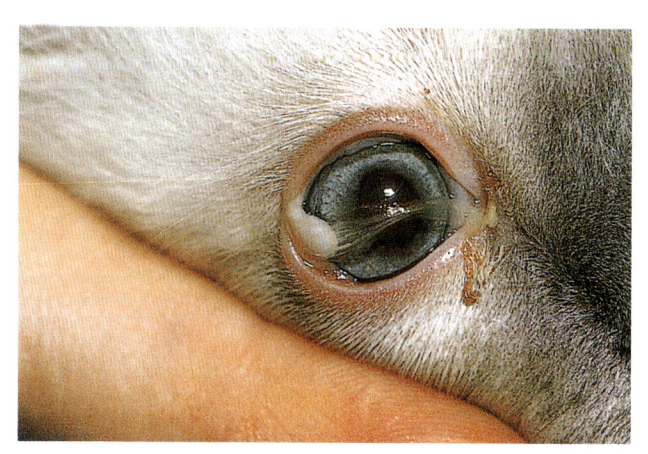

図8.2　8週齢のバーマンの仔ネコ
外眼角より角膜類皮腫が入り込んできている。

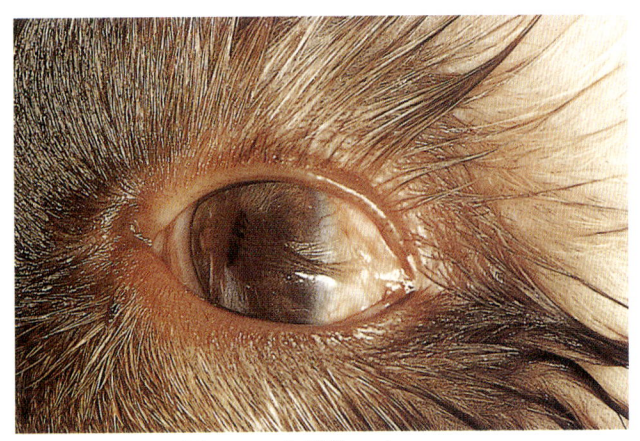

図8.3 4か月齢のバーマン
角膜類皮腫が外側の輪部の結膜にある。このネコは仔ネコの時に手術により類皮腫を切除されたが切除が完全でなかった。2度目の手術は外眼角切開により大きく露出し類皮腫は輪部から外側に向かって切除された。

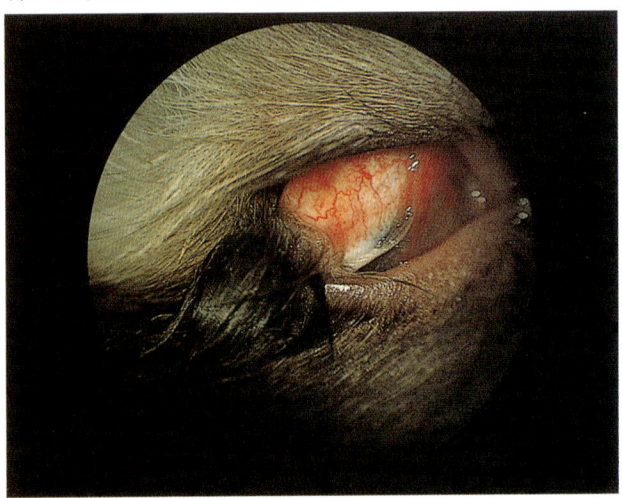

図8.4 若いカラーポイントで外眼角の成長した類皮腫が眼瞼，球結膜を巻き込んでいる。眼瞼は外科的切除による治療が必要である。

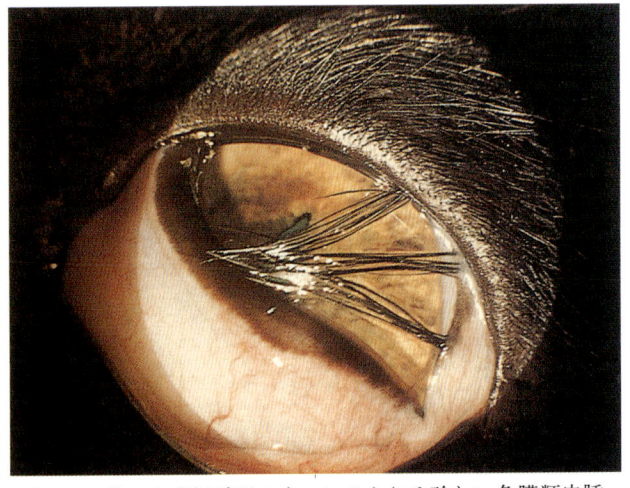

図8.5 若い在来短毛種のネコにみられる珍しい角膜類皮腫 3個の分離した類皮腫があり輪部に沿った結膜から毛が生えている。

科的な切除によりきれいに取り除かれる，また外眼角切開は，外眼角域に位置している病変を適切に切除するために露出させるのに役に立つ。

瞼球癒着

結膜が眼瞼，眼球，瞬膜の結膜に互いにまたは角膜に癒着したものを瞼球癒着と呼びイヌでは非常に珍しいが，ネコでは頻繁にみられる。瞼球癒着は先天性の場合もあるが，多くは新生仔期の感染によるもので最も多いのはネコヘルペスウイルスによるものである。数は少ないものの，他の激しい結膜炎や化学薬品や火傷（図8.6～8.20）によることもある。

瞼球癒着は単独に存在するものとして，また他の，小眼球症のような眼球疾患が合併した様にみられる。瞼球癒着による問題は，眼瞼の運動性や，前眼球涙膜の生産と排泄に関連したことであり，第5～7章に述べてある。

瞼球癒着によりおこる問題が深刻（例：視力が落ちたとか全く見えない，眼瞼と眼球が動かない等）でなければ治療の必要はない。癒着を分離することは簡単にできる，しかしながら再癒着がすぐにおこり，しばしば術前の瞼球癒着より悪くなり手術によって得た角膜の透明度はすぐに失われる。再癒着を最小限にとどめるために，いくつかの手術方法（Mustarde, 1991）や医療用ソフトコンタクトレンズが使用されるが，これらの方法を用いても長期にわたる予後は良くない。これらの悲観的な結果は病理組織学に反映されており，輪部の芽細胞の破壊が急性炎症期におこることが明らかである。その結果として，角膜上皮が修復のために増殖できず，そして結膜上皮が再び角膜上を覆う，このために角膜の「結膜新生」がおこる。臨床像としては，結膜の過増殖による角膜表面の異常，角膜上皮の欠損，血管新生，角膜混濁という特徴がある。近年進歩した，正常な輪部の細胞からの輪部芽細胞の自己増殖作用の研究は，このような眼の問題に対する刺激的でより合理的なアプローチを提供してくれるであろう。

結膜嚢胞

結膜嚢胞（図8.22）は，瞼球癒着と関連していることがある，また上皮に嚢胞を含んだ様な孤立した瞼球癒着として現れる。両者とも外科的に切除される。

結膜下出血

結膜下出血は早期には明るい赤色で，頭部の外傷に関連していることが多い（図4.29）。このような場合は，眼球内

8. 結膜，結膜輪部，上強膜および強膜

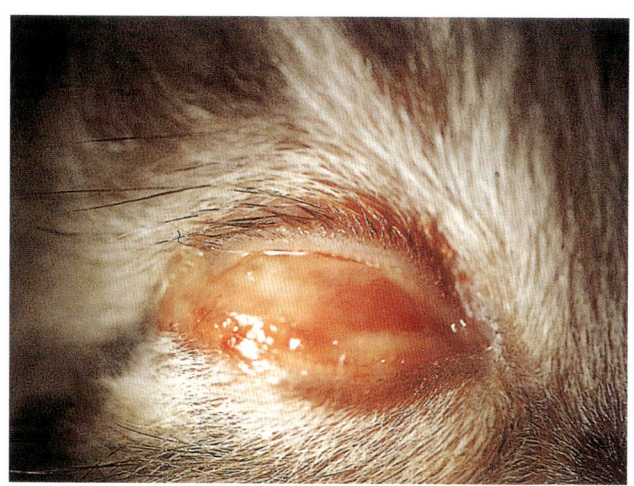

図8.6　14日齢の在来短毛種の仔ネコ
ネコヘルペスウイルスのため激しい結膜の炎症があり，瞼球癒着をおこしている。他眼は感染してない。

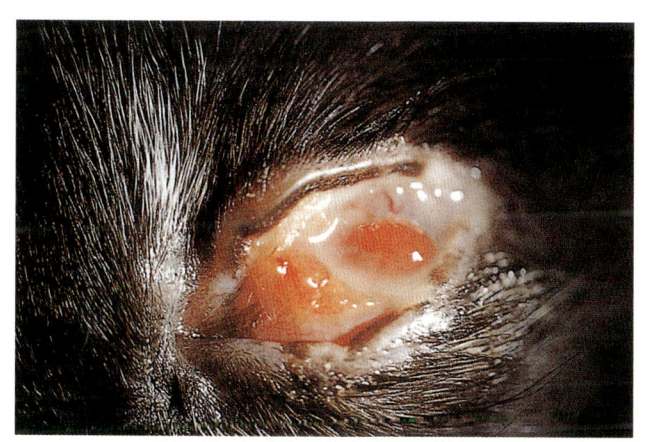

図8.7　5週齢の在来短毛種仔ネコ
ネコヘルペスウイルスのため，激しい角結膜炎と瞼球癒着をおこしている。他眼は激しくないが感染している。

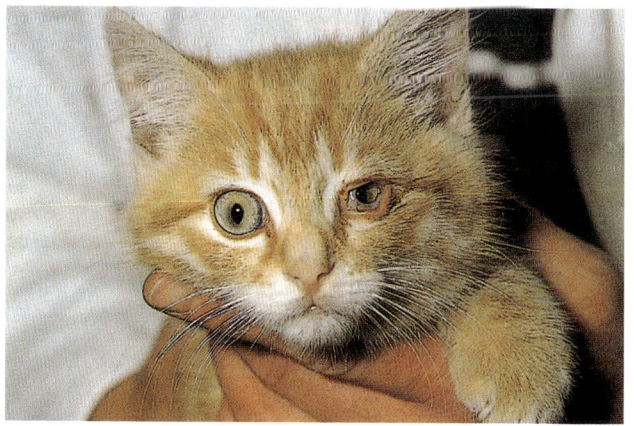

図8.8　3か月齢の在来短毛種
新生仔眼炎に続発した瞼球癒着が認められる。右眼は感染していない。左眼は結膜表面の癒着（主に第3眼瞼と球結膜）にもかかわらず，視力は正常である。左眼の軽度の瘢痕による眼瞼外反と不整な眼瞼の形に注目。

図8.9　1歳齢の在来短毛種，去勢済みのオス
両眼の瞼球癒着が認められる。左眼は右眼に比べてより悪いが，視力に影響は認められない。

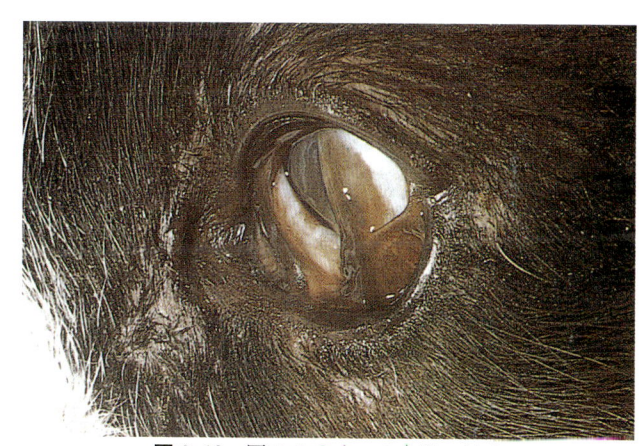

図8.10　図8.9のネコの左眼の拡大
外側の眼瞼と球結膜，第3眼瞼と眼瞼結膜に過剰な瞼球癒着がみられ，角膜背側に角膜混濁もみられる。腹側の結膜円蓋が消失しているにもかかわらず，このネコはこれらの癒着による臨床症状を示していないので，手術の必要はない。

図8.11　6か月齢の在来短毛種
両眼の激しい瞼球癒着があり視力にも影響している。このネコは最初は癒着があまりひどくなかったが，数回のうまくいかなかった手術のために癒着が広がった。

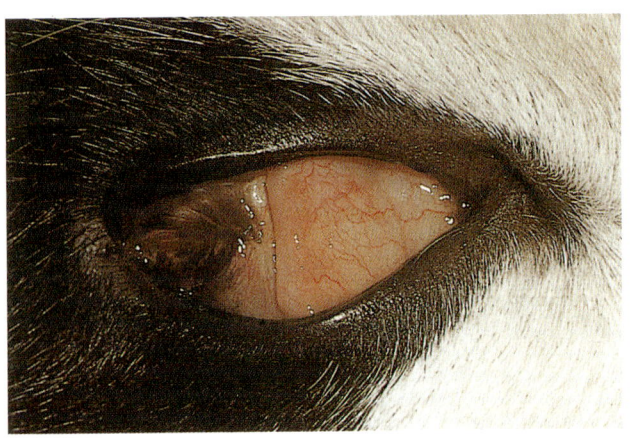

図 8.12 図 8.11 のネコの右眼の拡大
外側の色素の付いた角膜の小さな部分だけが光を認識でき，みることが可能である。一方，過剰な癒着が結膜表面（第3眼瞼を含む）と結膜および角膜においてみられる。

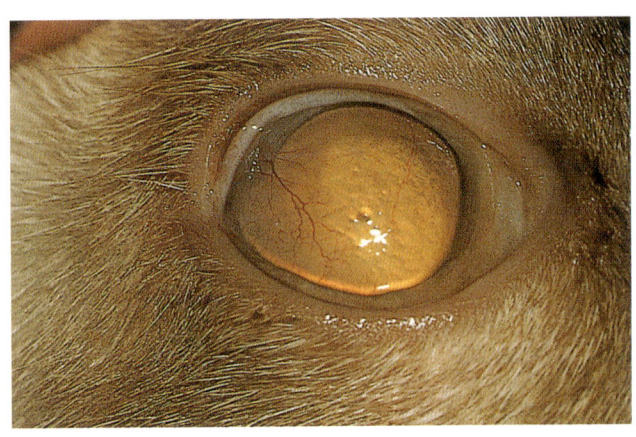

図 8.14 10か月齢のメスのシャム
このネコは激しい両眼の結膜炎を仔ネコの時から持っており，ネコヘルペスウイルス感染の結果としてなったと考えられる。加えて瞼球癒着，右眼には角膜上皮の欠損を伴う古い角膜表面の障害と角膜血管新生がある。涙液生産はきわめて低下している（図7.5参照）。

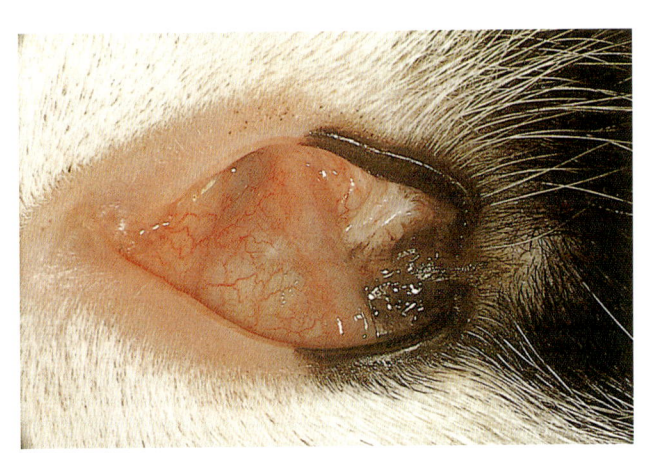

図 8.13 図 8.11 のネコの左眼の拡大
瞼球癒着の形成は完全に下の角膜を覆っており，この眼は失明している。右眼の視力が非常に充分でないのを緩和するために，左眼は手術を行った。

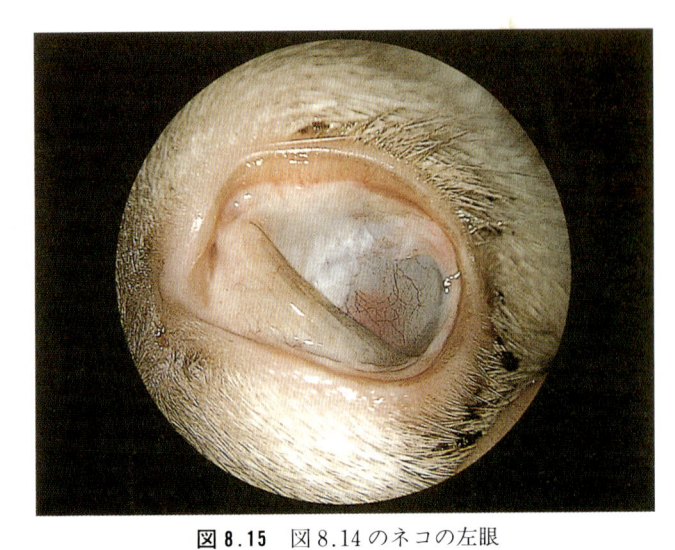

図 8.15 図 8.14 のネコの左眼
角膜上皮欠損，血管新生および結膜増生を伴う眼球表面の障害がみられる。瞼球癒着の形成は，結膜円蓋の消失をもたらしている。この障害の現れは，正常な角膜輪部の幹細胞が破壊され減少していることを強調している。

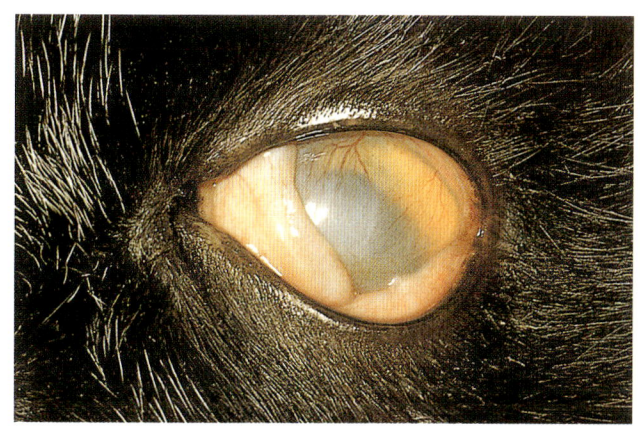

図 8.16　在来短毛種成ネコ
アルカリ火傷の結果の瞼球癒着。この目も急性外傷として解説する（図 3.42）。

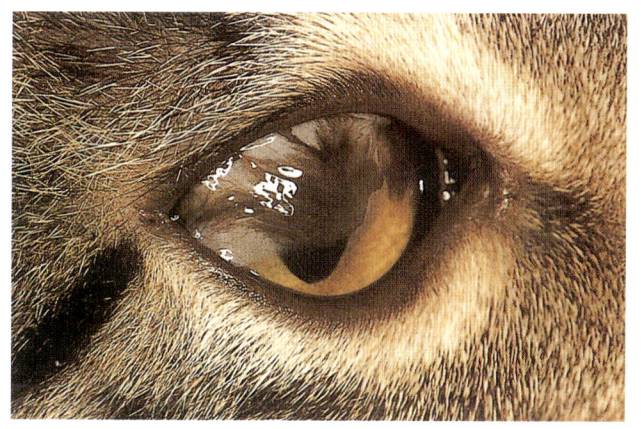

図 8.18　在来短毛種の若い成ネコ
色素のある結膜が角膜の 2/3 を覆っている。それに加えて腹側結膜円蓋が消滅している。

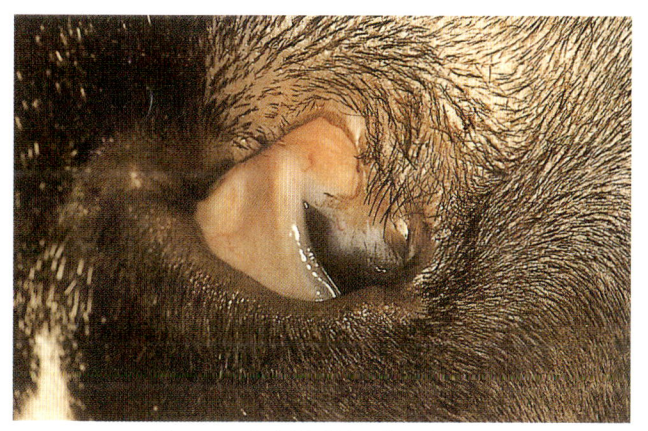

図 8.17　在来短毛種の若い成ネコ
このネコは猫舎で他の多くのネコと一緒に飼われており、瞼球癒着の原因は分からない。右側は萎縮した視力のない眼球と正常な眼瞼がある。左側は、眼球は視力があるが、瞼球癒着が広がっていることと、問題は上眼瞼を切除して、眼瞼が動くようにしようとすることに失敗したために悪化していることである。このケースは、障害を受けた右眼を摘出し、障害のない右の下眼瞼を左眼の障害のある眼瞼に移植することで、うまく治療できた。

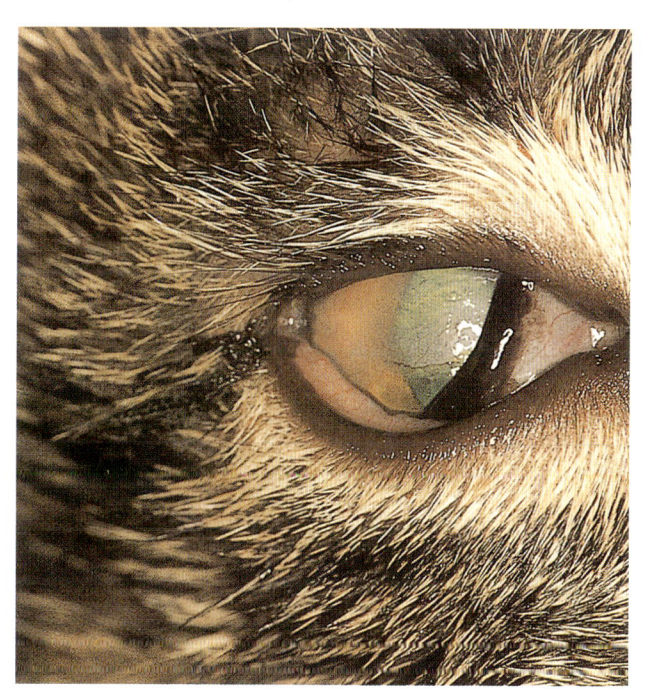

図 8.19　図 8.19 と同じネコで、瞼球癒着の治療のために Arlt 法（Mustarde, 1991）を行った直後
手術直後の所見は良好であるが、数か月後には角膜混濁が広がった。

に障害があることがあるので眼球を注意深く検査する。眼球破裂の可能性も、眼球や眼窩の激しい障害の時には考えておくべきである（第 3 章参照）。

単純な原因の出血の場合は、数日内で吸収され、治療の必要はない。出血が結膜を腫脹させるようなときは、素早く乾燥し兎眼になり、2 次性の角膜疾患（兎眼性角膜炎や角膜潰瘍）の原因となる。このような場合では眼球の保湿を市販の代用涙液ですることが、一時的な眼瞼縫合を行って も行わなくても、必要である。

結膜浮腫

ネコは広く結合の緩い結膜のために、結膜浮腫（Chemosis）はとても激しくなる、そして結膜浮腫は多くの結膜疾患（図 8.23）と関連しておこる。加えて言うならば、上に述べたように、結膜の乾燥を防ぐことは重要である。

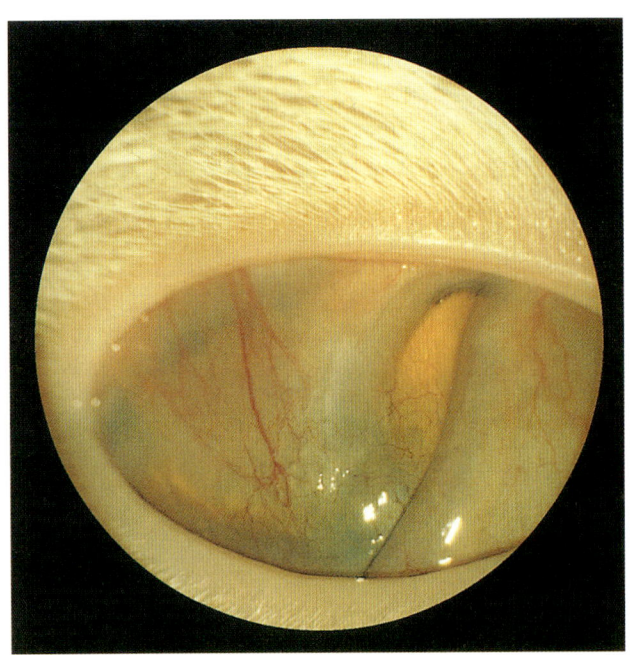

図8.20 11か月齢の在来短毛種
図8.18でみた瞼球癒着に似ているが，結膜に色素沈着がな

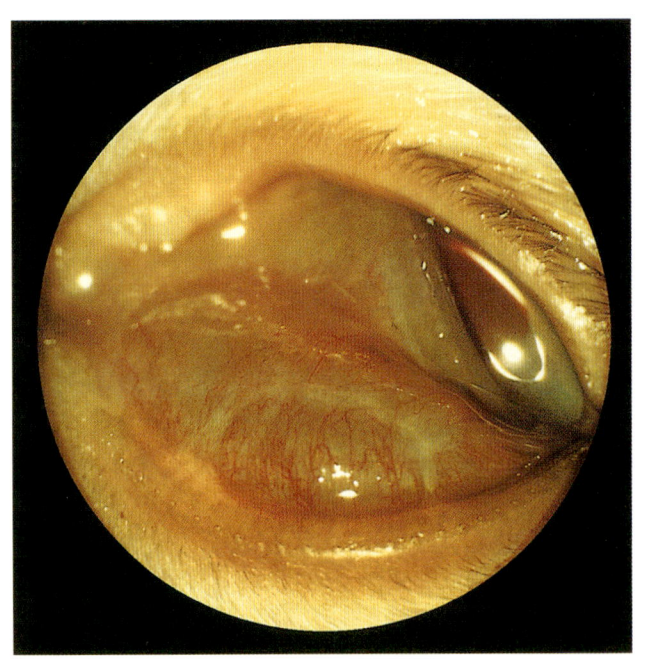

図8.22 10か月齢のシャム
大きな結膜嚢胞が瞼球癒着に関連してみられる。この嚢胞は切除した。

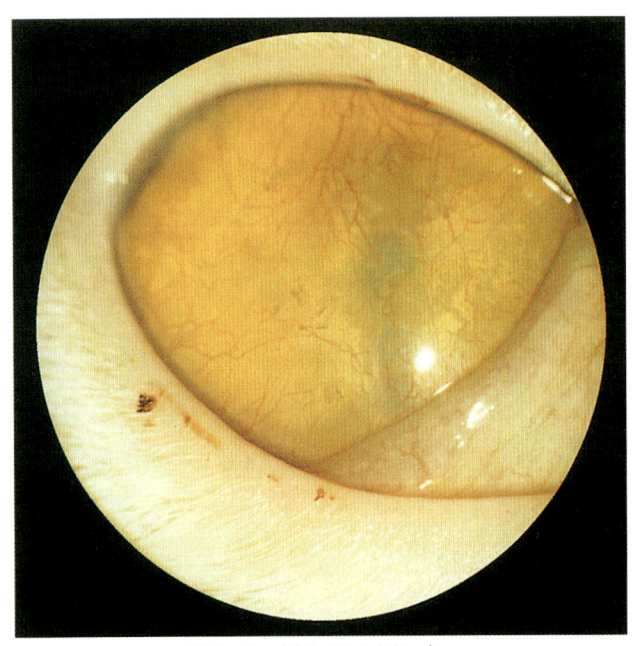

図8.21 図8.20と同じネコ
角膜表層切除術後2週間めで，治療用のコンタクトレンズを装着してある。角膜の透明度はコンタクトレンズのある場所において維持されている。角膜混濁はレンズを除去した後広がった。

結膜炎

結膜炎はネコではよくみられる疾患で片眼のことも両眼のこともある。結膜炎の典型的な症状は，結膜血管の能動性充血（赤くなる），結膜浮腫および眼分泌物でこれは，漿液性，粘液性，膿性，出血性，またはこれらの混合したものである（図8.23〜8.31）。目が赤いということは，結膜炎と同じ意味ではなく，いろいろな場合によりおこることである，例えば眼窩の腫瘍による静脈血の戻りを阻害（図4.22）する局所的な影響の結果や，全身的な血管の反応の一部（図8.32）または，心疾患に関連しても現れる（図8.33）。

慢性結膜炎は，結節を形成したり，結膜の肥厚や眼脂（図8.34）がみられる。

ネコの結膜炎の病因の多くは感染である，特に気道感染のウイルス（例：ネコヘルペスウイルスやカリシウイルス）*Chlamydia psittaci*（これは英国でネコの結膜炎から最も多く分離される）や *Mycoplasma* spp.の様な細菌が原因になる。ウイルスや細菌性の結膜炎は以下に詳しく述べる。

真菌性結膜炎は真菌が発育，拡散しやすいような気候ではしばしばみられ，眼瞼や結膜に感染する。生検や培養が確定診断を下す上で最も簡単な方法であり，抗真菌剤による全身的な治療がなされる。感染がおこりやすい原因として長期にわたるコルチコステロイドや抗生物質の慣用があり，これらの薬剤を使った治療は取りやめなければならない。

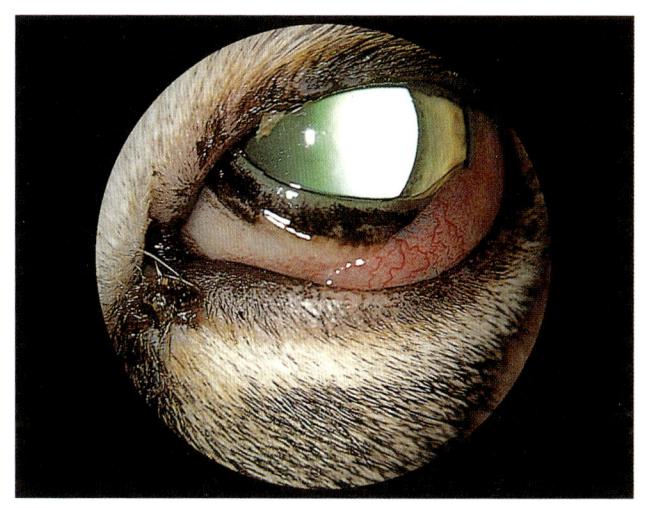

図 8.23　約3か月齢の在来短毛種の急性結膜炎
結膜充血，浮腫，眼脂に注目。

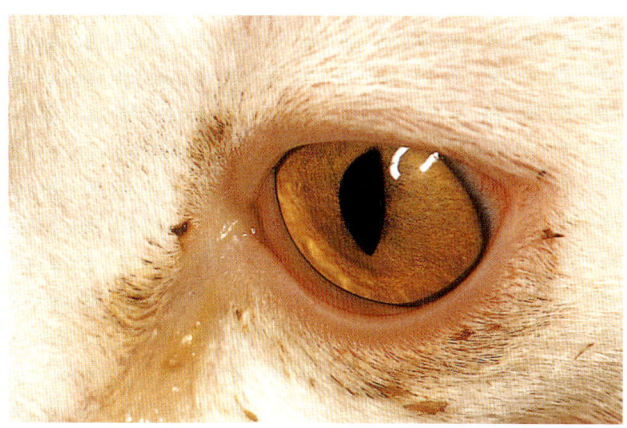

図 8.25　4か月齢の在来短毛種，FHV-1による結膜炎
両眼罹患している左眼の所見。前図より不快感は少ないが眼脂はより粘液性になっている。

図 8.24　5か月齢の在来短毛種，FHV-1による結膜炎
流涙と顕著な眼の不快感に注目。

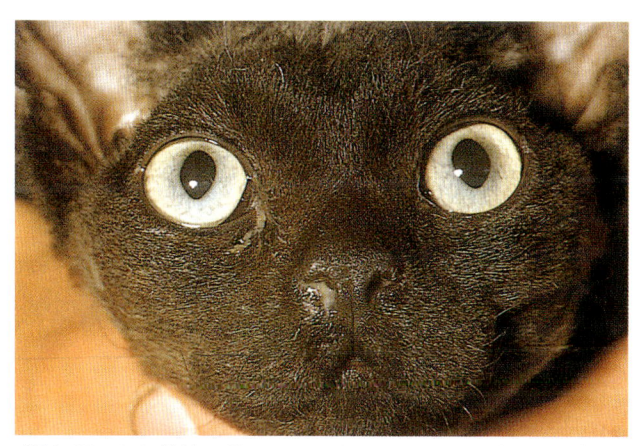

図 8.26　8か月齢のデボンレックスでカリシウイルス性結膜炎
右眼から軽度の眼脂がみられるが，最も特徴的なものは鼻漏である。

線虫の *Thelazia californiensis* によっておこるテラジア症は，米国西部で確認されており，結膜の刺激や充血の原因となる(Knapp et al., 1961)。この糸状虫は局所麻酔下でファインな摂子で取り除く。

アレルギー性結膜炎(図8.35)は局所点眼薬に対しての反応として非常によく遭遇する。先に述べたようにアレルギー性眼瞼炎，あまり多くないが，毒液(蛇，昆虫などの)が入ったときにもおこる。長期にわたる局所点眼(例：テトラサイクリン)は，しばしば眼球周囲の毛の脱色と関連している(第5章参照)。治療はアレルゲンを避けることにある。抗ヒスタミン薬やコルチコステロイドの局所点眼も行われる。しかし多くの場合アレルゲンから遠ざけた後12～48時間で問題は解決する。

異物，熱や化学的な物質が他の結膜炎の原因になる（第

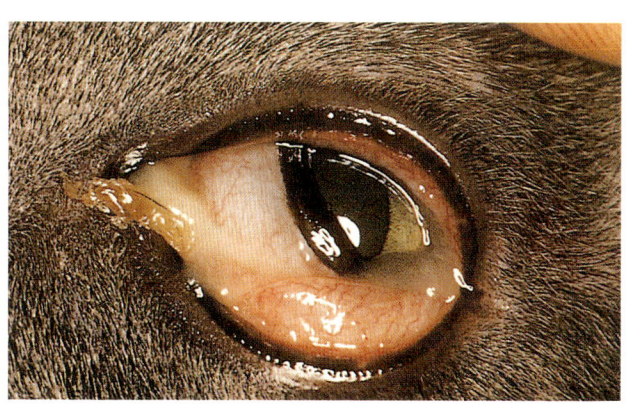

図 8.27　6か月齢のフォーリンブルー(ロシアンブルー)
カリシウイルスと *Chlamidia psittaci* の感染による結膜炎。

図8.28 4か月齢のブリティッシュ シルバータビー
Chlamidia psittaci の感染が結膜炎の原因となっている。左眼は感染初期の段階で，右眼も数日中にこのようになるであろう。

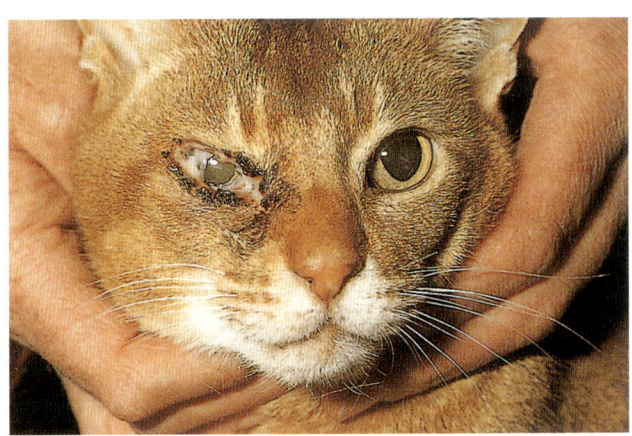

図8.31 9歳齢のアビシニアン
Mycoplasma felis が右眼から分離された。この症例で最も注目すべきは白い偽ジフテリア性の膜と，眼の不快感の欠如である。

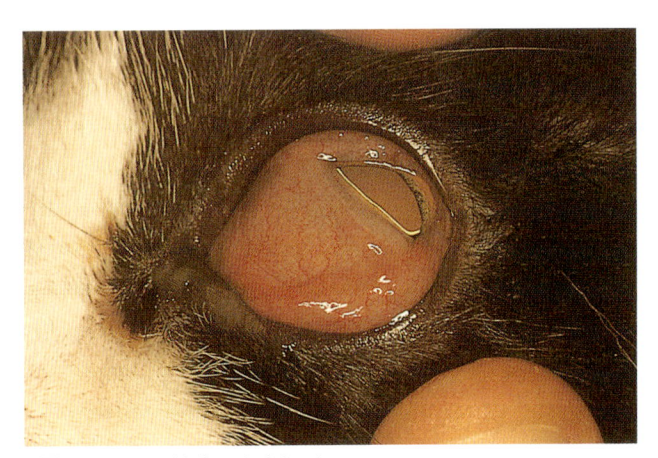

図8.29 2か月齢の在来短毛種でより激しいクラミジア性結膜炎

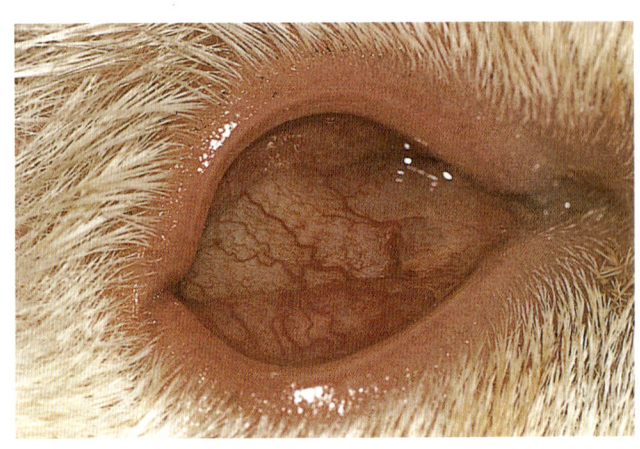

図8.32 5歳齢のシャム，結膜の発赤がある
このネコは肝腫瘍があり，結膜血管の出現は腫瘍による血管活性化物質によるものであろう。

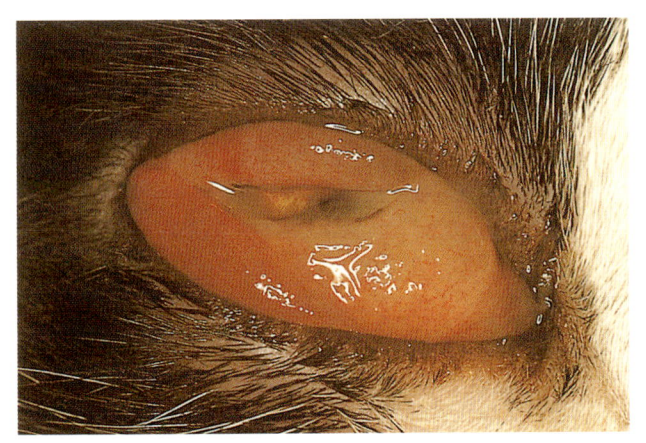

図8.30 8か月齢の在来短毛種
急性の片側性の結膜炎で，*Mycoplasma felis* による。結膜浮腫，結膜充血と結膜の肥厚に注目。

3章参照)。熱による障害は通常，煙の吸引の結果によることがあり，緩和療法としての眼軟膏は，角膜や結膜の乾燥を防ぐ目的で必要であり，その間に，より深刻な肺の疾患があれば治療する。化学薬品による障害はネコではあまりみかけないがアルカリによる火傷は通常結膜に障害をおこし，瞼球癒着を形成する（図8.16）。

ネコでの他の原発性の結膜炎の原因は少ないが，結膜はその付近の疾患のために2次的に影響を受ける。例えば続発性眼内炎，全眼球炎，乾性角結膜炎のような前眼球涙膜の分泌異常，涙嚢炎のような排泄障害，眼瞼異常，医原性の第3眼瞼欠損，前頭洞炎，眼窩の骨折や炎症などがそう

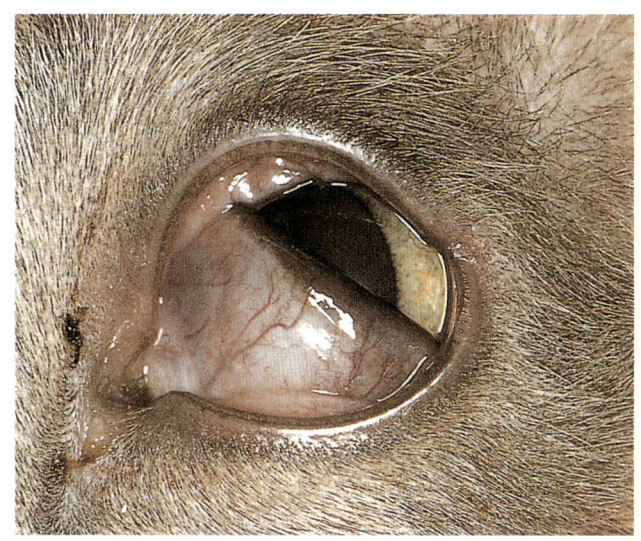

図8.33 10か月齢の在来短毛種
ファロー四徴症によるチアノーゼがある。多血球症（PCV 62）がある。このネコの眼底は図14.38に説明してある。

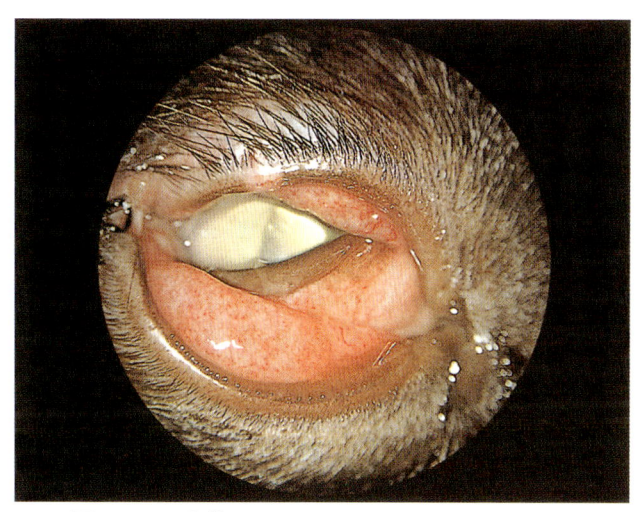

図8.35 2歳齢のバーミーズ，アレルギー性結膜炎
イドクスウリジンの局所点眼に反応した急性の過敏症。

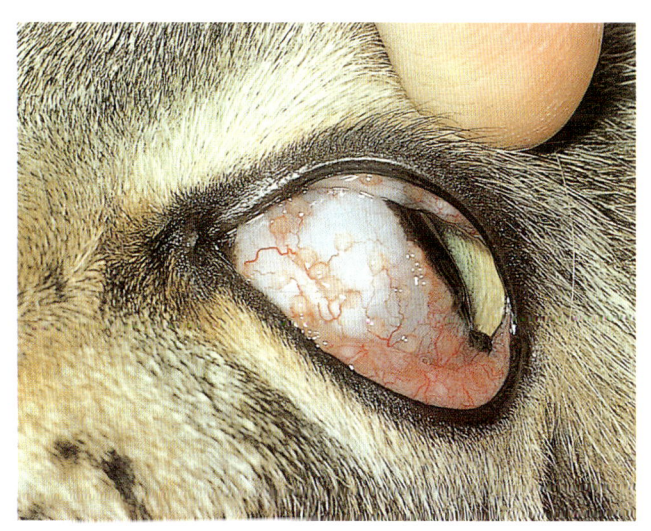

図8.34 8か月齢の在来短毛種，慢性結膜炎
多数のリンパ濾胞が眼瞼および瞬膜結膜の表面にみられることに注目。

である。

　結膜炎の診断は難しくない，しかし効果的な治療は正確な病因をつきとめることによる。また呼吸器系のウイルスがネコの間に広がっており，ウイルスの出現は臨床症状や病歴と関連していることを強調することは重要である。病歴はネコの年齢，ワクチン歴や生活様式や，他のネコが感染していたり，その危険性があるかどうか等も含まれる。臨床症状は役に立つかもしれないが，他の原因によるものと著しくよく似ていることもある。

ウイルス性結膜炎：ネコヘルペスウイルス1型（FHV-1）はよくネコの眼疾患の原因になり（Nasisse, 1982, 1990），初期感染は，鼻炎，気管炎，気管支肺炎（ネコウイルス性鼻気管炎）の様な呼吸器症状といろいろな程度の眼症状とも関連している。その症状は軽度のこともあるし，また激症の場合もあり眼を失うこともある。ヘルペス性角膜炎は第9章に述べてある。

　新生仔において（4週齢まで）FHV-1の感染は最もよく細菌性結膜炎（新生仔眼炎）や時には角膜炎として現れ，通常，同腹仔全部に感染する（第4および5章参照）。微細な樹枝状の障害が初期感染におけるただ唯一の病徴的な特徴である。ただし，それらはいつも現れるわけではなく，また拡大鏡やローズベンガル染色なしにはみるのが難しく，それらの検査は他の診断検査を行った後からするべきである。

　新生仔感染の合併症は，深刻な場合があり，結膜上皮の壊死の結果としての瞼球癒着（図8.6および8.7），角膜潰瘍，角膜穿孔，乾性角結膜炎，涙点閉鎖，結膜円蓋の消失（瞼球癒着による），眼内炎や全眼球炎等も含まれる。

　通常，両眼性，急性の結膜炎は大きくなった仔ネコや成ネコで最もよくみられる眼症状である（図8.24および8.25）。特徴的なのは，眼分泌が初め漿液性であるが発症後1週間以内に膿性になることである。ほとんどのケースでは上部気道感染の症状がみられる。単独感染では通常回復

に約2週間かかる。

感染したネコの約80％は，不顕性感染となる（Gaskell and Povey, 1977）。慢性で無症状のキャリアーは比較的普通であり，FHV-1は健康なネコの少数の割合からも分離される（Coutts et al., 1994）。というのも大きな理由がある。それは慢性の場合ネコヘルペスウイルスを確定することは難しいからである。

感染の再発は慢性感染のネコにとって特に問題であり，様々な形のストレス（例：引っ越し，キャットショウ，新しいネコの導入，授乳，全身麻酔や手術），内因性の免疫抑制（例：FELVやFIV），外因性の免疫抑制（例：コルチコステロイド，シクロスポリンや化学療法），は再発をおこす。慢性感染のネコの臨床症状は多様である。流涙，軽度の結膜炎，潰瘍性または非潰瘍性の角膜炎などがあげられる（第9章参照）。

特に慢性感染に関連しているときは，通常感染性が欠如しているので，通常行われている診断的検査（蛍光抗体法や血清診断）は限界がある。ウイルスの分離は急性感染において明確な診断を出してくれるが慢性感染の場合は感受性が充分でない。ポリメラーゼ連鎖反応（PCR）は敏感でFHV-1のDNAを特定する特殊な方法であり（Nasisse and Weiglar, 1997），FHV-1に対するPCRの陽性結果は，自然におこっているヘルペス性結膜炎の発症率と大体同じである（Stiles et al., 1996）。PCRはFHV-1を特定するために米国で行われているが，現在英国では行われていない。

初発感染における結膜炎の治療の大部分は維持療法（補液や注意深い栄養療法）と対症療法である。局所的な抗ウイルス薬の適応は急性結膜炎では指示されない。鼻や目の分泌物は常に優しく拭き取ってやり，抗生物質の点眼を2次性の細菌感染を防ぐために行う。白色ワセリンゼリーは皮膚の擦過を防ぐために眼瞼に塗ることができる。広域抗生物質（例：アモキシシリンの経口投与）の全身投与も細菌の2次感染を防ぐために必要である。慢性感染に対する治療法は第9章に述べてある。

乾性角結膜炎がおこった場合には，代用涙液療法（例：0.2％ポリアクリル酸；0.2％ w/w Carbomer 940）が涙液の分泌が充分になるまで必要である。場合によっては耳下腺管移動術が経過の長いときには必要になる。

ネコカリシウイルス（FCV）は全ての年齢のネコに感染するが，若い幼弱なネコでは感染はより普通におこり最も深刻である。局所的には漿液性の結膜炎や鼻炎として現れ，2次的な細菌感染がしばしば悪化させる（図8.26および8.27）。口や鼻の潰瘍が普通にみられ，潰瘍はまれな場合ではあるが，肢端のような所にもみられることがある。

確定診断は結膜や喉頭のスワブからウイルスを分離することにより行われる。感染した動物はしばらくの間ウイルスを排泄し続ける，そして慢性のキャリアーとなる。というのもFCVは健康なネコからも分離されている（Coutts et al., 1994）。ウイルスが常に排泄されているので，先に述べたような症状のある動物における感染を確認することは比較的容易である。

ネコカリシウイルス感染の結膜炎の治療は急性FHV-1で述べた対症療法に近い。

ネコポックスウイルスは通常結膜炎の原因にならない（第5章参照）。

細菌性結膜炎：*Chlamydia psittaci*（偏性細胞内細菌）は，最も重要なネコの結膜炎の病原体で，臨床症状は生後4週目からみることができる（Wills, 1988）。臨床症状は初め片眼の結膜炎から始まり，数日後には両眼ともなる（図8.28および8.29）。初期には漿液性の眼脂が結膜浮腫や結膜充血と共にみられ，後に眼脂は粘液膿性となり他の細菌も分離される。角膜への波及はなく原発性の呼吸器疾患もみられないが，軽度の鼻炎が現れることがある。一部の症例では呼吸器感染ウイルスと*Chlamydia psittaci*の両方が分離される場合もある。リンパの小結節の形成が慢性の場合によくみられる。

診断を確定するにはスワブからVCTMを用いてクラミジアを分離するか，結膜の採取により，ギムザまたはグラム染色を行い細胞質内封入体をみつけることである。細胞質内封入体は細胞質内の色素顆粒と区別が付きにくい。免疫学的検査はワクチン未接種のものでは限界があり，ワクチンを接種しているものでは役に立たない。

治療は，テトラサイクリンの点眼，またはドキシサイクリンの全身投与を3〜4週間続ける。ドキシサイクリンの経口投与（分割薬用量25 mg/kg）は充分に耐用性があり効果がある。

過去に感染をおこしたネコの一部のものは，慢性のキャリアーとなり他のネコに感染をおこさせる原因となるかもしれない（細菌は尿や胃腸から分離できる）。このことは，特に繁殖に用いる集団ではネコ舎で難問となっている。このような環境にいる全てのネコは，全身的なテトラサイクリン，エリスロマイシンやドキシサイクリンの投与を最低4週間は必要とする。ドキシサイクリンの全身投与がおそらく選択される薬剤であり，若いネコでも適応できる。

*Mycoplasma felis*は結膜炎の原因となることがあると

されている，しかし細菌の病原性ははっきりせず，特に症状は自己限定的（一定の経過をとって治る）であり通常30日以内に治癒するが，ネコでは感染が60日まで継続する。*Mycoplasma felis* は正常なネコと結膜炎のネコの両方の結膜から分離されるので，他に可能性のある病原体がいないということを確かめることが疑わしいネコでは重要である。臨床症状の出現はしばしば劇的で，結膜浮腫，充血，結膜の肥厚が注目される（図8.30）。スリットランプによる検査は初期の乳頭状の肥大を明らかにするかもしれない。治療しない場合では，充血は14日後には消退して，明らかな特徴として結膜はもろくて白いジフテリアの膜（擬膜）で白っぽくみえるようになる（図8.31）。

診断を確定するためには通常結膜のスワブから病原体を培養同定するが，検査センターに *Mycoplasma* spp. が疑われるためそれに合った培地を選択して欲しいと伝えることは重要である。検体は呼吸器のウイルスや，*C. psittaci* の検査をされなければならない。マイコプラズマはテトラサイクリンの局所投与やドキシサイクリンの全身投与に感受性があり症状の経過を1週間以内に短縮できる。

Pasteurella spp., *Staphylococcul* spp., *Streptococcus* spp., *Salmonella* spp., *Moraxella* spp. のどんな潜在的な原発の問題も確認し，除外して，細菌性の結膜炎に対しては適切な抗生物質療法を施すべきである。

マイボーム腺炎

第5章参照

乾性角結膜炎

第7章参照

増殖性角結膜炎

第9章参照

結膜の外傷と異物

第3章参照

結膜の新生物

いろいろな腫瘍が結膜に発生する（それらは眼瞼にも発生する）。それらは扁平上皮癌（第5章参照），乳頭腫，腺腫，腺癌，線維肉腫（図8.36），血管腫，血管肉腫や原発性の黒色腫等が含まれる（Williams et al., 1981；Cook et al., 1985）。

リンパ肉腫は最もよくある転移性の腫瘍で結膜に浸潤し両眼にみられることもある（図8.37〜8.39）。

評価は眼，付属器官や動物の他の部分を注意深く検査することによる。

原発性の腫瘍の治療は，通常外科的な切除，縮小，バイオプシーを他の治療法（例：X線療法，凍結療法，レーザー療法）と組み合わせて行われる。2次性の腫瘍に対しては，緩和療法以外の治療は現実的な選択とはならないであろう。

角膜輪部，上強膜および強膜の疾患

角膜輪部は厳密に配列された透明な角膜と，半透明の球結膜が強靭なコラーゲン線維である上強膜や強膜（図8.40）の上に覆っている所であるいわゆる「白目」（図1.3）との重要な移行部である。そこは発育形式からいろいろに変化し得る輪部芽細胞のある部分でそれは眼球表面を治癒する過程で重要な役割を果たしている。

輪部の外観異常

前述したように瞼球癒着に関連した輪部の鑑別疾患は少なく，他に鑑別診断の問題があるものとして，最も注目すべきものは遺伝的な結合組織の異常で，前眼部の発育障害がこの部分に及んだものである（図8.41）。

過剰な輪部の色素沈着が時々ネコにおいてみられる，それらは出生後から非特異的に発症する慢性角膜炎（図8.42）である。

炎症性疾患

輪部に基づく炎症はネコではまれで（図8.43），ヒトやイヌと違い上強膜炎や強膜炎は，ネコでは特殊な疾患として

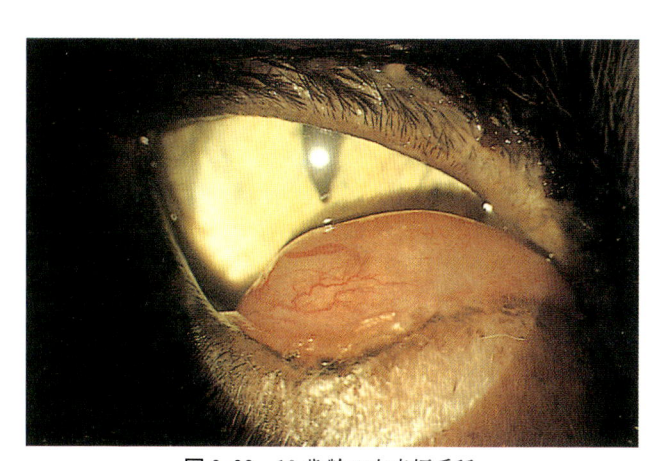

図8.36 10歳齢の在来短毛種
下眼瞼の結膜に線維肉腫がある。

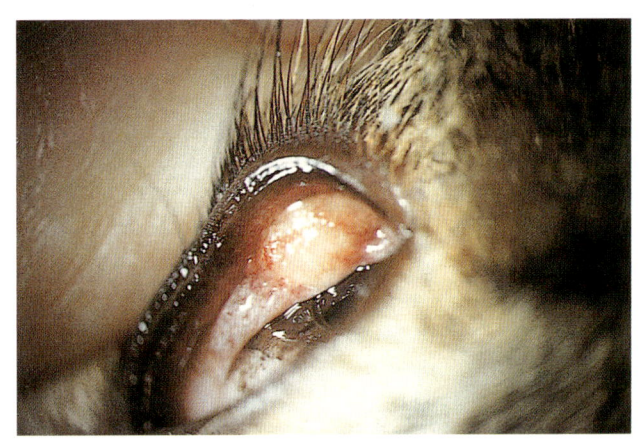

図 8.37　3 歳齢の在来短毛種
全身性のリンパ肉腫がある。上眼瞼結膜の外眼角側に転移がみられる（同じネコの図 14.79 も参照）。

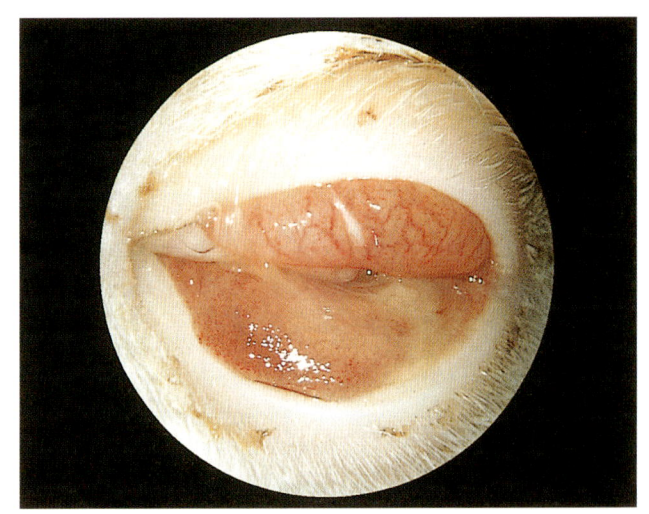

図 8.39　13 歳齢のブリティッシュホワイト
全身性のリンパ肉腫が結膜に浸潤している。

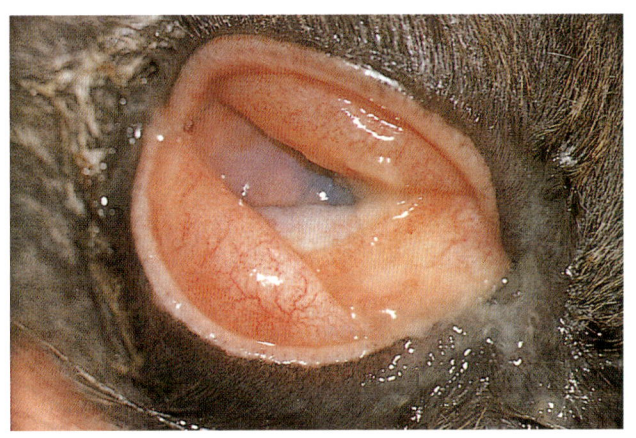

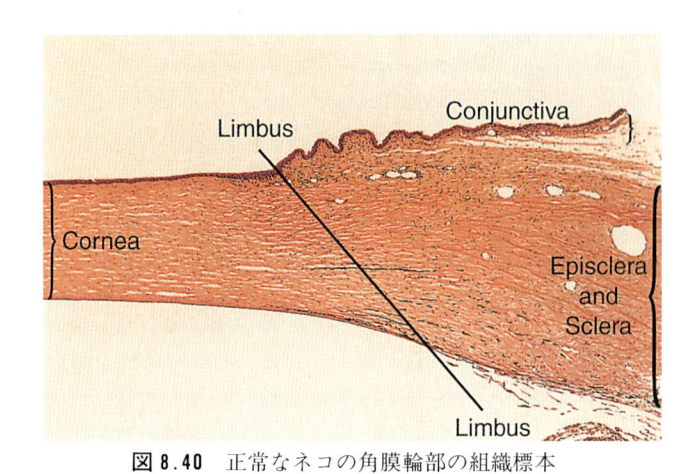

図 8.38　8 歳齢の去勢済みペルシャ
全身性のリンパ肉腫が結膜，強膜，角膜に転移している。加えて Chlamidia psittaci が結膜嚢から分離され FeLV も陽性であった。

図 8.40　正常なネコの角膜輪部の組織標本
ヘマトキシリン・エオジン染色。角膜 (cormea) は左側で結膜 (conjunctiva) の下に横たわる上強膜 (episclera) と強膜 (sclera) が右側にある。整然と配列した角膜上皮から波打った結膜上皮への移行は輪部 (limbus) で全く突然になる。血管や散在する色素は右側にみられ，それらは左側では欠如している。櫛状靱帯の一部は図の右側の下方にみえている。

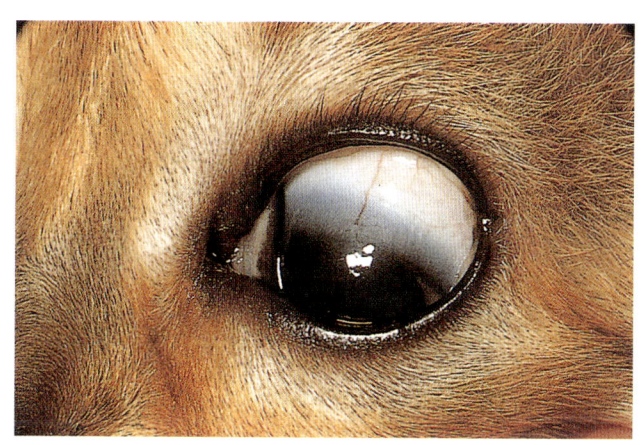

図 8.41 4か月齢のメスのベンガル，前眼部の奇形
角膜輪部の分化が乏しく，この部位に1本の血管が横切っているのに注目。病理組織学的には角膜周囲の杯細胞の出現が示唆された。

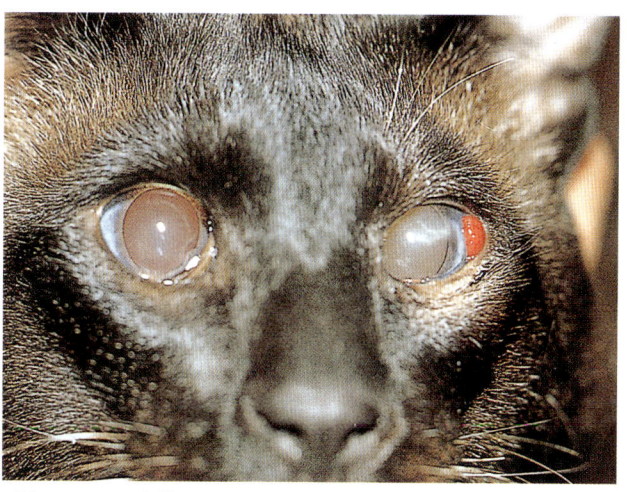

図 8.43 13歳齢の去勢済みシャム，左眼の外側輪部の結節性炎症
原因はわかっていない。生検では肉芽腫性炎症が示唆された。短期間のコルチコステロイドの点眼で完治した。

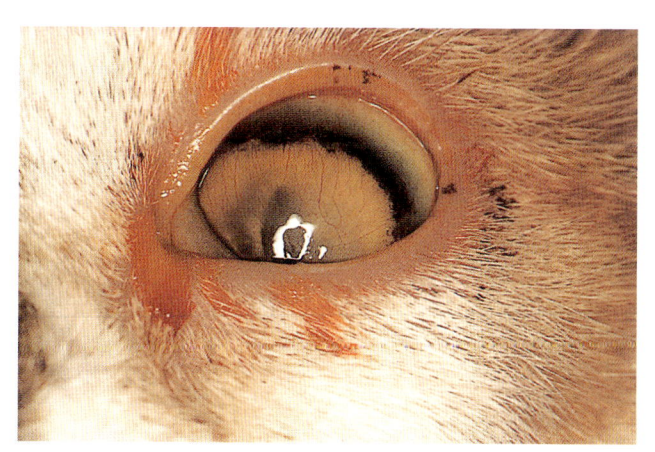

図 8.42 3歳齢の在来短毛種
慢性角膜炎（最初は穿孔した外傷による）に関連した色素沈着が輪部に，また眼球表面の変化も認められる。色素沈着は図8.40で示した散在する色素の位置におこっている。

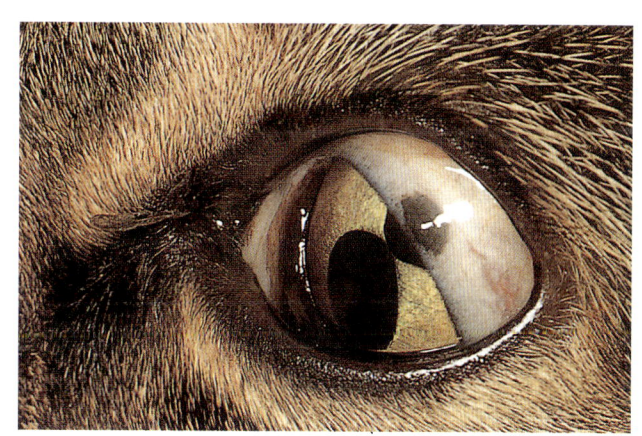

図 8.44 3歳齢の在来短毛種で輪部の眼球上の黒色種
治療は部分切除と液体窒素を使用した凍結療法を併用した。

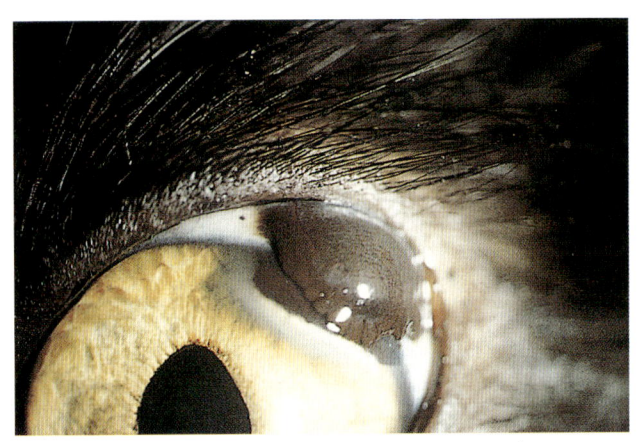

図 8.45 11 歳齢の長毛種，輪部の眼球上の黒色種
β-線照射が行われている。

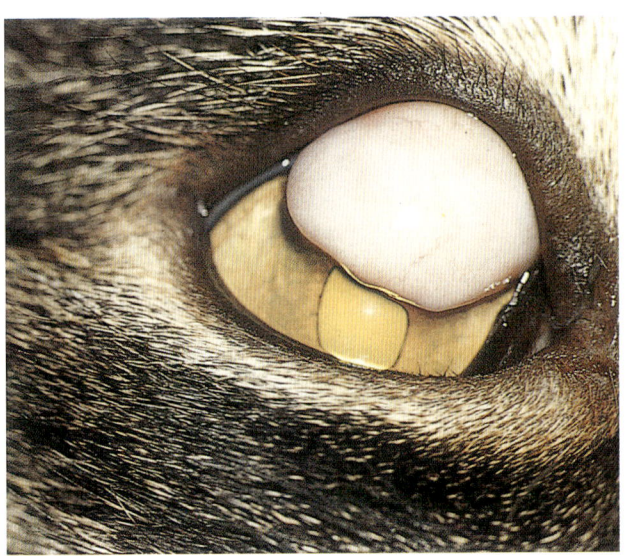

図 8.46 4 歳齢の在来短毛種
線維肉腫が背側の輪部に出現し，角膜に広がっている。このマスは最初病理学的検査をせずに切除した，そして1か月以内に再発した。この腫瘍は外科的に切除（角膜切除と結膜切除）され，再発は無いと報告されている。

現れない。好酸球の浸潤は，結膜も含めて，いろいろな部位でおこる。そのことは第9章で述べてある。

外傷

第3章参照

新生物

角膜輪部は原発性の腫瘍ができることはまれである。角膜輪部強膜部の黒色腫（強膜棚黒色腫）は最もよく遭遇するメラノーマで良性で，周囲に浸潤せずに成長の遅い腫瘍（図8.44および8.45）である。その他の腫瘍はこの領域では線維肉腫（図8.46）を含めて非常にまれである。

一定の間隔で通常の観察をし成長がみられたならば，生検的な切除を行った後，放射線療法（β線照射），レーザー療法や凍結手術または完全切除を行うことが，できうる強膜腫瘍の管理の方法である。この部位にできる他の腫瘍もその大きさや成長速度によって検査し，治療する。

リンパ肉腫は一般的な2次性の腫瘍でこの部位で遭遇する。例えば強膜にリンパ肉腫が発生したとしても，それは結膜に発生した様に観察される（図3.38）。罹患眼は赤く疼痛があり生検によって診断される。

引用文献

Carrington SD (1985) Observations on the structure and function of the feline cornea. Ph.D. thesis, University of Liverpool, UK.

Cook CS, Rosenkrantz W, Peiffer RL, MacMillan A (1985) Malignant melanoma of the conjunctiva in a cat. *Journal of the American Veterinary Medical Association* **186**: 505–506.

Coutts AJ, Dawson S, Willoughby K, Gaskell RM (1994) Isolation of feline respiratory viruses from clinically healthy cats at UK cat shows. *Veterinary Record* **135**: 555–556.

Espinola MB, Lilenbaum W (1996) Prevalence of bacteria in the conjunctival sac and on the eyelid margin of clinically normal cats. *Journal of Small Animal Practice* **37**: 364–366.

Gaskell RM, Povey RC (1977) Experimental induction of feline viral rhinotracheitis virus re-excretion in FVR-recovered cats. *Veterinary Record* **100**: 128–133.

Knapp SE, Bailey RB, Bailey DE (1961) Thelaziasis in cats and dogs – a case report. *Journal of the American Veterinary Medical Association* **138**: 537–538.

Mustardé JC (ed.) (1991) *Repair and Reconstruction in the Orbital Region, 3rd edn.* Churchill Livingstone, Edinburgh.

Nasisse MP (1982) Manifestations, diagnosis and treatment of ocular herpesvirus infection in the cat. *Compendium on Continuing Education for the Practicing Veterinarian* **4**: 962–970.

Nasisse MP, Weigler BJ (1997) The diagnosis of ocular feline herpesvirus infection. *Veterinary and Comparative Ophthalmology* **7**: 44–51.

Nasisse MP (1990) Feline herpesvirus ocular disease. *Veterinary Clinics of North America: Small Animal Practice* **29**: 667–680.

Stiles J, McDermott M, Willis M, Martin C, Roberts W, Greene C (1996) Use of nested polymerase chain reaction to identify feline herpesvirus in ocular tissue from clinically normal cats and cats with corneal sequestra or conjunctivitis. *Proceedings of the American College of Veterinary Ophthalmologists* **27**: 82.

Weigler BJ, Babinaeu CA, Sherry B, Nasisse M. (1997) A polymerase chain reaction for studies involving the epidemiology and pathogenesis of feline herpesvirus type 1. *Veterinary Record* **140**: 335–338.

Williams LW, Gelatt KN, Gwinn RM (1981) Ophthalmic neoplasms in the cat. *Journal of the American Animal Hospital Association* **17**: 999–1008.

Wills JM (1988) Feline chlamydial infection (feline pneumonitis). *Advances in Small Animal Practice* **1**: 182–190.

9　角　膜

はじめに

　角膜および強膜は大部分コラーゲンから成り，眼球の形を維持する線維性の「被膜」である（図1.1）。強膜が白色であるのに対し角膜は透明で（図1.2および1.3），この顕著な外観は，薄い角膜実質層を編成する一定の直径を持ったコラーゲンの小線維がきわめて正確な間隔で配列することによって大いに達成される。

　成ネコの角膜はほぼ円形で，平均水平径は16.5 mm（SD±0.60 mm）で垂直径の16.2 mm（SD±0.61 mm）よりやや大きい（Carrington, 1985）。これは年齢，種および性別によって若干の違いがある。角膜は眼瞼裂のほとんどを占め，顕著な凸面を持つ（曲率半径9 mm）。超音波厚度測定によると，角膜の厚みは一様ではなく，側頭部および眼窩周囲下にいくほど厚くなり，鼻背側の4分円で最も薄い（Schoster et al., 1995）。角膜の厚さは正常な膨脹していない状態で約0.75 mmである（Carrington and Woodward, 1986）。

　角膜は発生学的に表層外胚葉および間葉に起源を有する。間葉の少なくともいくらかは多機能性の神経稜細胞に起源を有することが他の動物種で実験的に証明されている。構造的に角膜には外側に約6層の細胞を持つ上皮があり，これは前面に移動するほど相対的により平ら（重層扁平細胞）になる上皮細胞の基底層で構成される。基底膜は上皮細胞層とその下にある実質（固有層）を分けている。実質は角膜の厚みの90%を占め，輪部から輪部までの角膜の全直径を横切るコラーゲン線維の束あるいは薄葉の直交する配列によって構成される。プロテオグリカンからなる基質はコラーゲン線維間に存在し，基質とコラーゲンは両方とも角膜実質の線維芽細胞（ケラトサイト）から作られる。角膜の後面は一層の内皮細胞から形成され，これらの細胞は固有層と内皮細胞層の間に存在するデスメ膜として知られる膠原性の基底膜を産生する（図9.1）。角膜内皮がかなり限られた再生能しか持たないのに対し，上皮は約7日で完全にターンオーバーされる。

　正常な角膜には明白な濁りがなく，光沢のある外観をしている。よって角膜のどこの表面上でもそこに反射する像（角膜反射）には分裂はないはずである（図1.3）。角膜反射の異常は，涙膜か角膜あるいはその両方の異常を示唆する。正常角膜は血管およびリンパ管を欠く一方，三叉神経の眼

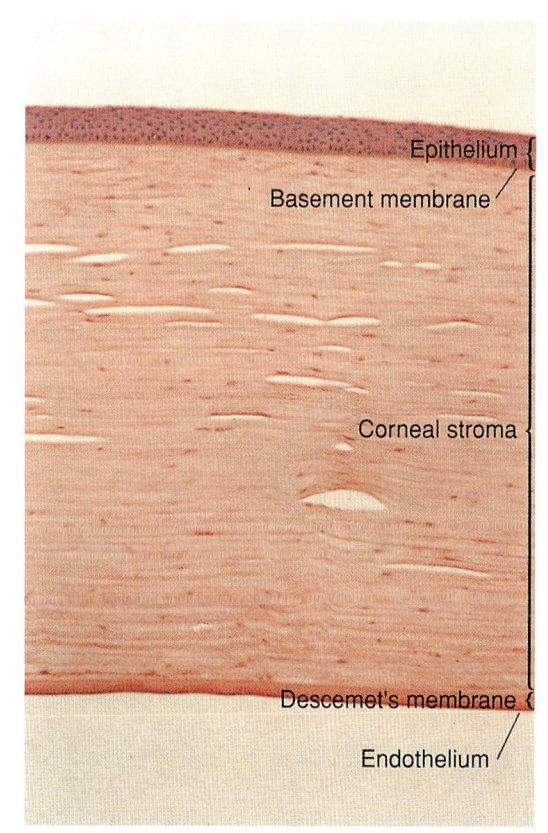

図9.1　正常なネコの角膜の組織学的切片
前方の角膜上皮（corneal epithelium）は5～6層の細胞層の厚みを持ち，目立たない基底膜（basement membrane）の上に横たわる。角膜の大部分を占める実質（stroma）はコラーゲン，間質液およびケラトサイトから成る。密に並列した角膜内皮細胞の1層が後部との境界を形成する。内皮（endothelium）の基底膜であるデスメ膜（Descemet's membrane）は明確にみられるが，この若いネコでは薄い。これは加齢とともに厚みを増すであろう。

神経分枝に由来する微細な無髄神経が豊富に存在する。疼痛はしばしば角膜疾患の重要な特徴となる。

正常な角膜上皮は水，電解質，栄養物，代謝物およびほとんどの微生物に対して不透過性であるが，酸素および二酸化炭素に対しては透過性を示す。角膜内皮は半透過性で栄養物を取り込み，代謝物を排泄する。そういった理由から角膜の栄養は涙膜ではなく，房水および角膜輪部周囲の血管から供給される。これに対し気体の拡散は涙膜，房水および輪部周囲の血管を通して行うことが可能である。

角膜上皮と内皮は角膜の中で最も盛んに代謝の行われる層である。角膜内皮は実質から水分を輸送して角膜の透明度を維持するポンプ機能を持続するために多くのエネルギーを必要とするので上皮より代謝が活発である。角膜内皮細胞の能動ポンプ機能は角膜をわずかに脱水状態に保つのに重要である。角膜上皮も類似した水分のポンプ機能を有するがそれほど重要ではない。もし角膜内皮のポンプ機能が正しく働かなくなると角膜実質の浮腫がおこる。すなわち実質に水分が流入するにつれ，障害を受けた角膜は厚みを増し，透明度が低下する。そして角膜浮腫は角膜内皮の正常な機能が回復し，角膜の後面からの水分のくみ出しが復旧したときにのみ緩解する。角膜上皮への小さな外傷はその病変部下に軽度の角膜浮腫をおこし，上皮がもとの状態に戻れば回復する。角膜浮腫は多くの角膜異常時の特徴ではあるが，それ自体は特定の疾患ではない。

角膜創傷治癒

上皮の損傷は辺縁部の重層扁平上皮のスライディングによって修復される。これらの細胞は損傷後1時間以内に移動し，1層の扁平な細胞のシートとなって実質を覆う。ヘミデスモゾームと細胞間の接着も上皮再生の早期のステージに修復されるが，上皮と基底膜および前部実質の強固な癒着を確保するためのanchoring fibrilは数日間は現れない。これが再発性びらんの現象をおこす原因の一部と解釈されている。上皮細胞の有糸分裂は幹細胞の有糸分裂活性の高い角膜輪部において盛んである。

角膜実質の損傷は上皮細胞からの助け（欠損を埋める）を借り，実質の要素（角膜細胞に由来する線維芽細胞がコラーゲンや基質を産生する）からの発生により修復される。損傷を受けた実質に敷き詰められたコラーゲンは，その型や順応性において元来の典型的なコラーゲンとは異なるので損傷を受けた領域の角膜の透明度は失われる。血管新生は例えば感染，外傷，化学物質などにより損傷を受けた場合に通常みられる。清潔な角膜の傷は無血管性の瘢痕によって治癒する。創傷治癒に血管新生が伴うと，さらに線維性の高い組織が損傷部を覆うことになる。

デスメ膜はネコでは弾力性が高く，デスメ膜瘤はこの膜が無傷で前方に膨らんだ状態を表し，その結果，膜の牽引により破裂が続発することもこの膜の性状が弾力性のあるが故である。デスメ膜の再生は損傷部位にスライドしてきた内皮細胞からおこる。

内皮の損傷は単層の細胞層の肥大と移動により修復される。すなわち成ネコでは有糸分裂による内皮の再生能はない。しかしながらここで強調すべき重要なことは内皮の機能的な予備力は多量にあり，ヒトの角膜では内皮細胞の80％以上が失われない限り，角膜の代償不全に陥らないとされていることである。

角膜の疾患

眼球上の類皮腫

類皮腫の最も一般的に発生する部位は外眼角の皮膚と結膜であり（第5および8章参照），角膜を含むことも珍しくないが（図9.2），その領域は広範囲であるものの深くはないので，この塊は角膜表層切除術により切除できる。類皮腫に支持糸を通してその扱いを楽にすることによって手術は容易となる。術野を確保するために外眼角切開術を施していなければ，縫合は必要ない。

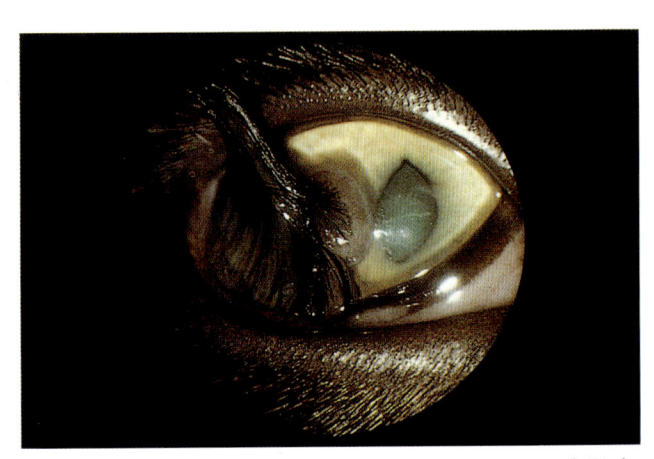

図9.2 外側下方の角膜輪部および外側角膜を含んだ上眼球の類皮腫のみられる16週齢の在来短毛種
類皮腫は外科的に切除した。

小角膜および巨大角膜

このタイプの疾患では，定義としてその他の眼異常は存在しないため，明確な疾患自体として問題になることは珍しい。小角膜とは正常より小さい角膜のことを指し，巨大角膜とは正常より大きな角膜をさす。どちらの状態も先天性で両側性であり非進行性である。

小眼球症（第4章参照）や先天性緑内障に随伴した牛眼（第10章参照）のようなその他の眼疾患は，結果としてそれぞれ小さめや大きめの角膜になる。同腹仔が角膜の異常を含む多様な眼異常を持って生まれた場合は，感染要因（例：FHV-1）の影響を考慮すべきである。

角膜はまた輪部や輪部周辺の異常が存在するときにも小さくみえるであろう。例えば前眼部奇形のある種（第8章参照）や遺伝性の結合織の疾患（図9.3）がそうである。

瞳孔膜遺残

瞳孔膜遺残（第2および12章参照）は時に角膜後面に付着し，その付着部分に局所的な，あるいはもっと全体的な混濁を形成する。これらは通常重度の障害を示さず，放置しておくべきである。

円錐角膜および球状角膜

円錐角膜は両眼角膜の中心部が薄くなった結果おこり，原発性の角膜ジストロフィーの場合や，円錐水晶体などその他の眼奇形に随伴して認められる。

球状角膜は，ふつう角膜が突出するほど輪部が薄くなった結果おこる（図9.4）。円錐角膜も球状角膜も角膜内皮ジストロフィーの場合に発達するであろう（後述参照）。

リソゾーム蓄積病

び漫性の角膜混濁は，ムコ多糖症I型，II型，III型およびGM$_1$，GM$_2$ガングリオシド症，マンノシド症を含む多くの神経代謝物の蓄積病の特徴である（図9.5および9.6）。特定の酵素の欠乏が，細胞内リソゾームで異常な産生物の蓄積を引きおこし，この蓄積された基質によって疾病は分

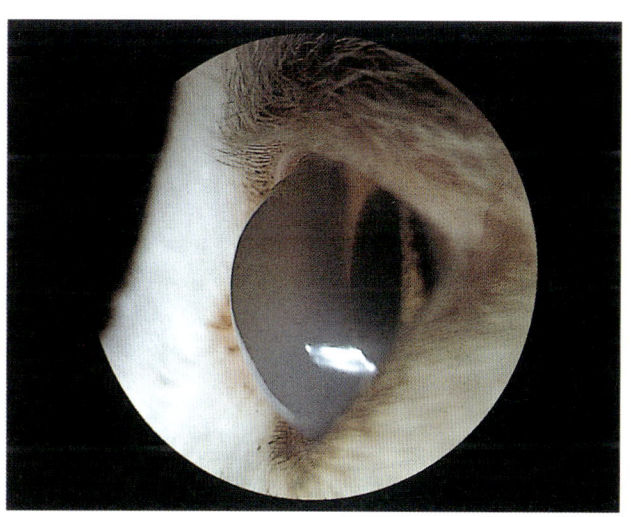

図9.4 角膜内皮ジストロフィーに伴う球状角膜のみられる11か月齢の在来短毛種
この症例では辺縁部の角膜はまだきれいであるが，中心部の角膜は浮腫状である（D.D.Lawsonの好意による）。

図9.5 リソゾーム蓄積病のみられる3か月齢の雄の在来短毛種
このムコ多糖症をもった仔ネコは，角膜混濁，顔面の異形症（広く平らな顔）および不均衡に大きな手足といった症状を示している。この仔ネコは他の正常な同腹仔に比較して小さく，紹介された時点で後肢の歩様が異常で，固有知覚反射は減退している（第15章も参照）。

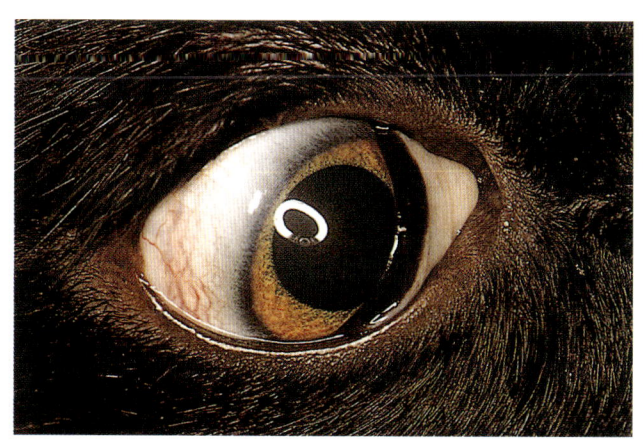

図9.3 皮膚無力症のみられる6か月齢の在来短毛種
この症例はプロコラーゲンペプチダーゼ活性不足が原因である。両眼が侵され，角膜は正常より小さく（小角膜），輪部辺縁の強膜領域は青い。

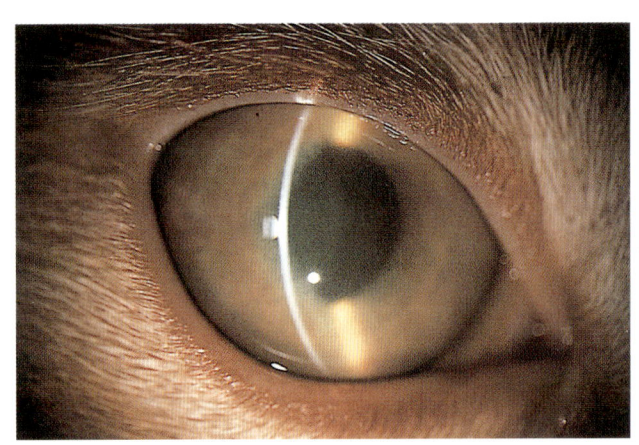

図 9.6　図 9.5 に示したものと同じ仔ネコ
角膜混濁（角膜細胞内のムコ多糖類の異常な蓄積による）が本症の重要な臨床症状であり，ここにスリットランプ所見を示す。

類される (Haskins and Patterson, 1987)。

診断は臨床症状（顔面の異形症もムコ多糖症の臨床像の一部ではあるが，主に神経と眼症状），末梢血の塗沫によるリンパ球の空砲化，そして生検材料の顕微鏡検査に基づいて行う。末梢リンパ球の酵素活性分析や線維芽細胞の培養によって確定診断が得られる。

これらの疾患は進行性で，動物は衰弱するので予後は不良である。遺伝子療法が，罹患した動物の基にある酵素の欠落の矯正をねらう唯一の方法として試みられているが，ヨザクラソウオイルの経口投与を早期に始めた場合，症例によっては臨床症状の重症度を改善するかもしれない。

マンクスの角膜実質ジストロフィー

同系近親交配のスタンピーテイルのマンクスキャットの群で，明らかに単純常染色体劣性遺伝する進行性の角膜ジストロフィーが記述されている (Bistner et al., 1976)。

ジストロフィーはおよそ生後4か月で最初に現れ，両側性の角膜混濁は明らかになる。数か月の期間に角膜全体が浮腫状となり，いくつかの例では続発性の角膜上皮びらんを伴った水疱性角膜症がおこりうる。

最も明らかな組織学的所見は，コラーゲン線維の膨脹と崩壊を伴った角膜前部実質の浮腫である。病的変化は角膜上皮や基底膜にもおこるが，これらは実質の浮腫による続発的なものと考えられている。角膜上皮に広範囲な水疱形成がみられ，小水疱が合体して大きな空胞を形成するのが観察されるであろう。したがって上皮の浮腫は角膜の特に

眼軸の中心部において顕著に観察される。内皮は正常な外観を呈する。

特異的な治療法はない。しかしながら全層角膜移植は有用かもしれない。

在来短毛種の角膜内皮ジストロフィー

進行性で両側性の重度の角膜内皮ジストロフィーをもった在来短毛種のネコに時々遭遇する。これらの症例は同系交配の動物にだけみられるが，遺伝様式は解っていない。角膜のみが異常で，その他の点ではこれらのネコは正常である (Crispin, 1982)。

実質の浮腫は生後3～4週齢という早期に発見され，中央部から始まって輪部に向かって広がるが，輪部周辺では混濁はない。円錐角膜（中心部の実質の非薄化）と球状角膜（輪部実質の非薄化）はしばしばみられる合併症である（図9.4および9.7）。

おそらく最も初期に病理学的変化がみられるのは中心部の角膜内皮である。内皮細胞の細胞質が空胞化する（デスメ膜に最も近い内皮細胞の細胞質が顕著に変化する）。角膜輪部に向かうと内皮は正常な外観を示す。

内皮の機能障害は実質の浮腫と厚みの増加をもたらす。角膜上皮はこの疾患の早期では異常を示さないが，後に細胞層の減少によって正常より薄くなる。この段階で角膜の外観には臨床的に明らかな変化がみられる。水疱性角膜症は疾患の後期におこる合併症で，後に角膜の代償不全がおこるであろう。

特異的な治療法はないが，全層角膜移植は有用かもしれ

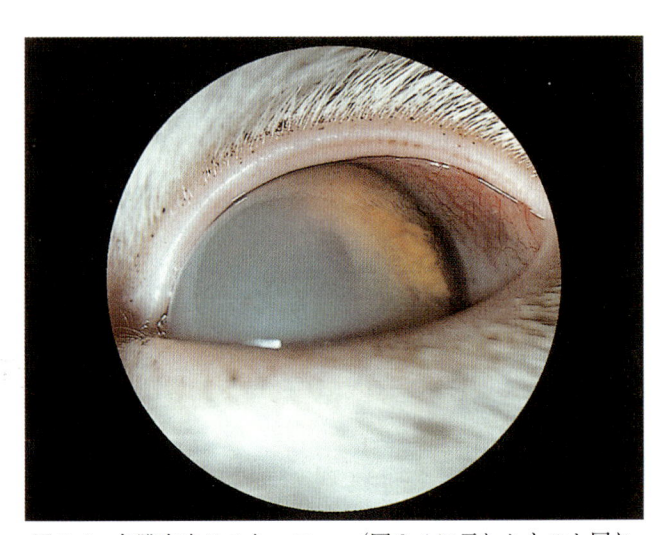

図 9.7　角膜内皮ジストロフィー（図 9.4 に示したものと同じネコ）　　　　　　　　　　（D.D. Lawson の好意による）

急性水疱性角膜症

　この症候群は，原因不明の急性で重度の水疱性角膜症をさす（図9.8）。一般的に若いネコが罹患し，問題はたいてい両側性である。病変はほとんどか全く瘢痕を残さず吸収されるか，または急速に進行して角膜穿孔をおこすかである。結膜有茎被弁はもし十分早期に行えば，角膜穿孔を防ぐ方法として通常有効である（Glover et al., 1994）。熱角膜形成術も有用であるかもしれない。

ネコの角膜炎

　角膜炎（角膜の炎症）は潰瘍性のものと非潰瘍性のものにタイプ分けされるであろう。両方のタイプともネコでは比較的よくみられる。イヌとネコの角膜炎では，いくらかの重要な相違点がある。角膜の新生血管の深さのレベルはイヌでは容易に評価できる。つまり，結膜血管からの表層性の血管は角膜輪部を横切って侵入するが，毛様体からの深層性の血管は角膜に侵入した時点で初めて観察できる。ネコでは表層性の血管も深層性の血管も角膜に侵入した時点で初めて明白となり（図9.9），血管新生のレベルを決定するには注意深い観察が必要になる。ネコの結膜はルーズである（第8章参照）ために，結膜浮腫はネコではしばしば劇的に現れる。障害の反応としての角膜の色素沈着は，分娩時の問題や慢性角膜炎（第8章参照）で時折特徴となる角膜輪部の色素の変化を除いて，ネコではまれである。角膜の瘢痕形成は，ネコではイヌに比べて重篤ではない傾向にある。脂質の沈着はネコではイヌよりもっと珍しく，もしそれがおこるとほとんどいつも脂質性角膜症の形をとる。

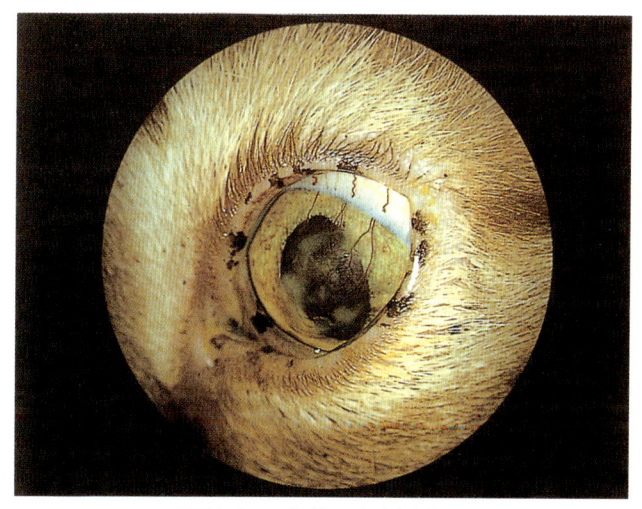

図9.9 5歳齢の在来短毛種
表層性血管新生が多発性の角膜潰瘍に随伴し，フルオレセインに染まっている。血管が角膜に入ってから初めて明白になり，角膜内で2股に分かれていることに注目。

　ネコヘルペスウイルス1型（FHV-1）は，ネコでは角膜に対する原発性の病原体であるが，イヌでは原発性の病原体にはならない。増殖性（好酸球性）角結膜炎や黒色壊死形成は，両方ともネコには相対的によくみられる問題だが，イヌにはこれに相当するものはない。

無痛性潰瘍（上皮びらん）

　原因不明の表層性潰瘍（上皮びらん）で無痛性または難治性のタイプが時々ネコでみられる（図9.10～9.13）。これ

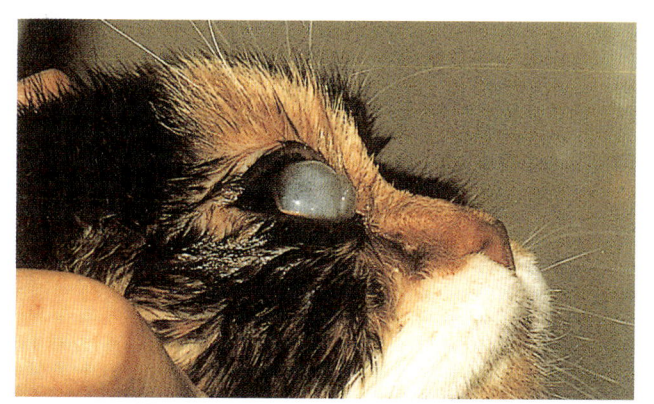

図9.8 在来短毛種，水疱状角膜症
（M.C.A.King の好意による）

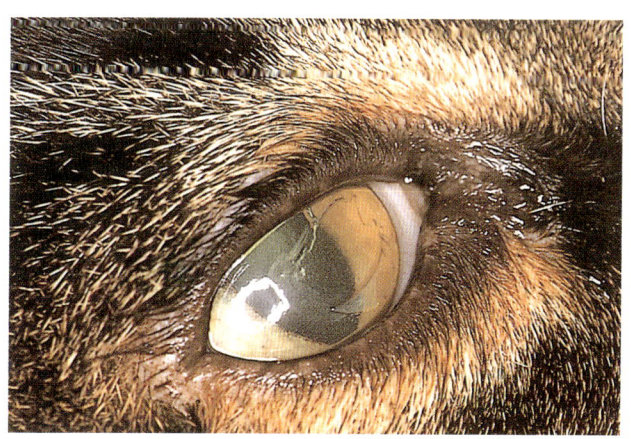

図9.10 おそらく再発性のFHV感染の結果と思われる角膜上皮びらんのみられる7歳齢の在来短毛種
このネコは片眼性の前部ブドウ膜炎をコルチコステロイドの局所投与で治療されており，FIVも陽性である。びらんの周辺の接着していない上皮に注目。

は乾性角結膜炎，ヘルペス性角膜炎，増殖性角結膜炎，角膜黒色壊死症，ぶどう膜炎，緑内障，FIVおよびFeLV感染症に伴って観察される。これらの随伴症は原発であったり偶発的であったりする。

罹患動物は軽度の眼瞼痙攣と流涙症を呈する。潰瘍は表層性で辺縁は癒着不全の角膜上皮によって囲まれ，活発な治癒過程の形跡をほとんど示さない。フルオレスセイン染色によって角膜潰瘍の全域と辺縁の癒着していない上皮が染色される。続いて行う検査によってこのタイプの表層性潰瘍の無痛性である性質を確認する。

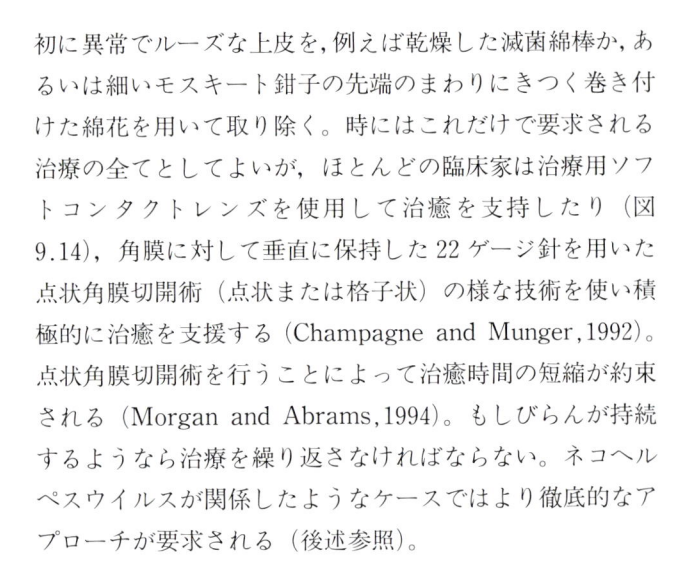

すべての処置は点眼局所麻酔下で行うことができる。最初に異常でルーズな上皮を，例えば乾燥した滅菌綿棒か，あるいは細いモスキート鉗子の先端のまわりにきつく巻き付けた綿花を用いて取り除く。時にはこれだけで要求される治療の全てとしてよいが，ほとんどの臨床家は治療用ソフトコンタクトレンズを使用して治癒を支持したり（図9.14），角膜に対して垂直に保持した22ゲージ針を用いた点状角膜切開術（点状または格子状）の様な技術を使い積極的に治癒を支援する（Champagne and Munger, 1992）。点状角膜切開術を行うことによって治癒時間の短縮が約束される（Morgan and Abrams, 1994）。もしびらんが持続するようなら治療を繰り返さなければならない。ネコヘルペスウイルスが関係したようなケースではより徹底的なアプローチが要求される（後述参照）。

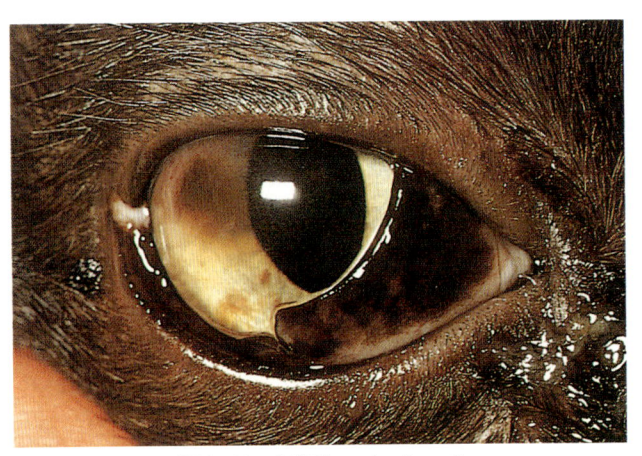

潰瘍性角膜炎

全ての角膜潰瘍の症例において，その基礎にある原因を

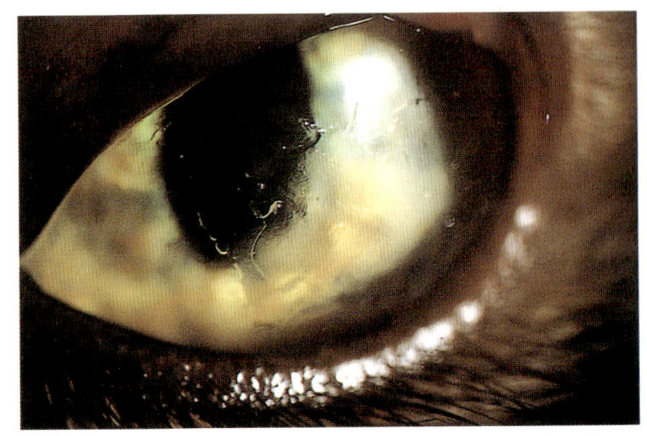

図9.11 6歳齢のバーミーズ
上皮びらんの部分に黒色壊死形成がみられる。第3眼瞼の欠損とネコ同士の喧嘩による外眼角の傷に注目。第3眼瞼の欠損により，上皮びらん領域の角膜の被覆が不充分であり，角膜を病理検査に供することが推奨される。涙液は茶色に染まっている。

図9.13 原因不明の角膜上皮びらんのみられる在来短毛種

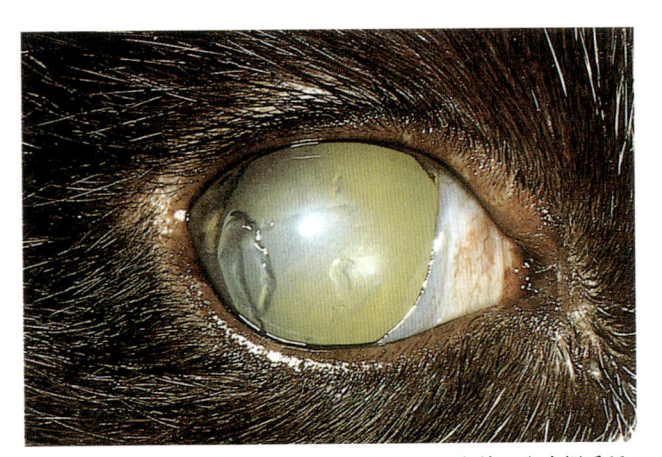

図9.12 多発性の角膜びらんのみられる2歳齢の在来短毛種
このネコは特発性前部ぶどう膜炎に続発した緑内障に罹患している。

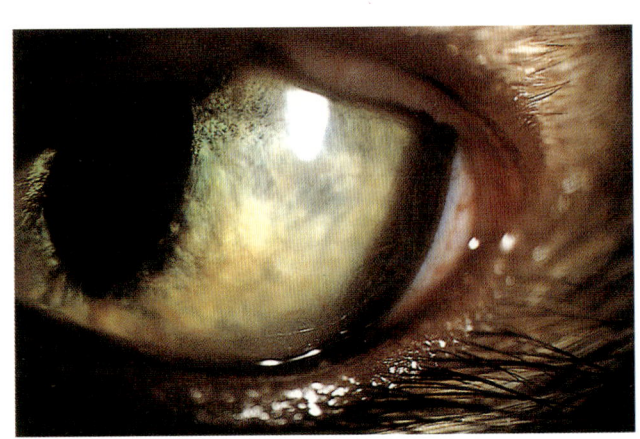

図9.14 図9.13に示したものと同じネコで，治療用ソフトコンタクトレンズを装着した。

9. 角 膜

区別して，できる限り矯正すべきである。潰瘍性角膜炎はしばしば外傷(第3章の外傷性潰瘍参照)が原因となる。その外傷は他のネコに引っかかれるというのがよくある原因で，けがをした時点からしばしば感染(例：*Pasteurella multocida*)を導く。他のネコによる物理的ダメージは表層性の角膜潰瘍から全層を貫通するものまでに及び，通常は片側性であるが，まれには両側の場合もある(第3章参照)。ネコヘルペスウイルス1型は，角膜に対する原発性の病原体であり，ネコで角膜潰瘍の原因となる最も重要な感染症である(後述参照)。眼瞼の異常(例：コロボーマ性の欠損や扁平上皮癌のような新生物)は潰瘍性角膜炎の原因としては一般的ではない。イヌの潰瘍性角膜炎によくみられる原因である睫毛異常はネコではまれである(第5章参照)。乾性角結膜炎やその他の前眼球涙膜の障害もまたイヌよりも一般的ではないが，最初に病態を評価する場合には常に考慮に入れるべきである(第7章参照)。熱や化学物質による外傷は，一般的ではないが角膜潰瘍の原因となる(第3章参照)。

最初の原因にかかわらず，通常疼痛，眼瞼痙攣，流涙などが急速に始まる。拡大鏡による注意深い観察により潰瘍の大きさと深さを決定すべきである。角膜の前部には豊富に神経の供給があるため，表層性の病変のほうがより深く位置する病変よりも疼痛が強い。より深い病変は特徴的なクレーター状の外観を呈し，角膜実質全層に及ぶ欠損が存在する場合，デスメ膜が露出するであろう。デスメ膜瘤は，デスメ膜の弾力性のある性質のために壮観な外観を呈する。

シルマーティアテストは通常は最初の検査の後で，眼球に何か薬剤を使用する前に行う。もし感染がありそうなら角膜に点眼局所麻酔をした後，掻爬した材料やスワブをルーチンな細菌培養のための培地やウイルスおよびクラミジア用の輸送培地に取る。大多数の症例ではこれと同時に口腔咽頭スワブ(ウイルス分離のための)も採取すべきである。

それからフルオレスセインを潰瘍の大きさを確認するために局所的に角膜に投与し，過剰なフルオレスセインは誤って陽性結果を評価してしまわないように滅菌生食水で洗い流すべきである。上皮とデスメ膜はフルオレスセインには染まらず，実質が染色される。

一旦原因が判明して矯正されれば，表層性の潰瘍は急速に合併症もなく治癒するはずである(図1.17, 3.25, 9.15および9.16)。時には治癒を助けるためにルーズになった上皮の弁を切除したり，デブライドする必要がある。実質

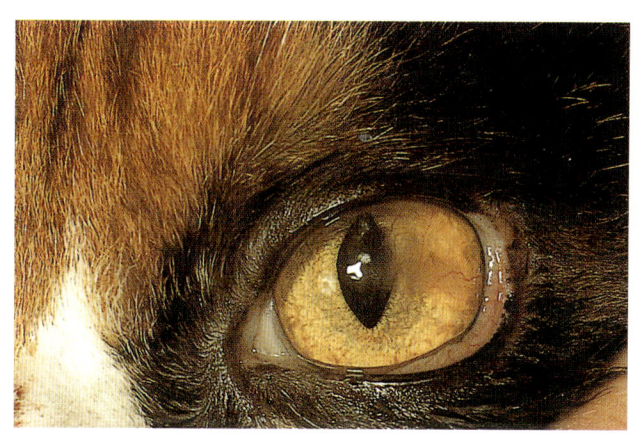

図 9.15 左眼のみが多発性角膜潰瘍に罹患した3歳齢のブリティッシュショートヘア
このネコは鼻の扁平上皮癌をもっており，潰瘍は潜伏していたFHVの活性化の結果である可能性がある。

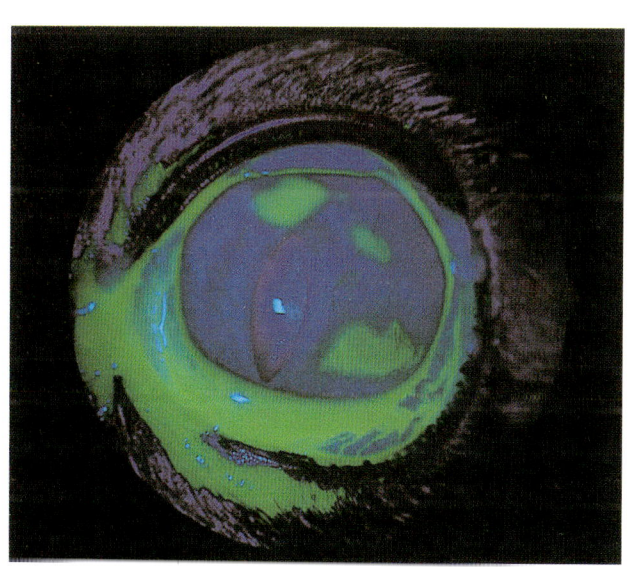

図 9.16 図9.15に示したものと同じネコ
角膜にフルオレスセイン染色をし，ブルーのライトによって潰瘍の輪郭がはっきりとわかる。図9.9に示したネコと同様の所見を示していることに注目。

の欠損をほとんど含まない上皮欠損は，痛みが顕著でないなら，治療用ソフトコンタクトレンズの装着も併用すれば，広域スペクトラムの抗生物質を1日4回，4〜5日間局所投与するだけでよい。治療用ソフトコンタクトレンズは，眼球表面の感染が活発な時や角膜の感覚減退症あるいは乾性角結膜炎の場合には使用すべきではない。表層性の潰瘍は，もし病変が上皮だけに限局していれば，瘢痕を残さずに治癒する。もし実質を含んだ病変であれば，かすかな瘢痕が残るであろう。

より深い潰瘍の場合，角膜実質を含んだ病変は感染を示唆するので，抗生物質は最初に角膜の細胞診の結果に基づいて選択し，後の培養結果や感受性試験で選択が適切であることを確認すべきである（図9.17〜9.19）。治療用ソフトコンタクトレンズや第3眼瞼フラップによる角膜の保護は，実質の厚みの半分以上を含まない合併症のない潰瘍では考慮してみるべきである。もし第3眼瞼フラップを使用する場合，縫合は第3眼瞼の全層を貫通してはならない。なぜなら縫合糸が角膜に接触した場合，問題を悪化させるからである（第6章参照）。

潰瘍が，デスメ膜瘤が存在する場合（図9.20）も含んで実質の厚みの半分以上に及ぶ場合（図3.26および9.19）は，強力な抗生物質の局所投与か適当な眼科専用の点眼液を用いた，より強力な治療を施すべきである（Crispin, 1993 a）。もし実際に角膜穿孔の危険があれば，強力な抗生物質の点眼液を使用すべきである。すなわち，セファゾリンはグラム陽性菌に対して有効で，ゲンタマイシンはグラム陰性菌に対して有効であり，このコンビネーションを培養と感受性試験の結果を待つ間に使用しても良いであろう。最初に患者には明らかに改善がみられるまで1〜2時間ごとの治療を行い，その後4〜5時間ごとにする。一度改善傾向が維持できれば，強力な調合剤は適当な抗生物質の専用点眼薬

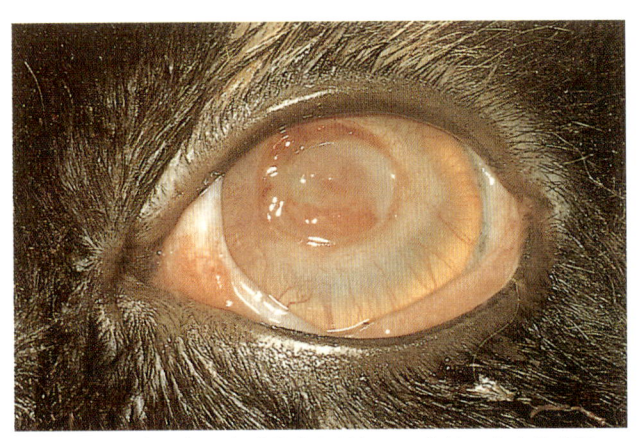

図9.17 中心部の角膜潰瘍を呈した6歳齢の在来長毛種
おそらく第3眼瞼フラップにおいて，第3眼瞼を貫通する縫合糸の機械的刺激の結果であると思われる。広範囲の角膜血管新生に注目。

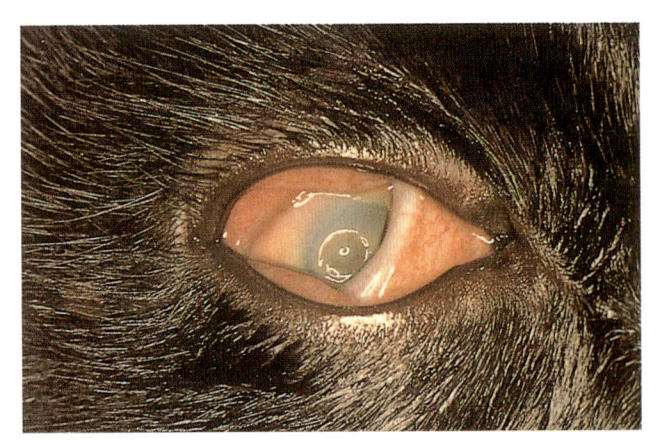

図9.19 外傷が原因の深い潰瘍を，コルチコステロイドの局所投与によって誤って治療された3歳齢の在来短毛種
重度の結膜充血と角膜浮腫を呈していることに注目。

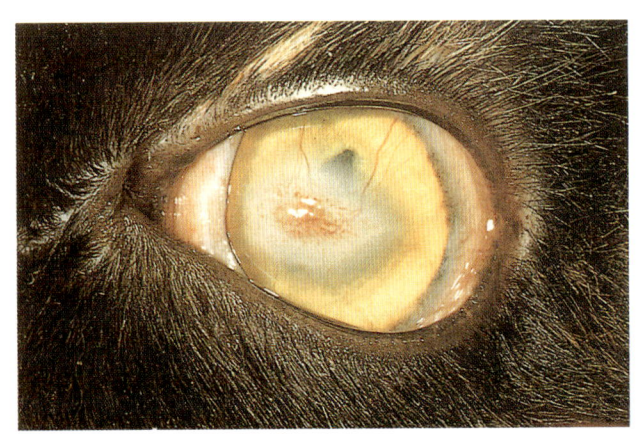

図9.18 図9.17に示したものと同じネコの2週間後
潰瘍は治癒しており，角膜内の血管径が細くなって目立たなくなっている。

図9.20 6歳齢の在来短毛種
中心部の大きなデスメ膜瘤を呈している。デスメ膜の弾力性のある性質によって前方に膨らんでいる。

で代用でき，塩酸シプロフロキサシン（Ciloxan, Alcon）かオフロキサシン（Exocin, Allergan）のような新世代の広域スペクトラムをもった抗生物質が，感受性試験の結果に従って選択できる。治療は少なくとも7～10日間あるいは潰瘍が治るまで続けるべきである。もしぶどう膜炎があるなら，1％アトロピンの局所投与を初期のステージで使用しても良いであろう。

結膜有茎被弁（第3章参照）は深い進行性潰瘍の治療に日常的に用いられる。合併症がある場合，潰瘍が進行しているのではなく緩解していることを確信するために頻繁な再検査が必要である。

角膜膿瘍（図9.21）はネコの潰瘍性角膜炎の一般的ではない合併症であるが，外傷が最もよくある原因である（Campbell and McCree, 1978；Moore and Jones, 1994）。最も効果的な治療法はおそらく角膜切除術によって角膜膿瘍を切除して角膜の治癒をサポートし，膿瘍の内容物はしばしば無菌性であるが，もし必要ならば適当な抗生物質療法を施すことである。

もし治癒過程で過度の肉芽組織を伴う場合，コルチコステロイドの局所投与を行うことができるが，それはこれ以上医原性の合併症をおこす危険が無い場合に限って処方しなければならず（図9.22），この肉芽組織は治療しなくとも時間が経過すれば徐々に目立たなくなる。もし潰瘍が純粋な角膜上皮欠損よりも深いものなら，ある程度の角膜の瘢痕（図9.23）や以前の血管新生の遺産としてゴースト血管が残るであろう。

ヘルペス性角膜炎

ネコヘルペスウイルス1型（FHV-1）が新生仔眼炎や結膜炎の原因になることはすでに述べた（第3，4および8章参照）が，このウイルスの最も重要な役割は，角膜に対する原発性の病原体であるということである。成ネコにおけるFHV-1感染症は，過去に受けた最初の感染から持続している潜伏感染ウイルスの活性化の結果であり，上部気道疾患を伴っていないのが通常である（Nasisse, 1990）。

典型的な臨床所見は，穏やかな眼瞼痙攣，流涙症および漿液性眼脂である。角膜の症状は様々である（図9.24～9.29）。角膜内皮細胞にウイルスが侵入し，侵された細胞の応答として，細胞の死滅が絶頂に達した結果，独立した表層性の点状角膜混濁がおこる。これらの混濁は明白でなく，確認のために患眼にフルオレスセインかローズベンガル染色を行い拡大鏡を用いて検査すべきである。しか

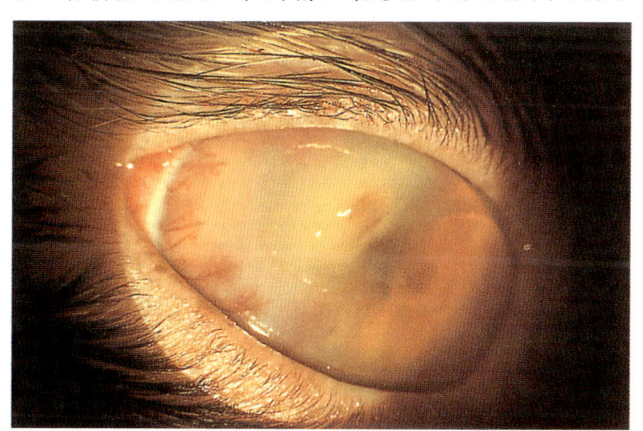

図9.21 8歳齢のカラーポイント原因不明の角膜膿瘍。

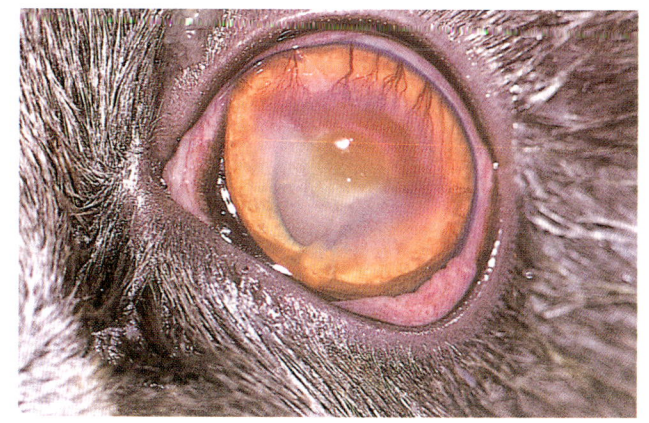

図9.22 角膜潰瘍をコルチコステロイドの局所投与によって治療された8か月齢のペルシャ
血管の反応（コルチコステロイドの使用にもかかわらず），角膜中心部の「どろどろした（mushy）」外観および黒色壊死の形成に注目。

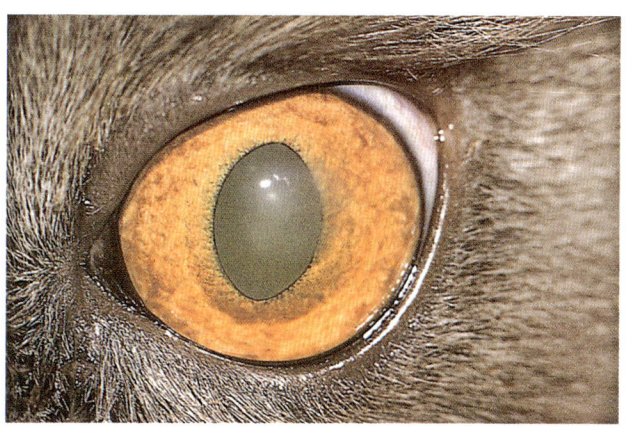

図9.23 図9.22に示したものと同じネコで潰瘍が治癒した2か月後の所見

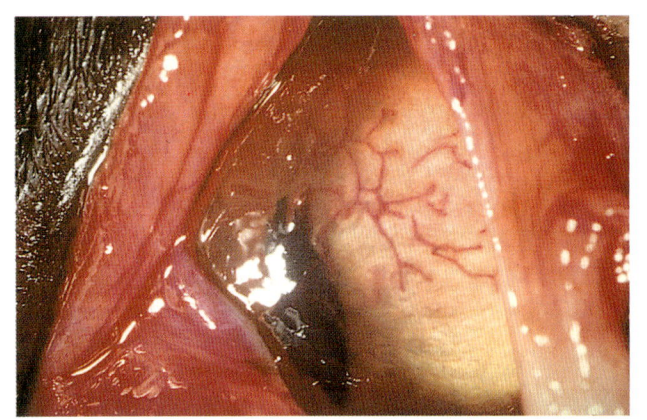

図9.24　3歳齢の在来短毛種
急性の原発性眼FHV-1感染症に伴ってみられたヘルペス性角膜炎。樹枝状上皮性角膜炎がローズベンガルによって染色されている。(J.R.B.Mouldの好意による)

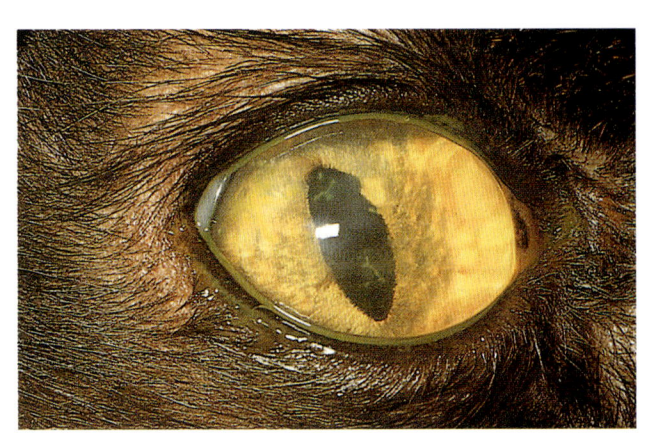

図9.26　4歳齢の在来短毛種
再発性のFHV-1感染症に伴ってみられたヘルペス性角膜炎。特徴的な樹枝状潰瘍がフルオレスセインによって染色されている。このネコはまた落葉性天疱瘡にも罹患していた。

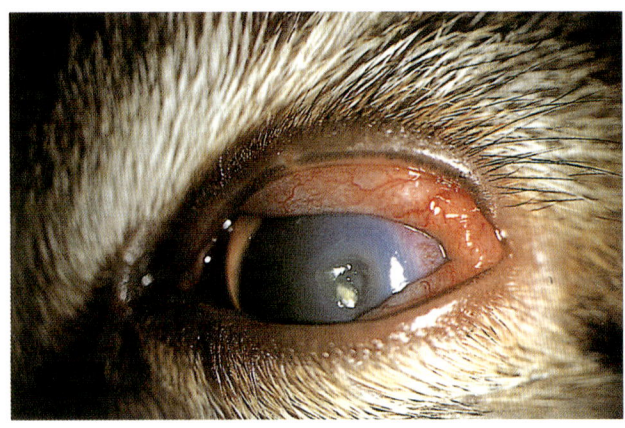

図9.25　6週齢の在来短毛種
重度の結膜炎と深い潰瘍(デスメ膜に達する)を呈した別のタイプの急性FHV-1感染症。

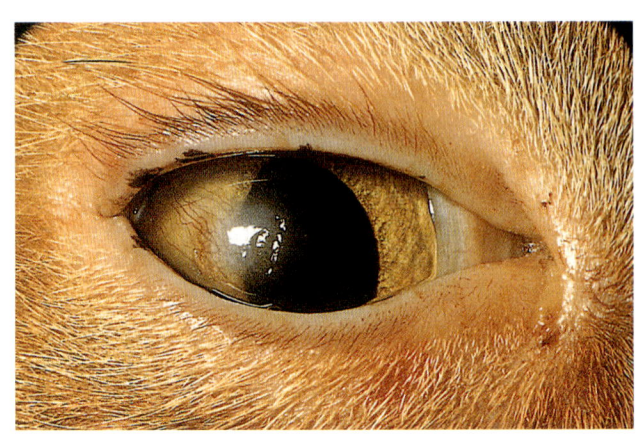

図9.27　4歳齢の在来短毛種
FHV-1感染症で地図状の上皮性角膜炎を呈する慢性例。

し，その染色はシルマーティアテストを行い，適切なサンプルを採取するまでは行うべきでない。点状潰瘍に加えて，ヘルペス性角膜炎の特有的象徴とみなされる線状に分岐した(樹枝状)潰瘍も観察されるであろう。小さな潰瘍が大きくなって合体すると，不整な，しかし表層性の地図状の潰瘍を生じる。角膜のより深い部位が病変に含まれると，円板状角膜炎として知られる環状型の浮腫の前兆となり，その浮腫は最初は表層性であるが深くなっていく。

慢性実質性角膜炎は，結果として視界を妨げるような角膜の瘢痕を形成するかもしれない。実質性角膜炎は，一般的には慢性的な角膜上皮潰瘍に合併し，実質浮腫や広範囲の血管新生および実質内細胞浸潤などの症状を示す。実質性角膜炎の病因は，CD4+リンパ球が重大な役割を果たす細胞性免疫応答であることが解っている。

再発性のヘルペス性角膜炎の潜在的合併症には，水疱性角膜症，深層性潰瘍，デスメ膜瘤，融解性実質壊死症，角膜穿孔および眼内炎といった疾患が含まれる。表層性病変部の2次的な細菌感染は，合併症の危険性を増加させる。

ネコヘルペスウイルスに感染しているネコは，ネコ白血病ウイルス(FeLV)またはネコ免疫不全ウイルス(FIV)も陽性でもある可能性があり，時には他の眼疾患(例：*Chlamydia psitassi*)も併発していることもある。増殖性好酸球性角結膜炎および角膜黒色壊死症もまた，FHV陽性ネコにおいて記録されている(Nasisse et al., 1996a)が，これらの合併症の重大性は常に明らかではなく，単に角膜中のFHV-1ウイルスのDNAを発見し，潜伏の場所を推

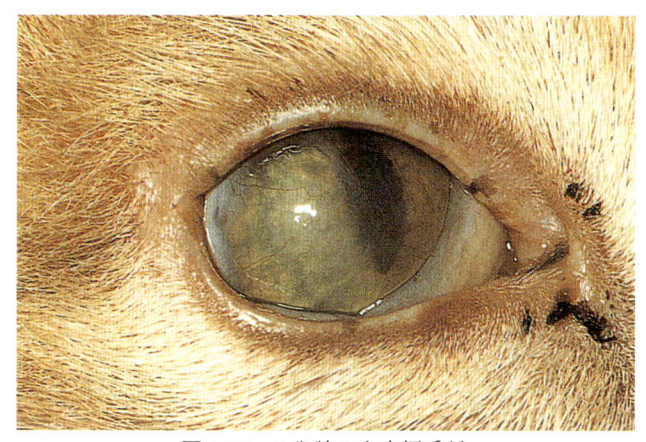

図9.28 5歳齢の在来短毛種
慢性FHV-1感染症にみられた実質性角膜炎。アシクロヴィルの局所投与によって一時的に改善はしたものの維持はできなかった。このネコはFIVも陽性であった。

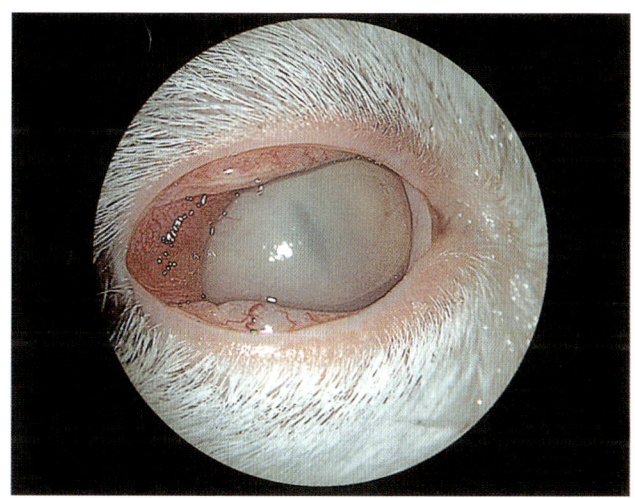

図9.29 3歳齢の在来短毛種
慢性FHV-1感染症にみられた実質性角膜炎。このネコはFeLVも陽性であった。

定するためのポリメラーゼ連鎖反応（PCR）アッセイの能力を反映するものだけかもしれない。

診断は臨床症状に基づくが，慢性化した例では症状が非常に異なっているので，役立たないかもしれない。ラボラトリー検査もまた，慢性例ではより感度は劣る（第8章参照）。角膜炎のあるネコの角膜掻爬材料のPCRによって発見できるFHV-1 DNAは，最も信頼できるようである（Nasisse et al., 1996 b）。

治　療：本症では，抗ウイルス剤に反応するかどうかは予測できず，現在選択すべき治療薬として推薦できる薬もない。イドクスウリジン，ヴィダラビン，トリフルオロサイミジンおよびアクシロヴィルは局所治療剤として最も多く用いられる抗ウイルス剤であるが，これらの薬剤は国によってその有効性の評価が様々で，例えば英国では現在はアクシロヴィル（Zovirax, Glaxo Welcome）のみが有効とされている。局所療法は頻回の点眼が必要で，それに応じてもらえない（オーナーまたは動物，あるいは両方の原因で）ことは治療の失敗の一因となりうる。

抗ウイルス剤の経口療法は考えられる別の方法であるが，中毒性の副作用が出るのでいくつかの薬剤では使用が制限される（例：ヴァリシクロヴィル）。アシクロヴィル（約200 mg 1日2回）が経口抗ウイルス剤として最もよく用いられる。ファムシクロヴィルなどの新薬が現在評価待ちである。

FHV-1感染症の予防や治療におけるワクチネーションの役割はあいまいである。ワクチンが，慢性感染しているネコに対する免疫療法の一種（点鼻ワクチンを両眼に1滴ずつ点眼）としての役割をするというといういくつかの報告がある。さらに最近では，実験的に感染させたネコでFHV-1感染の重症度を抑えるのに，経口ヒトインターフェロン α が用いられている（Nasisse et al., 1996 c）。経口IFN-α とアシクロヴィルは初期感染では相乗的効果があるであろうし，慢性眼感染の成ネコにもいくらか有益であろう。

L-リジン（200 mgを毎日餌に混合）を用いた食餌療法が，ネコでのFHV-1ウイルス応答を抑制する手段の1つとして最近研究されている（M.P.Nasisse,個人的な伝達による）。

障害を受けた上皮の物理的除去といった外科的治療は，上皮性角膜炎において治療の補助となるであろう。角膜実質まで含む病変の場合，抗原性のある宿主蛋白を除去し，角膜創傷治癒を刺激する方法としての表層角膜切除術は有益であろう。これには古典的な角膜の保護法（瞬膜フラップあるいは結膜弁）が治癒がおこるまで必要となるであろう。全層角膜移植術や熱角膜形成術は，慢性実質性角膜炎の治療法として評価される必要がある。

FHV-1感染症の管理における消炎剤の役割は，論争の分かれるところである。コルチコステロイドの局所投与は，ヘルペスウイルス感染後の混濁を減少させるであろうが，実質性角膜炎の慢性化した症例を治療するために，抗ウイルス剤との併用においてのみ使用するべきである。コルチコステロイドの局所投与は，活動期のウイルス感染を悪化させるので原発性FHV-1眼感染症の全ての症例において禁忌である。コルチコステロイドの全身投与は，潜伏感染を再活性するのでFHV-1感染ネコには禁忌である。

好酸球性（増殖性）角結膜炎

　本症の原因は不明で（Paulsen et al.,1987；Pentlarge,1989；Morgan et al.,1996；Prasse and Winston,1996），角膜黒色壊死症とは違い，好発品種はない。本症は，好酸球性肉芽腫症候群の一部であるとみなされがちであるが，ほとんどのネコの症状は眼のみで皮膚病変を欠く。症例の一部では循環血中の好酸球増多症を呈し，全身性の好酸球性疾患，慢性アレルギー性気管支炎や好酸球性腸炎がみられたという報告がある（Morgan et al.,1996）。増殖性角結膜炎は，ヒトの春季結膜炎に著しく類似している。

　臨床所見は非常に変化しやすい。病変は最初は片眼のみであるが，その症例が治療されなければ常に両眼に進行する。臨床症状は，軽度の眼瞼痙攣を伴った眼の不快感および軽度の眼脂で，病変は結膜と角膜を含む（図9.30〜9.38）。眼の不快感の結果として，涙液の産生は増加するのが普通だが，時には減少することもある。これらの症状は連合しておこりやすい。Nasisseら（1996 a）がポリメラーゼ連鎖反応（PCR）アッセイを用いて，増殖性角結膜炎をもったネコの角膜の掻爬材料を検査したところ，高率（約76％）にFHV-1 DNAが陽性を示したことから，ネ

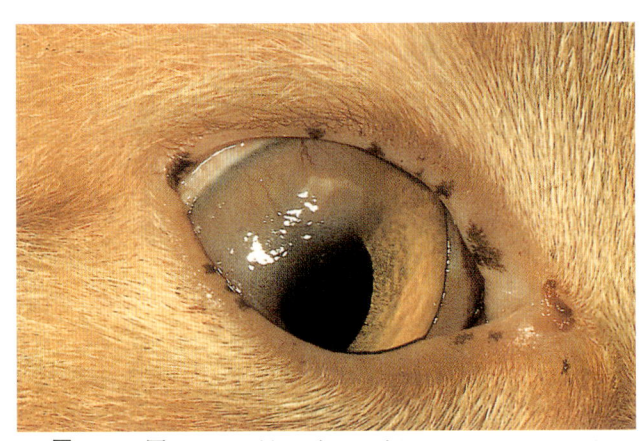

図9.31　図9.30に示したネコの右眼のクローズアップ

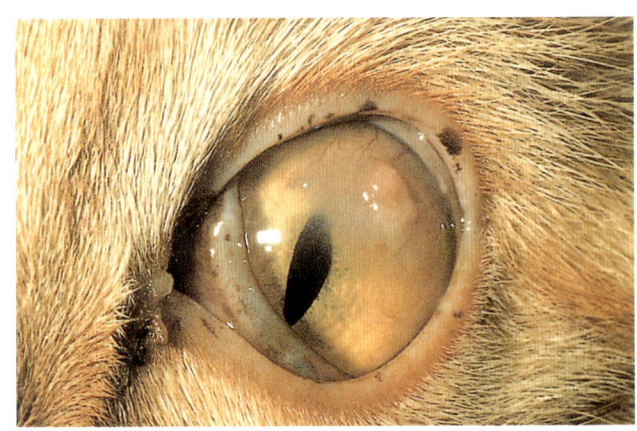

図9.32　図9.30に示したネコの左眼のクローズアップ

図9.30　両眼性の増殖性角結膜炎を呈した5歳齢の在来短毛種

図9.33　図9.30〜9.32に示したものと同じネコをコルチコステロイドの局所投与によって治療後2週間の所見

9. 角　膜

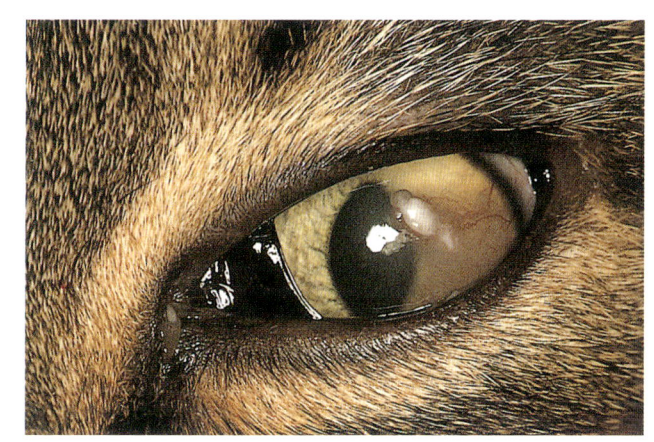

図 9.34　4 歳齢の在来短毛種
左眼にみられた片眼性の増殖性角結膜炎。角膜上の明瞭な血管新生を伴った白色のプラークに加え，下眼瞼縁にみられる白色のプラークの一部に注目。病変は 5 日間の酢酸メゲステロール治療により完全に消退し，以後再発もみられていない。しかし右眼は 4 年後に発症し，それを図 9.35 に示した。

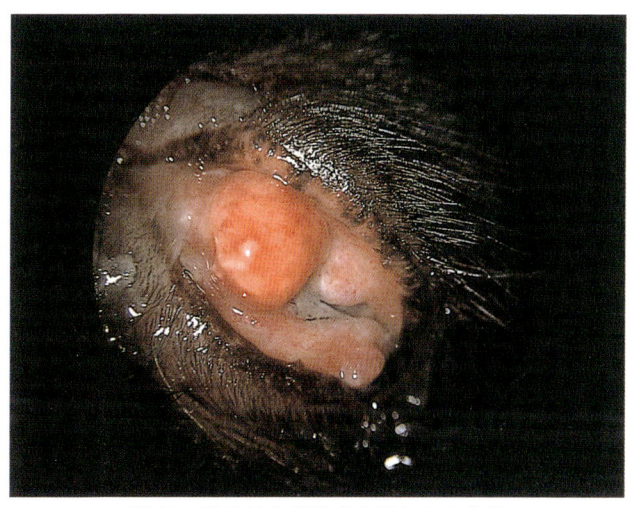

図 9.36　両眼性の増殖性角結膜炎を呈した 9 歳齢のバーミーズ
写真は右眼の状態を示し，こちらのほうがより重症であった。両眼ともコルチコステロイドの局所投与によく反応した。

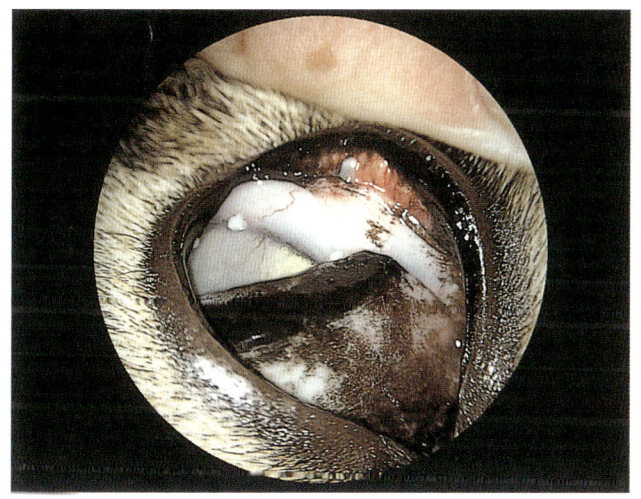

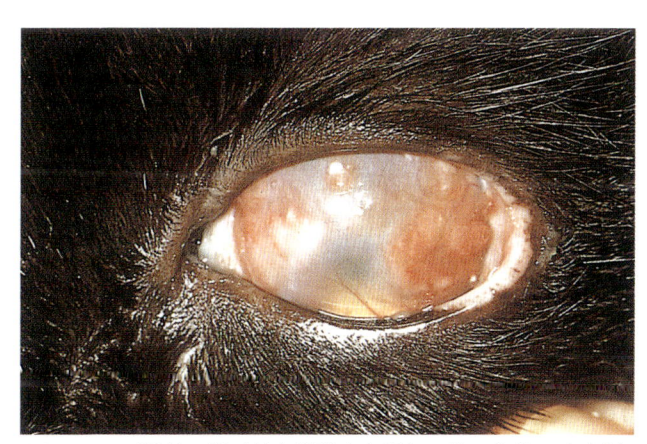

図 9.35　図 9.34 に示したネコの右眼
輪部の結膜や角膜にみられたのと同様に，瞼結膜にみられた特徴的な白色のプラークがみえるように上眼瞼を反転してある。本眼はコルチコステロイドの局所療法に反応したが，偶発的に再発する傾向にあった。

図 9.37　両眼性の増殖性角結膜炎を呈した約 8 歳齢の在来短毛種
写真は左眼を示す。このネコはぶどう膜炎も発症し，FIV も陽性であった。両眼ともコルチコステロイドの局所投与で治療した（酢酸プレドニゾロン）。

ネコヘルペスウイルスの検査をすることが奨励される。ネコの集団における FHV-1 の流行や PCR の感度を考えると，現時点ではこの報告の臨床的重要性を評価するのは困難である。

　上眼瞼の表面が通常冒されるが，慢性化した例ではもっと広い範囲の眼瞼が病変に含まれる。眼瞼縁と瞬膜は厚みを増し，斑状の色素沈着が発達してくる。結膜はしばしば

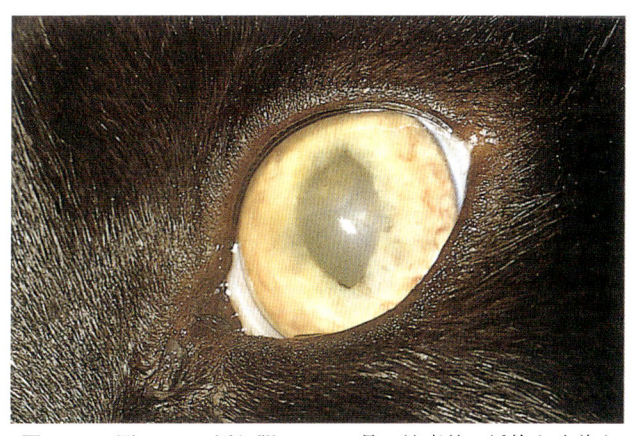

図 9.38　図 9.37 と同じ眼で，3 か月の治療後，緩徐な改善を示した。

発赤して浮腫状となり，治療がされなかった例では，結膜病変はより広がって重症となる。

角膜の細胞浸潤や血管新生は，本症の主要な特徴である。角膜の背外側あるいは腹外側4分円が最もよく罹患する部位であるが，症状の進行をそのままにしておくと，角膜全体が冒されるようになる。角膜浮腫や微小な角膜びらんも臨床症状の一部である。誤った解釈を避けるために，過剰なフルオレセイン液を洗い流し，ブルーフィルターを用いて角膜を検査する。増殖性角結膜炎の特有的兆候は，例えるならカッテージチーズのような外観の表層性でクリーム状の白いプラーク様物で，これは分裂した細胞や好酸球および好酸球性顆粒の核残屑から成る（Prasse and Winston, 1996）。病変部表層の掻爬材料をライトまたはギムザ染色して，上皮細胞・肥満細胞・好酸球・好中球およびリンパ球の存在を証明し，診断を確信することができる。

本症の管理は，FHV-1や角膜びらんのような根底にあるいくつかの疾患を認識し，治療することである。症状はコルチコステロイドの局所療法（図9.37および9.38）にも，コルチコステロイドまたは酢酸メゲステロールの経口投与にも反応する。これらの薬剤すべてに，特に長期投与した場合は，潜在的に好ましくない副作用がある。とりわけ酢酸メゲステロールは糖尿病を引きおこす可能性があるので，注意して使用すべきである。不幸なことに，症状の再発はよくあり，このため治療法は薬剤の選択や投与期間に関して，いくらか融通のきくものにする必要がある。例えばサイクロスポリンの局所投与は，初期には他の治療法より効果が劣るが，長期の治療が必要になる場合や，一旦角膜の外観が正常に戻ってからは有効であろう。治療の最も合理的なアプローチは，潜在的な免疫介在性眼疾患をコントロールするためのコルチコステロイド（特に初期）またはサイクロスポリンの局所投与（特に長期間の投与のために）によって，いかに限局した免疫抑制を誘導するができるかにかかっている（Read et al., 1995）。

角膜黒色壊死症（黒色壊死）

本症はネコに独特な原因不明の疾患である。多くの記載名称（角膜壊死症，角膜腐肉斑，角膜分離症，角膜ミイラ変性，角膜黒色症，巣状変性，黒色角膜炎，原発性壊死性角膜炎，限局性黒色斑および慢性潰瘍性角膜炎）の存在が，本症の興味深さを強調している（Startup, 1988；Pentlarge, 1989；Morgan, 1994）。本症には品種的素因があり（例：カラーポイント，ペルシャ，シャム，バーマン，バーミーズ，ヒマラヤン），品種関連性の黒色壊死症はおそらく遺伝性の角膜実質ジストロフィーの好発種タイプにおこるであろう。明らかな角膜障害（例：潰瘍性角膜炎，ヘルペス性角膜炎および乾性角結膜炎など）の後におこる本症はまた，どんな種類のネコにもおこり，瞬膜の欠損，内眼角の睫毛乱生および眼瞼内反というような眼瞼の異常を伴う。本症に罹患したネコのうち55％が角膜のスクラッチング材料でPCRを用いたFHV-1 DNAアッセイが陽性を示したが（Nasisse et al., 1996 a），この高い検出値の臨床的重要度は未だ完全には理解されていない。

本症の症状（図9.39～9.51）は，品種的素因をもつネコを除いてはふつう片眼性である。黒色壊死巣は，角膜の中

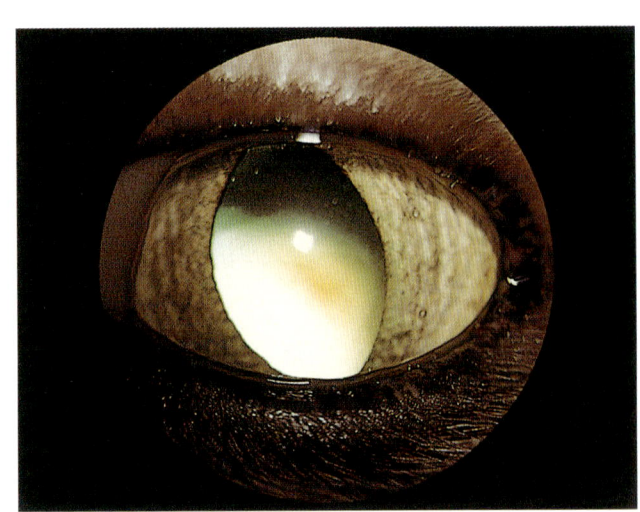

図9.39　若い成年の在来短毛種
片眼性の角膜黒色壊死。眼の不快感や分泌物を全く伴わない角膜上皮下のわずかな着色。

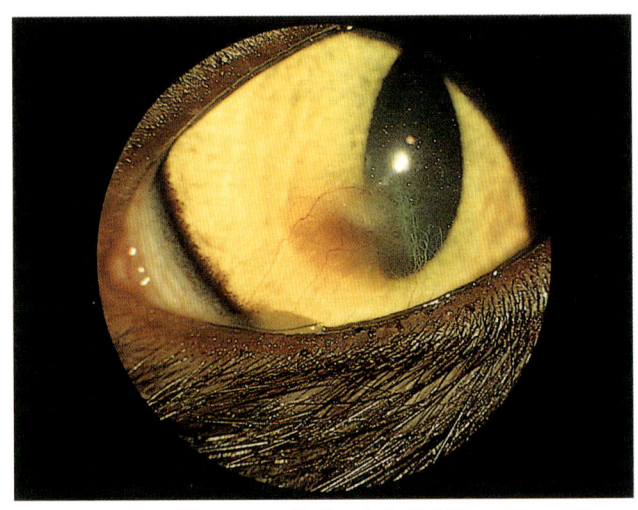

図9.40　3歳齢の在来短毛種
片眼性の角膜黒色壊死。微細な血管新生を伴う独立した病変。わずかに眼分泌物があるが，疼痛はない。

9. 角膜

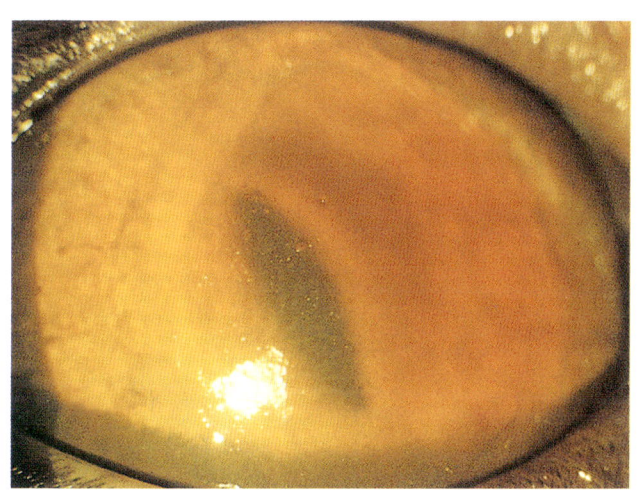

図9.41 8か月齢の避妊済みメスの在来短毛種
広範囲の角膜上皮びらんに伴ってみられた片眼性の角膜黒色壊死。疼痛および流涙もみられた。

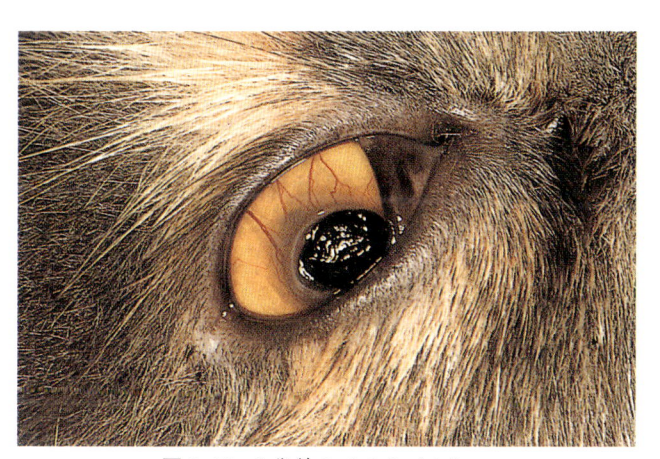

図9.42 2歳齢のメスのペルシャ
両眼性の角膜黒色壊死を呈した右眼の所見で，こちらのほうが左眼より重症であった。黒っぽい漿液性の分泌物がみられた。黒色壊死は脱落し始めており，全く疼痛を伴なっていなかった。このネコの同腹仔のオスもまた本症に罹患していた。

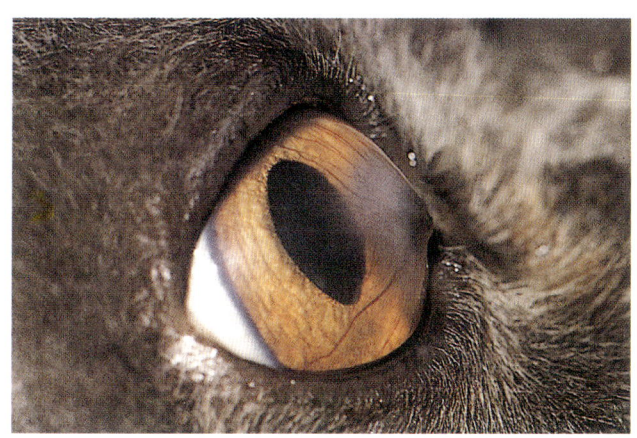

図9.43 7歳齢の去勢済みオスのペルシャ
以前におこった角膜潰瘍の位置に片眼性の黒色壊死の形成がみられる。

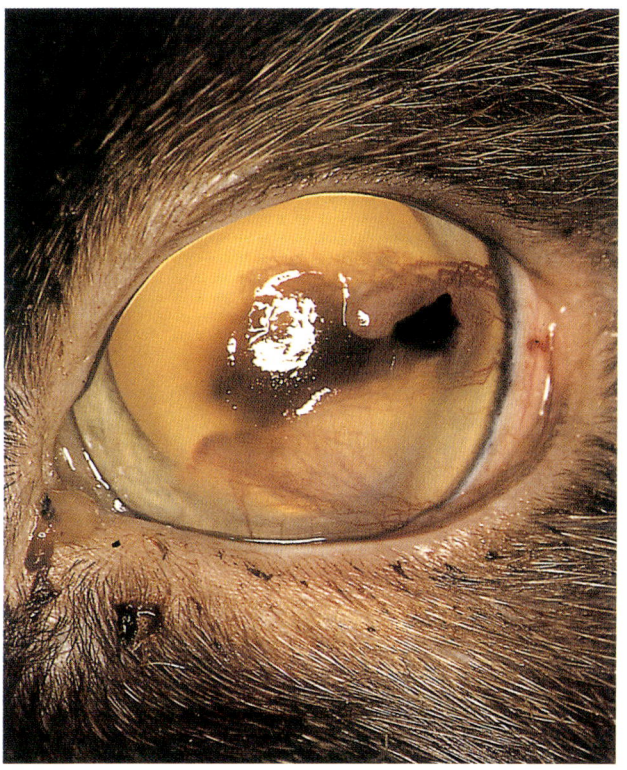

図9.44 12歳齢のカラーポイントペルシャ
ネコの引っかき傷による角膜裂傷後の治癒過程に合併してみられた左眼の片眼性角膜黒色壊死。

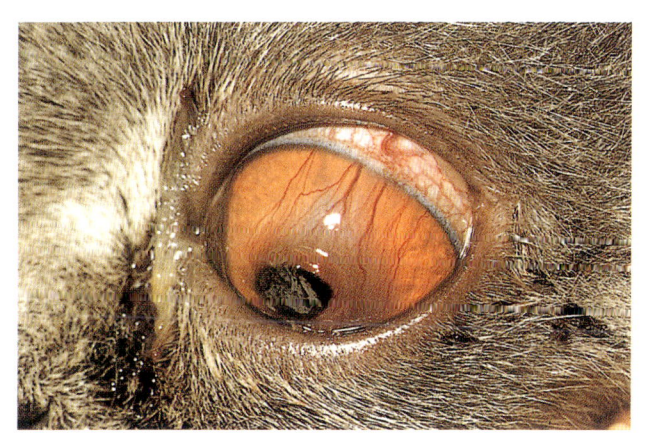

図9.45 2歳齢のペルシャ系雑種
左眼の片眼性角膜黒色壊死。右眼のシルマー1ティアテストの結果は1mm/分，左眼では10mm/分であった。

心かその付近の実質に存在し，ふつう眼の不快感，眼脂，瞬目の増加あるいは眼瞼痙攣といった症状を示す。涙膜の異常，瞬膜の欠損および感染などの併発因子を除外するため

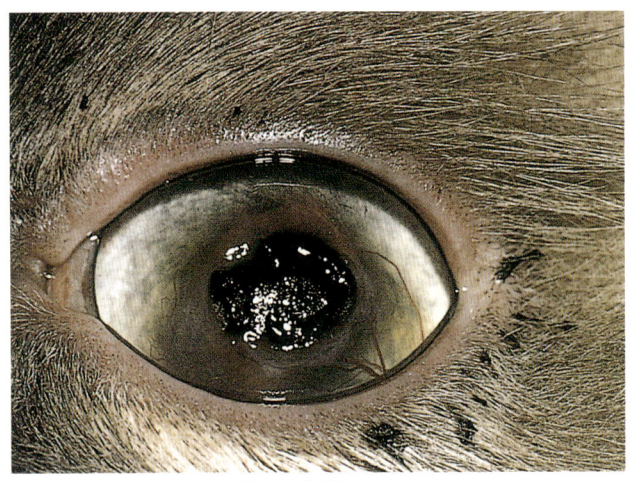

図 9.46　4 歳齢のペルシャ
左眼の片眼性角膜黒色壊死。両眼のシルマー 1 ティアテストの結果は決して 7 mm/分を超えることはなかった。

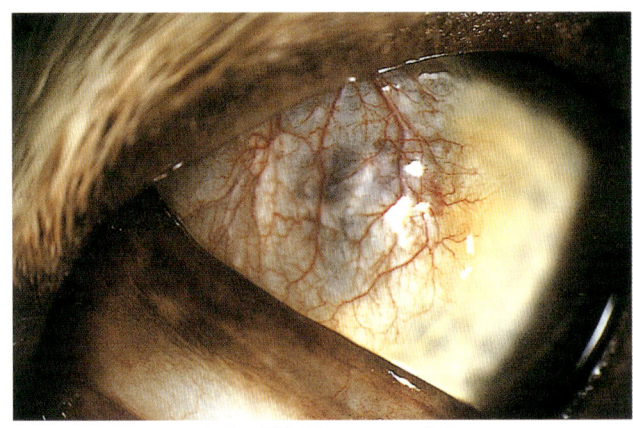

図 9.49　6 歳齢の避妊済みメスの白色ペルシャ
片眼性の角膜黒色壊死を角膜切除術により切除し、角膜の治癒の間、結膜有茎被弁で角膜を保護したが、弁の下で黒色壊死の再発がみられた。以前に何度も切除手術が施されていた。

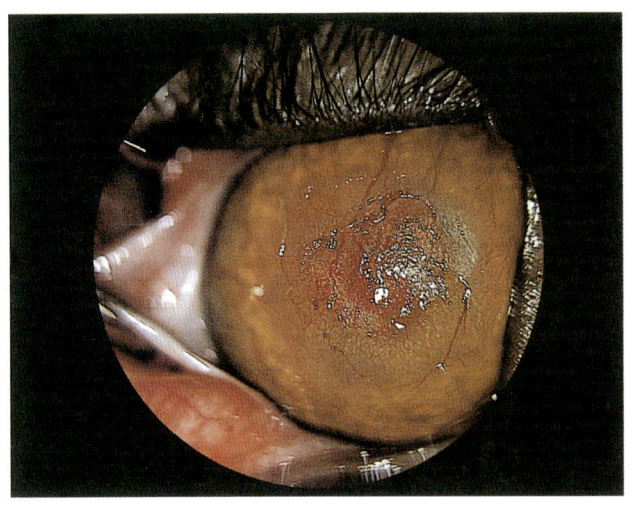

図 9.47　1 歳齢のペルシャ
片眼性の角膜黒色壊死を角膜切除術で切除した。手術直後の所見を示した。角膜が治癒するまで治療用ソフトコンタクトレンズか結膜有茎被弁で保護すべきである。

図 9.50　2 歳齢のペルシャ
片眼性の角膜黒色壊死で脱落の過程を示す。明らかな眼の不快感を伴う。

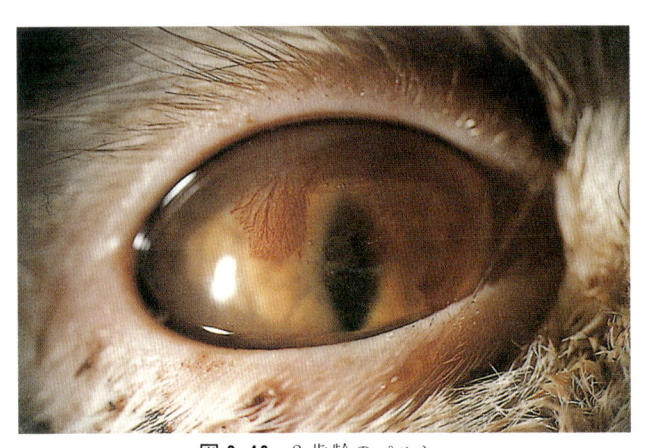

図 9.48　2 歳齢のペルシャ
片眼性の角膜黒色壊死は角膜切除術により切除し、治療用ソフトコンタクトレンズが同部位に装着されている。

図 9.51　図 9.50 に示しともものと同じネコで、治療用ソフトコンタクトレンズを装着した。
この治療により疼痛は明白に除去されている。黒っぽく着色した眼分泌物に注目。

図 9.52 図 9.50 および 9.51 に示したネコから外した後の，強く着色した治療用ソフトコンタクトレンズ

の総合的な検査が要求される。何故なら本症の症状は，あまりにも著明で，しばしば完全な検査をする必要性を忘れてしまうからである。

本症に罹患した多くの動物では涙液，眼瞼縁付近の付着物あるいは治療用ソフトコンタクトレンズのコーティング(図 9.52)が黒色壊死と同じ色になる。病変部を形成する黒い物質がそれらのものと同一のものであるとは認められていないが，このことから黒色壊死の特徴的な色は，前眼部涙膜からくるものだということは確かなようである。最も明らかな組織病理学的所見は凝固性壊死(コラーゲン変性)であり，非特異性炎症細胞も認められない。

病変部の外観はいくらか変化に富み，角膜実質か病的な金褐色に色素沈着し，その上を明らかに完全な上皮が覆う初期の例から，限界明瞭な濃褐色または黒色のプラーク(黒色壊死)を形成し，後に角膜上皮のレベルより盛り上がるような例にまで及ぶ。色素の濃い病変の辺縁はふつう潰瘍をおこし，プラークが角膜上皮のレベルより盛り上がって，ルーズな浮腫性の上皮がプラーク断端にみられる。慢性例では，角膜の血管新生や病変部周辺の角膜浮腫がよくみられる。角膜病変の深さは，ときにデスメ膜にまで及ぶことがあるが，実質中間を越えることはまれである。病変部の外観の違いは，混濁の進行の段階の違いや，病変を発現させた角膜障害の性質に一部関係しているようである。

罹患したネコが示す眼の不快感の症状はかなり様々で，それらの症状と病変の深さによって治療管理のアプローチを決定する。選択する治療法は，経過観察をして自然に脱落させるか外科的に切除するかである。もし角膜全層に及ぶ角膜穿孔の可能性があれば，黒色壊死を自然に脱落するよう経過観察してはいけない(図 9.53)。しかしながら，外科的切除は FHV-1 感染を助長する恐れがあるということで，控えめなアプローチがときに正当化されるのもまた論争となりうる。

黒色壊死が明らかな不快感を少しも示さない場合，もし自然に脱落をさせることができるなら，患者はその間，涙液代用液(例：0.2%ポリアクリル酸；Carbomer 940)の局所投与で治療できる。この保守的なアプローチでは，角膜の治癒にはふつう 1〜6 か月間を要する。

もし黒色壊死が表層性で，軽度の眼の不快感を示しているなら，治療用ソフトコンタクトレンズを装着すべきである。もしそれで患者が眼の不快感を訴えなければ，レンズは 3 か月以上そのままにしておく。角膜の治癒はこの期間におこる。

もしも著しい不快感を示した場合は，角膜切除術を施すべきで，黒色壊死の深さが角膜の厚みの半分かそれ以上に及んだ場合は，角膜保護(例：結膜有茎被弁，層板状角強膜移植術)が必要になる。別の方法として，深い病変には全層角膜移植術を用いることができる。より表層の手術後には，治療用ソフトコンタクトレンズや，あまり一般的ではないが，第 3 眼瞼フラップを用いることもできる。角膜切除術はいくらか瘢痕を残すが，この疾患の治癒期間をかなり短縮することができる。すなわち，通常手術後 1 か月

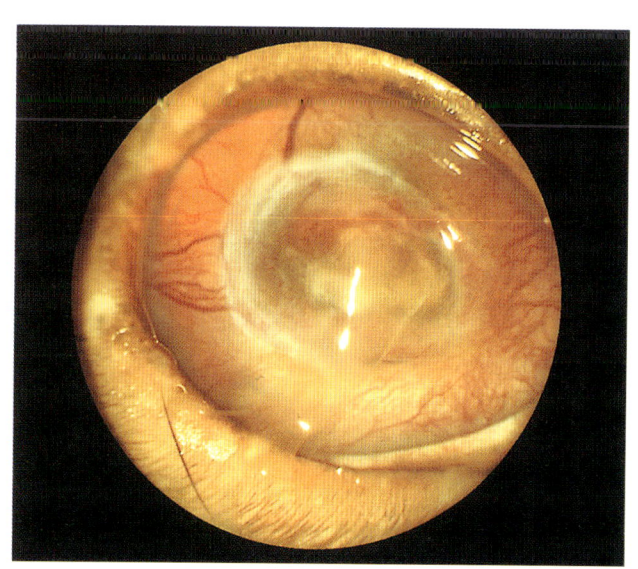

図 9.53 深い黒色壊死が脱落したことに伴う角膜破裂のみられる 10 歳齢のバーミーズ

以内に治癒は達成される。術後，患者には上皮再生がおこるまで抗生物質の局所投与を行い，その後コルチコステロイドを使用する。病変の再発は素因のある種においては，特に手術が完全でなかった場合は考えられるが，素因のある種でない場合は珍しい。

真菌性角膜炎

真菌性角膜炎は，長期間のコルチコステロイドや他のタイプの免疫抑制剤を使用した治療に関連しておこり，英国ではこのような疾患が風土病として存在する国から動物が搬入されてきた場合を除いて，この疾患をみることはほとんどない。*Aspergillus* (Ketring and Glaze, 1994), *Candida albicans* (Gerding et al., 1994 ; Ketring and Glaze, 1994), *Cladosporidium* (Miller et al., 1983), *Drechslera spicifera* (Zapater et al., 1975) および *Rhinosporidium* (Peiffer and Jacson, 1979) が米国ではネコの真菌性角膜炎の原因として報告されている。

寄生虫性角膜炎

北アメリカでエンセファリトゾーン感染症が原因のプロトゾア性角膜炎が1例報告されている (Buyukmichi et al., 1977)。

マイコバクテリウム性角膜炎

マイコバクテリウム性角膜炎（図9.54）は眼結核症の一症状として発現し，とても珍しい。結核性脈絡膜炎のほうが眼症状としてはわずかながら一般的である（第12章参照）。マイコバクテリウム性角膜炎は特殊染色による正確な菌体の証明によってより限定される（Gunn-Moore et al., 1996）が，ふつうは角膜の掻爬材料や局所リンパ節の特徴的な肉芽腫性炎症や抗酸性桿菌を証明することにより確定診断する（Dice, 1977）。多くの異なったマイコバクテリウム種がネコで感染をおこさせ，結果として典型的な結核症（*Mycobacterium tuberculosis*, *M. bovis* およびその他の結核を引きおこす変種），ネコのらい病（*M. lepraemurium*）および異型性マイコバクテリウム症（*M. avium*）といった疾患を含んだ様々な疾患症候群を発症する（Gunn-Moore et al., 1996）。マイコバクテリウム性角膜炎は増殖性好酸球性角結膜炎や新生物性の細胞浸潤，特に扁平上皮癌やリンパ肉腫と鑑別診断すべきで，それらは全て角膜の掻爬やバイオプシーによって確定診断できる。

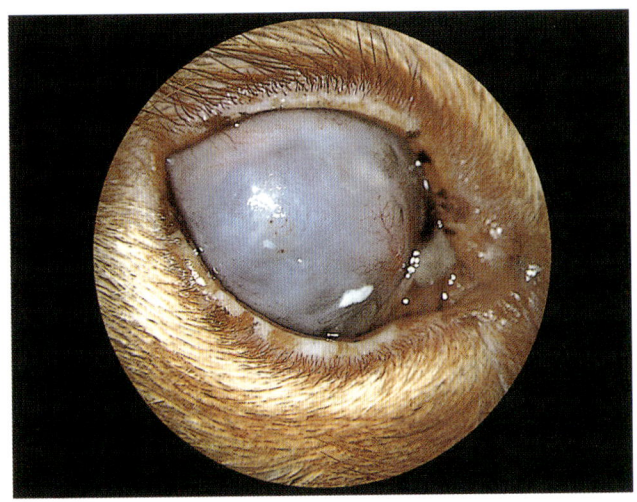

図9.54 20歳齢の去勢済みオスの在来短毛種
貪欲な食欲にもかかわらず体重が減少しているというヒストリーである。両眼の眼内および眼表面の変化がみられた。また下顎リンパ節症もみられた。右眼をここに示す。左眼は第12章（図12.51）に示した。診断は（死後に確認されたが），マイコバクテリウム感染症であった。

医原性合併症

局所および全身的なコルチコステロイドは，もしそれが間違って使用されると角膜炎をややこしくする。そのようなケースでは活動的な治癒過程はほとんどみられず，角膜は特徴的な「どろどろした(mushy)」外観（図9.55）を呈する。ほとんどの場合，角膜実質にフルオレスセインの吸収がみられるときには，いかなるルートでのコルチコステロイドの使用も禁忌となる。

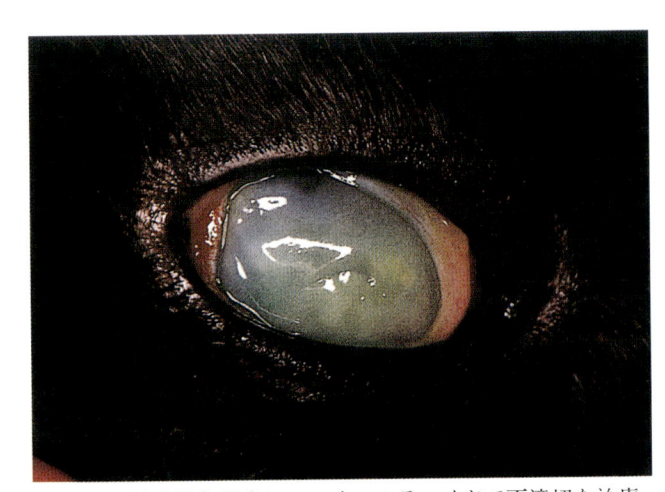

図9.55 潰瘍性角膜炎にコルチコステロイドで不適切な治療を行った合併症として融解性実質壊死を呈する8歳齢の在来短毛種

免疫介在性角膜炎

ネコの角膜炎の中で，本当の意味での免疫介在性タイプはほとんど知られていない。ヒトのTerrien辺縁角膜変性症に似た辺縁角膜炎のいくつかのタイプは免疫介在性の根拠を持ち，再発性の多軟骨炎や免疫介在性の全身性結合織障害が，乾性角結膜炎とか表層性の角膜実質混濁や血管新生といった形態をとる角膜炎に伴ってみられる（Ketring and Glaze, 1994）。

フロリダスポット

その名前が示すように，本疾患は米国の南東部の州において最も一般的にみられる（Peiffer and Jackson, 1979）。症状は，非進行性の灰色がかった角膜実質表層の混濁であるが，ときには独立した斑点が存在したり，またときには混濁がよりび漫性であったりする（図9.56）。症状はふつう両眼性で，その他の眼に不快感をおこすような種類の症状の併発は何も示さない。原因は不明だが，室外での生活様式と関連しているようで，ネコを室内に閉じ込めておくことができるなら，症状は消失する。

兎眼性角膜症

兎眼性角膜症（図9.57）は，不充分な眼瞼機能（例：眼瞼欠損，顔面神経損傷，瞼球癒着形成）や眼瞼機能の喪失（眼瞼の手術，特に第3眼瞼切除後の広範囲の瞼球癒着形成），三叉神経または顔面神経の損傷（例：眼窩や顔面の外傷に続発して），あるいは眼球の突出（例：眼窩腔を占める病変や眼窩の外傷）や拡大（例：緑内障に伴う牛眼）といった疾患によって引きおこされる。兎眼性角膜症の管理は，基にある疾患を処置するべきである。第3～6章，10および15章も参照されたい。

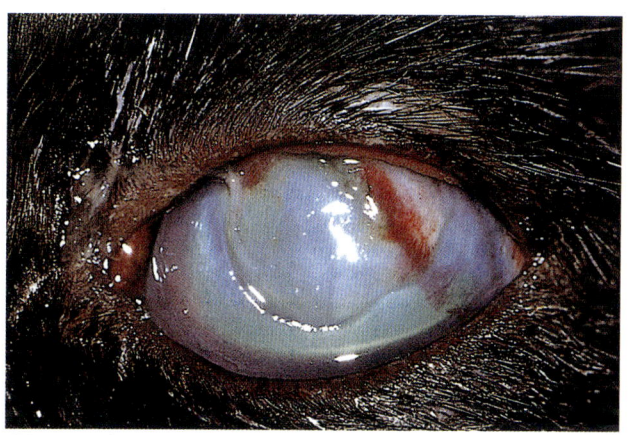

図9.57 慢性緑内障に伴う牛眼のみられる12歳齢の在来短毛種
兎眼症による広範囲の兎眼性角膜症。

角膜の脂質沈着

脂質性角膜症（図9.58～60）とは，角膜内への脂質の沈着で，常に血管新生を伴う（Carrington, 1983；Crispin, 1993a）。ネコでは本症はまれで，ふつうは片眼性で，しばしばいくらかの前眼部の炎症を伴う。脂質性角膜症は，高リポ蛋白血症を持つ動物にみられるのと同様に，血中リポ蛋白濃度の正常な動物にもみられる。その病変の形態や分布は，この疾患を促進する原因によって多様で，治療は全身性のリポ蛋白値の正常化や，あるいは基礎にあるリポ蛋白血症障害（例：原発性高アイロミクロン血症）の治療を確立することに集約される（第14章参照）。前眼部の炎症をおこすどんな原因も診断して治療すべきであるが，脂質性角膜症は治療する必要はない。

両眼性の辺縁部角膜脂質沈着症（角膜環，弓状角膜脂質沈着）は，高リポ蛋白血症に伴ってみられる（図9.61）が，ネコでは1例の症例報告に限られ，この症例における血清脂質の上昇は，グラム陰性菌による腎盂腎炎に随伴したエンドトキシン血症の結果によるものであった（Crispin, 1993b）。

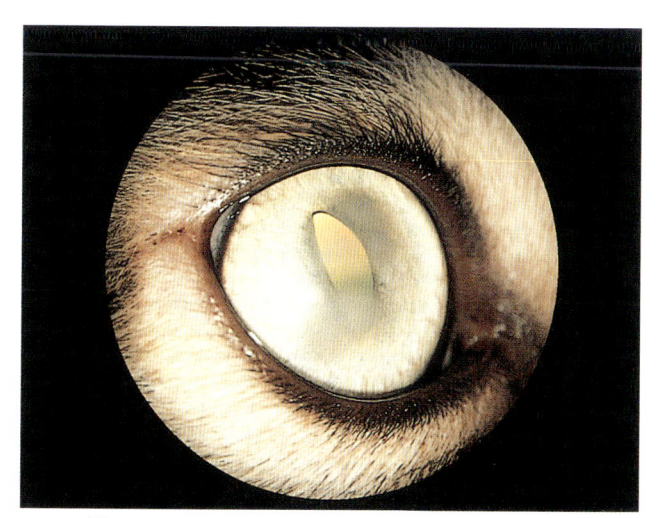

図9.56 フロリダスポットのみられる在来短毛種
（M.P. Nasisseの好意による）

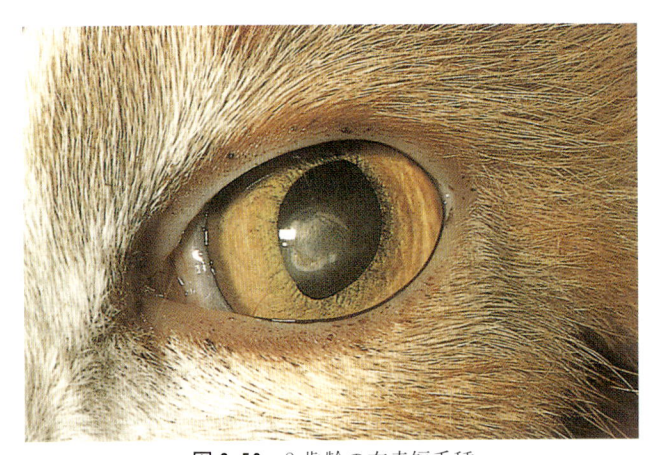

図 9.58 8歳齢の在来短毛種
数か月前の外傷に随伴した脂質性角膜症。このネコは正常なリポ蛋白血症であった（血清コレステロール 3.54 mmol/l，血清トリグリセリド 0.62 mmol/l）。

図 9.60 脂質性角膜症のみられる4歳齢の在来短毛種
ネコの爪によるけがの位置に急速に脂質性角膜症が発展してきたことで，成ネコの高カイロミクロン血症を診断した。左眼の上下の皮膚の黄色腫に注目。診断は眼底検査による網膜脂血症（図 14.39 参照）の確認と，血液サンプルの視診およびリポ蛋白分析によって確定した。

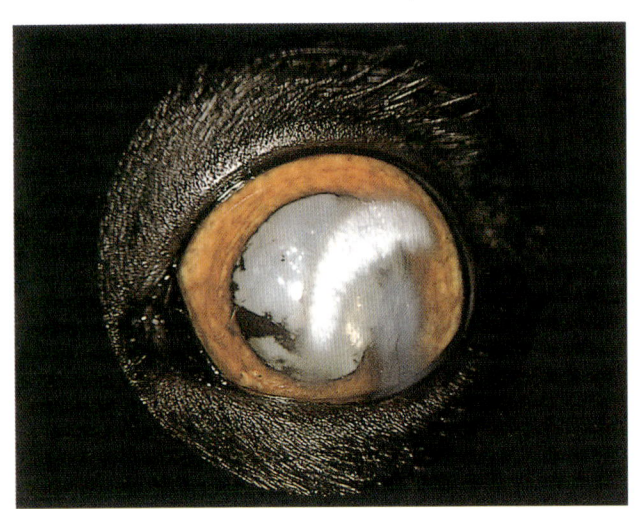

図 9.59 脂質性角膜症のみられる5歳齢の在来短毛種
弓状の脂質沈着が最初の角膜穿孔部位の背側にみられる。ネコの爪による傷が水晶体にもダメージを与えたので，水晶体物質が角膜後面に癒着している。この眼は続いておこる外傷後肉腫の危険にさらされている。このネコは正常なリポ蛋白血症であった（血清コレステロール 4.28 mmol/l，血清トリグリセリド 0.57 mmol/l）。

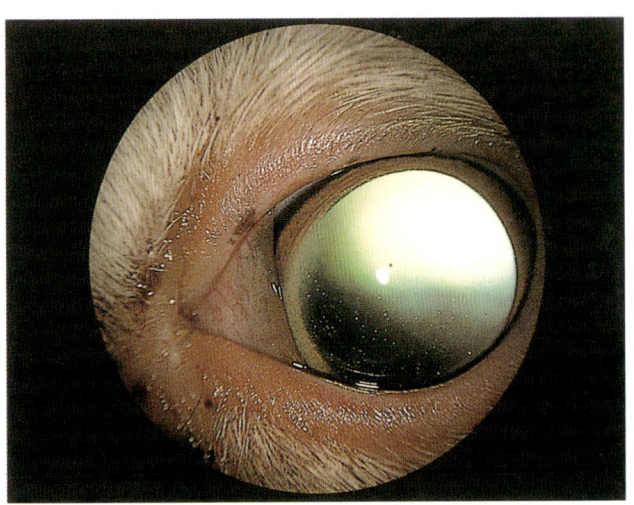

図 9.61 エンドトキシン血症に伴う高リポ蛋白血症の結果として，両眼性の角膜環（写真は左眼を示す）を呈した18か月齢のペルシャ
血清脂質レベルはエンドトキシン血症の治療後，正常に戻った。

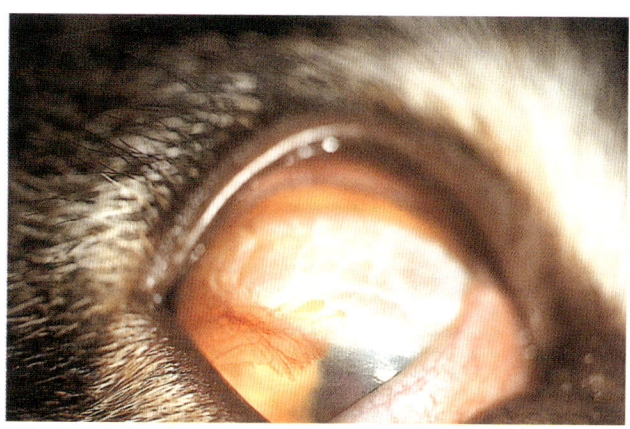

図9.62 原因不明のカルシウム性角膜症のみられる1歳齢の在来短毛種
カルシウムプラークが表層性であることに注目。治療はプラークの外科的切除とエデト酸（EDTA）の適用である。

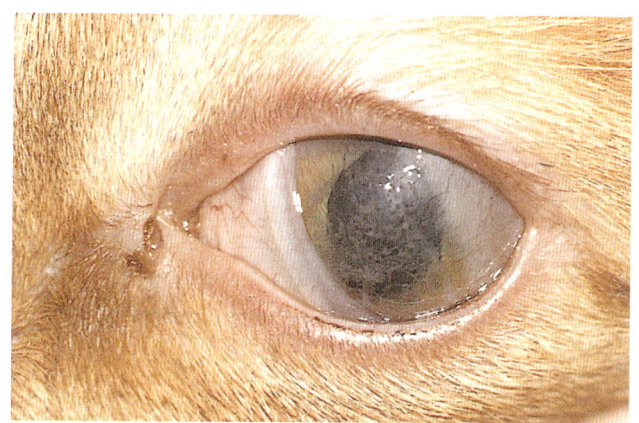

図9.63 原因不明のカルシウム性角膜症のみられる7か月齢の在来短毛種

角膜石灰沈着

石灰沈着は，通常慢性炎症による局所性角膜変性の結果や，高カルシウム血症をおこす何らかの全身性疾患（例：上皮小体機能亢進症，ビタミンDの過剰摂取）に伴ってみられる角膜の反応である（図9.62および9.63）。

引用文献

Adam SM, Crispin SM (1995) Differential diagnosis of keratitis in cats. *In Practice* **17**, 355–363.

Bahn CF, Meyer RG, MacCallum DK, Lillie JH, Lovett EJ, Sugar A, Martonyi CL (1982) Penetrating keratoplasty in the cat. *Ophthalmology* **89**: 687–699.

Bistner SI, Aguirre G, Shively JN (1976) Hereditary corneal dystrophy in the Manx cat: A preliminary report. *Investigative Ophthalmology and Visual Science* **15**: 15–26.

Buyukmihci N, Bellhorn RRW, Hunziker J, Clinton J (1977) Encephalitozoon (Nosema) infection of the cornea in a cat. *Journal of the American Veterinary Medical Association* **171**: 355–357.

Campbell LH and McCree AV (1978) Corneal abscess in a cat: Treatment by subconjunctival antibiotics. *Feline Practice* **8**: 30–31.

Carrington SD (1983) Lipid keratopathy in a cat. *Journal of Small Animal Practice* **24**: 495–505.

Carrington SD (1985) Observations on the structure and function of the feline cornea. PhD thesis, University of Liverpool, UK.

Carrington SD, Woodward EG (1986) Corneal thickness and diameter in the domestic cat. *Ophthalmic and Physiological Optics* **3**: 823–826.

Carrington SD, Crispin SM, Williams DL (1992) Characteristic conditions of the feline cornea. In Raw ME, Parkinson TJ (eds), *The Veterinary Annual*, 32nd Issue, pp. 83–96. Blackwell Scientific Publications, Oxford.

Champagne ES, Munger RJ (1992) Multiple punctate keratotomy for the treatment of recurrent epithelial erosions in dogs. *Journal of the American Animal Hospital Association* **28**: 213–216.

Crispin SM (1982) Corneal dystrophies in small animals In Raw ME, Parkinson TJ (eds) *The Veterinary Annual*, 22nd Issue, pp. 198–310. Blackwell Scientific Publications, Oxford.

Crispin SM (1993a) The pre-ocular tear film and conditions of the conjunctiva and cornea. In *Manual of Small Animal Ophthalmology*. Eds SM Petersen-Jones and SM Crispin. British Small Animal Veterinary Association, pp. 137–171.

Crispin SM (1993b) Ocular manifestations of hyperlipoproteinaemia. *Journal of Small Animal Practice* **34**: 500–506.

Dice P (1977) Intracorneal acid-fast granuloma. *Proceedings of the American College of Veterinary Ophthalmologists* **8**: 91.

Gerding PA, Morton LD, Dye JA (1994) Ocular and disseminated candidiasis in an immunosuppressed cat. *Journal of the American Veterinary Medical Association* **204**: 10, 1635–1638.

Glover TL, Nasisse MP, Davidson, MG (1994) Acute bullous keratopathy in the cat. *Veterinary and Comparative Ophthalmology* **4**: 2, 66–70.

Gunn-Moore DA, Jenkins PA, Lucke VM (1996) Feline tuberculosis; a literature review and discussion of 19 cases caused by an unusual mycobacterial variant. *Veterinary Record* **138**: 53–58.

Haskins ME and Patterson DF (1987) Inherited metabolic diseases. In J Holzworth (ed.) *Diseases of the Cat*. WB Saunders, Philadelphia. pp. 808–819.

Kern TJ (1990) Ulcerative keratitis. In NJ Millichamp, JD Dziezyc (eds) *Veterinary Clinics of North America: Small Animal Practice*. Philadelphia, W. B. Saunders, **20**: 643–666.

Ketring KL, Glaze MB (1994) *Atlas of Feline Ophthalmology*. Veterinary Learning Systems, USA.

Kirschner SE (1990) Persistent corneal ulcers. In NJ Millichamp, JD Dziezyc (eds) *Veterinary Clinics of North America: Small Animal Practice*. Philadelphia, W. B. Saunders, 20: 627–642.

Miller DM, Blue JL, Winston SM (1983) Keratomycosis caused by *Cladosporidium* sp in a cat. *Journal of the American Veterinary Medical Association* 182: 1121–1122.

Moore DL and Jones RG (1994) Corneal stromal abscess in a cat. *Journal of Small Animal Practice* 35: 432–434.

Morgan RV (1994) Feline corneal sequestration: A retrospective study of 42 cases (1987–1991). *Journal of the American Animal Hospital Association* 30: 24–28.

Morgan RV, Abrams KL (1994) A comparison of six different therapies for persistent corneal erosions in dogs and cats. *Progress in Veterinary and Comparative Ophthalmology* 4: 38–43.

Morgan RV, Abrams KL, Kern TJ (1996) Feline eosinophilic keratitis: A retrospective study of 54 cases (1989–1994). *Progress in Veterinary and Comparative Ophthalmology* 6: 131–134.

Nasisse MP (1990) Feline herpesvirus ocular disease. In NJ Millichamp, JD Dziezyc (eds) *Veterinary Clinics of North America: Small Animal Practice*. Philadelphia, W. B. Saunders, 20: 667–680.

Nasisse MP, Luo H, Wang YJ, Glover TL, Weigler BJ (1996a) The role of feline herpesvirus-1 (FHV-1) in the pathogenesis of corneal sequestration and eosinophilic keratitis *Proceedings of the American College of Veterinary Ophthalmologists* 27: 80.

Nasisse MP, Luo H, Wang YJ, Boland L, Weigler BJ (1996b) The diagnosis of ocular feline herpesvirus-1 (FHV-1) infections by polymerase chain reaction. *Proceedings of the American College of Veterinary Ophthalmologists* 27: 83.

Nasisse MP, Halenda RM, Luo H (1996c) Efficacy of low dose oral, natural human interferon alpha (nHuIFN") in acute feline herpesvirus infection: A preliminary dose determination trial. *Proceedings of the American College of Veterinary Ophthalmologists* 27: 79.

Paulsen ME, Lavach JD, Severin GA, Eichenbaun JD (1987) Feline eosinophilic keratitis: A review of 15 clinical cases. *Journal of the American Animal Hospital Association* 23: 63–69.

Peiffer RL, Jackson WF (1979) Mycotic keratopathy of the dog and cat in the southeastern United States: A preliminary report. *Journal of the American Animal Hospital Association* 15: 93–97.

Pentlarge VW (1989) Corneal sequestration in cats. *Compendium on Continuing Education for the Practicing Veterinarian* 11: 24–29.

Prasse KW, Winston SM (1996) Cytology and histopathology of feline eosinophilic keratitis. *Veterinary and Comparative Ophthalmology* 6: 74–81.

Read A, Barnett KC, Sansom J (1995) Cyclosporin-responsive keratoconjunctivitis in the cat and horse. *Veterinary Record* 137: 170–171.

Schoster JV, Wickman L, Stuhr C (1995) The use of ulrasonic pachymetry and computer enhancement to illustrate the collective corneal thickness profile of 25 cats. *Veterinary and Comparative Ophthalmology* 5: 68–73.

Startup FG (1988) Corneal necrosis and sequestration in the cat: A review and record of 100 cases. *Journal of Small Animal Practice* 29: 476–486.

Veenendaal H (1928) Tuberculoom op de cornea bij een kat. *Tijd Diergeneeskd* 55: 607–611.

Zapater RC, Albesi EJ, Garcia GH (1975) Mycotic keratitis by *Drechslera spicifera*. *Sabouraudia* 13: 295–298.

10 房水および緑内障

はじめに

ネコは水晶体前面の弯曲が際立っているにもかかわらず，深い前房を形成している。角膜は大きく，そして虹彩角膜角（前房隅角）が広い（図10.1）。隅角の濾過能を調べる隅角検査は，ネコにおいては深い前房と大きな角膜のため隅角レンズを用いなくても可能である。線維柱帯の裏側に無数の櫛状靱帯が細長く広く離れ，枝分かれのない線維としてみえる（図10.2および10.3）。櫛状靱帯の色は虹彩同様さまざまで，金色や青色そしてほとんどが白色を呈する。

ネコの正常眼内圧は，22.5 ± 5.2 mmHgとされている（Miller and Picket, 1992）。

先天性異常

先天性緑内障や牛眼は片側性，両側性の両方とも仔ネコにおいて時折みられる。ひどく大きくなった眼球は，時に激しい角膜浮腫を引きおこす（図10.4）。原因は知られていないが，おそらく房水の適切な排出を妨げるような発育過程での異常のためと思われる。眼球腫大の結果としておこる強膜の伸張は，若齢動物においてより容易におこりうることが知られている。シャムの仔ネコにおいて，虹彩分離（虹彩の層の分離）による先天性緑内障が1例だけ報告され

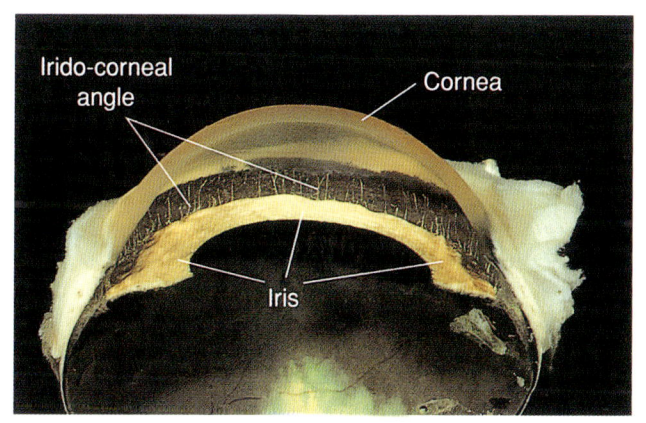

図10.1 ネコの眼球（水晶体は取り除いている）の前眼部
広い隅角，櫛状靱帯，深い前房そして大きな角膜（cornea）に注目。irido-corneal angle：虹彩角膜角，iris：虹彩

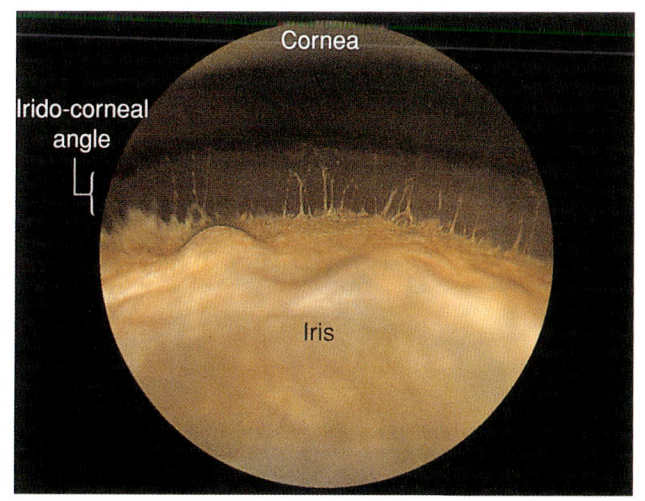

図10.2 正常ネコの排出路の隅角所見
irido-corneal angle：虹彩角膜角, cornea：角膜, iris：虹彩

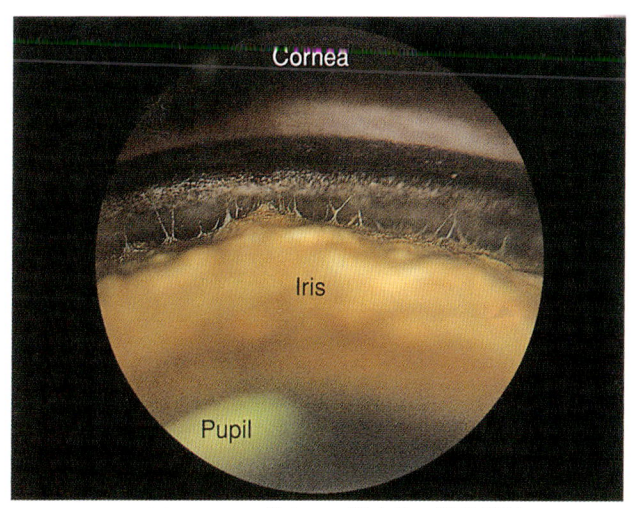

図10.3 正常ネコの排出路の隅角所見
cornea：角膜, iris：虹彩, pupil：瞳孔

ている (Brown et al., 1994)。

緑内障

　緑内障は，眼内圧の上昇がおこり，その結果として網膜や視神経全体に障害を及ぼし，不可逆的な失明をもたらすものと定義されている（図14.76）。また単純な病態ではなく，いくつかの異なった病態の合併によるものであり，「緑内障群(the glaucomas)」として扱う方がより好ましい。緑内障は以前の眼疾患を伴わない原発性緑内障（図10.5）と，いくつかの他の眼疾患に続いておこる続発性緑内障（図10.6）に分けられる。イヌにおける原発性緑内障は，遺伝

図10.4 大きさの異なる両眼性牛眼となった仔ネコ
　痛みの徴候のない大きく開いた両眼に注目。

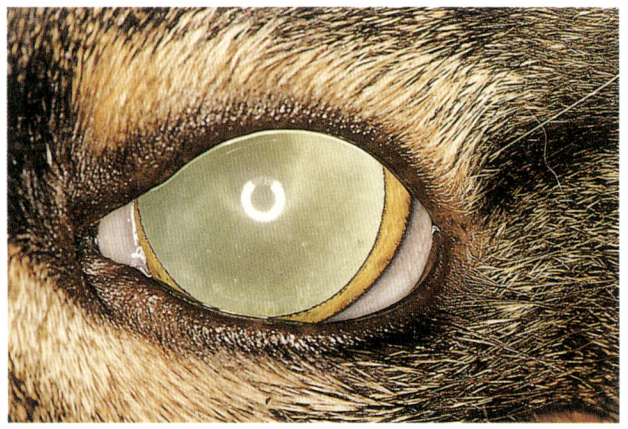

図10.5 原発緑内障で散瞳している在来短毛種
　ぶどう膜炎や新生物，そして他の既往眼疾患の徴候がないことに注目。

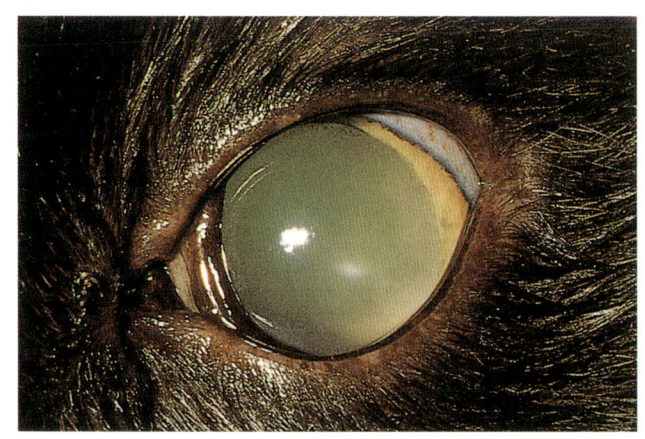

図10.6 トキソプラズマ症に関連したぶどう膜炎に随伴した続発緑内障
　角膜後面や硝子体前面の炎症性産物と散瞳に注目。

もしくはいくつかの品種が影響を及ぼしているとされる。ネコにおいてはシャムやペルシャにおける品種特異性が注目されている(Brooks, 1990)が，原発性遺伝性緑内障と証明された例は未だ報告がなく，緑内障はすべての品種のネコにおこる。他の眼疾患のないネコにおける緑内障の病理学的報告がWilcockら(1990)によって明らかにされたが，現在のところネコにおける緑内障はほとんど例外なく2次的なものであり，それは炎症，特にぶどう膜炎（図10.6），新生物，特にぶどう膜黒色腫（図10.7）やリンパ肉腫（図10.8）に関連しておこる。外傷，水晶体（前嚢）の破裂，そして水晶体脱臼はその他に知られている原因であるが，水晶体脱臼が緑内障の原因であるのか，それとも緑内障に牛眼や小帯断裂が伴った結果，水晶体脱臼がおこったのかを最終的に決めることは困難である（図10.9）。原発性遺伝性緑内障や緑内障の原因となる原発性遺伝性水晶体脱臼はネコではみられないので，この病態はイヌに比べてかなり珍しいことであるということは驚くべきことではない。しかし，ぶどう膜炎やぶどう膜の新生物は，おそらくイヌよりネコにおいてより頻繁に緑内障の原因となりうる。にもかかわらず，ネコの緑内障は稀な状態であるとされている。

　緑内障は急性と慢性に分けられるが，ネコにおける急性緑内障は稀であり，イヌにみられるような甚急性で疼痛を伴う，うっ血性緑内障はみられない。ネコにおける緑内障は通常潜在的に始まり，眼瞼痙攣や流涙は初期段階で気付くかも知れないが，眼の疼痛はほとんど示さない。いわゆる赤目の古典的徴候である結膜と上強膜のうっ血がみられる（図10.10および10.11）が，イヌほど顕著ではない。時に結膜浮腫がみられる（図10.12）。角膜混濁（浮腫）は通常軽度である（図10.13）が，長期経過した例では水疱性角膜

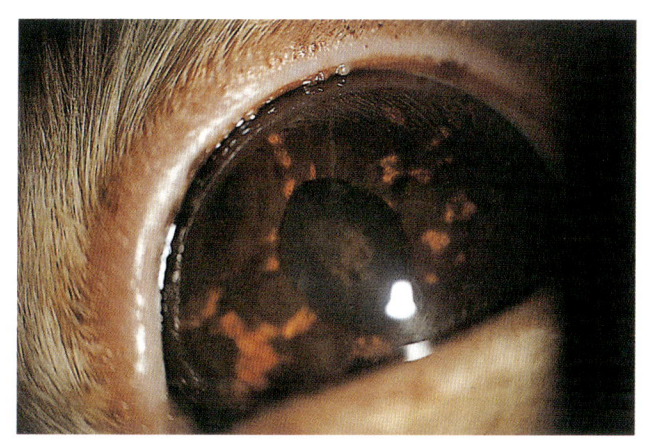

図 10.7　広範なぶどう膜黒色腫による続発性緑内障に罹患した在来短毛種

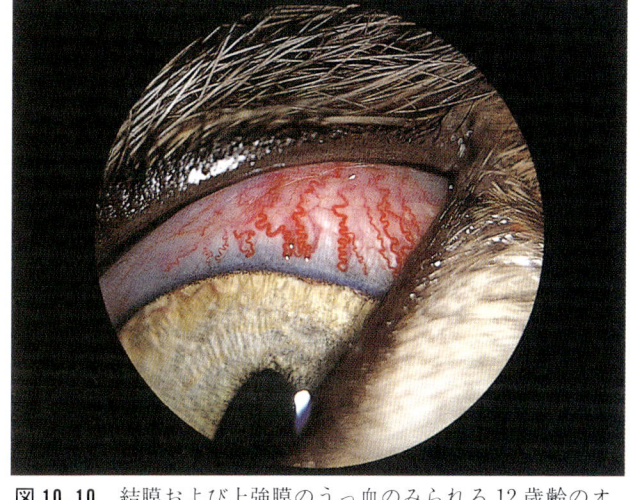

図 10.10　結膜および上強膜のうっ血のみられる 12 歳齢のオスの在来短毛種　透明な角膜に注目。

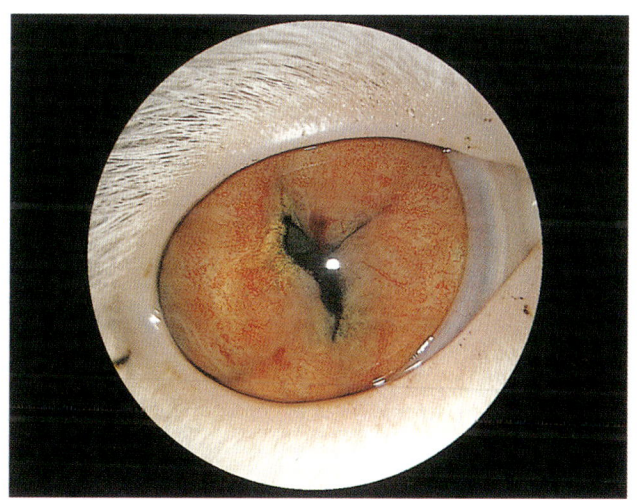

図 10.8　リンパ肉腫による続発性緑内障に罹患した在来短毛種　瞳孔のゆがみと排出路の閉塞に注目。

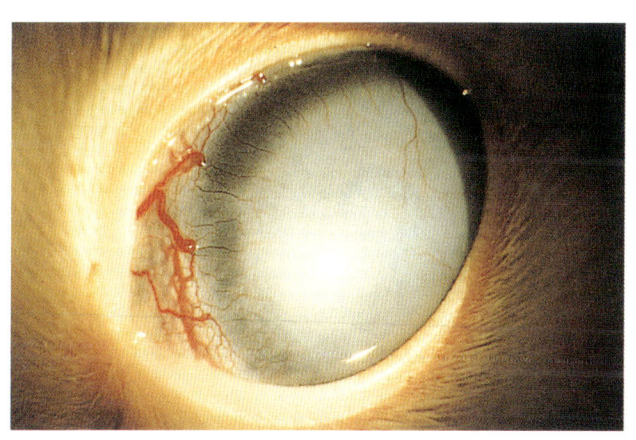

図 10.11　結膜および上強膜のうっ血
広範かつ細い角膜辺縁の血管と角膜中央の浮腫および角膜線状痕の欠如に注目。

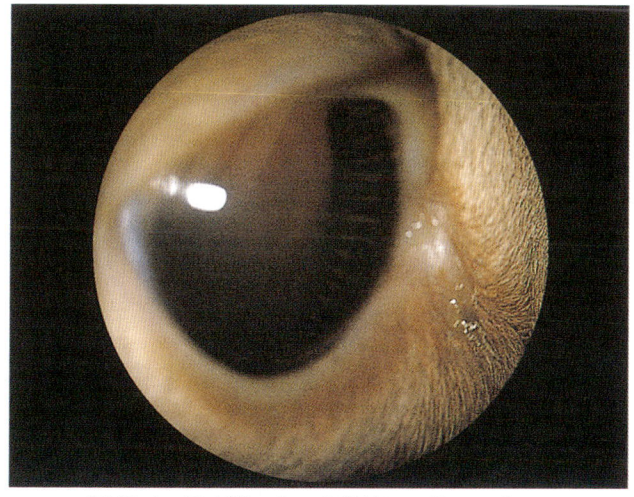

図 10.9　緑内障による小帯線維の伸展と破壊

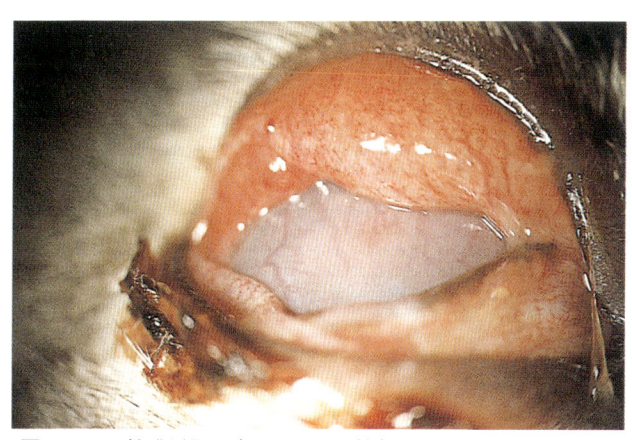

図 10.12　結膜浮腫と角膜浮腫，血管新生を伴ったぶどう膜炎に続発した重度の緑内障のみられる在来短毛種

症がみられることがある（図10.14）。ネコの緑内障において角膜周辺の血管新生がみられる（図10.15）が、イヌの緑内障のように激しくはない。牛眼のような例におけるデスメ膜の破損（線状痕）は、ネコにおいてはみられない。角膜浮腫の発生率について異なった意見が出されており、RidgwayおよびBrightman（1989）は角膜浮腫が最も頻繁にみられる臨床症状としているが、Wilcockら（1990）は、131眼の病理学的研究において、び漫性角膜浮腫は1例もみられなかったが、デスメ膜の破損が2例にみられたと記録している。房水の流出能の減退による眼内圧の上昇に伴い、その影響を受けた眼の瞳孔は他眼に比べ散瞳し（図10.5および10.6）、この瞳孔不同症が最初の明らかな眼症状となるであろう（図10.16）。ネコの眼球はかなり容易に伸張し、それゆえ牛眼（巨大眼球、図10.17）は一般的であり、それによって兎眼性角膜症（図10.18および10.19）や、潰瘍形成を引きおこす。牛眼は常に明らかであるのではなく、眼球

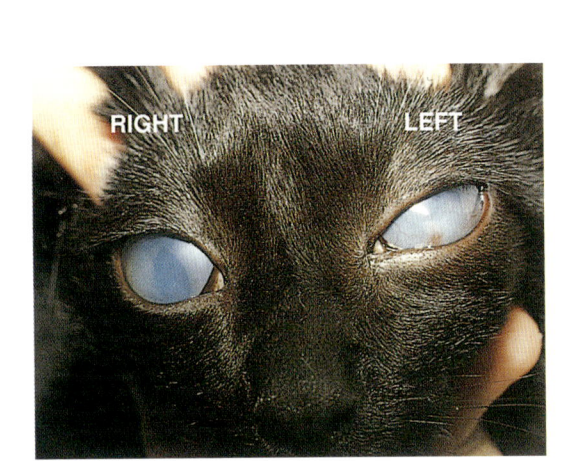

図10.13 両眼性牛眼と角膜混濁のみられるバーミーズ
角膜線状痕の欠如と右眼の散瞳に注目。

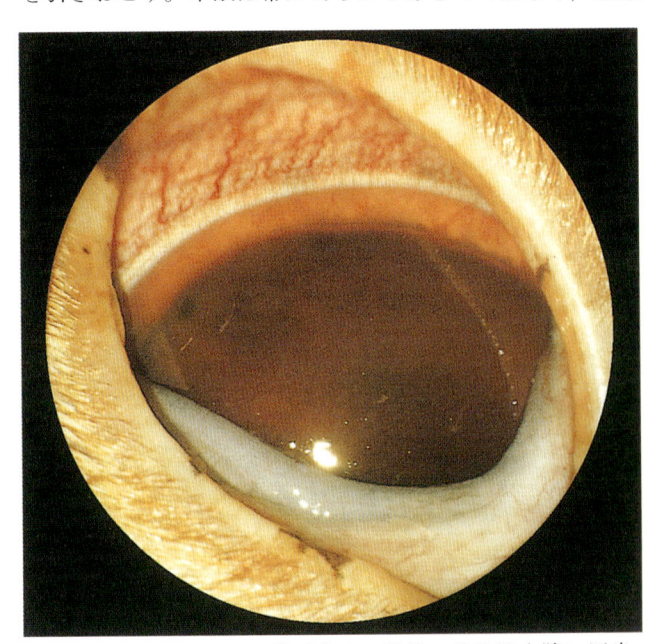

図10.15 高血圧による前房出血の結果の続発緑内障に罹患した在来短毛種
結膜のうっ血および初期の角膜辺縁の細い血管に注目。

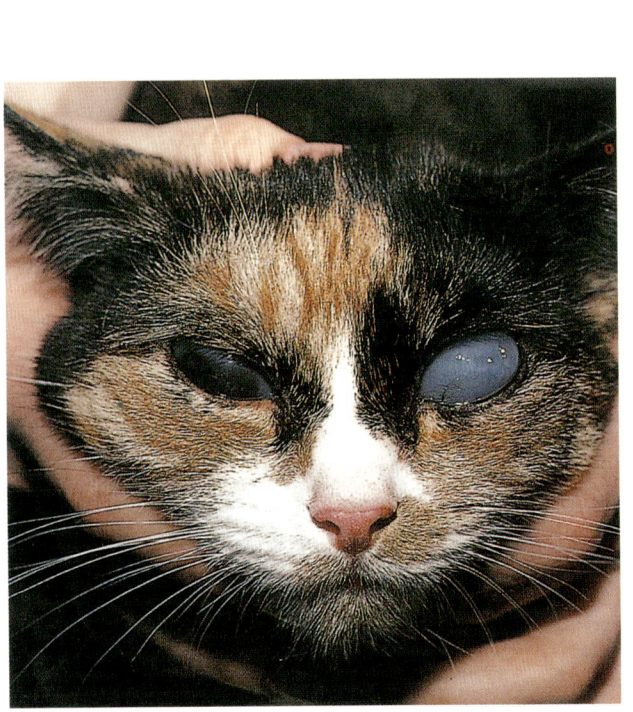

図10.14 牛眼と水疱性角膜症のみられる慢性緑内障に罹患した在来短毛種

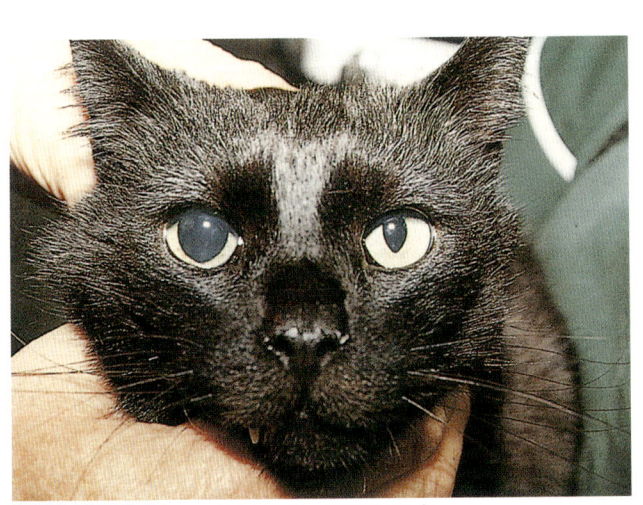

図10.16 瞳孔不同症
初期緑内障による右眼の瞳孔拡大に注目。

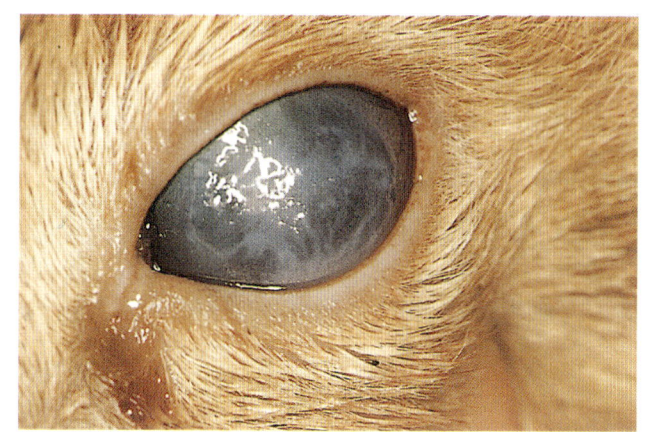

図10.17 牛眼もしくは巨大眼球
水疱性角膜症に陥った上皮のため，角膜反射の崩壊がおこっていることに注目。

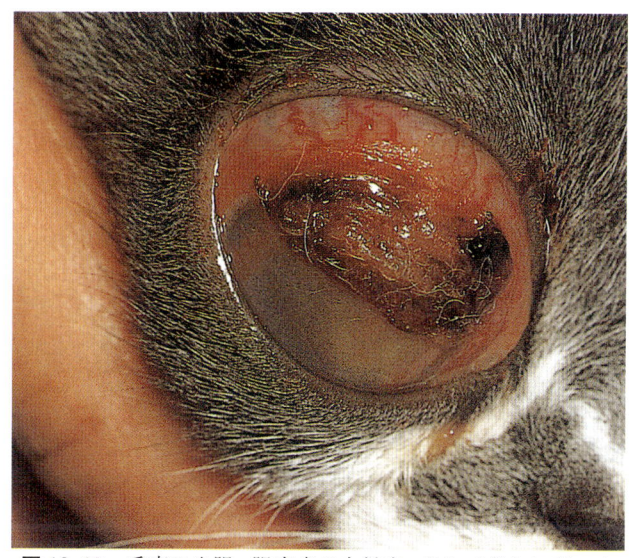

図10.19 重度の牛眼，眼内炎の合併症，そしてそれに伴った兎眼性角膜症

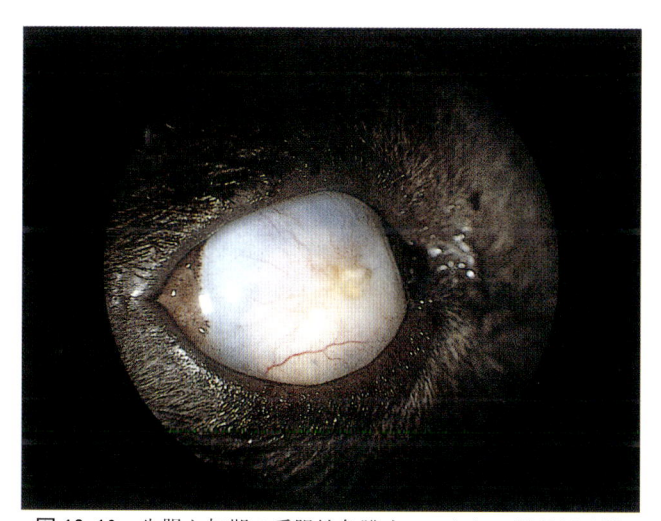

図10.18 牛眼と初期の兎眼性角膜症のみられる慢性緑内障

の腫大が最小程度でもおこりうる。白内障や小帯線維の伸張や破損（図10.9）のための水晶体脱臼（第11章も参照）がおこり，そして最終的に網膜の変性や視神経乳頭の陥凹を伴った萎縮（図14.76）（この種のものを認めるのはより困難）もまた眼内圧上昇の結果として認められるであろう。

ネコにおける緑内障は片眼性にも両眼性にもおこり，ごく初期の例では原因を問わず隅角検査にて隅角は開放していることが明らかとなる。

ネコにおける緑内障の治療は困難であり，さまざまな理由によって視力の回復もしくは救出のどちらもしばしば不成功に終わる。ネコの緑内障は通常潜在的に始まり，イヌに比べて眼症状に乏しく，結果としていつも末期であったり進行しすぎていたり，不可逆的な視力喪失に陥っている。

しかしながらもっと重要なことは，この種の場合のほとんどが他の眼疾患に続発しておこっており，それゆえ原疾患を可能な限り治療すべきである。ネコにおける緑内障のほとんどの原因は，前部ぶどう膜炎である（Wilcock et al., 1990）。よってコルチコステロイドと他の消炎剤の使用は価値があるが，いくつかのぶどう膜炎は通常の療法に対する反応に乏しいことがある（第12章も参照）。ピロカルピンのような縮瞳剤の使用は価値に乏しいか，あるいはまったく価値のないもので，ぶどう膜炎の症例においては禁忌であることが証明されている。房水産生を抑制する炭酸脱水酵素阻害剤はかなり価値があり，ジクロフェナミド（5 mg/kg 1日2回 経口）はネコにおいては耐性ができにくく，量を減らしていける（不幸にもジクロフェナミドは英国においては撤退してしまった）。アセタゾラミド（10 mg/kg 1日2回 経口）もまた有用である。炭酸脱水酵素阻害剤併用下でのβ-アドレナリン遮断薬（チモロール0.5% 1日2回 点眼）の局所投与も有用である。著しい牛眼や水眼症，発育の遅い腫瘍のある老齢ネコを除いたぶどう膜の新生物，外傷，特に水晶体の破裂や2次的に眼内肉腫に発達する危険性のあるような例においては，不幸ではあるが眼球摘出が唯一可能な処置となるであろう。

房水の他の性状

眼房水は以下の図に示されているようないくつかの状態

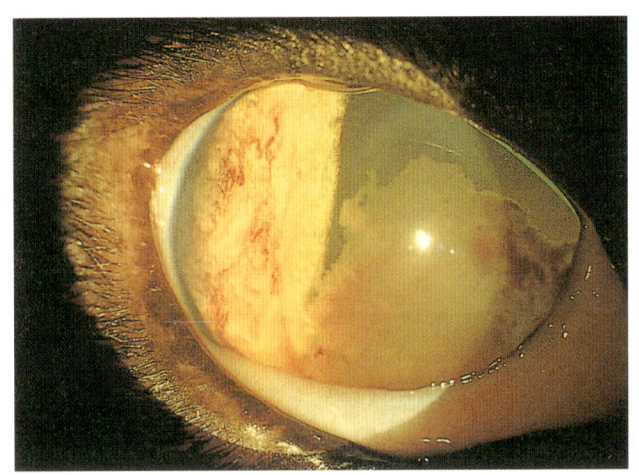

図 10.20　重度の虹彩炎の症例における前房蓄膿と前房出血
虹彩血管の充血に注目。

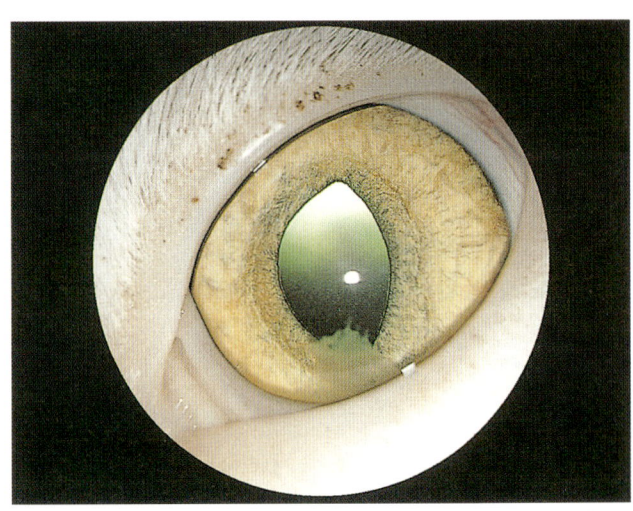

図 10.23　全身性リンパ肉腫の症例における房水内の腫瘍性白色細胞
このネコの他方の眼は図 10.8 に示した。

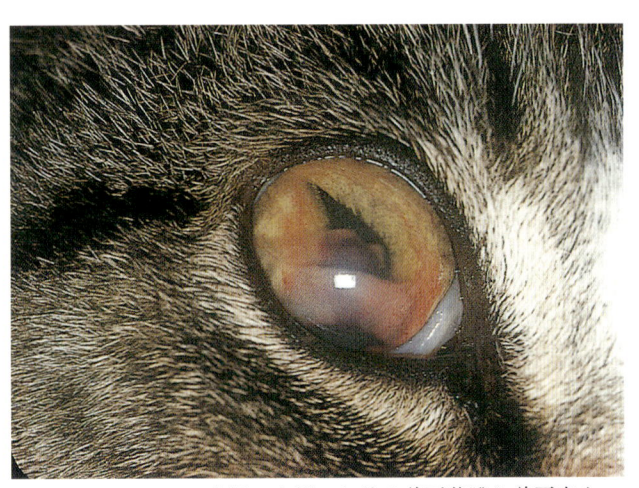

図 10.21　リンパ肉腫の症例における前房蓄膿と前房出血
虹彩の腫脹と瞳孔のゆがみに注目。

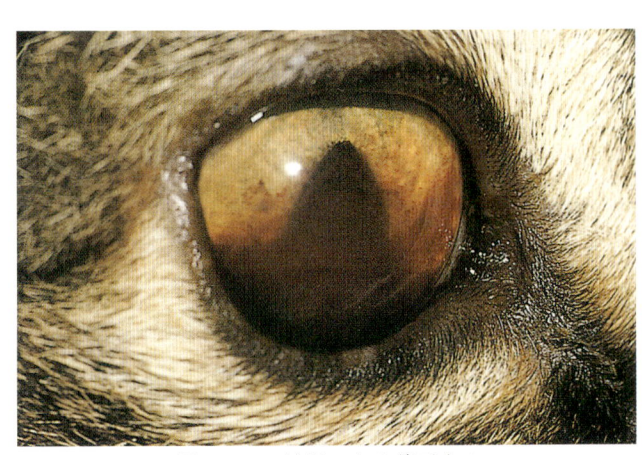

図 10.24　外傷による前房出血

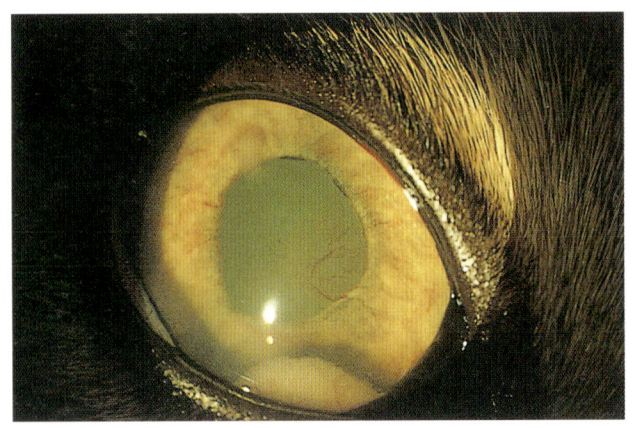

図 10.22　虹彩前面の濃い前房蓄膿
瞳孔縁周囲の広範な虹彩後癒着と水晶体前嚢の血管新生に注目。

図 10.25　FeLV 陽性ネコにおける両眼性前房出血

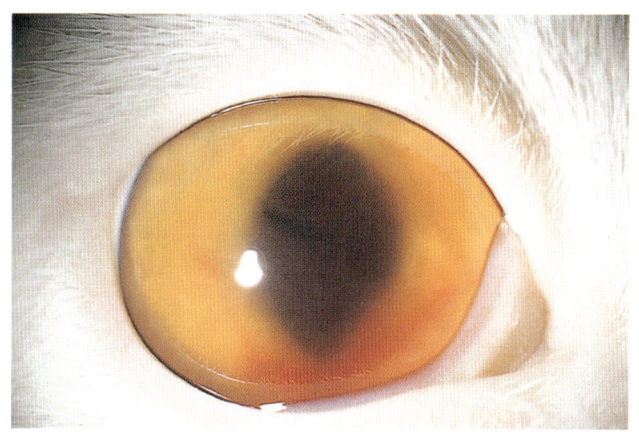

図 10.26　重度の貧血と血小板減少症に関連した前房出血

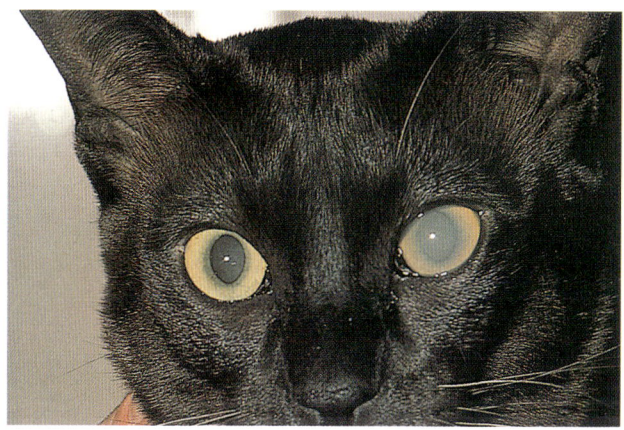

図 10.29　ぶどう膜炎のみられないトリグリセリドに富む高脂血症性眼房水

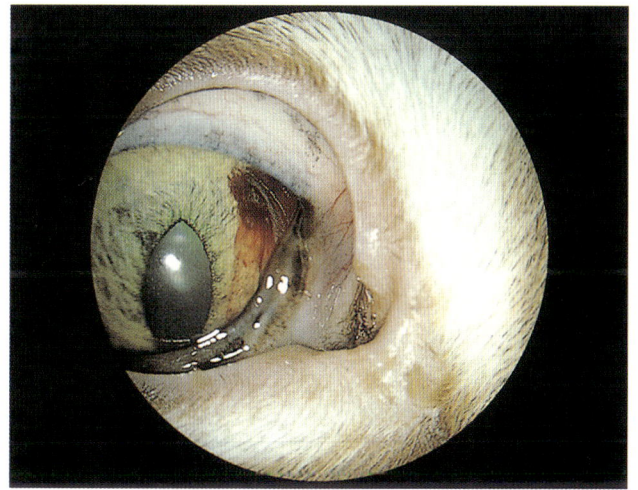

図 10.27　高血圧に起因した前房出血
眼底の変化が両眼にみられる。

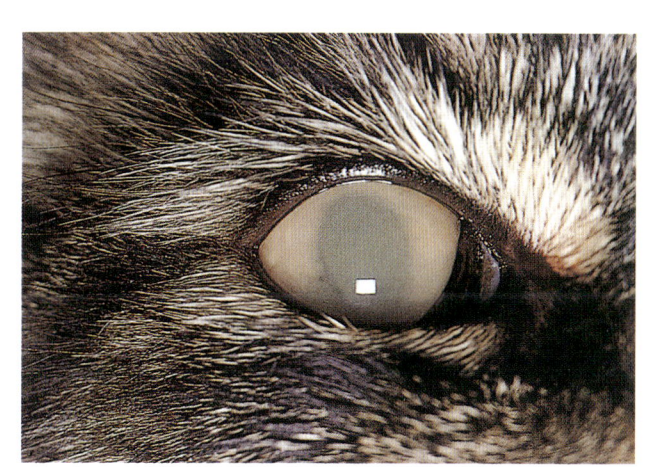

図 10.30　ぶどう膜炎に関連したトリグリセリドに富む高脂血症性眼房水

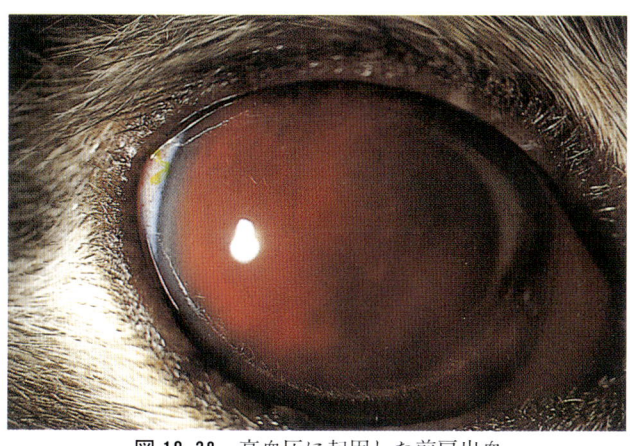

図 10.28　高血圧に起因した前房出血
他眼における眼底の変化が認められる。

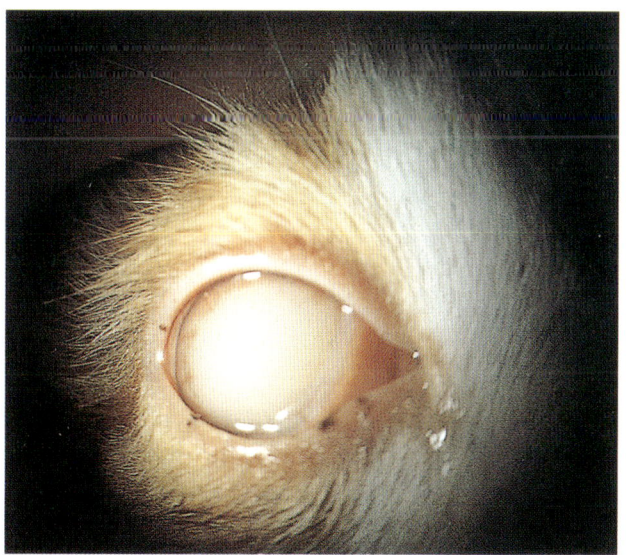

図 10.31　続発緑内障と外傷による周辺血管浸潤のみられる（血清高トリグリセリドと高カイロミクロン血症のある）重度の高脂血症性眼房水の1例

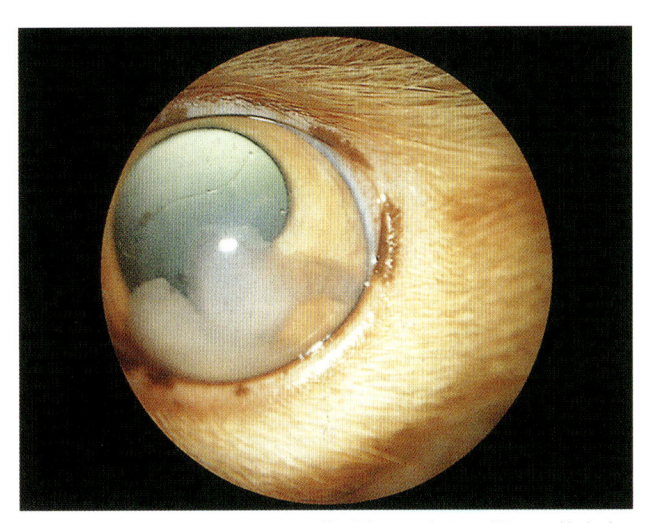

図 10.32 種はわからないが前房内にみられる眼ハエ幼虫症
（J.Wolfer 氏の好意による）

を示すことがある（第9および12章も参照）。前房蓄膿（前房内の白色細胞）と前房出血（前房内の赤色細胞）は，全身性疾患の1症状としてしばしばおこりうる，重度の虹彩炎に随伴してみられる（図10.20）。前房蓄膿はまた，リンパ肉腫を示唆する（図10.21〜10.23）。前房出血の原因として，重度の虹彩炎（図10.20），外傷に続発したもの（図10.24），FIPやFeLVのような感染症に関連したもの（図10.25），貧血や血小板減少症を伴うもの（図10.26），高血圧によるもの（図10.15，10.27および10.28），そして血液疾患によるものなどが挙げられる（Martin, 1982）。前房出血に関しては，血液はすぐに吸収され，続発性緑内障もあまりおこらないのでほとんど治療を必要としない。高脂血症による房水全体の混濁を図10.29〜10.31に示す。稀なケースであるが，前房内に双翅目（ハエ）の幼虫がみられることもある（図10.32）。

引用文献

Brooks DE (1990) Glaucoma in the dog and cat. *The Veterinary Clinics of North America* **20**: 775–797.

Brown A, Munger R, Peiffer RL (1994) Congenital glaucoma and iridoschisis in a Siamese cat. *Veterinary and Comparative Ophthalmology* **4**: 121–123.

Martin CL (1982) Feline Ophthalmologic Diseases. *Modern Veterinary Practice* **63**: 209–213.

Miller PE, Pickett JP (1992) Comparison of human and canine tonometry conversion tables in clinically normal cats. *Journal of the American Veterinary Medical Association* **201**: 1017–1020.

Ridgway MD, Brightman AH (1989) Feline glaucoma: a retrospective study of 29 clinical cases. *Journal of the American Animal Hospital Association* **25**: 485–490.

Wilcock BP, Peiffer RL, Davidson MG (1990) The causes of glaucoma in cats. *Veterinary Pathology* **27**: 35–40.

11 水晶体

はじめに

　水晶体は，透明な両凸レンズで反射する構造をもち，チン氏帯線維に支持され，虹彩および後眼房の後ろに位置し（そして虹彩を支え），前眼部と後眼部を任意に分けている（図11.1）。水晶体は水晶体嚢と，水晶体の前面から赤道部までの水晶体嚢の真下にある水晶体上皮と，実体を構成する水晶体線維から成る。水晶体線維は正常な加齢変化として，核硬化症を引きおこす。核硬化症は，他の動物でおこるのと同様に，老齢のネコにおこるが，イヌほど明らかではない。水晶体は核（胎生核，幼年核，成年核），皮質および嚢に分けられ，これらはさらに臨床的に前部と後部に分けられる。

　ネコの水晶体は0.5 ml程の体積をもち，直径は9～12 mmで，前部表面は後部表面より彎曲が急である。した がって，相対的に水晶体はほとんどのイヌより大きく，ネコでは水晶体の動的な調節能は小さい。

　水晶体は表面外胚葉に由来し，水晶体胞は最初表面外胚葉から分離し，眼杯の開口部に存在する。水晶体胞腔はその後，第1次水晶体線維の伸長により閉塞する（のちに水晶体の胎生核となる）。第2次水晶体線維は赤道部から伸長し，水晶体の前部と後部の縫合線を形成する（図11.2）。水晶体発生のための栄養供給は，硝子体動脈（第13章も参照）と水晶体血管膜からにより，これらは間葉系起源の水晶体周囲の血管網を形成する。後者の血管残渣は瞳孔膜遺残を形成する（第2および12章も参照）。水晶体の発達は早く，胚形成の初期におこる。

　水晶体の障害は先天性異常と白内障（単純に水晶体または水晶体嚢の不透明さと定義する），水晶体の脱臼または亜脱臼（部分的または完全なチン氏帯線維の断裂による水晶体の位置の異常）に分類することができる。

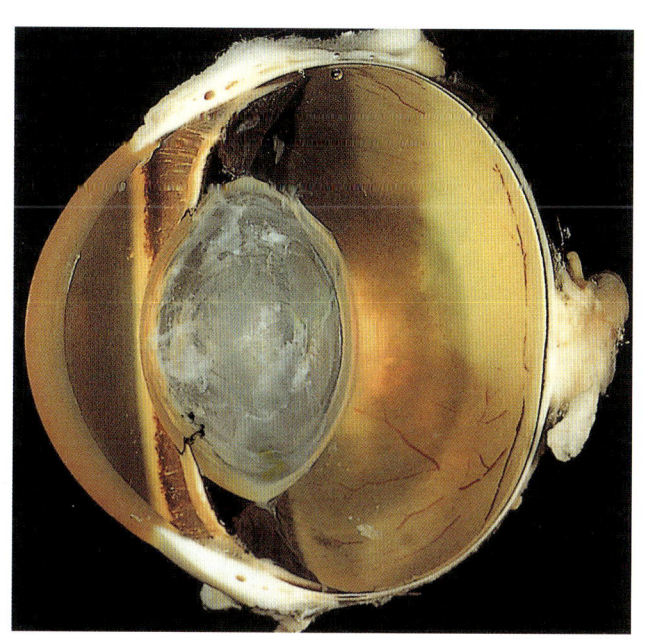

図11.1　ネコの眼球
形態，位置，水晶体の大きさを示す。

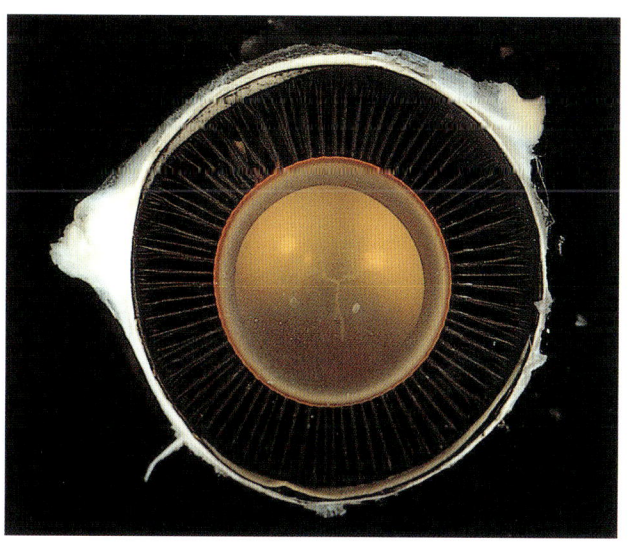

図11.2　後方からみた前眼部
水晶体の後部縫合線と毛様体をとり囲む毛様体突起を示す。

先天性異常

　無水晶体（水晶体の欠損）はまれである。小水晶体（小さな水晶体）や円錐水晶体（異常な水晶体の形態）はネコではわずかに報告されており，そのすべてが他の眼の異常と関連している（Aguirr and Bistner, 1973；Peiffer, 1982；Peiffer and Belkin, 1983）。多発性の先天性の眼の疾患はたいてい白内障を伴う（図4.5〜4.8）が，ネコではまれである。

　先天性の白内障は片側性もしくは両側性で，ペルシャ（Peiffer and Gelatt, 1975）とブリティッシュショートヘアで報告されており，核白内障で，常染色体の劣性遺伝（Irby, 1983）と推測されている。

　先天性白内障は，明らかな好発品種であるとか病因があるものでなくとも，わずかにおこっている。図11.3および11.4を例として示す。図11.5にみられる症例の仔ネコの眼は，水晶体前方脱臼を伴った成熟白内障で，また，小水晶体も伴っている。このネコは両眼に影響がみられた。

　片眼の水晶体コロボーマはまれで，図11.6に示されており，進行性の核白内障を伴っている。

白内障

　ネコの白内障は一般的でなく，多くのイヌの白内障患者が獣医眼科専門医に紹介されるのに対し，ネコの水晶体の

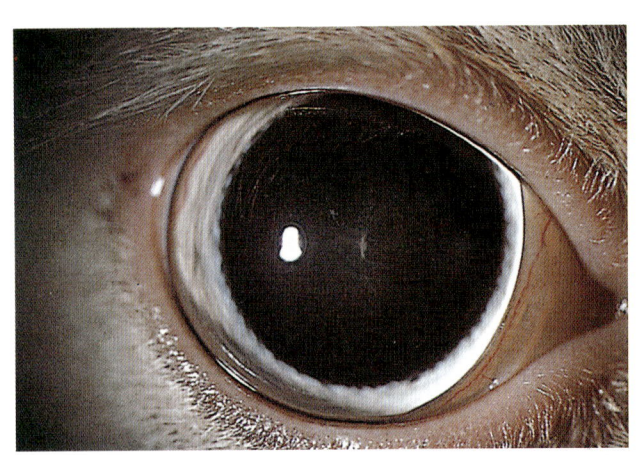

図11.3 6か月齢のペルシャのメスにみられた先天性白内障

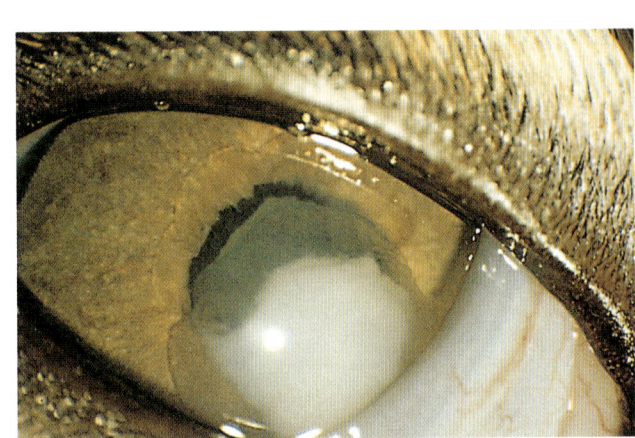

図11.5 17週齢の在来短毛種タビー／白ネコのメスにみられた脱臼した白内障と小水晶体

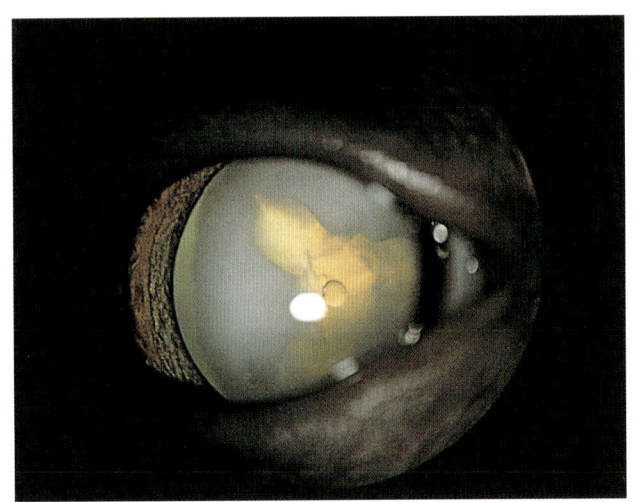

図11.4 7週齢の在来短毛種タビー（縞）ネコのメスにみられた先天性白内障

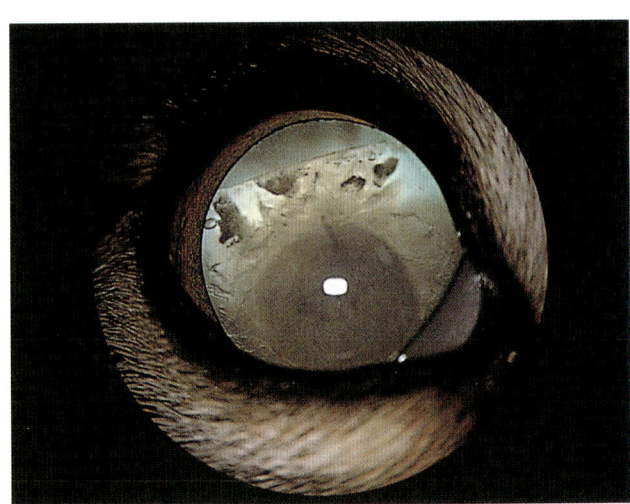

図11.6 7か月齢の在来長毛種のオスにみられた核白内障を伴う水晶体コロボーマ

11. 水 晶 体

混濁はまれにしかみられない。発症におけるこの違いの1つには，イヌの白内障の多くは主に遺伝性であると証明されていることによる。例えば，ゴールデンレトリバー，アメリカンコッカースパニエル，ミニチュアシュナウザー等がそうである。しかしながら，ネコの品種に関連した白内障は時折報告される程度である。それに加えて，進行性網膜萎縮に続発する白内障はネコではおこらない。しかしイヌではこの白内障の形態は一般的で，アイリッシュセター，ミニチュアプードル，コッカースパニエル，ラブラドールレトリバー等のような品種でよくみられる。アビシニアンの進行性の遺伝的な網膜変性が何年も研究されているが，水晶体は通常全く混濁のみられない状態である（第14章も参照）。

現在まで，ネコの原発性遺伝性の非先天性白内障は証明されていない。しかしながら Rubin (1986) はヒマラヤンにおける3症例を報告している。症状は両眼性で生後12週齢の早期におこり，水晶体後極から水晶体後嚢下，全体に及ぶものまで様々な状態を示していた。そのうちの1例は進行性であった。ネコの血縁関係は，単純な常染色体劣性遺伝を示している。図 11.7 および 11.8 はブリティッシュブルークリームに関連しておこりうる遺伝性白内障を示しており，両眼性で，2例とも症状がよく似ており，水晶体前極，後極および水晶体縫合線部に影響を受けている。

チェディアックーヒガシ症候群が常染色体劣性遺伝としてブルースモークペルシャで報告されており，薄く青白い虹彩と低色素（沈着）性の眼底に加えて，白内障もおこる (Collier et al., 1979；第12章も参照)。

それ故に，ネコの白内障はほとんどいつも2次的なものであり，以下の項目に分類される。

(1) 後部の炎症（ぶどう膜炎）性：おそらく最も頻繁におこり，しばしば虹彩後癒着と関連している（図 11.9〜11.15 に数例を示す）。
(2) 外傷性：特に水晶体前嚢を含む角膜の貫通創による。これらの白内障は前述したタイプの白内障と同様，水晶体の部分的または全体的な白濁となる。水晶体の再吸収がおこることに注意する。水晶体の再吸収は特に若齢のネコでおこり，前部水晶体嚢の損傷を伴ったり，伴わなかったりするが，それ自体ぶどう膜炎を誘発す

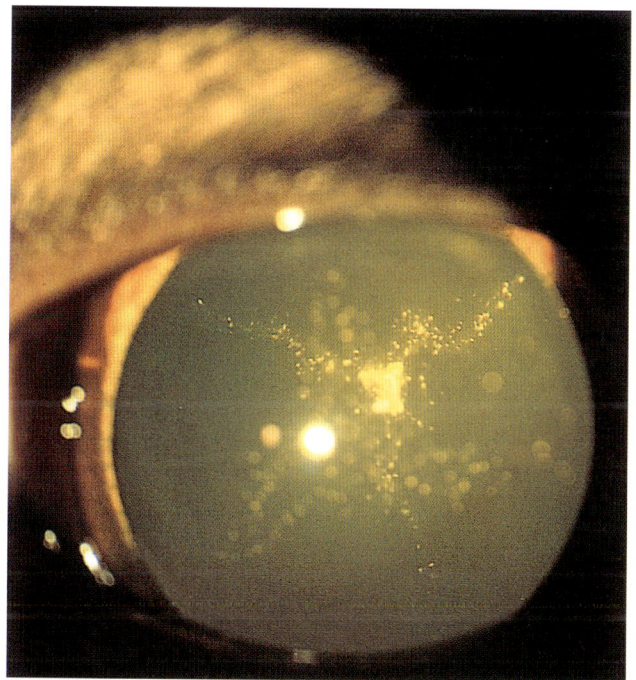

図 11.7 ブリティッシュブルークリームにみられた前極，後部縫合線における原発白内障

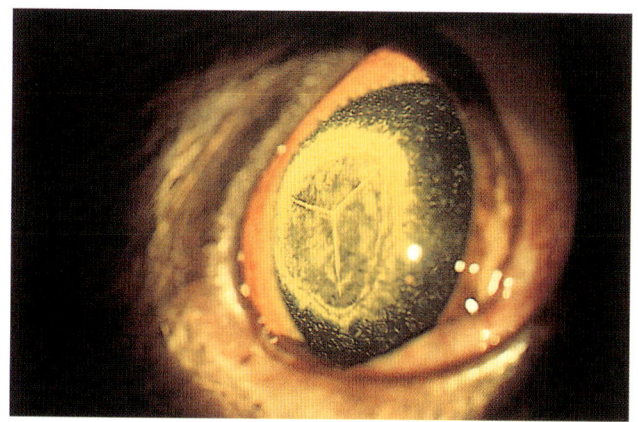

図 11.8 ブリティッシュブルークリームにみられた縫合線，嚢下における原発白内障

図 11.9 片眼性のぶどう膜炎に続発した白内障
右眼の虹彩の色素の変化に注目。

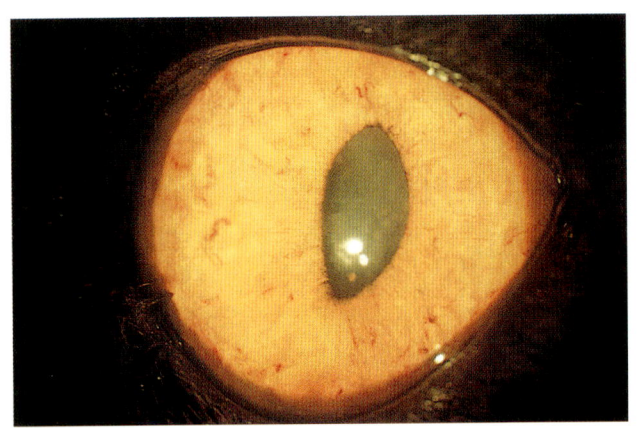

図 11.10　ぶどう膜炎に続発した白内障
　　　　　虹彩上の充血した血管に注目。

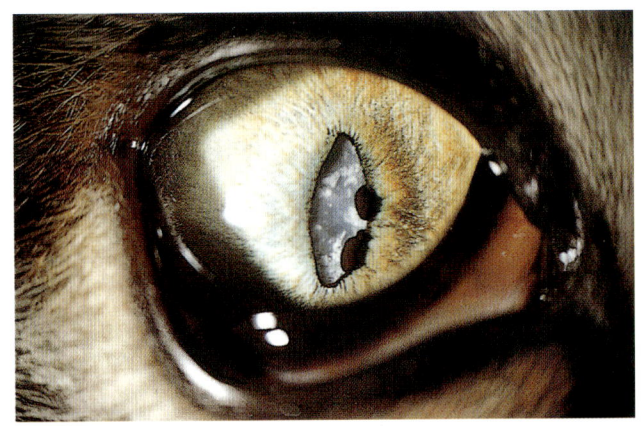

図 11.13　軽度の虹彩炎とぶどう膜のシストを伴った白内障
　　　　　と水晶体再吸収

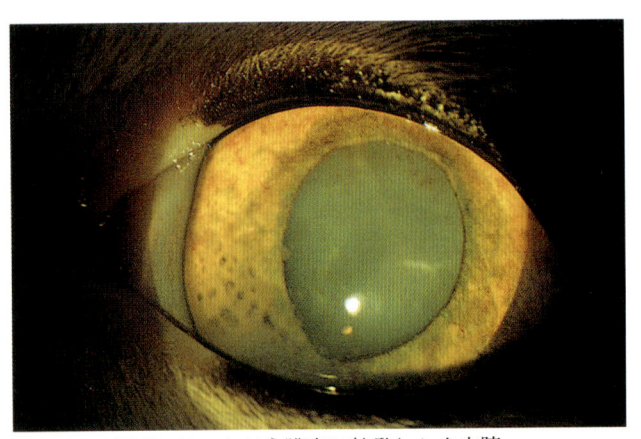

図 11.11　ぶどう膜炎に続発した白内障
　　　　　角膜内皮下の角膜後面沈着物に注目。

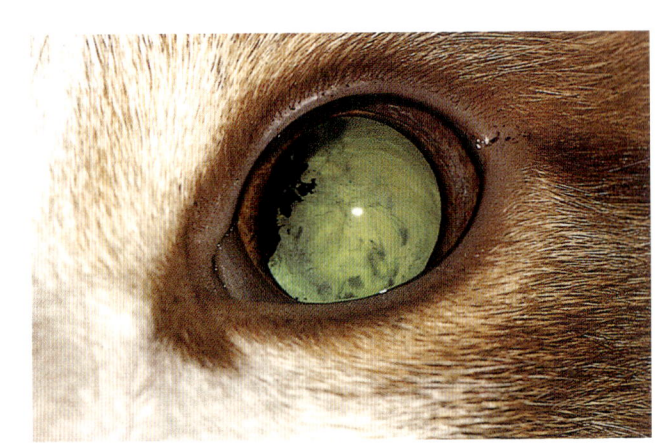

図 11.14　続発性白内障と虹彩後癒着
　　　　　虹彩の色の変化に注目。

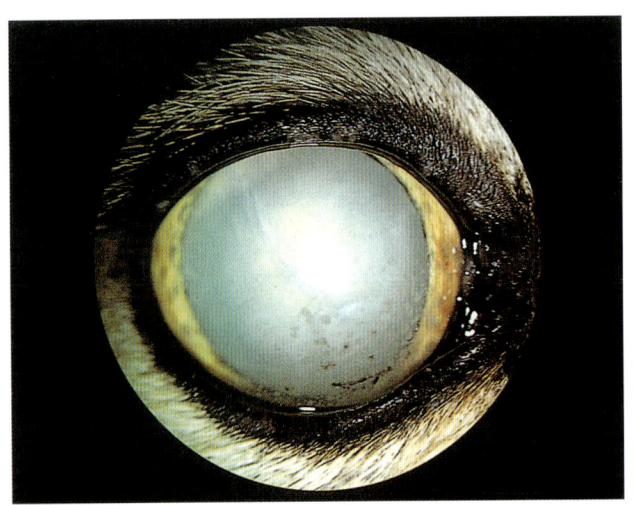

図 11.12　ぶどう膜炎に続発した全白内障
　　　　　同じような角膜後面沈着物と虹彩の変化に注目。

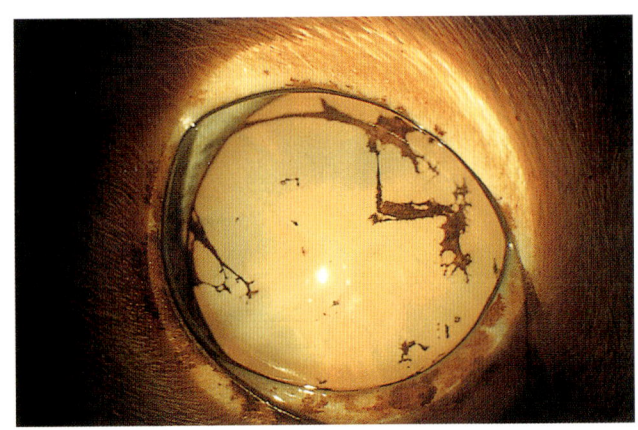

図 11.15　白内障と広範囲の虹彩後癒着

るかもしれない。症例を図11.16〜11.19に示す。ネコにおける外傷性白内障の程度や進行はさまざまで，虹彩癒着がたいてい存在する。

(3) 代謝性：糖尿病性白内障はネコではまれであるといわれており，実際イヌにおける糖尿病性白内障ほど一般的でなく，その発症も緩やかである。図11.20および11.21に2症例を示す。後者はかなり若いネコでおこっている。

(4) 他の眼疾患の続発性：このカテゴリーに含まれるものとして，緑内障や水晶体脱臼がある（第10章および次のセクションを参照）。

栄養性白内障がネコで報告されており，若齢のネコにおけるアルギニン欠乏によるものがある（Remilard et al., 1993）。両眼性の白内障はいくらかの大きなネコ，例えばトラ，チーター，ヒョウ，クロヒョウでもみられており，たいてい，産まれてからヒトの手で育てられた動物で，しばしばいろんな補助食品を加えた様々な代用ミルクを与えられている（図11.22および11.23）。

老年期の核硬化症がネコでおこるが，最初，6〜7歳と早くからみつけられるようになるイヌより，通常ずっと老齢で明らかになる程度で，ネコでは10歳，またはそれ以上に

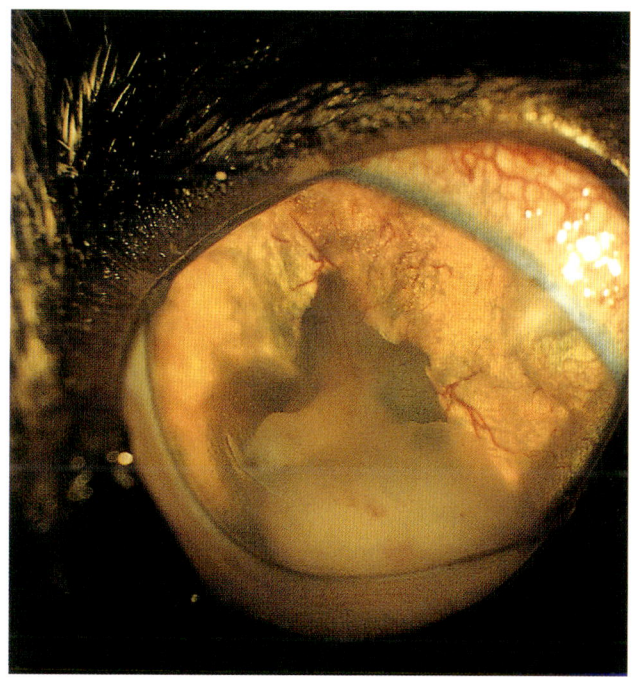

図 11.16 ぶどう膜炎，白内障，水晶体物質の前房内脱出を伴う角膜貫通創

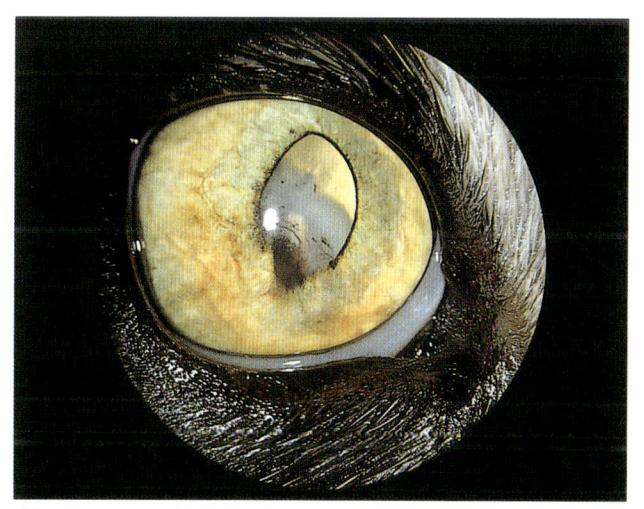

図 11.18 爪が貫通した傷に続いておこった部分的外傷性白内障
虹彩後癒着と水晶体嚢上の血管に注目。これは12か月以内に全白内障に進行し，続いて再吸収がおこった。

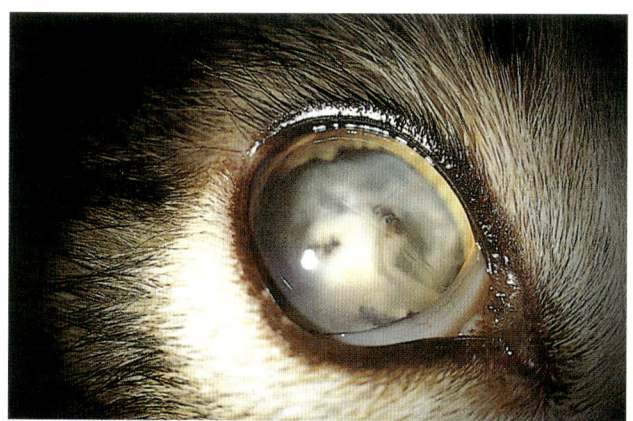

図 11.17 水晶体前嚢の破裂と水晶体物質の脱出を伴う外傷性白内障

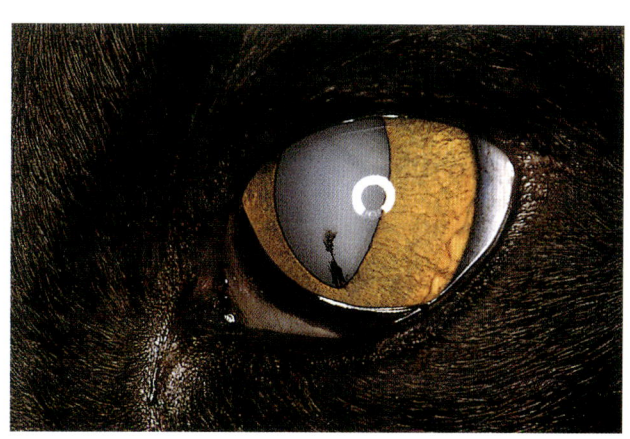

図 11.19 鈍性の眼の外傷後，数か月で進行した外傷性白内障

図 11.20　2 歳半の在来短毛種のメスにみられた両眼性，対称性の糖尿病性白内障

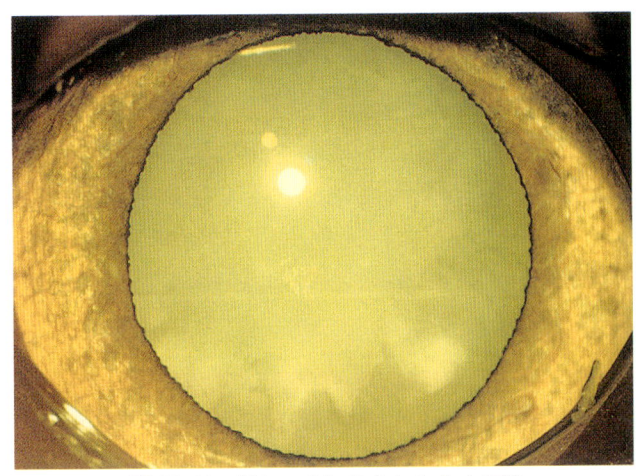

図 11.22　仔ヒョウにみられた全白内障

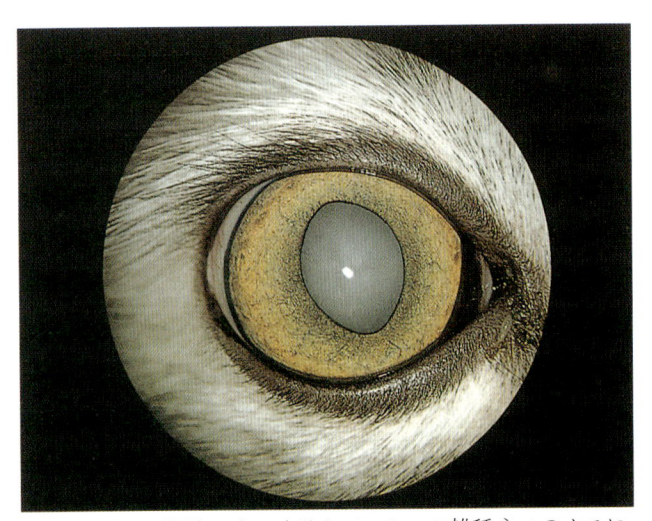

図 11.21　22 週齢のチンチラとペルシャの雑種ネコのオスにみられた糖尿病性白内障
典型的な Y 型水隙に注目。

図 11.23　仔トラにみられた白内障

11. 水　晶　体

なるまで明らかにならない（図11.24）。

　白内障は水晶体の中の白濁の位置によっても分類される。核白内障，皮質白内障，水晶体囊白内障等である。図11.25～11.32に，核，層間，縫合線，水晶体後極，水晶体囊，赤道部，皮質および巣状すなわち小さく，境界明瞭な白内障の例を示す。

　ネコの白内障の治療は，イヌと同様，外科的治療が唯一の可能な治療法である。ネコの白内障は，たいてい他の眼疾患の続発性病変であるけれども，網膜の異常はまれであり，白内障がぶどう膜炎に続発したものであるにもかかわらず白内障手術後にイヌでよくおこるような重篤な眼球内

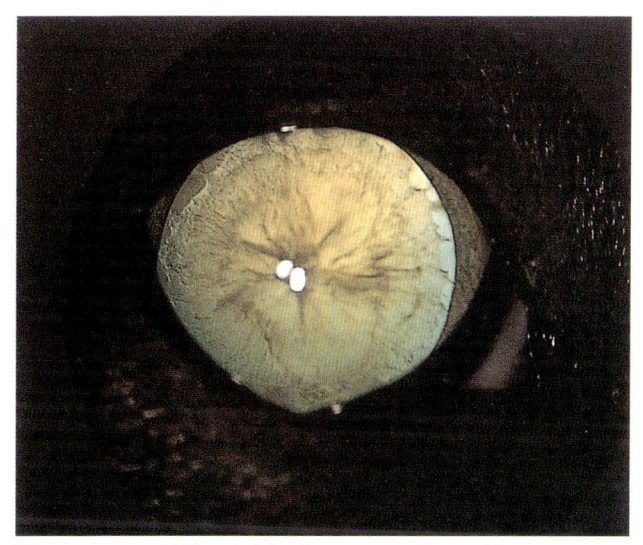

図 11.26　6か月齢の在来短毛種にみられた核，層間および縫合線の白内障

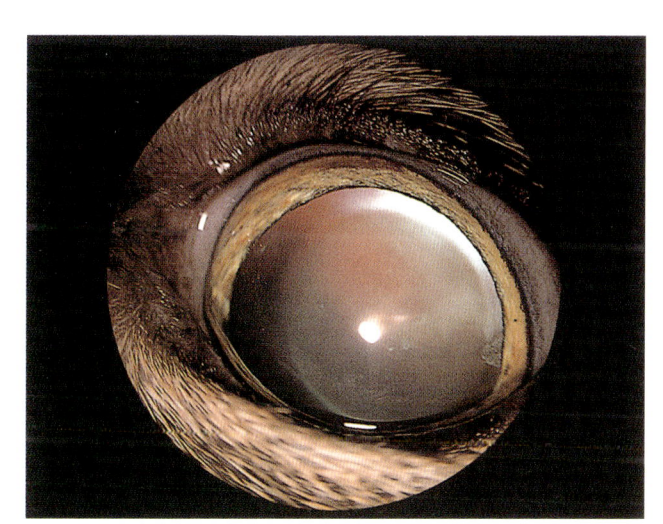

図 11.24　17歳齢の去勢済み在来短毛種のオスにみられた老年性核硬化症と3時の部分にみられる小さなくさび形の核白内障

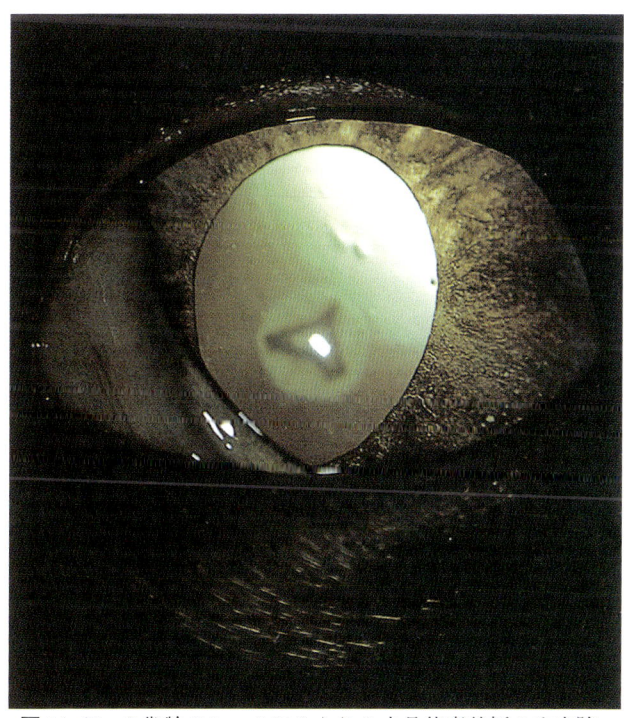

図 11.27　3歳齢のシャムにみられた水晶体囊後極の白内障

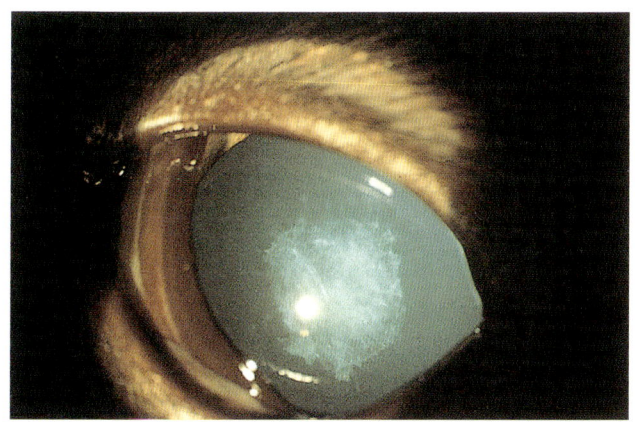

図 11.25　バーミーズのメスの仔ネコにみられた核白内障

図11.28 16週齢の在来短毛種のメスにみられた赤道部白内障（両眼性の症例）

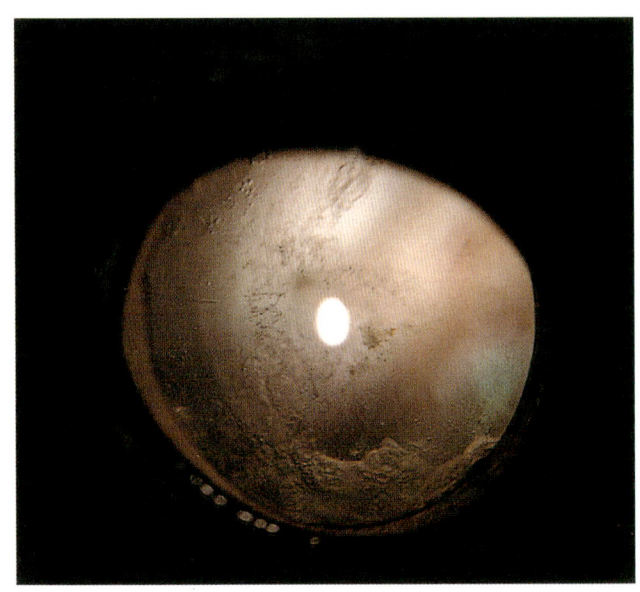

図11.30 在来短毛種の成ネコにみられた皮質白内障

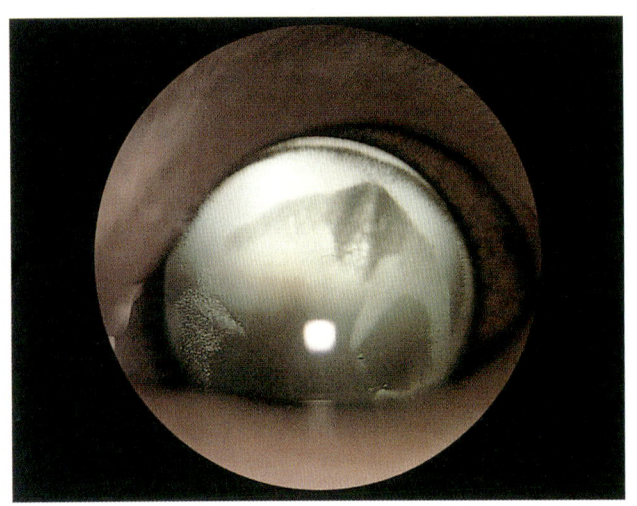

図11.29 若齢の在来短毛種の仔ネコのオスにみられた赤道部白内障と後部縫合線の縁の混濁

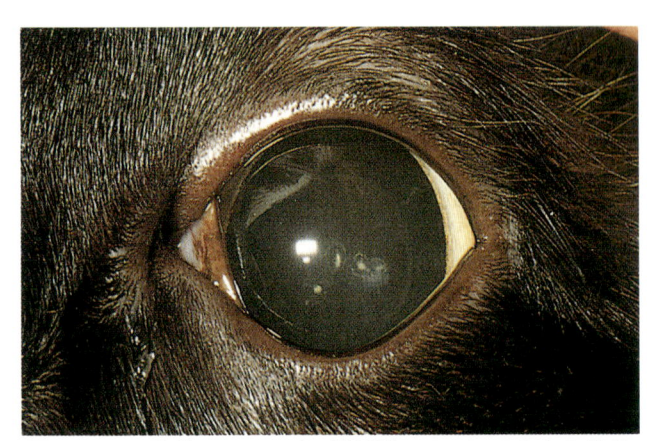

図11.31 5歳齢バーミーズの避妊済みメスにみられた巣状白内障

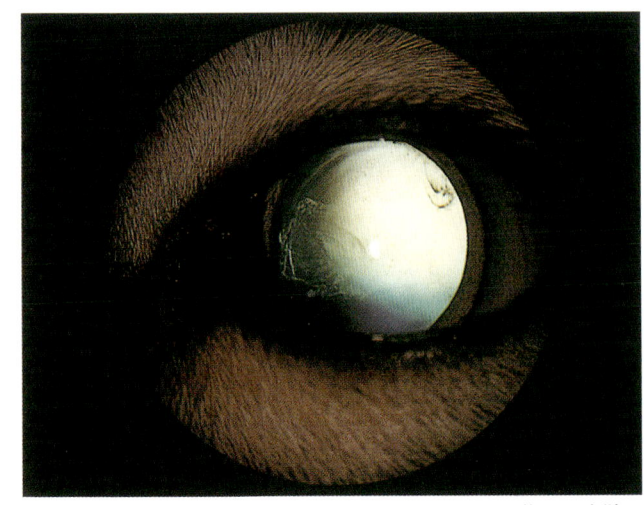

図11.32 6か月齢のベンガルのメスにみられた巣状白内障

11. 水 晶 体

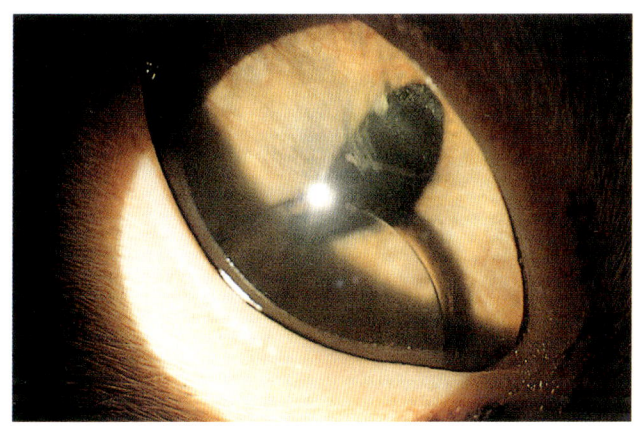

図11.33 6か月齢の在来短毛種の仔ネコにみられた小水晶体の透明な水晶体の前方脱臼

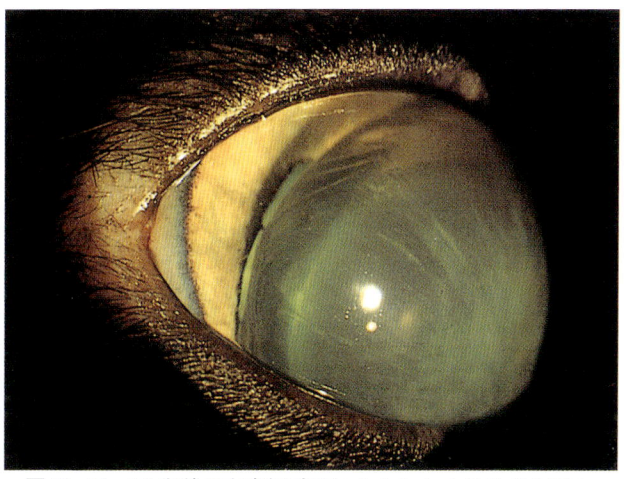

図11.36 10歳齢の在来短毛種にみられた水晶体前方脱臼 小水晶体症の水晶体（図11.33）に比較して正常な水晶体が非常に大きいサイズであることに注目。

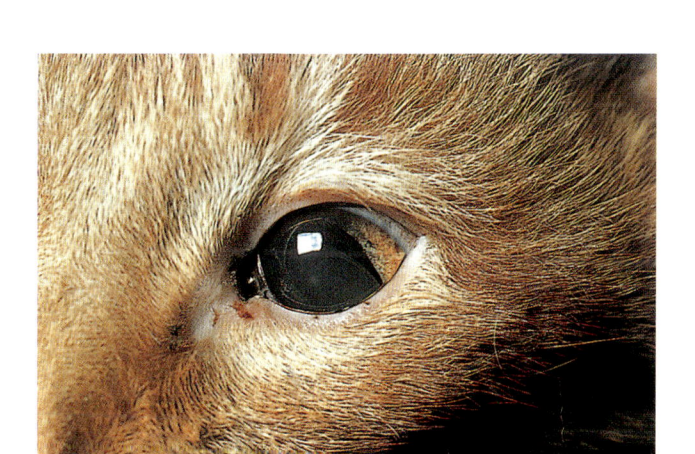

図11.34 無水晶体コーヌスのみられた水晶体後方脱臼

図11.37 15か月齢の在来短毛種のメスにみられた片眼性の先天的に異常な水晶体の後方脱臼

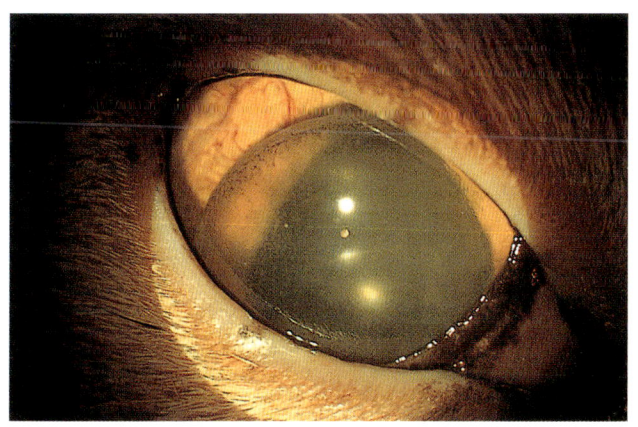

図11.35 10歳齢の在来短毛種にみられた水晶体前方脱臼 ぶどう膜炎の随伴に注目。

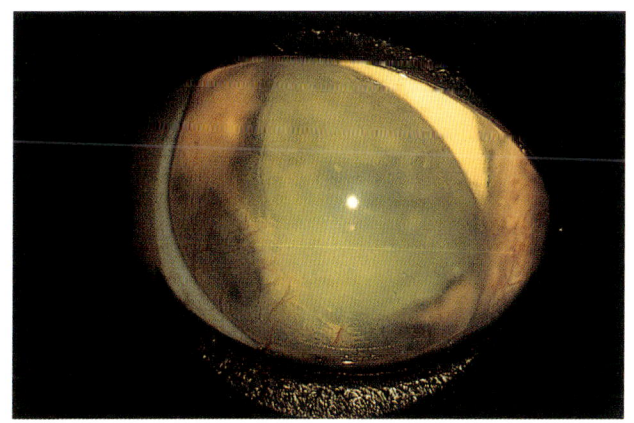

図11.38 水晶体前方脱臼 腹側部における角膜血管新生と角膜の混濁に注目。

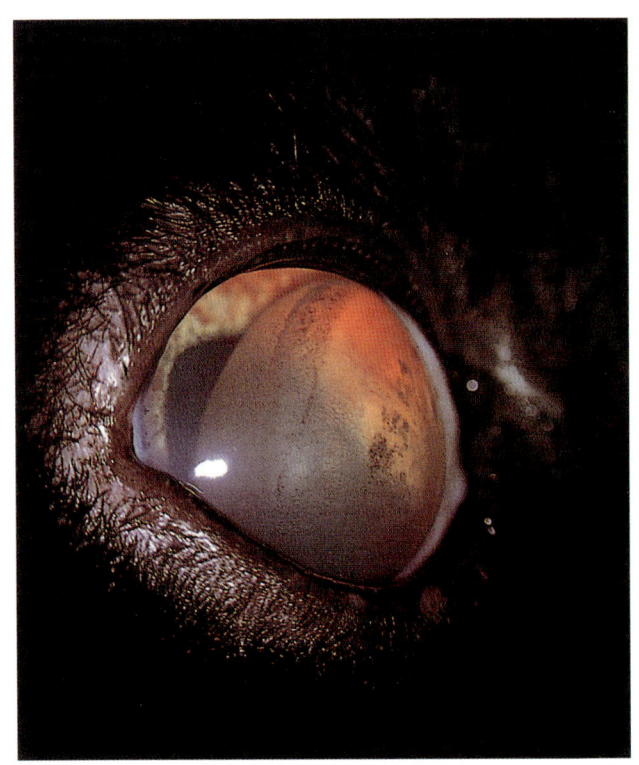

図11.39 16歳齢の去勢済み在来短毛種のオスにみられた水晶体前方脱臼と初期の白内障
明らかなぶどう膜炎に注目。

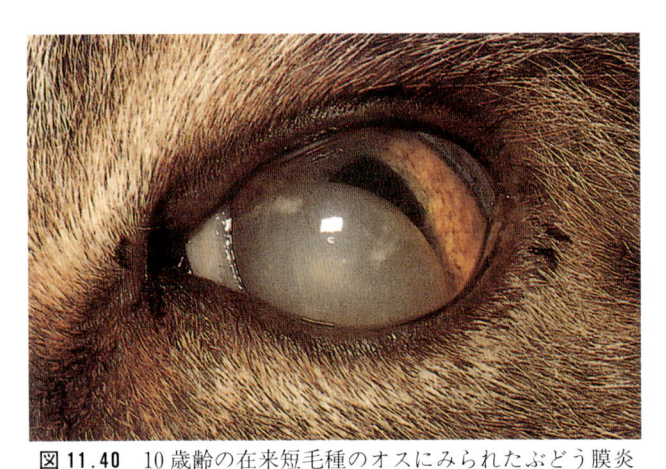

図11.40 10歳齢の在来短毛種のオスにみられたぶどう膜炎に続発している白内障の水晶体脱臼
このネコのもう一方の眼はぶどう膜炎だが水晶体は透明で、この白内障は水晶体脱臼に続いておこっていることを示している。

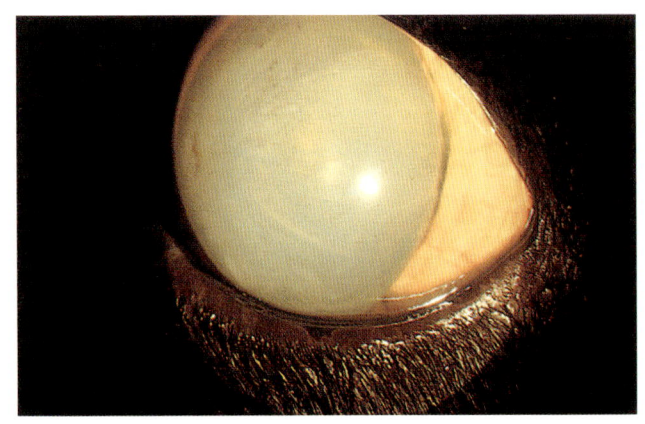

図11.41 10歳齢の在来短毛種のオスにみられた原発性白内障の水晶体前方脱臼
ぶどう膜炎はみられないことに注目。

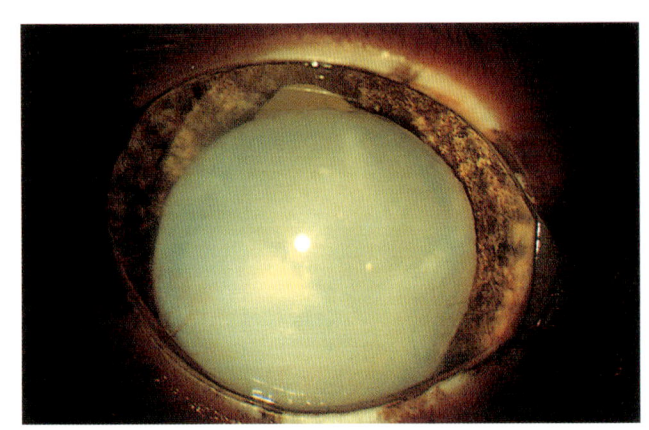

図11.42 3歳齢の在来短毛種のメスにみられた白内障の水晶体前方脱臼
異常な虹彩の色素沈着に注目（第12章参照）。

炎症をおこすことはめったにない。ぶどう膜炎の原因をできるかぎり手術の前に確認し，どんな活動性のぶどう膜炎の症例も治療するべきである。両眼性の白内障で盲目のネコは通常あまり環境に順応できず，この種の白内障手術は特に有益なものとなる。

水晶体脱臼

ネコでは，片眼性も両眼性の水晶体脱臼もイヌほど頻繁にはおこらない。シャムにおける品種素因は報告されている（Olivero et al., 1991）けれども，原発性遺伝性水晶体脱臼はネコでは報告されていない。先天性水晶体脱臼（小水晶体を伴った）はまれであるが，図11.33は水晶体が透

明な仔ネコの 1 症例を示している（図 11.5 も参照）。Wilkie（1994）は先天性小水晶体を伴う家族性水晶体脱臼も報告している。

　ネコの続発性水晶体脱臼は外傷，前部ぶどう膜炎および緑内障からおきる可能性があり，特に緑内障では，眼内圧が上昇することにより小帯線維が伸展された時や，眼球拡大による牛眼でおこることがある。

　水晶体脱臼はおそらくチン氏帯の変性が多少おこっている老齢のネコにより一般的にみられる。おそらく同様の理由で全白内障の水晶体の脱臼は，発生が稀ではなく，また，もともと透明で脱臼した水晶体に 2 次性の白濁変化もよくおこる。Olivero ら（1991）は，345 例の分析で，発症の最も一般的な年齢は 7〜9 歳であったとしている。

　ネコは水晶体前方脱臼がほとんどであり，水晶体後方脱臼（図 11.34）は一般的でない。水晶体前方脱臼に続発して緑内障が発症しうるが，イヌのテリア種でよくみられるような急性で重篤なタイプの物ではない。脱臼した水晶体の除去は，ネコでは，有効な外科的処置であり，続発性緑内障が発症しているときや，白内障形成が視力に影響を与えるときに適応され，もし，ぶどう膜炎のような潜伏的素因が惹起されるときもまた常に，脱臼した水晶体除去の適応となる（図 11.33〜11.42）。

引用文献

Aguirre GD, Bistner SI (1973) Microphakia with lenticular luxation and subluxation in cats. *Veterinary Medicine (Small Animal Clinician)* **68**: 498.

Collier LD, Bryan GM, Prieur DJ (1979) Ocular manifestations of the Chédiak-Higashi Syndrome in Four Species of Animals. *Journal of the American Veterinary Medical Association* **175**: 587–595.

Irby NI (1983) Hereditary cataracts in the British Shorthair Cat. In *American College of Veterinary Ophthalmology Genetics Workshop*.

Olivero DK, Riis RC, Dutton AG, Murphy CJ, Nasisse MP and Davidson MG (1991) Feline Lens Displacement. A Retrospective Analysis of 345 Cases. *Progress in Veterinary and Comparative Ophthalmology* **1** (No. 4): 239–244.

Peiffer RL (1982) Bilateral Congenital Aphakia and Retinal Detachment in a Cat. *Journal of the American Animal Hospital Association* **18**: 128–130.

Peiffer RL and Belkin PV (1983) Keratolenticular Dysgenesis in a kitten. *Journal of the American Veterinary Medical Association* **182**: 1242–1243.

Peiffer RL and Gelatt KN (1975) Congenital cataracts in a Persian kitten. *Veterinary Medicine (Small Animal Clinician)* **70**: 1334–1335.

Remillard RL, Pickett JP, Thatcher CD, Davenport DJ (1993) Comparison of kittens fed queen's milk with those fed milk replacers. *American Journal of Veterinary Research* **54**: 901–907.

Rubin LF (1986) Hereditary Cataract in Himalayan Cats. *Feline Practice* **16**(1): 14–15.

Wilkie DA (1994) In Sherding RD (ed.) *The Cat Diseases and Clinical Management*, 2nd edn, RG Sherding, Churchill Livingstone, New York, p. 2029.

12 ぶどう膜

はじめに

ぶどう膜は，虹彩，毛様体および脈絡膜から成る（図12.1）。ぶどう膜の発生は，神経外胚葉および間葉の両方に由来する。間葉とは，上皮層間のすべての胚組織を記述するのに用いられる用語である。すなわち間葉細胞は，特に中胚葉あるいは神経堤といったいくつかの起源に由来する。神経堤由来の色素細胞はぶどう膜内に散在し，特徴的な色素を作り出す。虹彩や毛様体の特殊な筋肉の働きに加えて，ぶどう膜は眼球の栄養に関係している。

虹彩はぶどう膜の最も前の部分であり，水晶体の前で可動性の絞りの役割をしている。虹彩は，その下方にあるルーズに配列した実質が個体間変異した細胞性境界膜から成る。虹彩括約筋は実質の瞳孔縁部分に存在する。上皮細胞の2層が虹彩の後部を形成する。前部の上皮は，上皮性の先端部分と虹彩実質に突き出ている虹彩散大筋の基底部分から成る。虹彩の後面は，非常に濃く色素沈着した上皮細胞から成る。虹彩の筋系および上皮層は神経外胚葉由来で，一方実質は中胚葉由来である。

虹彩の色調は，実質中の色素細胞の数と前部境界層の厚さに依存する。若い仔ネコの虹彩の色調は灰色から青灰色を呈する（第2章参照）。ほとんどの成ネコでは，虹彩の色調は黄色から黄金色を呈する（図1.1～1.3）が，緑色や青色がかった色を呈するものもある（図12.2および本章のいたるところにその他の例がある）。まれに完全なアルビノ種では，虹彩はピンク色である（図12.3）。時々，特に東洋の被毛が白いネコにおいて，片眼が青色で対眼が黄色から緑色というようにそれぞれ違った虹彩の色を持つものがある（図12.4）。

虹彩の前面は，虹彩捲縮輪によって，中心部（小虹彩輪）と辺縁部（大虹彩輪）に大まかに分けられる。小虹彩輪は大虹彩輪よりわずかに色が濃いが，これはネコではイヌの場合ほど明確でなく，ある種の動物でははっきりしない。

括約筋（瞳孔括約筋）は，異なった光線の条件下で瞳孔径

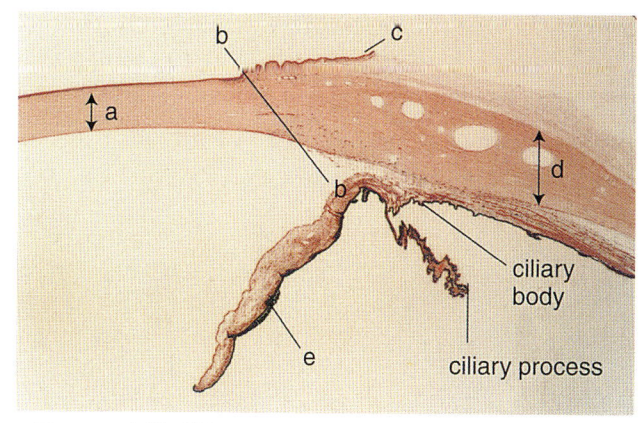

図12.1 角膜，輪部および前部ぶどう膜の組織学的切片（ヘマトキシリン・エオジン染色）
水晶体は前もって除去してある。(a)角膜，(b)輪部，(c)結膜，(d)上強膜および強膜－強膜内静脈叢の太い血管に注目，(e)虹彩
ciliary body：毛様体, ciliary process：毛様体突起

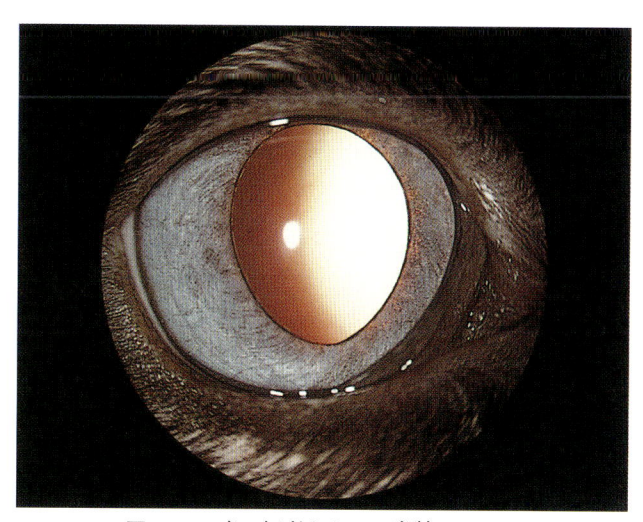

図12.2 青い虹彩をもつ2歳齢のシャム。

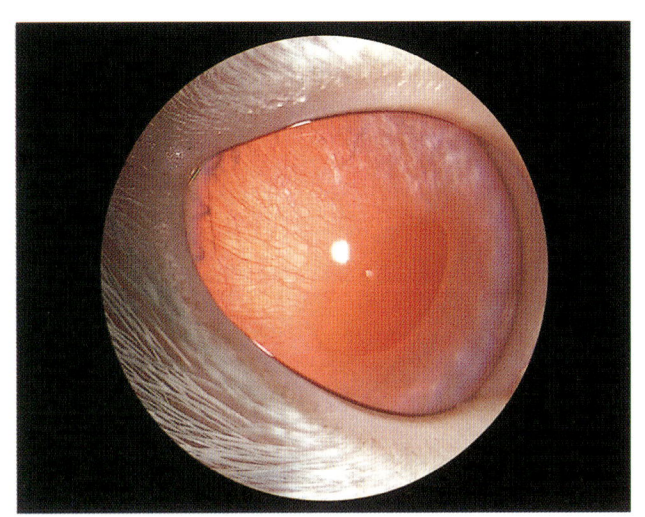

図12.3　軽度アルビノ症の白色在来短毛種
虹彩は色素が欠如し，ほどんど半透明であることに注目。ピンク色の眼底反射は，眼底にも同様な色素の欠如とタペタムの不在を示唆する。

図12.4　虹彩異色があるペルシャ

毛様体は虹彩の後方，そして脈絡膜の前方に位置する（図11.2）。毛様体実質，毛様体筋および血管は中胚葉に由来し，色素性および無色素性上皮は神経外胚葉に由来する。毛様体はおよそ3角形の輪郭を持ち，硝子体，強膜，虹彩基部および前房隅角と隣接する。毛様体は，毛様体ひだ部と毛様体扁平部の2つの部分に分けられ，後者は網膜の辺縁に伸びており，その結合部は網膜毛様体部として知られる。組織学的には毛様体は，毛様体上皮，毛様体実質および毛様体筋に分けることができる。

ネコにおいて毛様体の機能は，房水の産生と除去（ぶどう膜強膜流出路），硝子体のグリコサミノグリカンの補充，水晶体の小帯線維に固定する場所の供給，そして若干制限された水晶体の動的調節（毛様体筋はあまり発達していない）である。無色素性毛様体上皮細胞間の強い結合により，血液房水関門の主要部位を形成している。ほとんどの房水は，主に毛様体上皮の能動的分泌によって，毛様体ひだ部で産生される。房水は角膜，水晶体およびその他の付近の組織の栄養源である。房水産生の割合は $15\,\mu l/min$（Bill, 1996）で，これは正常では房水の流出の割合に等しく，こうして相対的に一定の眼内圧が維持されている。房水の流出はいくつかの異なったメカニズムで調節されている。主要なものは，隅角における線維柱帯のメッシュワーク（conventional outflow）とぶどう膜強膜経路（unconventional outflow）である。

脈絡膜は網膜と強膜の間に位置する。血管分布が豊富で，ほとんどのネコではその実質に多くの色素細胞を含む。青色やピンク色の虹彩を持つネコでは，色素細胞の数は減少しているか欠如している。

脈絡膜は次のものから構成されている。

(1) 網膜色素上皮に隣接した，ブルック(Bruch)膜として知られる不明瞭な基底膜複合体
(2) 脈絡毛細管板
(3) （ほとんどのネコで）背側の脈絡膜にほぼ3角形の領域として存在するリボフラビンを多く含んだタペタム細胞層で，これは網膜の光受容体を通った光を反射させることによって視覚の感度を増大させる
(4) 大血管を含んだ実質
(5) 脈絡膜外層

網膜は栄養の供給を脈絡膜と網膜の両方の血管に依存している。ぶどう膜には非常に多くの血液が流入するため，血液1mlあたりの酸素消費量は非常に低い（網膜の血液からの酸素消費量はもっと多い）。ぶどう膜の豊富な血流量は熱性損傷から眼球を守り，ぶどう膜の高い動脈酸素分圧に

をコントロールしているが，小虹彩輪の位置で虹彩を取り巻くように存在し，その線維は瞳孔の背側と腹側で交差している。この配置によってハサミで切るような動作が効果的に行われ，収縮した瞳孔は縦長の形になる。縮瞳は動眼神経の副交感（コリン作動性）神経枝によって支配される。内短毛様神経は虹彩括約筋の内側半分を支配し，外短毛様神経は外側半分を支配している。また，瞳孔括約筋への交感（アドレナリン作動性）神経の分布は乏しい。

散大筋（瞳孔散大筋）は，瞳孔の散大をコントロールしているが，瞳孔付近から虹彩根部に向かって通過する放射状に配列した線維である。散大筋は交感神経と副交感神経の2重の神経支配を受けており，交感神経支配が優勢である。

先天性および早発性異常

虹彩異色

虹彩異色とは，左右の虹彩間(heterochromia iridum, 図12.4)で，あるいは同じ虹彩の中(heterochromia iridis, 以下参照)で色調が異なるもので，先天的にも後天的にもおこる。後天性のものは通常以前の炎症の結果としておこる。青色の虹彩は虹彩実質の色素の欠如のためであり，金色の虹彩は実質内に色素を持つ。色素の不均一な分布によって多色性の虹彩ができる。

アルビノ（白色虹彩）

アルビノは正常な色素沈着の欠如で，しばしば被毛の色と関連している(図12.3)。白い被毛のネコには本症はよくみられ，白いネコで特に片方や両方の虹彩の色が青色である場合は，部分的または完全な先天性難聴がみられることも珍しくない(Bergsma and Brown, 1971)。チェディアック-ヒガシ症候群は，部分的な眼-皮膚白色症を呈するまれなタイプであり，常染色体劣性遺伝で，白内障および虹彩や眼底の色素沈着の減少といった異常を示す。

欠損症（コロボーマ）

ぶどう膜の一部が正しく発達しなかった場合の結果として，コロボーマがおこる(図5.7)。典型的なコロボーマは，6時の位置の胚(脈絡膜)裂の部位に，胚裂溝の異常な閉鎖の結果としておこる。6時の位置から離れておこるコロボーマは，非典型例として知られる。両方ともネコではまれである。

虹彩の欠損部は全層の深さであったり，部分的な深さであったりするが，ネコでのコロボーマ性欠損は腹内側の瞳孔縁に最もよくみられる。全層に及ぶ欠損症は偽多瞳孔を生じる（これは，一つ以上のそれぞれに適当な虹彩括約筋を有する多瞳孔とは区別する）。瞳孔偏位(瞳孔の位置異常)や瞳孔異常（異常な瞳孔の形）といったその他の先天性の瞳孔の異常は，ネコではまれである(図5.7)。

虹彩や毛様体に影響するコロボーマは，一般的に水晶体毛様小帯および水晶体赤道部の陥凹を随伴する(第1章参照)。

虹彩形成不全

虹彩形成不全(図12.5)は，虹彩全体または虹彩の一部におこり，部分的あるいは全層の深さにおこるが，後者の異常はまれである。

前眼部奇形

前眼部の不完全な分化が，主として角膜，隅角および虹彩を含んだ様々な程度の欠損を引きおこすが，ネコに応用できるような種特異的奇形の情報はほとんどない(Williams, 1993)。ネコの前眼部奇形によって引きおこされる臨床上の問題は，先天性緑内障である（第10章参照）。

瞳孔膜遺残

瞳孔膜の遺残(ppm)は，水晶体血管膜前部の正常な過程としての萎縮の障害を意味し，この発育異常はネコではまれであるが，様々な程度の臨床症状を示しうる(図12.6〜12.9)。瞳孔膜遺残は，先天性であること，炎症や外傷を伴なわず，通常は虹彩捲縮輪から発生して虹彩，水晶体および角膜などほかの部位に付着しているという特徴から，癒着とは容易に区別できる。

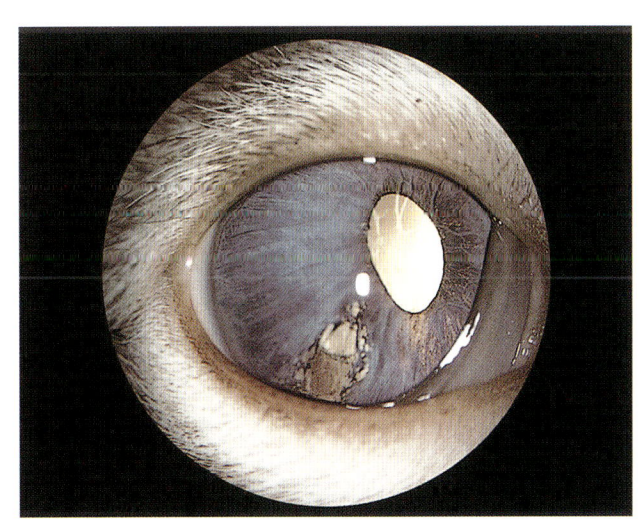

図12.5 虹彩形成不全と瞳孔膜遺残のある10か月齢のシャム

虹彩全層に及ぶ欠損部を通して水晶体赤道部がみえ，虹彩のその他の部分でも形成不全により厚みが薄い。

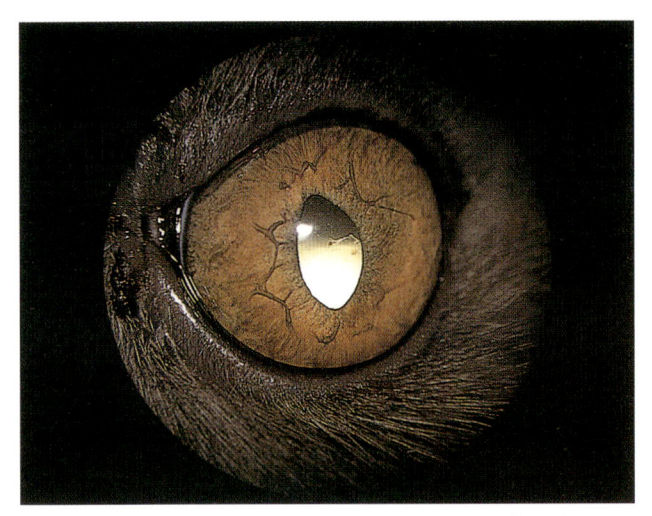

図12.6 5か月齢のペルシャ，瞳孔膜遺残（ppm）
ほとんどのppmは虹彩捲縮輪から発生して輪状に配列しているが，瞳孔の中にあるいくつかの細い線維は水晶体上に入り込んでいる。

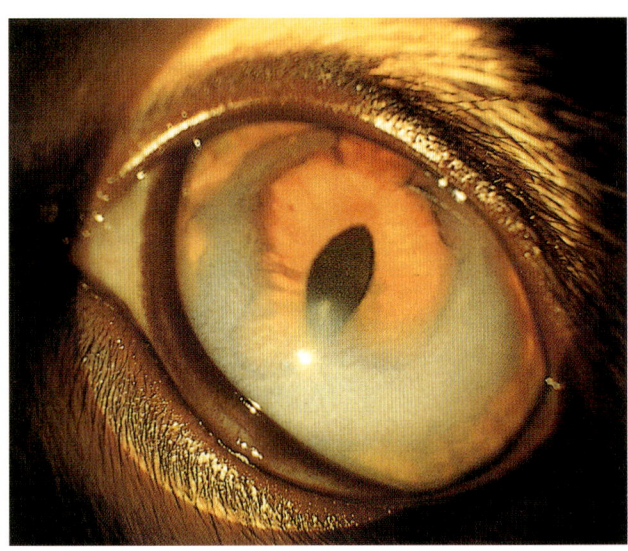

図12.8 5か月齢のブリティッシュブルー
瞳孔膜遺残が虹彩捲縮輪から発生し，角膜の後面に癒着して，輪状の角膜混濁を生じている。

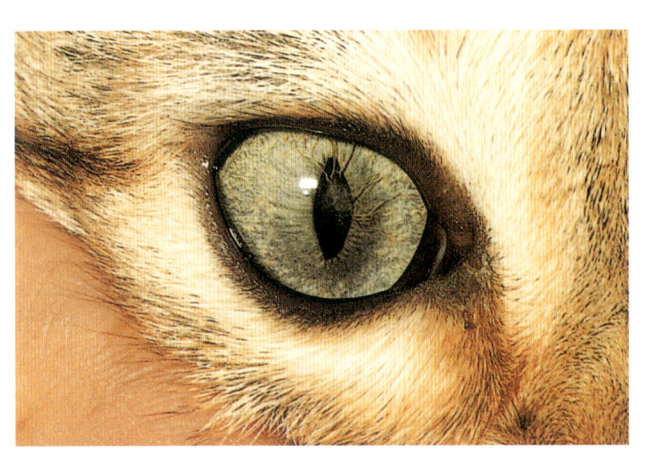

図12.7 在来短毛種の仔ネコ，瞳孔膜遺残
虹彩捲縮輪から発生している遺残物は明瞭で，この症例では水晶体に入り込んだ線維によって水晶体前嚢が混濁している。

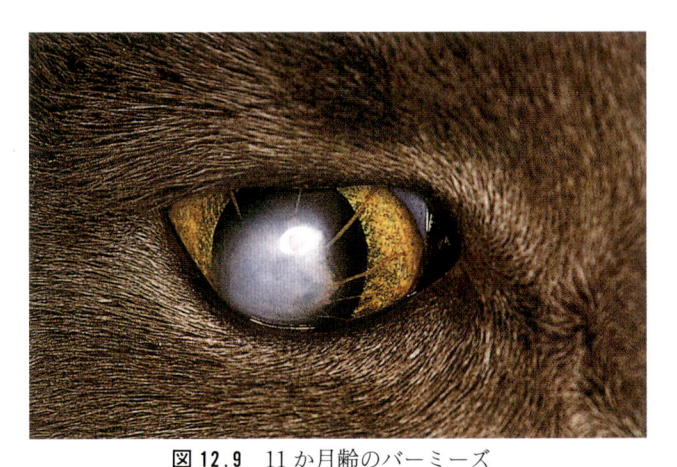

図12.9 11か月齢のバーミーズ
虹彩捲縮輪や周辺部虹彩から瞳孔膜遺残（ppm）が発生し，角膜後面に癒着して限界明瞭な角膜混濁を生じている。内側のppmのうちいくらかは開放性で，遺残血管からの少量の角膜内出血がみられる。

虹彩の後天性異常

虹彩色素沈着

良性メラノーシス： 正常なネコの虹彩表面に，巣状の独立した色素沈着巣を時々観察することができる（図12.10および12.11）。この領域に現存する色素細胞のサイズが増加した結果として，色素沈着過剰が原因不明に，あるいは加齢の1つの現象としておこるであろう。この段階になるとオーナーは外観の変化に気づき，獣医師に診察を求めてくるようになり，黒い領域は大きくなり合体してび漫性の色素沈着となる（図12.11～12.13）。これは虹彩の前面に限局している時は心配ないが，特により深い病変の場合は，徹底的な検査が要求される。これらの症例のうちいくつかのものは，び漫性虹彩黒色腫として分類される（Acland et al., 1980）が，組織学的にはすべてが腫瘍性であるわけではない。最良のアプローチは注意深く経過観察して，もし良性である外観に疑いが出てきた場合は専門家の助けを借りることである。これはまだ視力のある眼球を，正当な理由

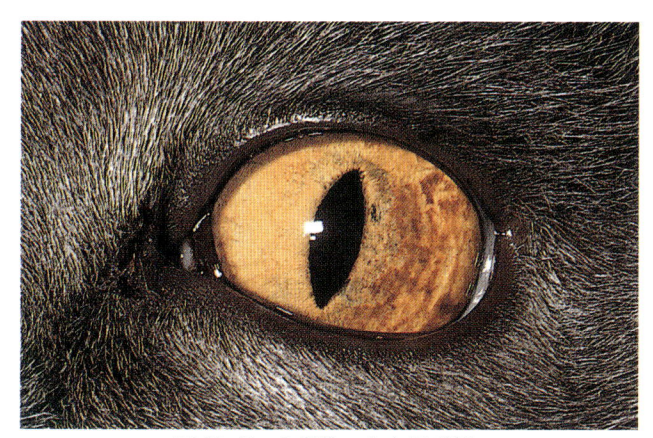

図 12.10 6歳齢の在来短毛種
オーナーが虹彩の色調の変化に気づき，その変化は虹彩表面のび漫性色素沈着からなる。

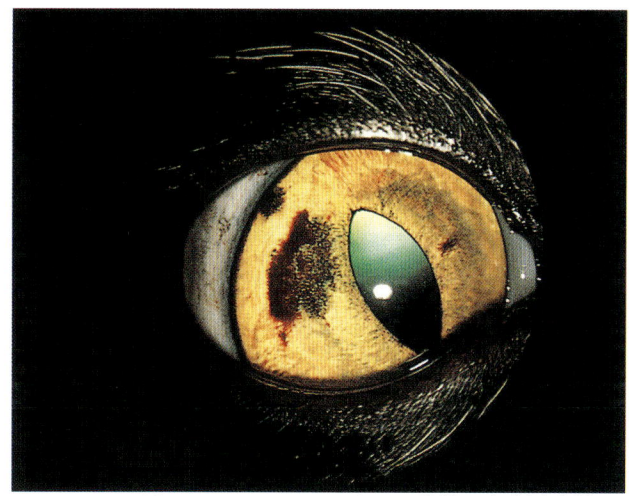

図 12.12 良性のメラノーシスがある5歳齢の在来短毛種
これは図 12.11 に示すネコの約2年後の様子。前出の図に示す2つの領域は大きくなっており，虹彩の外側周辺部に別の色素の変調がみられる（S.R.Ellis の好意による）。

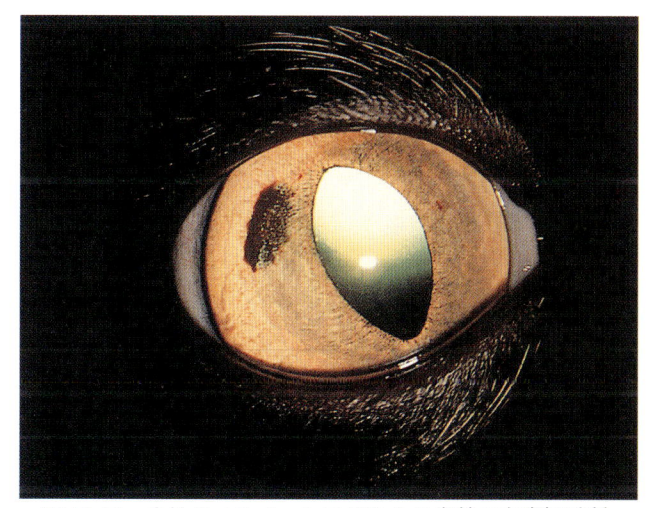

図 12.11 良性のメラノーシスがある3歳齢の在来短毛種
オーナーは虹彩外側の黒色の痕跡に気づいている。明瞭な外側の色素沈着に加えて，内側にも小さな色素沈着領域がみられる。

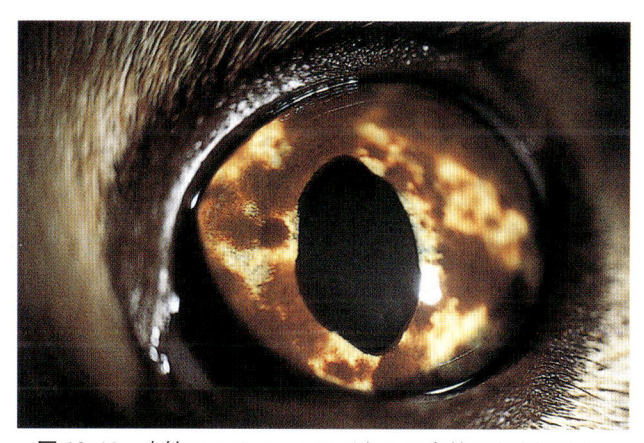

図 12.13 良性のメラノーシスがある9歳齢の在来短毛種
広範囲に及ぶび漫性の色素沈着によって，このタイプの病変の鑑別は特に困難になる。軽度のぶどう膜外反とわずかな瞳孔縁の歪みもみられる。組織学的検査によりこの色素性変化が良性であることが確認された。

なしに摘出してしまわないためにも大切なことである。もしさらに実質の深い部分に病変が含まれる場合は，色素の脱落のあるなしにかかわらず，より注意深いアプローチをすべきである（後述参照）。異常な色素細胞によって毛様体陥凹の消失がおこると続発性緑内障を発症し，一度緑内障に発展したなら眼球は摘出し，組織学的検査に供するのがよい（第10章参照）。

虹彩の新生物：色素沈着の変化が虹彩の表面のみにとどまらず，特に虹彩の厚みの増加，局所の血管反応，瞳孔の歪み，あるいは病変辺縁の限界不明瞭といった症状を伴う場合は，虹彩の黒色腫が疑わしいとみなす。その他の虹彩の原発性腫瘍はまれである（後述参照）。

ぶどう膜外反：これは珍しいものではなく，虹彩の後面の色素上皮の外反を表す（図12.14）。厳密に言えば，これは虹彩の前面が収縮して，黒い後面の色素が瞳孔縁にみえるようになったことによるが，これはまた瞳孔縁における虹彩後面の色素上皮の過形成も明示している。ぶどう膜の外反は虹彩の炎症に伴っておこりうるが，その原因はいつも明確ではなく，先天性であることもある（虹彩嚢胞も参照）。

虹彩萎縮

虹彩萎縮は老化によっておこるが，ぶどう膜炎に続発しておこることもある（図12.15）。萎縮が非常に大きいと，結果として全層の深さに及ぶ欠損が生じる。括約筋の欠損は瞳孔の収縮不全を伴い，明るい日差しに対して充分に応答できないために，羞明も呈する。

虹彩嚢胞

虹彩嚢胞は，おそらく辺縁洞が限局的に広がったもので，ぶどう膜の外反と類似した起源を持つ。これらは通常原因不明で，偶然に発見されるが，時には明らかな外傷の前歴があるときもある。嚢胞は単胞性であったり多胞性であったりするし，瞳孔の奥にみえたり前房の中に遊離してみえたりもする（図12.16および12.17）。虹彩嚢胞は何の問題も生じないので，治療（例：レーザー治療）は，嚢胞が視界を妨げるときにのみ必要となる。

嚢胞はその位置や，形が滑らかな円形〜楕円形であることから，虹彩の原発性腫瘍と区別しなくてはいけない。これが存在しても何の反応もないし，視覚にも明確な影響はなく，たとえ濃厚に色素沈着していても強い光を当てれば光は通過できる。

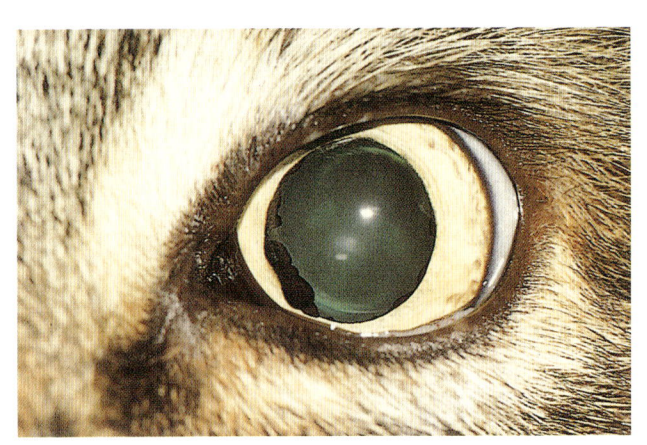

図12.14 ぶどう膜外反と瞳孔縁におけるぶどう膜嚢胞がみられる15歳齢の在来短毛種
水晶体の老年性核硬化症もみられる。

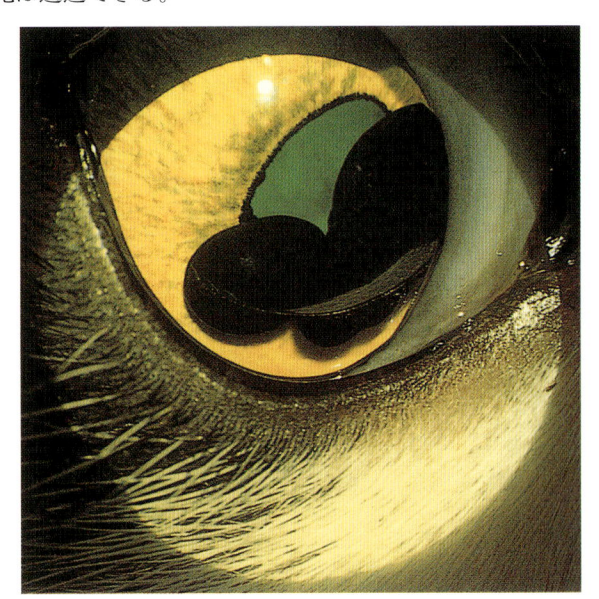

図12.16 前房内に3つの遊離したぶどう膜嚢胞のある5歳齢の在来短毛種
明白な原因がなく，嚢胞の存在によって何ら問題はおこっていない。

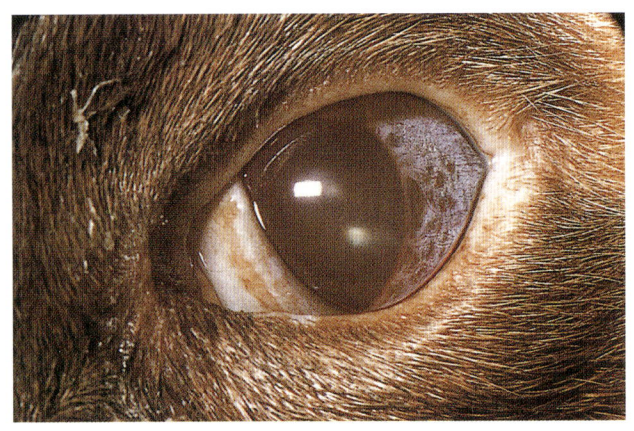

図12.15 後天性虹彩萎縮のある14歳齢のシャム

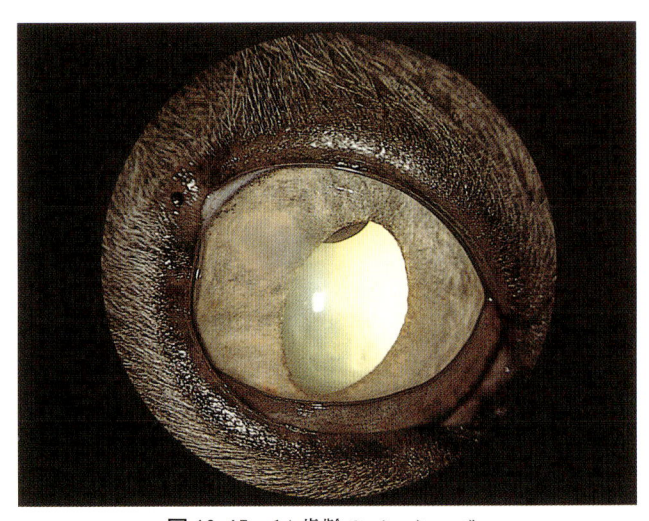

図12.17 14歳齢のバーミーズ
ぶどう膜嚢胞の端が背外側の瞳孔縁にみられる。この症例は数年前に角膜に貫通性の損傷を受け，嚢胞のすぐ腹外側に角膜の瘢痕（片雲）がみられる。

癒　着

　これらは虹彩の炎症の結果としておこる癒着を指し，瞳孔膜遺残とは区別しなくてはならない。かなり多くのものが癒着の原因となりうる。

　虹彩前癒着とは虹彩が角膜に癒着することを指すが，角膜穿孔の一般的な合併症である（第3章参照）。虹彩後癒着とは虹彩が水晶体前嚢に癒着することを指し，通常は虹彩炎に続いておこり，固定した不正な瞳孔の最も一般的な原因である（図12.18〜12.20）。周辺虹彩前癒着は辺縁部虹彩を冒し，房水の流出を妨げるであろう。これは通常重度の炎症の合併症である。

ぶどう膜の炎症性疾患

　前部ぶどう膜炎は，主として虹彩の炎症（虹彩炎），あるいは虹彩と毛様体の前部の炎症（虹彩毛様体炎）を指す。中間部ぶどう膜炎は主に毛様体の後部の炎症（周辺部ぶどう膜炎）を指す。後部ぶどう膜炎は本来，脈絡膜の炎症（脈絡膜炎）を指すが，網膜と密着しているので，脈絡膜と網膜の両方に炎症がおこっているのが通常である。全ぶどう膜炎はぶどう膜全体－虹彩，毛様体，脈絡膜－の炎症である（Crispin，1993）。

　ぶどう膜炎の外因性の原因として，外傷や角膜潰瘍と

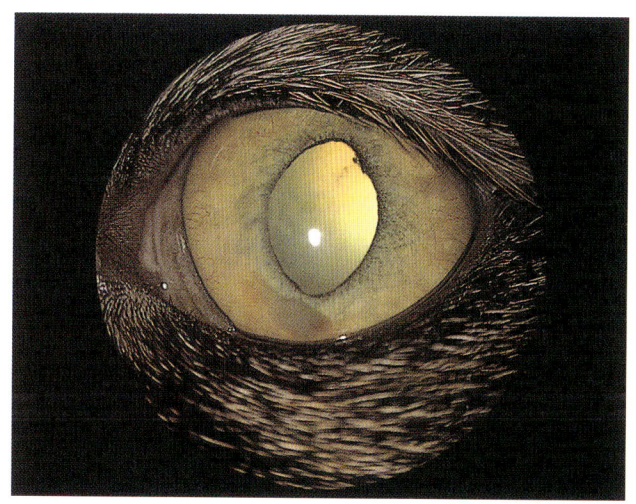

図12.19　図12.18で示したネコの左眼
右眼と同様の変化がみられるが，やや経過が長い。微細な角膜の血管新生が存在し，こちらの眼の炎症性細胞の沈着は，前房内にみられる。

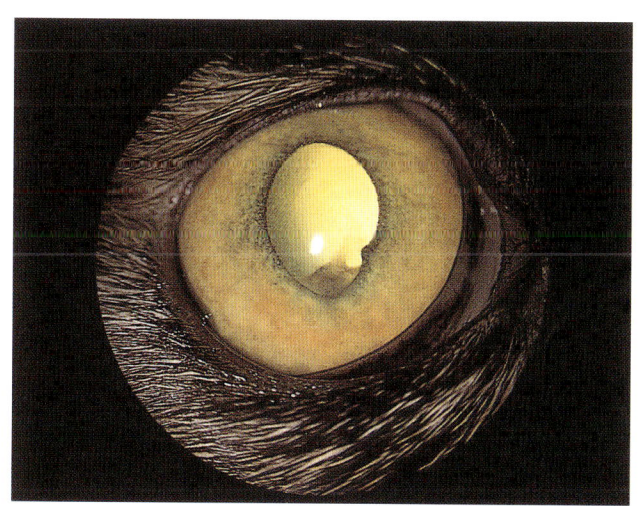

図12.18　原因不明の両眼性急性全ぶどう膜炎がみられる14歳齢の在来短毛種。
右眼を示す。経度の角膜混濁，前房フレア，まばらな角膜後面沈着物，虹彩細部構造の消失，5時の位置における虹彩後癒着を伴った瞳孔不正および虹彩後方や水晶体前方における炎症性細胞沈着に注目。後眼部の検査によって硝子体炎および脈絡網膜炎が示唆された。

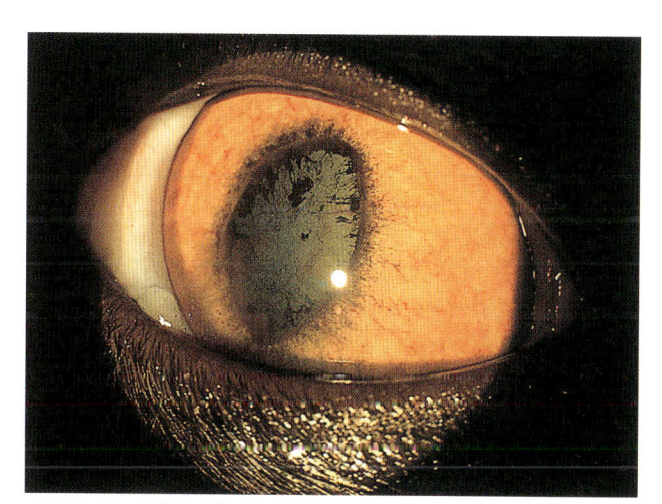

図12.20　原因不明（特発性）の片眼性慢性ぶどう膜炎のある在来短毛種
角膜の後面に沈着物がみられ，新生血管が虹彩表面に現れている。瞳孔の周辺のほぼ全周に虹彩の後癒着がある。水晶体前嚢への広範囲にわたる色素沈着（虹彩の残屑）は，以前にあった虹彩後部と水晶体前嚢の癒着の遺残物であり，水晶体前嚢上には微細な血管新生もみられる。

いった眼球の傷害があげられる（第3および9章参照）。内因性ぶどう膜炎は一般的に様々な感染要因に随伴してみられ，あまり一般的ではない原因として，新生物やある種の水晶体疾患があげられる。これらの原因不明のぶどう膜は特発性と呼ばれ，リンパ球性－プラズマ細胞性前部ぶど

う膜炎というのがしばしば組織病理学的所見としてみられる (Davidson et al., 1991)。

ぶどう膜の炎症性疾患は前房内の高トリグリセリド脂質（第10章参照），前房出血を伴う高血圧（第3，10および14章参照）そして様々な外観をもった新生物（後述）といった問題と区別しなくてはいけない。

ぶどう膜を評価するための多くの単純な方法を標準的な眼科検査で補うことができる。

(1) 瞳孔および隅角をルーチンに検査する。
(2) いろいろな方向，特に外側と内側から前房に光線を照らしてみて，前房の深度を評価する。もし虹彩がとても膨隆していれば，前房は著しく浅くなるであろうし，チン小帯が断裂して水晶体が脱臼したり，その内容が吸収されている場合，前房は通常より深くなるであろう。
(3) 前房フレアをチェックするためには，発散された照明より幅狭く集光した照明を用いるべきである。
(4) 実質性のマスと液体で満たされたマスを区別するのには徹照法が有用である。
(5) 時には眼圧測定や隅角検査といったより専門的なテクニックが必要となることもある。
(6) 眼科検査に加えて完全な身体検査を常に行うべきである。
(7) ぶどう膜の問題の原因が明らかでない場合，ルーチンな血液検査と血液生化学検査および特殊な診断検査を行うべきである。
(8) ネコ白血病ウイルス，ネコ免疫不全ウイルス，ネコ伝染性腹膜炎，真菌感染（英国では利用できない）やトキソプラズマといった血清診断は，診断に必ず必要ではないが役立つであろう。
(9) 超音波検査や核磁気共鳴画像診断法（MRI）といった画像診断法は，総合的な検査が行えないような眼病変がある場合は特に価値がある。
(10) 例えば転移性腫瘍がありそうな場合や，動物が撃たれた可能性がある場合は，時にはX線撮影を行う。
(11) 房水や硝子体の穿刺術が診断手段としてまれに用いられるが，真菌性疾患の診断には有用である。

ぶどう膜炎の臨床症状：内因性ぶどう膜炎の原因は，通常臨床症状からは診断できないが，外因性のタイプの場合はしばしば臨床検査において明らかになる (Chavkin et al., 1992)。

急性ぶどう膜炎は，ネコでは外傷を伴う場合を除いては珍しい。イヌやウマでみられるような激しい疼痛はめったにみられず，多くのネコでは眼症状が亜急性期になって初めて疼痛を示す。臨床症状として，疼痛，羞明，眼瞼痙攣，流涙，可視血管の炎症性充血，前房フレア，前房出血，縮瞳，低眼圧および虹彩の細部の構造が不明瞭になるような膨隆といったものが含まれる。視神経炎や眼内出血といった後眼部病変も含むこともある。

慢性ぶどう膜炎は，ネコのぶどう膜の炎症の最も一般的な形で，非常に様々な外観を呈するため，特定の原因を診断付けられることはめったにない（表12.1）。オーナーは，専門的なアドバイスを求める理由として，しばしば外観上，特に虹彩の色の変調（図12.21）を引き合いに出してくる。

ウイルス性ぶどう膜炎の原因：

§**ネコ伝染性腹膜炎ウイルス（FIPV）**　ネコ伝染性腹膜

表12.1 ネコのぶどう膜炎の主な臨床症状

一般症状	通常，軽度の不快感あるいは無痛 視力への影響は，無影響のものから全盲まで多様
前　部	眼は充血していたり，していなかったり（多様／赤くない） 前房フレアは角膜後面沈着物より一般的ではない／豚脂様沈着物／前房蓄膿 虹彩の膨隆／脈管炎／虹彩結節／癒着／虹彩の色調の変化 フィブリン析出または明白な出血，あるいはその両方の存在 瞳孔は正常または不正で，明るい光に対する反応が正常かまたはやや鈍い 炎症性デブリス（混濁）が水晶体前嚢上に存在する
中間部	水晶体後嚢，毛様体扁平部および前部硝子体における炎症性細胞
後　部	硝子体炎 硝子体混濁 脈絡網膜炎 網膜出血／網膜剥離 視神経炎

(FIP)は，ネコのぶどう膜炎の最も多い原因の1つである。FIP は老齢のネコよりも若いネコにおいてよくみられ，多頭飼い飼育下のネコにおいてより多くみられる。この免疫介在性疾患の眼以外の症状は様々であるが，通常は嗜眠，発熱，食欲不振および体重減少といった非特異的な症状を示す。神経学的症状はよくみられ（Kline et al., 1994），それは進行性であるが，その進行は最初は微妙である（第15章参照）。FIP は常に致命的な疾患である。

FIP の眼病変は通常は前部ぶどう膜を含むが，後部ぶどう膜にも影響を与えるであろう（図12.22～12.28）。しばしば両眼が冒されるが，病変は左右対称性であるわけではない。発病学的には，前血管性化膿性肉芽腫性炎症を伴って始まり，続いて血液房水関門の崩壊がおこる。炎症性細胞およびフィブリンなどの血漿蛋白が房水や硝子体に漏れ出し，房水フレアや角膜後面沈着物および前房蓄膿を呈し，硝子体が病変に含まれれば，硝子体炎をおこす。虹彩血管の怒張は通常明白で，怒張した血管からの微少出血や，時には明らかな前房出血がみられる。もし眼底が観察可能ならば，様々な程度の異常が観察できるであろう（第14章も参照）。血清総蛋白濃度が充分に高くなると，血清は高蛋白血症に伴い，特徴的な過粘稠度を呈する（第14章参照）。激しい脈管炎や血管周囲の滲出がおこり，脈絡網膜炎の巣状あるいはび漫性病巣，脈絡膜滲出，出血を伴ったり伴わなかったりする網膜浮腫が観察される。網膜剥離（通常は巣状）もいくつかの例ではみられる。視神経炎も存在するであろう。

FIP は生存している動物では，その感染を確信することはほとんど不可能である（Sparks et al., 1994）。いくつかの理由が，血清学的検査の結果の解釈を混乱させる。ネコ

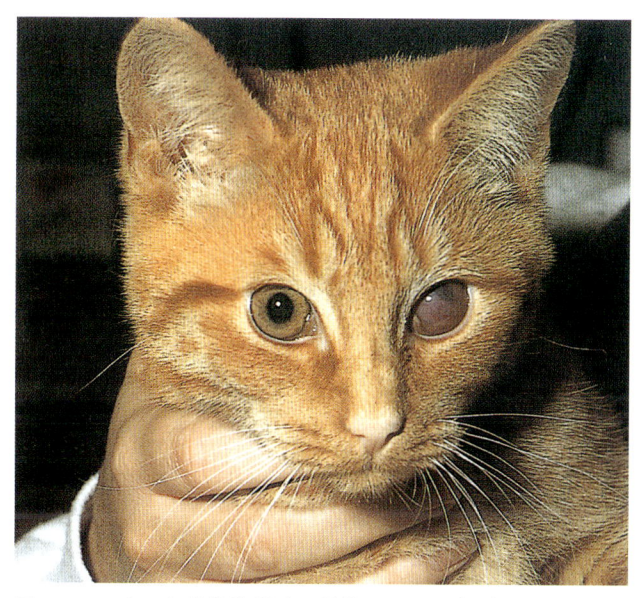

図12.22 ネコ伝染性腹膜炎に随伴した両眼性前部ぶどう膜炎のみられる8か月齢のオスの在来短毛種
右眼における変化は前房フレア，若干の虹彩細部構造の消失および脈管炎に限定している。左眼においては，出血（前房出血）やフィブリンによってその下にあるより重篤な虹彩の変化が不明瞭になり，右眼より長期に及ぶぶどう膜炎が存在している。この仔ネコはまた神経学的欠陥もある。

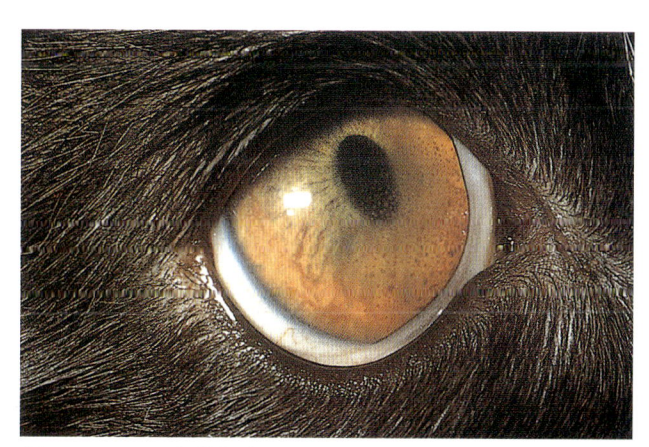

図12.23 ネコ伝染性腹膜炎に随伴した両眼性前部ぶどう膜炎のみられる16か月齢の去勢済みオスの在来短毛種
右眼を示した。1本の角膜の血管が6時の位置に存在し，虹彩上には充血した血管や新生血管がみられる。また多数の角膜後面沈着物も存在し，そのうちのいくつかはとても大きく，豚脂様沈着物という特有の命名がある。

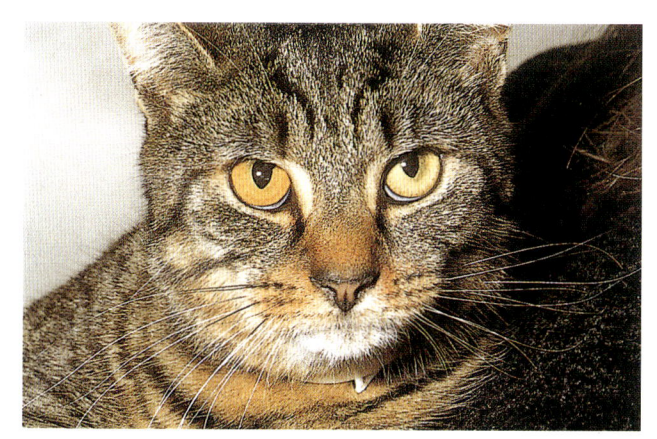

図12.21 6歳齢の去勢済み在来短毛種
右眼における虹彩の色の濃さは，以前の虹彩炎に伴うものである。

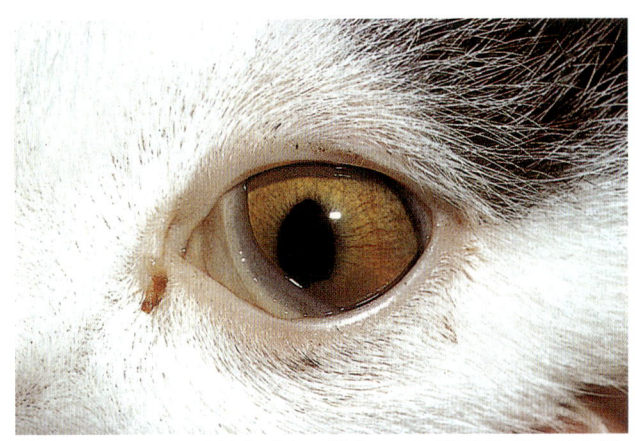

図12.24 ネコ伝染性腹膜炎に随伴した両眼性前部ぶどう膜炎のみられる8か月齢の去勢済みオスの在来短毛種
左眼を示した。まばらな角膜後面沈着物に加え，前房蓄膿もみられる。虹彩血管の激しい脈管炎にも注目。同腹のネコにも同様の症状がみられる。

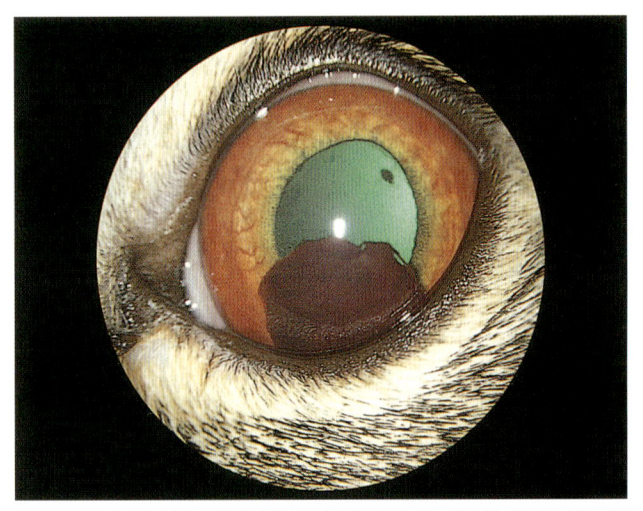

図12.25 ネコ伝染性腹膜炎に随伴した両眼性前部ぶどう膜炎のみられる7か月齢の去勢済みオスの在来短毛種
前房出血のみられた左眼を示す。しかし右眼の前房蓄膿はもっと広範囲である。右眼には視神経炎もみられる。左眼の後眼部は観察できない。前房出血は怒張した虹彩血管から全血が漏出した直接的な結果による。

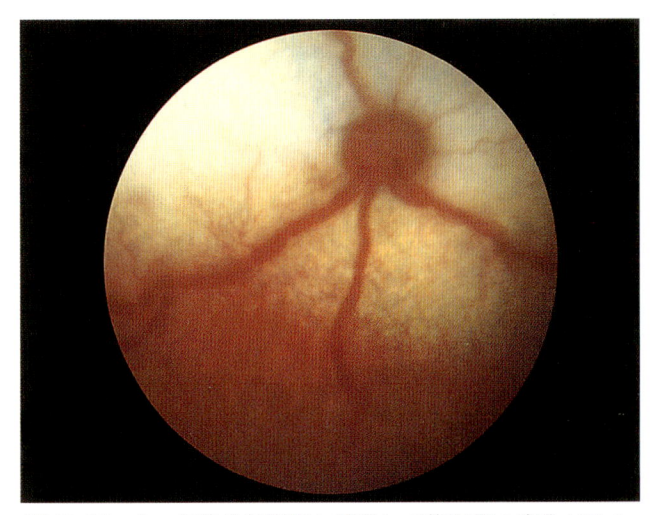

図12.26 ネコ伝染性腹膜炎に随伴して後眼部の変化がみられる12か月齢の去勢済みオスのシャム
高蛋白血症（ガンマグロブリン＞70 g/l，血症総蛋白＞120 g/l）を伴う過粘稠度（最初に網膜静脈に最もよくみられる）を呈している。

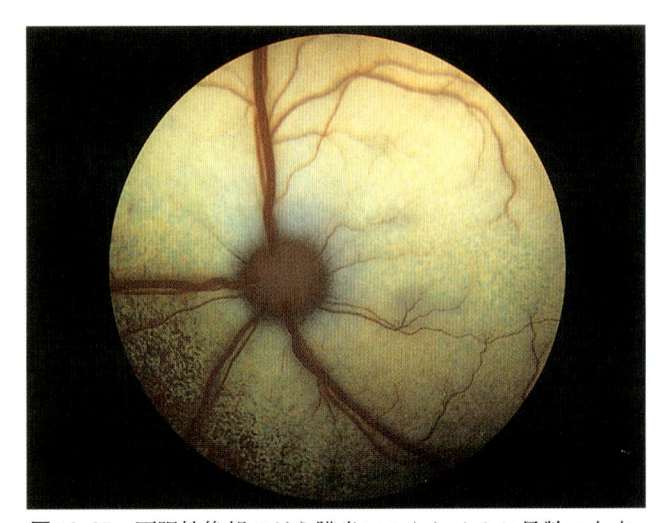

図12.27 両眼性後部ぶどう膜炎のみられる8か月齢の在来短毛種
ネコ伝染性腹膜炎に伴う激しい脈管炎。

は多くのコロナウイルスに感染しても，臨床的に病気の症状を表すことはほとんどなく，コロナウイルスの病原性を持った株に暴露されていたとしても，抗体が発見できないこともある。FIPだと確信するネコは，しばしば高いコロナウイルス抗体価を持っているが，低かったり，ゼロであったりする時もあるし，加えて，多くの健康なネコが高い抗体価を持っていることもある。抗体価は，用いる診断テクニック（およびラボラトリー）によっても様々で，全般的に，免疫蛍光抗体法（IFA）の方が，市販されている酵素抗体法（ELISA）のキットよりも信頼できる。最も重要なことは，ネコの腸型コロナウイルスの度重なる迅速な突然変異によって，ネコ伝染性腹膜炎の病原性をもった表現型が作られるという実験的な証拠（Poland et al., 1996）が，本症の複雑さを理解するために重要だということである。

生きている動物での暫定的なFIPの診断は，その特有の病歴，その他の疾患の除外およびぶどう膜炎に加えて多様な臨床症状に基づく。滲出液の蛋白分析は診断の助けになるが，眼病変を持ったネコにおいては滲出は通常みられない。血清総蛋白の上昇，高ガンマグロブリン血症，リンパ球増多症およびコロナウイルス抗体価160倍以上といった

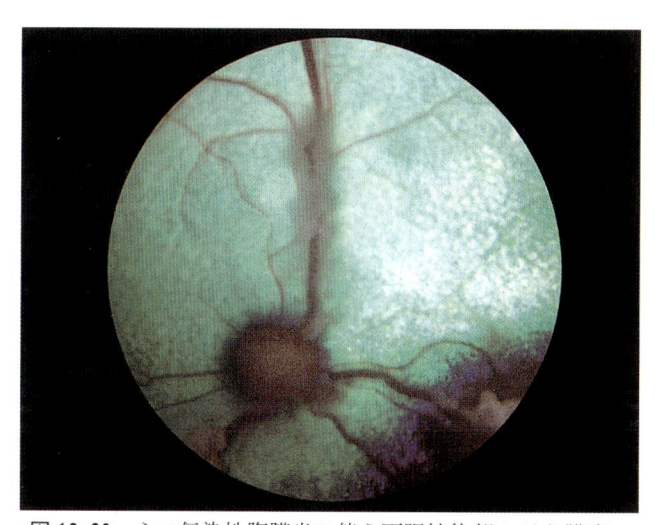

図 12.28 ネコ伝染性腹膜炎に伴う両眼性後部ぶどう膜炎のみられる 14 か月齢のオスのチンチラ

明白な血管周囲の滲出（白い物質）に注目。やや不鮮明であるが，網膜下の滲出と初期の網膜剥離を示唆する後天性の網膜ひだも観察される。

臨床病理学的変化は，その他の臨床症状の発現と合せて考えて，FIP の可能性を強く示唆する（Sparkes et al., 1994）。しかしここで強調しておくが，現在の時点では FIP は，生検か死後材料の組織学的検査によってのみ確診できる。

§ネコ白血病-リンパ肉腫症候群（FeLLC）　すべての年齢のネコがネコ白血病ウイルス（FeLV）に感染するが，この感染症は若いネコに非常に多くみられ，10 歳齢を越えるネコにはめったにみられない。ネコ白血病ウイルスは，それ自体原発性の眼疾患の原因にはなり得ず，様々なぶどう膜病変の発現は次の 2 つの過程の結果としておこると仮定される。それはリンパ肉腫性細胞の侵入と重度の貧血である（Brightman et al., 1991）。眼リンパ肉腫はぶどう膜を最も冒しやすい（Corcoran et al., 1995）が，眼球のその他の部位，眼付属器および全身にも腫瘍細胞が浸潤するので，病変の範囲を確認するには充分な検査や画像診断法が必要になる。

慢性ぶどう膜炎は，腫瘍細胞のぶどう膜全体への浸潤の結果発症する。免疫複合体沈着に対する反応である免疫介在性の炎症も病因に含まれる。前房フレア，角膜後面沈着物，前房蓄膿，前房出血，虹彩の血管新生，虹彩の色調の変化，虹彩の結節，虹彩前および後癒着，厚みの増加および虹彩の色素性の変化といったものが最もよくみられる症状である（図 12.29〜12.31）。腫瘍細胞が隅角を閉塞するため，続発性緑内障が発症する（図 12.32）。後眼部の変化はあまりおこらず，加えて前部ぶどう膜炎病変のため，観察が困難あるいは不可能となる。硝子体混濁は時折みられ，脈絡網膜浸潤巣，色素性増殖，網膜出血，網膜変性，部分的または全網膜剥離および視神経炎といった様々な眼底病変が存在するであろう（第 14 章参照）。前眼部および後眼部の出血は，多くの症例にみられる重度の貧血や血小板減少症に続発することが多いようである。

免疫蛍光抗体や ELISA に基づいた検査法が，ぶどう膜炎のあるネコにおける FeLV 感染を確認するために，通常は信用されている。しかし，ラボラトリーにおける最終的な検査は，ウイルスの検出である。

リンパ肉腫の治療には，コルチコステロイド，細胞毒性薬やインターフェロンなどの様々な使用が試みられているが，治療によってウイルス血症から回復する見込みはない。

§ネコ免疫不全ウイルス（FIV）　ぶどう膜炎を持ったネコは高率に FIV に感染しており，ぶどう膜炎を一般的に伴うようなその他の感染要因は通常存在しない。ぶどう膜病変の病因は不明であるが，免疫介在性のメカニズムが関与しているようである（例：免疫複合体の沈着によるもの，あるいはぶどう膜のリンパ組織に FIV が集積することによる）。ウイルスは神経に対する病原性を持ち，FIV 自然発症例において脳炎が報告されている（Gunn-Moore et al., 1996）。FIV 感染の後期のステージのネコでは，*Toxo-*

図 12.29 ネコ白血病-リンパ肉腫症候群に随伴した両眼性前部ぶどう膜炎のみられる約 2 歳齢の在来短毛種の成ネコ

右眼の背側に充実性のマスと，腹側に前房蓄膿（腫瘍細胞）がみられ，瞳孔は充実性マスによって歪んでいる。左眼には前房フレアと水晶体前嚢への沈着物による水晶体の透明度の消失がみられる。

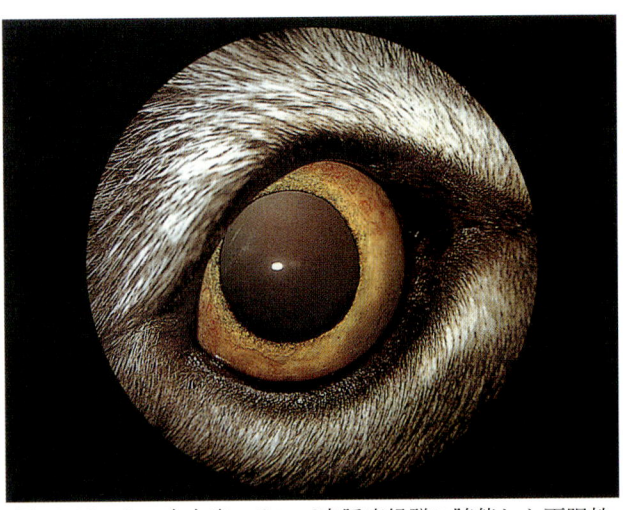

図12.30 ネコ白血病－リンパ肉腫症候群に随伴した両眼性前部ぶどう膜炎のみられる4歳齢の在来短毛種の去勢済みオス

右眼を示す。角膜の腹内側後面の角膜後面沈着物の蓄積と、肥厚して充血する周辺部虹彩に注目。

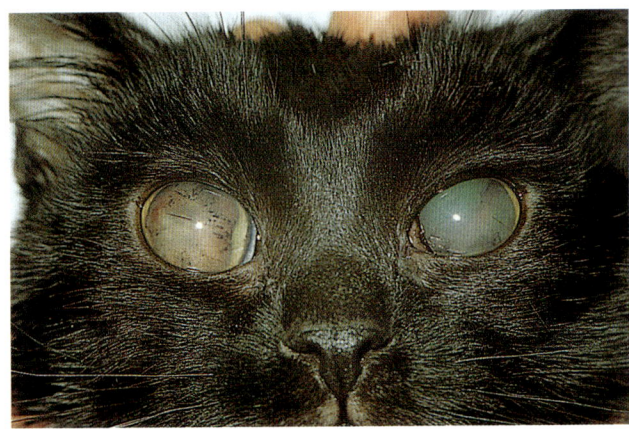

図12.32 ネコ白血病－リンパ肉腫症候群に随伴する両眼性前部ぶどう膜炎および緑内障のみられる約3歳齢の在来短毛種の避妊済みメス

両眼とも腫大している（牛眼）。

図12.31 ネコ白血病－リンパ肉腫症候群に随伴する両眼性前房出血のみられる6歳齢の在来短毛種の去勢済みオス

左眼を示す。右眼にはより広範囲の前房出血がみられる。前房出血の出所に注目。全血が大虹彩動脈輪から漏出する。このネコは貧血症状を示している。

plasma gondii など様々な病原体に2次感染した結果として、ぶどう膜炎が進行してくる。

　FIV感染は自由に徘徊する血統の明らかでない成ネコにおいて最もよくみられ、メスよりもオスに多くみられる（Hopper et al., 1989）。FIV感染症に随伴する臨床的問題点は、単独におこることは少なく、血液学的変化を伴うその他の症状がしばしばみられる。感染ネコは急性ぶどう膜炎を呈するが、慢性あるいは再発性ぶどう膜炎がより一般的にみられる。FIV感染による病変を、FIPあるいはFeLV感染に随伴するものと区別することは、FIV感染の方が経過が通常ゆっくりで、病変部があまり派手でないということを除いては、臨床的には困難である（図12.33～12.39）。角膜浮腫、前房フレア、角膜後面沈着物、前房蓄膿、瞳孔径の不正、虹彩の膨隆、虹彩の結節、虹彩の血管新生、癒着形成および前房出血などすべてがみられる可能性がある。

　中間部ぶどう膜炎（周辺部ぶどう膜炎）は、ネコのぶどう膜炎の原因になるその他のウイルス感染症よりもFIVに随伴してよくみられる。その変化は特徴的で、結果として炎症細胞（雪玉状混濁）が前部硝子体内に蓄積し、水晶体後嚢に付着物（雪だまり）がみられる。眼底に病変がでることは珍しいが、脈管炎、巣状脈絡網膜炎、網膜出血および網膜剥離などがみられることがある。特に *Toxoplasma gondii* といったような病原菌の日和見感染がおこるかもしれない。

　FIV抗体検出のためのルーチン検査で、陽性結果であれば決定的となる。しかし、FIV感染ネコで抗体陽性を示さないものが高率にあるため、陰性の抗体結果だからといってFIV感染を除外できるわけではない。

　FIV感染ネコの治療は対症療法（後述参照）および補助療法である。すなわち、全身性コルチコステロイドを思慮深く使用し、歯肉炎といった合併症に注意することによって、診断後の数年間の高い quality of life を維持できる。

寄生虫性ぶどう膜炎の原因：

§トキソプラズマ症　*Toxoplasma gondii* は、世界中でみ

12. ぶどう膜

図 12.33 FIV に随伴した両眼性中間部ぶどう膜炎（周辺部ぶどう膜炎）のみられる 12 歳齢の在来短毛種の去勢済みオス

瞳孔不同（眼内圧は正常：右眼 14 mmHg と左眼 13 mmHg）に注目。右眼（瞳孔が散大している）には瞳孔の腹側に白色物質が明白にみられ（白色瞳孔），これが水晶体後嚢や前部硝子体に存在する炎症性細胞が作り出す典型的な「雪だまり（snowbanking）」である。

図 12.35 FIV に随伴した片眼性前部ぶどう膜炎のみられる 4 歳齢の在来短毛種の去勢済みオス

炎症の結果，虹彩の細部構造は不明瞭になっているが，角膜腹側の後面における角膜後面沈着物（KPs）の形成は最も明らかな特徴である。KPs のいくつかは他のものより色が濃く（ほぼ黒色），これは経過が長くなった場合の特徴である。このように KPs の様子によって，初期の活動性炎症が存在する（白色の KPs）のか，慢性炎症が存在する（白色および暗色の KPs）のか，眼症状が沈静化している（暗色の KPs のみ）かが示唆される。

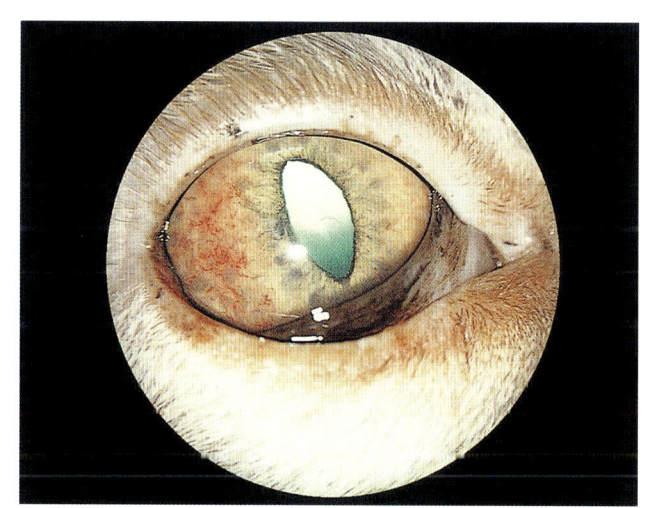

図 12.34 FIV に随伴した両眼性前部ぶどう膜炎のみられる 4 歳齢の在来短毛種の去勢済みオス

右眼を示す。炎症性副産物が水晶体前嚢に付着した結果，瞳孔領がわずかに混濁している。虹彩後癒着もあるが，瞳孔の形は正常である。非常に明確な虹彩血管に加え，多数の虹彩結節が存在している。小さいものは瞳孔を取り囲んで，大きなものは瞳孔から離れた虹彩表面にある。ヒトにおいては虹彩結節は肉芽腫性ぶどう膜炎の典型的な症状で，瞳孔縁の結節はケッペ（koeppe）結節，大きなものはブサッカ（busacca）結節と呼ばれている。

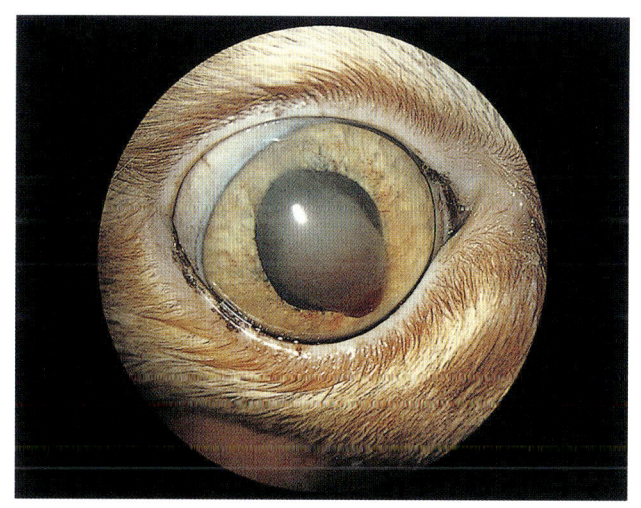

図 12.36 FIV に随伴した両眼性前部ぶどう膜炎のみられる 11 歳齢の在来短毛種の去勢済みオス

右眼を示す。この眼の反応はふつうよりも激しく，線維性のマスとそれに付属する出血が瞳孔領を満たしている。左眼も冒されているが，こちらの顕著な所見は腫瘍性の充実性マスによる虹彩への浸潤である。

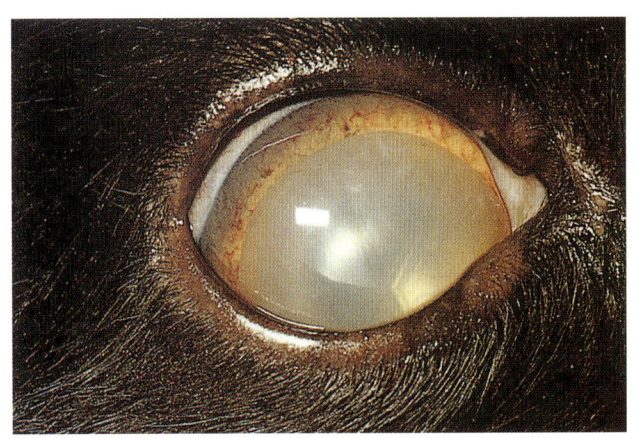

図 12.37 FIV に随伴した両眼性前部ぶどう膜炎のみられる 9 歳齢の在来短毛種の去勢済みオス

右眼を示す。左眼にはみられないが，この眼では水晶体前方脱臼がみられ，脱臼水晶体は 2 次的に白内障化している。この眼は痛みもなく，緑内障様の症状も呈していないことに注目(眼内圧 13 mmHg)。

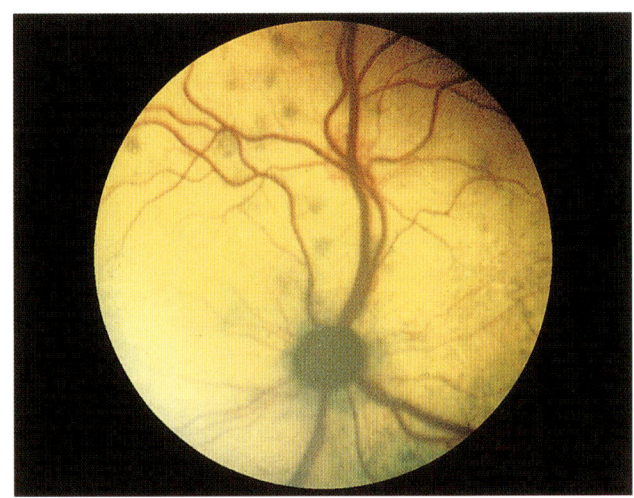

図 12.39 10 歳齢の在来短毛種の去勢済みオス

最初は左眼の腫瘍のために紹介され（図 12.60 参照），組織病理学的検査の結果，毛様体の腺癌と診断される。紹介された時点でこのネコは，FIV 陽性であることもわかり，様々な FIV 関連症状(歯肉炎，不定な食欲)は，急激に症状が悪化して安楽死するまでの 3 年間は良好に維持している。これは健康状態が悪化したときの右眼の眼底所見で，併発感染(例：トキソプラズマ症)の可能性が推察される。死後剖検は行われていない。

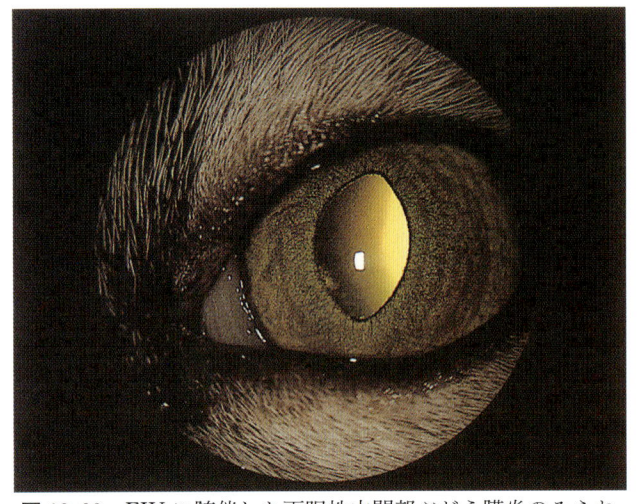

図 12.38 FIV に随伴した両眼性中間部ぶどう膜炎のみられる 4 歳齢の在来短毛種の去勢済みオス

左眼を示す。瞳孔が散大すれば周辺部ぶどう膜炎の程度がわかるであろう。この図は散瞳させる前で，雪玉状混濁(前部硝子体内および水晶体後嚢上)が腹内側瞳孔内に明らかにみえる。

られる細胞内寄生原虫である。在来種ネコやネコ科の動物のみが終宿主となり，その他の哺乳類は中間宿主としての役割を果たす。そのライフサイクルは非常に複雑である。

トキソプラズマ症の臨床症状は，ネコではまれで，特に中間宿主(例：ネズミやトリ)の組織中の感染シストを経口摂取した直後のような感染の初期においては珍しい。ネコにおいては，被嚢した原虫の再活性化によっておこる慢性 2 次性トキソプラズマ症の形をとるのがより一般的であるが，これは感染ネコのうちのほんの少数にのみおこることである。発熱，体重減少，下痢，嘔吐，ぶどう膜炎，神経学的および呼吸器症状など様々な臨床症状を呈する。ウイルスや他の寄生虫などの同時感染といった，ストレスや衰弱の原因があると 2 次的な疾患に発展しやすくなる。先天的に *T. gondii* に感染しているネコにおける新生仔感染症はめったにみられないが，*T. gondii* の組織型シストを妊娠したメスに実験的に経口摂取させた場合に発症したと報告されている。

眼病変は原発症ではまれであるが，2 次性トキソプラズマ症においてはしばしばみられる。前部ぶどう膜炎，後部ぶどう膜炎および全ぶどう膜炎などすべてが観察されるが，初発例の主な眼症状は網膜炎であり，片眼性あるいは両眼性にみられる(図 12.40〜12.48)。

前部ぶどう膜炎は本来慢性化の特徴で，結果的に肉芽腫性浸潤あるいは虹彩の過敏反応をおこす。臨床的に，他の感染性ぶどう膜炎とトキソプラズマ性ぶどう膜炎を症状によって区別することは困難である。後眼部の変化は初期には網膜に限定される。すなわち，感染動物は巣状網膜炎を呈し，2 次的に脈絡膜にも病変がみられるようになる。もっと進行した例では，巣状とび漫性の両方の炎症性変化がみられ，古い陳旧化した非活動性の網膜症がもっと最近

図12.40 トキソプラズマ症に随伴した両眼性前部ぶどう膜炎のみられる4歳齢の在来短毛種の去勢済みオス
この症例では，右眼のぶどう膜炎に続発する緑内障の合併（眼内圧は右眼46 mmHg，左眼17 mmHg）による瞳孔不同に注目。

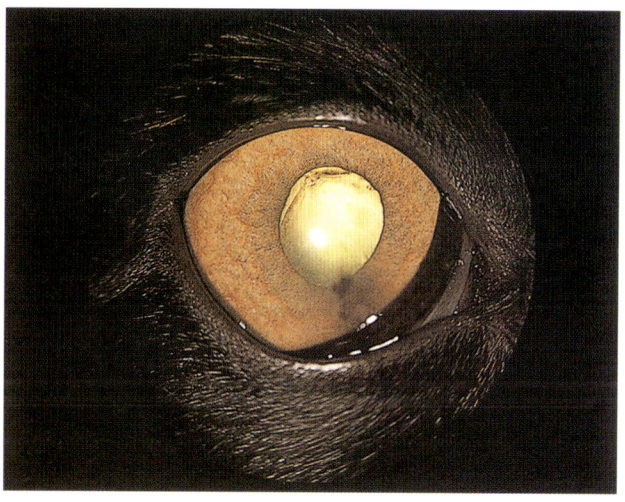

図12.42 図12.41と同じ眼の2か月後
水晶体は破裂し，白内障は吸収されている。現在は後眼部の観察は可能で，それは正常であり，ネコはこの眼で物をみることが可能である。続いて左眼の白内障もある程度の自然吸収がおこり，結果的にモルガニ白内障となって，こちらの眼も充分な視覚がある。

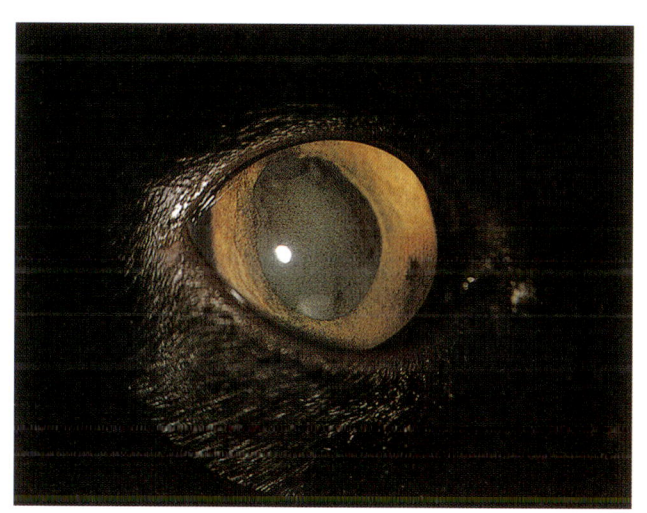

図12.41 トキソプラズマ症に随伴した両眼性前部ぶどう膜炎のみられる10か月齢の在来短毛種の避妊済みメス
右眼を示す。このネコは同腹仔の中で最も小さく，正常に発育していない。最初は両眼の白内障を伴った，活動性であるが慢性のぶどう膜炎を呈していた。白内障は左眼のほうが右眼より混濁が強い。両眼に角膜後面沈着物，水晶体前嚢上の炎症性物質を伴った前房フレアがみられる。後眼部を検査することはできていない。この眼には，瞳孔領にみえる水晶体の最も背側面に，水晶体破裂がおこりそうなことは明白である。このネコにはクリンダマイシンの全身投与とコルチコステロイドの点眼投与が施されている。この写真は，治療開始後約1週間に撮影したものである。

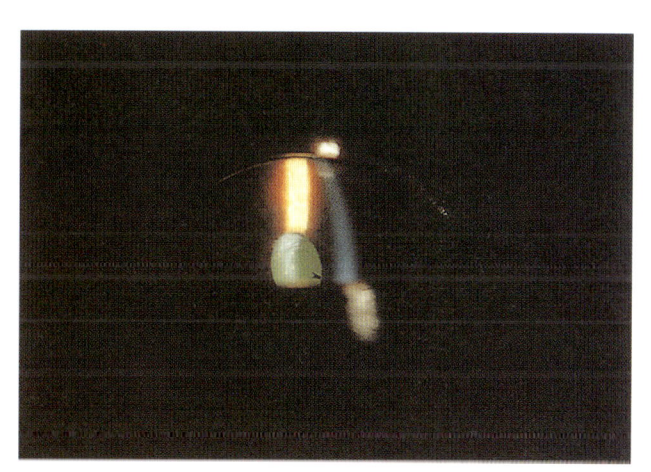

図12.43 図12.41および12.42に示したのと同じ眼
図12.42と同じ時に撮影したスリットランプ所見で，水晶体の吸収に伴う前眼房深度の増加を示す。

の活動性の病変と共存してみられるであろう。滲出性（胞状）網膜剥離も随伴しているかもしれない。全ぶどう膜炎はすでに述べた症状に加え，一般的に硝子体炎や周辺部毛様体炎の典型的な雪玉状混濁を伴う。続発性緑内障は，*T. gondii* 抗体陽性ネコのぶどう膜炎の合併症となりやすいが，その理由は不明である（Chavkin et al., 1992）。*T. gondii* 感染症はまた，水晶体脱臼に発展する重要な危険因子としてみられている（Chavkin et al., 1992）。

血清学的診断には理想的には，*T. gondii* 特有の免疫グロブリン M（IgM），G（IgG），循環血中の抗原を発見するた

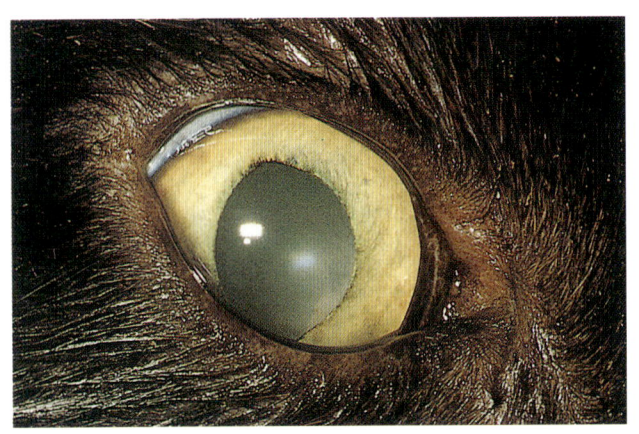

図 12.44 トキソプラズマ症に随伴した両眼性前部ぶどう膜炎および周辺部ぶどう膜炎のみられる 11 歳齢の在来短毛種の去勢済みオス
右眼を示す。角膜腹側の角膜後面沈着物（灰色）および瞳孔の腹内側面における雪だまり（水晶体後嚢と前部硝子体）に注目。この眼は後に続発性緑内障に発展する。

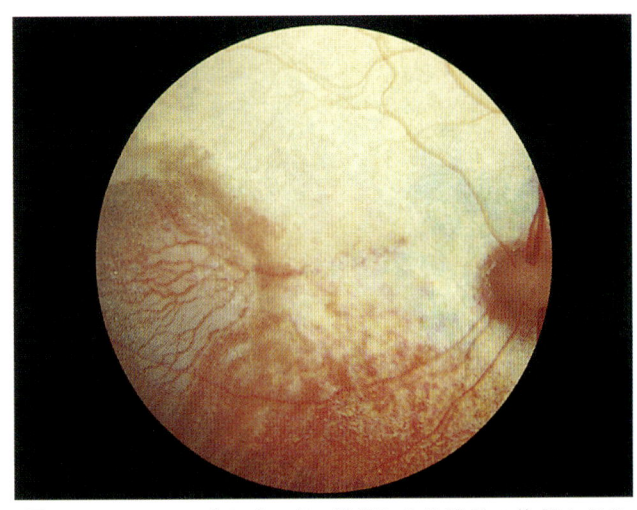

図 12.46 トキソプラズマ症に随伴した片眼性の後部ぶどう膜炎のみられる 9 歳齢のシャムの去勢済みオス
右眼を示す。脈絡網膜炎の大きな巣状病変が視神経乳頭のほぼ外側に明白にみられる。

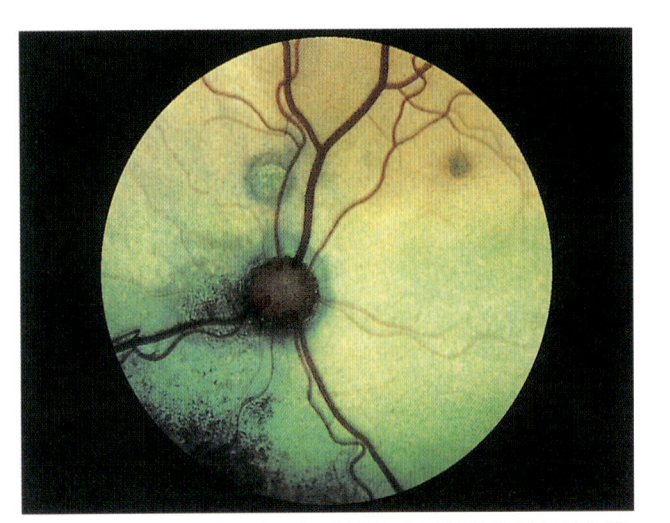

図 12.45 トキソプラズマ症に随伴した両眼性後部ぶどう膜炎のみられる年齢および性別不詳の在来短毛種
左眼を示す。多発性の巣状活動性および非活動性網脈絡膜炎病変。

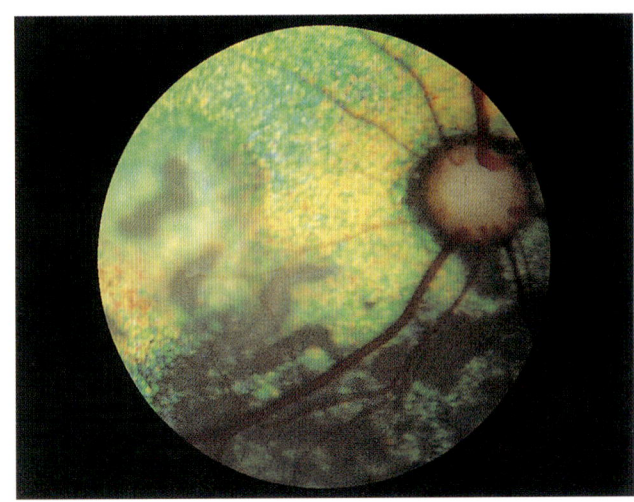

図 12.47 7 歳齢の去勢済みオスの在来短毛種
このネコは大きく散大する瞳孔と突発性の盲目のため紹介されたもの。トキソプラズマの抗体価は 8,192 倍で怪奇な蠕虫形病変と胞状網膜剥離が存在する。

めの ELISA を用いる（Lappin et al., 1989）。臨床症状, 血清学的診断による感染の証拠（IgM 抗体価 256 倍以上, IgG 抗体価の上昇あるいは抗体価陰性でも循環血中に抗原が発見された場合）および治療に反応するという事実などは, 生前に病因を確定する手助けになるが, 決定的なものではない。組織病理学的診断は診断を確定するために追加する検査であるが, 死後材料からということで制限される（Dubey and Carpenter, 1993）。

明確に病因を限定しようと試みる場合は, さらに複雑である。なぜなら FIP 陽性（コロナウイルス抗体価 1,600 倍以上）や, FeLV および FIV 陽性のぶどう膜炎を持つネコは, 高率に *T. gondii* にも感染していると証明されているからである（Chavkin et al., 1992；Lappin et al., 1992）。

トキソプラズマ症の治療は, ぶどう膜病変の部位に応じて, コルチコステロイドの局所あるいは全身投与, または

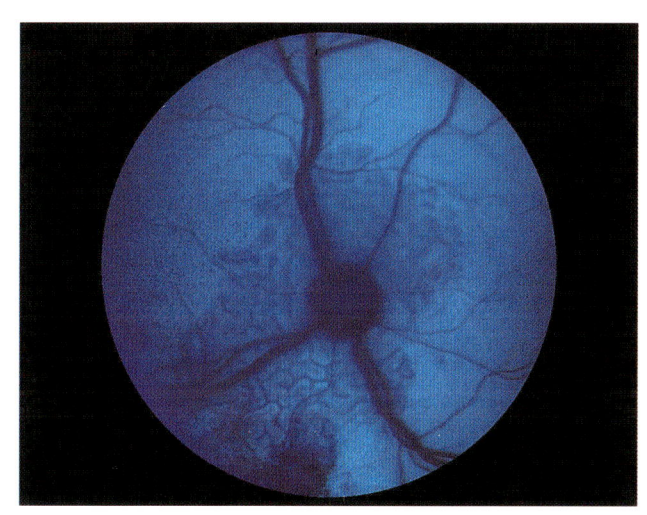

図 12.48 トキソプラズマ症に随伴した両眼性後部ぶどう膜炎のみられる2歳齢のトンキニーズの去勢済みオス。視神経周辺の漿液性網膜剥離がおこっている。

その併用を，塩酸クリンダマイシンの長期投与(25 mg/kg分2 最低3週間)と組み合わせて用いる。クリンダマイシンは以前使われていたサルファ剤やピリメタミンよりも効果的で副作用がない(Lappin et al., 1992)。本症は再発するであろう。

§その他　その他の寄生虫性ぶどう膜炎は1例の症例報告に限られ(Bussanich and Rootman, 1983；Johnson et al., 1988)，線虫(例：*Dirofilaria immitis*)やジプテラ幼虫(*Cuterebra* spp.幼虫)が含まれる。

真菌性ぶどう膜炎：クリプトコッカス症，ヒストプラズマ症，ブラストミセス症，コクシジオイデス症およびカンディダ症の感染の結果としてのぶどう膜炎がネコで報告されている。しかし，これらの感染症の報告はまれで，真菌症が風土病的に流行している国に限られる傾向がある。これらの疾患の発生は，そういった国から輸入されたネコである場合を除いて，英国では非常にまれである。それでもぶどう膜炎の感染性の原因を調べる場合は，過去のいかなる時期にも外国へ行ってないかどうかを確認するのが賢明である。

これら真菌のすべての種は，動物の組織内で成長しやすい酵母菌の形をとっている。概して眼病変は，吸入や大量摂取によって感染が全身性になったときにのみおこる。主要病変は網膜で，前部ぶどう膜は全く含まれないか，疾患の後期のみにみられる。病変は通常両眼性であるが，対称性にでることはめったにない。これらの感染を，眼科検査のみで区別することは不可能であるあるが，硝子体穿刺して病原体を同定することは，後眼部が病変に含まれる場合，これらを鑑別するのに有効である。真菌感染症の血清学的診断法は英国では利用できず，その上，血清学的検査の結果は決定的なものではなく，抗体価の解釈は難しい。

§クリプトコッカス症　*Cryptococcus neoformans* 感染症は，ネコの全身性真菌症の中では最も一般的なものである(図12.49, 12.50および5.22)。この病原菌は米国全土にわたってみられるが，ヨーロッパを含む世界のその他の地域にもおこっている。すべての年齢層のネコが感染し，種や性別による素因はない。その眼内病変はFischerが1971年に初めて報告して以来，多くの著者によって記述されている。ほとんどの例において病原菌は急速に広がり，最もよく冒されるのは上部呼吸器で，次いで皮膚，眼および中枢神経系(CNS)である。しかし，本症の経過は，CNSが病変に含まれていなければ，通常かなり緩徐である。感染動物は，眼症状に加え，肺炎，副鼻腔炎あるいは髄膜炎といった症状を示す。

眼病変は血行性に広がってか，あるいは副鼻腔，鼻腔または眼性髄膜からの直接侵入によっておこる。通常後部ぶどう膜炎がみられ，暗色の盛り上がった巣状肉芽腫性病変か，あるいはもっと明らかな滲出性脈絡網膜炎がみられる。後に眼内出血や網膜剥離がおこり，盲目となる。比較的まれには前部ぶどう膜炎もおこる。

治療の成功率は様々である。5-フルオロシトシンとケトコナゾール(Mikicuik et al., 1990)かイトラコナゾールまたはその併用の組み合わせがある例では有効であろう

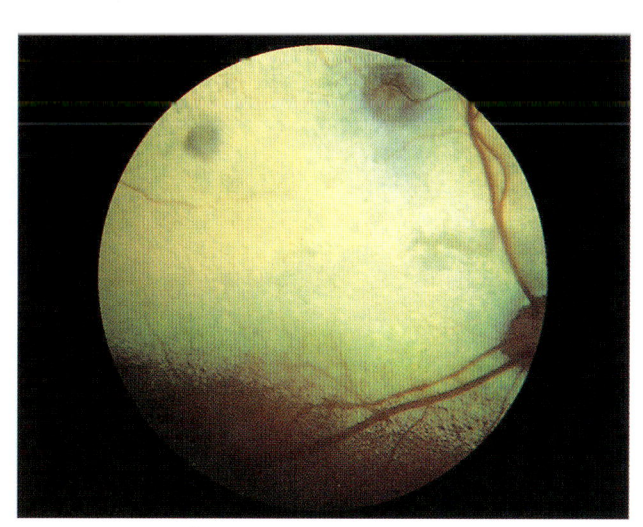

図 12.49　クリプトコッカス症に随伴した両眼性後部ぶどう膜炎のみられる12歳齢のシャムの避妊済みメス
このネコは，ベネズエラとニューヨークを経由して英国に来たもの。巣状肉芽腫性脈絡網膜炎病変に注目。

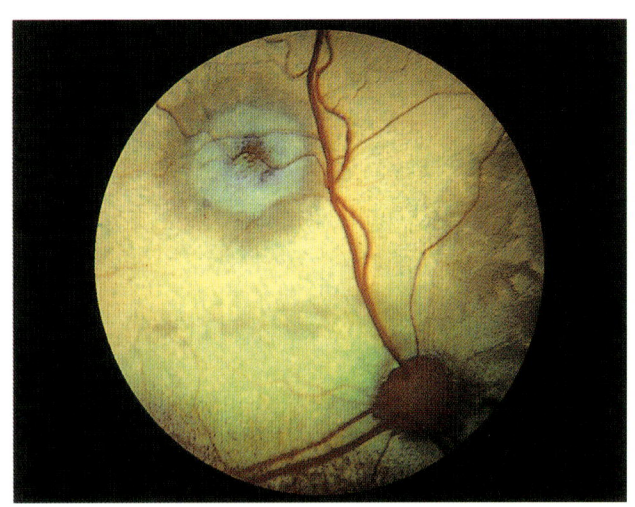

図12.50 図12.49とおなじネコで，ケトコナゾールと5-フルオロシトシンで治療した後の所見
巣状肉芽腫性病変の活動性炎症像は，もはや存在していないことに注目。

が，長期的な結果は失望的なものである。

§**ヒストプラズマ症** *Histoplasma capsulatum* は，世界中の温帯や熱帯地方の大河川流域において風土病的にみられ，これらの地域に住んだり，旅行で訪れたりしたネコにとって，この病原体に感染することは珍しくない。感染は4歳以下のネコにおいて，より一般的にみられる。感染ネコは低率ではあるが，播種型ヒストプラズマ症に進行し，一般的に急激な体重減少，食欲不振，抑うつ，発熱および貧血といった臨床症状を呈する (Peiffer and Belkin, 1979；Wolf and Belden, 1984)。特徴的な症状は冒された器官によるが，患者は最初吸入によって感染するため，呼吸器症状が最もよくみられる。肉眼的眼病変が明らかになるのは，感染症例の約10％のみであるが，眼科検査によって明らかになる眼底の変化は，もっとかなり多くの例にみられる。巣状肉芽腫性脈絡網膜炎が通常観察され，時には網膜剥離もみられる。前部ぶどう膜炎はまれである。

播種型ヒストプラズマ症は，一般的には骨髄穿刺により原因菌を証明することによって確認する。様々な抗真菌薬（例：アンフォテリシンBおよびケトコナゾール）を使用して治療しても予後は不良である。

§**ブラストミセス症** *Blastomyces dermatitidis* による感染症はネコではまれである。この病原菌は最初北米で発見されたが，アフリカや中米でも報告されている。ネコは通常芽胞の吸入により感染し，CNS症状も進行するが，原発病変は肺である傾向が強い (Nasisse et al., 1985)。

臨床症状は，通常感染の最後の1～3週間のみにみられるが，体重減少，沈うつ，発熱といった非特異的な症状を示す。特徴的症状は病変の分布に関連する。眼病変としては灰白色の脈絡膜肉芽腫を形成し，時には網膜剥離を伴い，いくらかの例では慢性肉芽腫性前部ぶどう膜炎を呈する。

§**その他** コクシジオイデス症は，米国南西部や中南米の一部においてみられる土壌真菌である *Coccidioides immitis* が原因となる。これはネコの真菌性ぶどう膜炎の偶発的な原因となることがある。*Candida albcans* によるカンディダ症は，ネコのぶどう膜炎のまれな原因となる (Miller and Albert, 1988；Gerding et al., 1994)。

その他の感染性ぶどう膜炎：ぶどう膜炎の汎細菌性の原因は，ネコでは実質上存在しない。結核に随伴した例 (Hancock and Coates, 1911；Formstone, 1994) は例外で（図12.51および12.52），網膜剥離を伴った結核性脈絡膜炎が最もよくみられる眼症状である。

喧嘩の結果として一般的である局所的な傷は，結果的に細菌を眼内に直接摂取することになり（例：*Pasteurella multocida*），比較的よくみられるぶどう膜炎の原因となる。これらはクロラムフェニコールや新世代のペニシリンのような抗生物質の局所投与を併用した対症療法によって治療する（第3章参照）。

§**外傷性ぶどう膜炎** 第3章参照

§**水晶体原性ぶどう膜炎** 水晶体原性ぶどう膜炎は，水晶体の外傷，特に水晶体嚢の破裂に伴って最もよくみられる（第3および11章参照）。

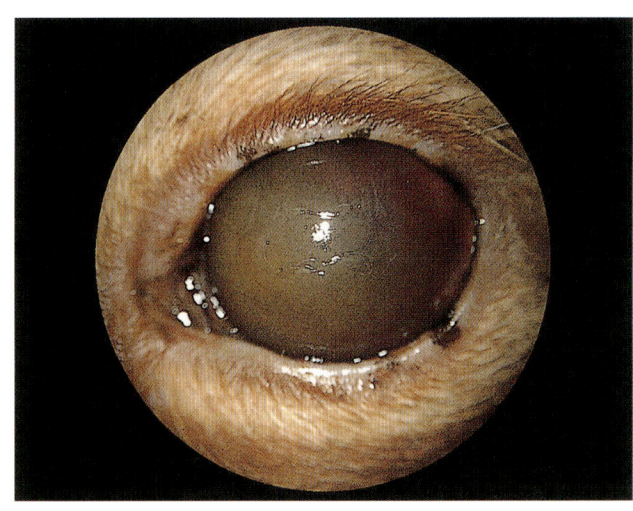

図12.51 マイコバクテリウム性ぶどう膜炎のみられる2歳齢の去勢済みオスの在来短毛種（図9.54も参照）

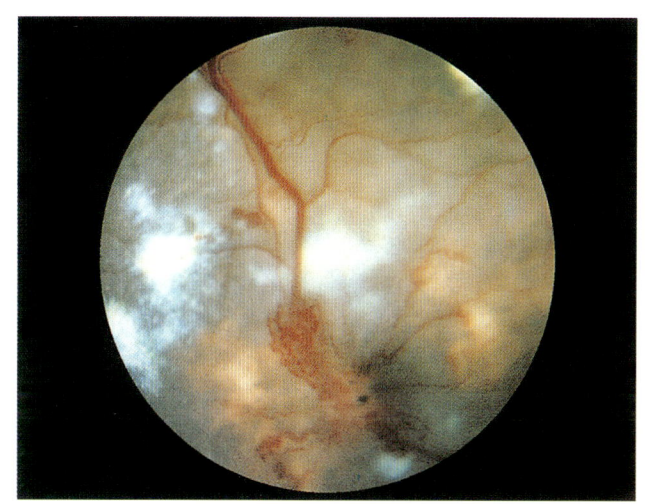

図12.52 マイコバクテリウム性脈絡膜炎のみられる4歳齢の去勢済みオスの在来短毛種

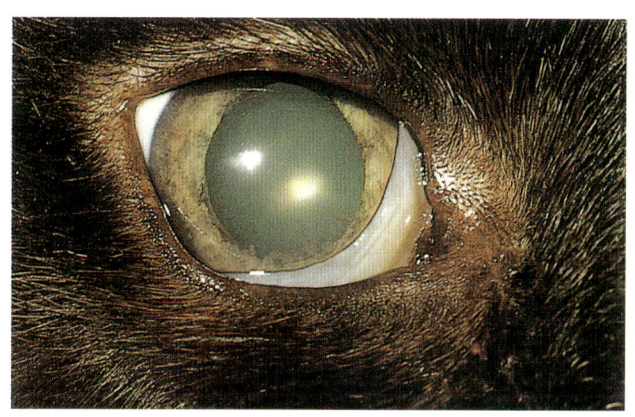

図12.53 特発性の片眼性前部ぶどう膜炎のみられる12歳齢の去勢済みオスの在来長毛種
暗色で，ややぼやけた虹彩と非常に暗色な腹側角膜の角膜後面沈着物に注目。後眼部の検査により，網膜変性と視神経の陥凹（cupping）が発見されている。臨床経過は眼内圧の変動が目立ち，治療に対する反応は乏しい。

特発性およびその他のぶどう膜炎：ぶどう膜炎症例うち，一部は正確にその原因を確定できなく，ネコのぶどう膜炎のその他の原因が発見を待たれている。例えば，*Bartonella henselae* はヒトにおけるネコ引っかき熱の原因であるが，ぶどう膜炎を持ったネコから分離されているものの，その正確な役割は不明である。

特発性リンパ球性-プラズマ細胞性ぶどう膜炎（Peiffer and Wilcock, 1991）は，免疫介在性疾患の一種として考えられている（Wilcock et al., 1990）。この疾患は，片眼性にも両眼性にもおこるが（図12.53および12.54），罹患動物は全身的には病的な状態でなく，老齢ネコ（平均約9歳齢）ほど罹患しやすい（Davidson et al., 1991；Gemensky et al., 1996）。慢性疾患を持ったネコのリンパ球-プラズマ細胞応答は異常ではないので，このタイプのぶどう膜炎は，むしろ特定の疾患を表すというより，FIVやトキソプラズマ症の検査などを含めた診断的検査で低い感受性を示した場合，これらの疾患を否定することはできる。症状は消炎剤や免疫抑制療法によって一時的にコントロールできるが，長期的な予後は不良である。視力消失，白内障，緑内障および水晶体脱臼などの合併症がみられる。

結節性動脈周囲炎は，コラーゲンに対する過敏反応であるが，ネコのぶどう膜へのリンパ球-プラズマ細胞浸潤の原因となるとされている（Campbell et al., 1972）。

ぶどう膜炎の対症療法：ぶどう膜炎の管理の成功は，その原因の確定と，できる限りの特異的な治療に依存する。潜在する原因に対する特異的治療に加えて，ぶどう膜炎の臨

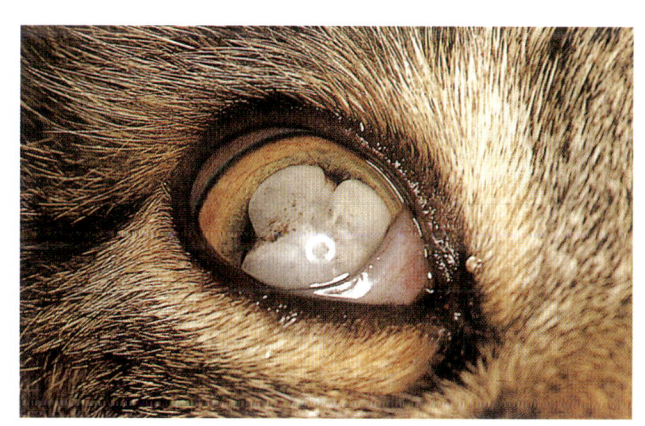

図12.54 特発性前部ぶどう膜炎に続発した水晶体脱臼のみられる9歳齢の避妊済みメスの在来短毛種
背側の虹彩後癒着に注目。白内障は完熟して，水晶体は縮小している。

床症状に対して，通常は消炎剤や散瞳性調節麻痺薬といった薬による対症療法を施す。

<u>§コルチコステロイド</u>　局所または全身，あるいはその両方のコルチコステロイドの投与はぶどう膜炎の治療に用いられる消炎剤の最も一般的なものである。1％酢酸プレドニゾロン，0.1％デキサメサゾンおよび0.1％リン酸ベタメサゾンナトリウムは，前部ぶどう膜炎の治療に用いる強力な局所製剤である。とりわけ酢酸プレドニゾロンはおそらく最も効果的な局所製剤である。

プレドニゾロンの経口投与は，中間部および後部ぶどう

膜炎の治療に用いられる。全ぶどう膜炎や免疫介在性疾患が疑われる場合の治療には，局所および経口のコルチコステロイドの両方が用いられる。投与量は，最初はプレドニゾロンで 1 mg/kg を 12 時間ごとに投与し，5～14 日後に漸減するべきである。コルチコステロイドを用いた治療は突然休薬すべきでない。

ぶどう膜炎の原因がはっきりしない時や，角膜潰瘍が存在するときには，コルチコステロイドは使用しないか，あるいは用心して使用すべきである。ウイルス性あるいは真菌性の感染症の結果としてのぶどう膜炎には，コルチコステロイドの全身投与は避けるべきである。過去のヘルペスウイルス感染の再活性は，コルチコステロイドの使用による合併症である可能性がある。

§非ステロイド性消炎剤　フルビプロフェンナトリウムは，例えば潰瘍があり，コルチコステロイドの局所投与が絶対禁忌である場合に，局所投与で用いることができる。しかしこれらの薬剤は創傷治癒を制限するので，患者を注意深くモニターしなければならない。非ステロイド性消炎剤は，眼内手術時に付加的に最もよく使用される。

非ステロイド性消炎剤は，コルチコステロイドの全身投与に代わって経口投与することもできる。副作用は消化管出血および血小板機能抑制である。消化管出血の危険性は，それがコルチコステロイドとの組み合わせで用いた場合に著しく増大するので，併用はすべきでない。

経口のアセチルサリチル酸は，48～72 時間ごとに総量 80 mg を注意しながら使用する。

§散瞳性調節麻痺薬　1%アトロピン眼軟膏は選択すべき薬剤である。10%フェニレフリンはネコにおいては特に有効ではなく（おそらくネコの散大筋はアドレナリン作動性とコリン作動性の両方の神経支配を受けているからであろう），治療には用いない。

患者の状態の進展を密にモニターすべきであり，治療の目的は疼痛の除去（毛様体筋の痙攣を弱めることによって）および癒着形成の危険を減らすことである。これは瞳孔を適度な散大状態に保つことで達成され，このために散瞳性調節麻痺薬を，この状態を保つのに必要なだけ頻回に点眼する。

治療はぶどう膜炎の発現後できるだけ早く始め，臨床症状が消えてからも 10 日以上は続けるべきである。

ぶどう膜炎の合併症：感染性ぶどう膜炎のいくつかのタイプは，対症療法にあまり反応しなく，もし潜在する原因を確認してそれを除去できない場合，そのような動物はただ quality of life の維持を計るのみとなる。

緑内障は，ネコにおいてはぶどう膜炎の合併症としてはイヌほど一般的なものではない（第 3 および 10 章参照）が，そうなった場合，特に血清 $T.gondii$ 陽性ネコでは，角膜上皮びらん，視力消失および眼球腫大などを伴う角膜の代償不全といった付加的な問題が生じた時は，治療は非常に困難である。活動性のぶどう膜炎や緑内障には，消炎剤をできれば短時間作用型の散瞳性調節麻痺薬（1%トロピカミド）や炭酸脱水酵素阻害薬との組み合わせでより集中的に使用する必要があるが，このような例ではしばしば治療に対する反応は乏しい。活動性のぶどう膜炎が，続発性緑内障と角膜びらんを併発しておこった場合，効果的な治療は不可能になり，基にあるぶどう膜炎がコントロールできない場合は，患眼は摘出した方がよい。ネコは視覚の喪失には非常によく順応し，盲目となった疼痛のある眼を残しておく方が，より quality of life を阻害するであろう。

水晶体脱臼は，慢性ぶどう膜炎の合併症（図 12.54）として珍しくないが，ネコにおいてはイヌとは違い，緊急疾患ではなく，続発性緑内障は脱臼初期の結果としておこることは少ない。効果的な治療は，（前述のような）基にあるぶどう膜炎の原因を確定して治療することである。いったんぶどう膜炎のコントロールがうまく行けば，水晶体の摘出を考える。

ぶどう膜の新生物

原発性腫瘍

ネコはぶどう膜の腫瘍にかかりやすいが，最も一般的な原発性眼内腫瘍は黒色腫（メラノーマ）で，それは通常片眼性である（図 12.55～12.58）。その他の腫瘍（図 12.59 および 12.60）はかなり珍しい（Bellhorn and Henkind, 1979；Williams et al., 1981；Dubielzig, 1990）。脈絡膜よりも虹彩や毛様体がより冒されやすく（毛様体は前部ぶどう膜からの浸潤により病変に含まれるようである），ぶどう膜のメラノーマは良性の場合も悪性の場合もある。これらの腫瘍の病勢を予告できるような統一した形態学的特徴はない。しかし，ネコでは腫瘍細胞が虹彩の前面に限られている場合は予後は良好で，もし変形した細胞が虹彩実質に浸潤したり，虹彩を越えて広がっている場合には予後は不良になる（Duncan and Peiffer）。悪性度は肺や肝臓といった部位への遠隔転移の可能性にも関連しており，メラノーマのうち 50%以上は転移する（Patnaik and Mooney, 1988；Duncan and Peiffer, 1991）。

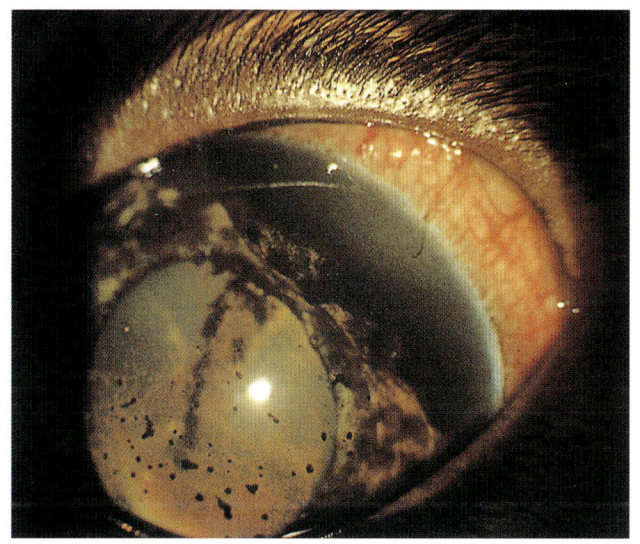

図12.55 び漫性虹彩メラノーマのある13歳齢の在来短毛種
眼は赤みをおび，著しい脱色素がみられ，続発性緑内障に発展している。

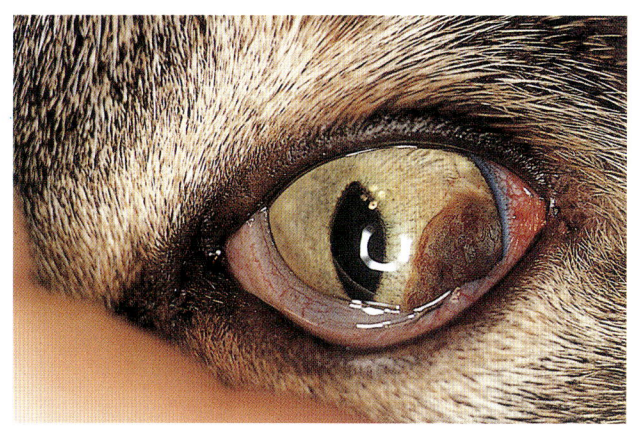

図12.57 虹彩メラノーマのある在来短毛種の成ネコ
眼は赤みをおび，腫瘍は著しい血管の反応を伴っている。
（J.P.Oleshkoの好意による）

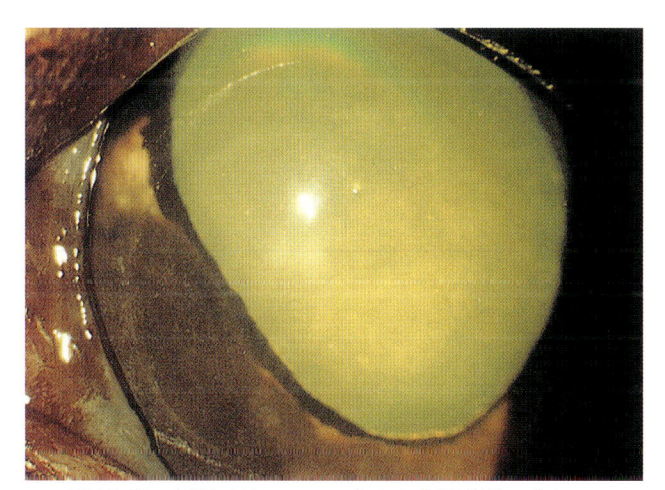

図12.56 虹彩メラノーマのある在来短毛種の成ネコ
腫瘍は虹彩のほぼ全体に浸潤しているが，正常な色の小さな部分もみられる。瞳孔はわずかに散大し，ぶどう膜外反がみられる。脱色素はみられない。

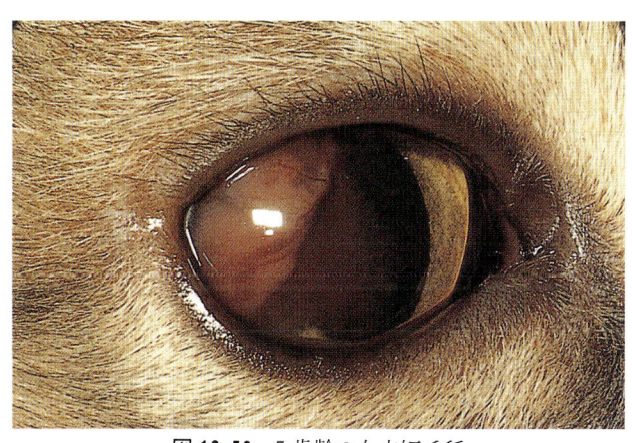

図12.58 5歳齢の在来短毛種
虹彩メラノーマはより広範囲の虹彩を含み，前房出血を伴う。

　虹彩の腫瘍は，目にみえるマスが存在するしないにかかわらず，様々な程度の臨床症状を引きおこす。すなわち虹彩の外観あるいは位置の変化，眼内そして時には眼球外の血管の隆起の増加，前房深度や色素分布の変化および緑内障などである。色素性病変も非色素性病変もおこる。トランスイルミネーション，隅角鏡，眼圧計および超音波診断装置あるいはMRIを用いた虹彩の外観，瞳孔および前房深度の注意深い検査は診断に役立つ。バイオプシーは通常行わない。マスが大きくなっていくのを確認するために，継続して観察することが必要になる。

　毛様体の原発性腫瘍は，虹彩のそれのようには容易に臨床検査で発見できないが，大きくなってこれば虹彩や水晶体も変位させる。

　ネコの毛様体の原発性腫瘍には，メラノーマや上皮性腫瘍（例：腺腫および腺癌）や平滑筋の腫瘍（例：平滑筋腫）がある。

　腫瘍が小さく，限界明瞭で，独立した原発性ぶどう膜腫瘍であったり，虹彩前面の色素沈着の変化が唯一の異常で

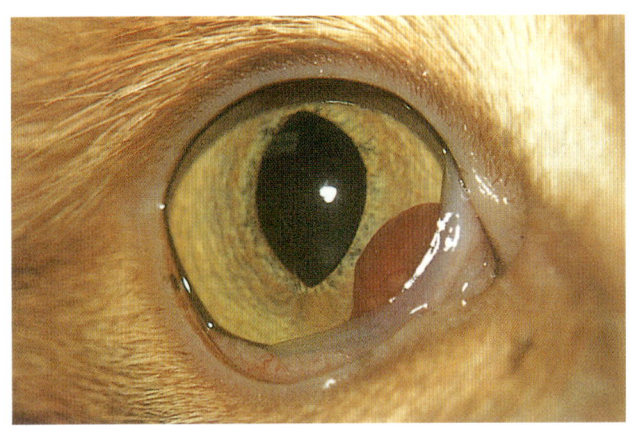

図 12.59　毛様体腺腫のみられる在来短毛種
（J.Wolfer の好意による）

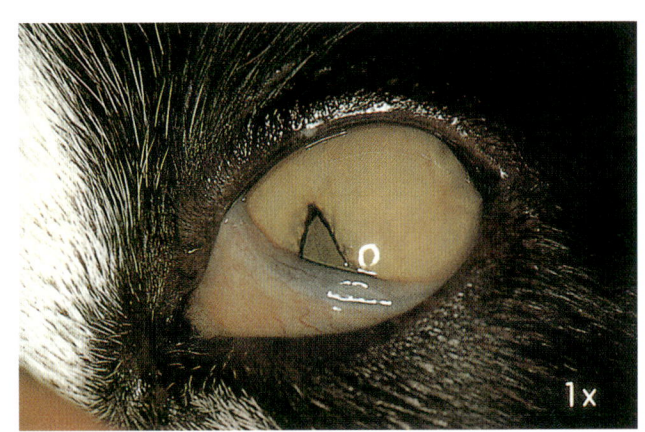

図 12.62　虹彩に浸潤したリンパ肉腫のみられる在来短毛種
広範囲な虹彩浸潤のため前房は浅くなっている。

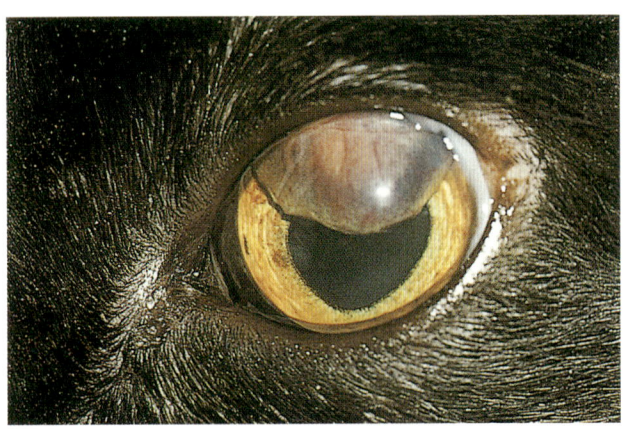

図 12.60　左眼に毛様体腺癌のみられる 7 歳齢の去勢済みオスの在来短毛種
右眼は図 12.39 に示す。このネコは FIV 陽性である。

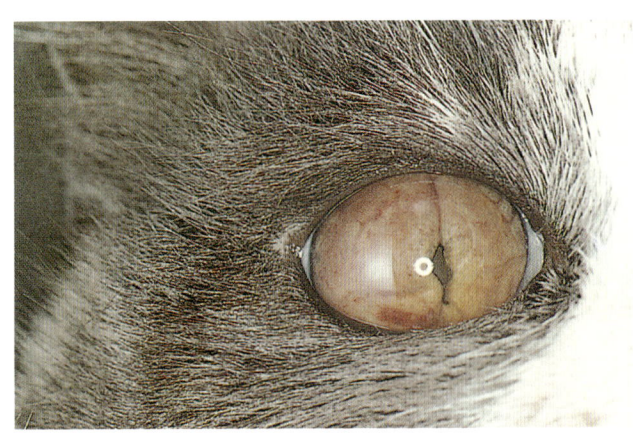

図 12.63　7 歳齢の避妊済みメスの在来短毛種
リンパ肉腫が虹彩に浸潤している。前房が浅くなっていることに加え，虹彩の血管や瞳孔の変位に注目。

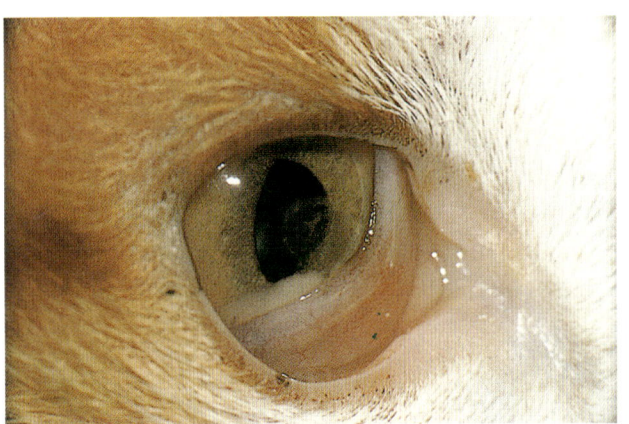

図 12.61　全身性リンパ肉腫のみられる 2 歳齢の在来短毛種
前房内のフィブリンと腫瘍細胞の存在および周辺部虹彩への軽度の浸潤に注目。

ある場合を除いては，早期の眼球摘出が通常選択すべき治療法である。もし，腫瘍の良性度が疑わしい場合は，手術に先立って注意深い身体検査と胸部 X 線検査を行うべきである。すべての症例において，摘出した眼球は組織病理学的検査に供するべきである。

続発性腫瘍

　FeLV に伴うリンパ肉腫が，ネコの眼球および眼窩を冒す最も一般的な続発性腫瘍であり，前述のように，ぶどう膜が病変に含まれることが最も多い（図 12.61～12.64）。前部および後部ぶどう膜の両方を含む病変というのは少ないが，その臨床症状には幅があり，ネコ白血病－リンパ肉腫症候群の眼症状を，その他のぶどう膜を冒す問題と区別す

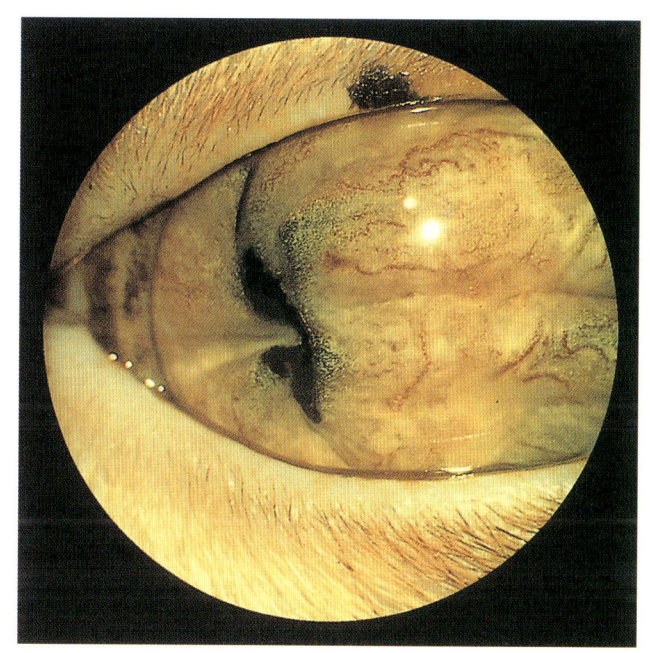

図 12.64 虹彩に浸潤したリンパ肉腫のみられる15歳齢の在来短毛種
図12.62と同様に前眼房深度が浅くなり、血管反応と瞳孔の変位がみられる。

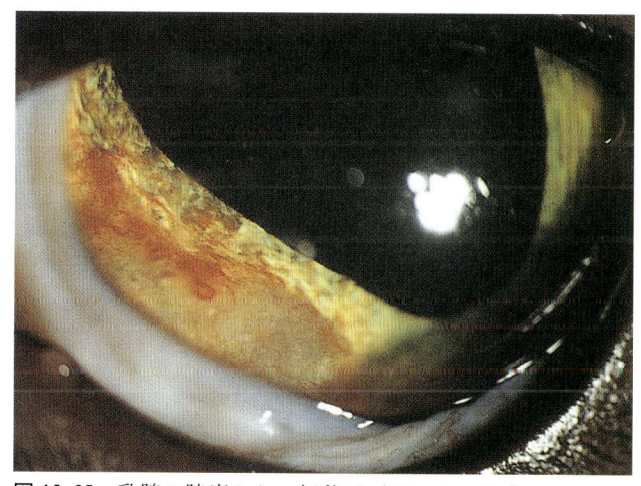

図 12.65 乳腺の腺癌からの転移が（眼とその他多くの部位に）みられる在来短毛種
乳腺の手術はほんの数週間前に行われている。

ることは常に可能というわけではない。

　プラズマ細胞性骨髄炎（多発性骨髄炎）は、腫瘍性プラズマ細胞の組織への浸潤とプラズマ細胞M成分（パラプロテイン）の損害的影響によって、通常は臨床上の問題が生じる。プラズマ細胞性骨髄腫は、ネコの続発性腫瘍の原因としてはまれなものである。

　転移性癌（例：腺癌、扁平上皮癌）および肉腫（血管肉腫、線維肉腫）もまた、続発性のぶどう膜新生物の原因として考慮しなければならない。それらは子宮、乳腺、肺および腎臓などといった多くの原発部位から発生し、脈絡膜や前部ぶどう膜に転移する（図12.65）。予後は容易ではない。

引用文献

Acland GM, McLean IW, Aguirre GD, Trucksa R (1980) Diffuse iris melanoma in cats. *Journal of the American Veterinary Medical Association* **176**: 52–56.

Angell JA, Shively JN, Merideth RE, Reed RE, Jamison KC (1985) Ocular coccidiomycosis in a cat. *Journal of the American Veterinary Medical Association* **187**: 167–169.

Bellhorn RW, Henkind P (1970) Intraocular malignant melanoma in domestic cats. *Journal of Small Animal Practice* **10**: 631–637.

Bergsma DR, Brown KS (1971) White fur, blue eyes and deafness in the domestic cat. *Journal of Heredity* **62**: 171–185.

Bill A (1966) Formation and drainage of aqueous humour in the cat. *Experimental Eye Research* **5**: 185–190.

Brightman AH, Ogilvie GK, Tompkins M (1991) Ocular disease in FeLV-positive cats: 11 cases (1981–1986). *Journal of the American Animal Hospital Association* **198**: 1049–1051.

Bussanich MN, Rootman J (1983) Intraocular nematode in a cat. *Feline Practice* **13**: 24–26.

Campbell LH, Fox JG, Drake DF (1972) Ocular and other manifestations of periarteritis nodosa in a cat. *Journal of the American Veterinary Medical Association* **161**: 1122–1126.

Chavkin MJ, Lappin MR, Powell CC, Roberts SM, Parshall CJ, Reif JS (1992) Seroepidemiologic and clinical observations of 93 cases of uveitis in cats. *Progress in Veterinary and Comparative Ophthalmology* **2**: 29–36.

Crispin SM (1993) The uveal tract. In Petersen-Jones SM, Crispin SM (eds), *Manual of Small Animal Ophthalmology*, pp. 173–190. BSAVA Publications, Cheltenham.

Corcoran KA, Peiffer RL, Koch SA (1995) Histopathologic features of feline ocular lymphosarcoma: 49 cases (1978–1992). *Veterinary and Comparative Ophthalmology* **5**: 35–41.

Davidson MG, Nasisse MP, English RV, Wilcock BP, Jamieson V (1991) Feline anterior uveitis: a study of 53 cases. *Journal of the American Animal Hospital Association* **27**: 77–83.

Dubey JP, Carpenter JL (1993) Histologically confirmed clinical toxoplasmosis in cats – 100 cases (1952–1990). *Journal of the American Veterinary Medical Association* **203**: 1556–1566.

Dubielzig RR (1990) Ocular neoplasia in small animals. *Veterinary Clinics of North America: Small Animal Practice* **20**: 837–848.

Duncan DE, Peiffer RL (1991) Morphology and prognostic indicators of anterior melanomas in cats. *Progress in Veterinary and Comparative Ophthalmology* **1**: 25–32.

Fischer CA (1971) Intraocular cryptococcosis in two cats. *Journal of the American Veterinary Medical Association* **158**: 191–199.

Formston C (1994) Retinal detachment and bovine tuberculosis in cats. *Journal of Small Animal Practice* **35**: 5–8.

Gemensky A, Lorimer D, Blanchard G (1996) Feline uveitis: A retrospective study of 45 cases. *Proceedings of the American College* of Veterinary Ophthalmologists **27**: 19.

Gerding PA, Morton LD, Dye JA (1994) Ocular and disseminated candidiasis in an immunosuppressed cat. *Journal of the American Veterinary Medical Association* **204**: 10, 1635–1638.

Gunn-Moore DA, Pearson GR, Harbour DA, Whiting CV (1996) Encephalitis associated with giant cells in a cat with naturally occurring feline immunodeficiency virus infection demonstrated by *in situ* hybridisation. *Veterinary Pathology* **33**: 699–703.

Hancock and Coates (1911) Tubercle of the choroid in the cat. *Veterinary Record* **23**: 433–436.

Hopper CD, Sparkes AH, Gruffydd-Jones TJ, Crispin SM, Muir P, Harbour DA, Stokes CR (1989) Clinical and laboratory findings in cats infected with feline immunodeficiency virus. *Veterinary Record* **125**: 341–346.

Johnson BW, Helper LC, Szajerski ME (1988) Intraocular *Cuterebra* larva in a cat. *Journal of the American Veterinary Medical Association* **193**: 829–830.

Kline KL, Joseph RJ, Averill DR (1994) Feline infectious peritonitis with neurologic involvement: Clinical and pathological findings in 24 cats. *Journal of the American Animal Hospital Association* **30**: 111–118.

Lappin MR, Greene CE, Winston S, Toll SL, Epstein ME (1989) Clinical feline toxoplasmosis. *Journal of Veterinary Internal Medicine* **3**: 139–143.

Lappin MR, Marks A, Greene GE, Collins J, Carman J, Reif JS, Powell CC (1992) Serologic prevalence of selected infectious diseases in cats with uveitis. *Journal of the American Veterinary Medical Association* **201**: 1005–1009.

Mikicuik MG, Fales WH, Schmidt DA (1990) Successful treatment of feline cryptococcosis with ketoconazole and flucytosine. *Journal of the American Animal Hospital Association* **26**: 199–201.

Miller WM, Albert RA (1988) Ocular and systemic candidiasis in a cat. *Journal of the American Animal Hospital Association* **24**: 521–524.

Nasisse MP, van Ee RT, Wright B (1985) Ocular changes in a cat with disseminated blastomycosis. *Journal of the American Veterinary Medical Association* **187**: 629–631.

Patnaik AK, Mooney S (1988) Feline melanoma: A comparative study of ocular, oral and dermal neoplasms. *Veterinary Pathology* **25**: 105–112.

Peiffer RL, Belkin PV (1979) Ocular manifestations of disseminated histoplasmosis in a cat. *Feline Practice* **9**: 24–29.

Peiffer RL, Wilcock BP (1991) Histopathological study of uveitis in cats: 139 cases (1978–1988). *Journal of the American Veterinary Medical Association* **198**: 135–138.

Poland AM, Vennema H, Foley JE, Pedersen NC (1996) Two related strains of feline infectious peritonitis virus isolated from immunocompromised cats infected with a feline enteric coronavirus. *Journal of Clinical Microbiology* **34**: 3180–3184.

Sparkes AH, Gruffydd-Jones TJ, Harbour DA (1994) An appraisal of the value of laboratory tests in the diagnosis of feline infectious peritonitis. *Journal of the American Animal Hospital Association* **30**: 345–350.

Wilcock BP, Peiffer RL, Davidson MG (1990) The causes of glaucoma in cats. *Veterinary Pathology* **27**: 35–40.

Williams DL (1993) A comparative approach to anterior segment dysgenesis. *Eye* **7**: 607–616.

Williams LW, Gelatt KN, Gwin R (1981) Ophthalmic neoplasms in the cat. *Journal of the American Animal Hospital Association* **17**: 999–1008.

Wolf AM, Belden MN (1984) Feline histoplasmosis: A literature review and retrospective study of 20 new cases. *Journal of the American Animal Hospital Association* **20**: 995–998.

13 硝子体

はじめに

　硝子体は，眼球の後部に位置し眼球容積の2/3を占めている。硝子体は，コラーゲン，ヒアルロン酸およびわずかな細胞と，約99%の水から成る透明なゼリー状の物質である。発生学的には外胚葉に由来し，発生段階において1次硝子体（硝子様動脈系組織），その周囲に形成される2次硝子体（成熟硝子体），さらに3次硝子体（水晶体小帯線維）に分けられる。

　硝子体基部は網膜毛様体縁に付着している。硝子体皮質は網膜に隣接する周辺の部分で，ネコでは，皮質は密度の濃い中心部より流動性がある。硝子体窩（patellar fossa）は，硝子体の前方凹面にあり水晶体を保持しており，ネコではレンズの後部表面に偽膜が存在する。クロケー管（硝子体管）は初期には硝子体動脈を含み，視神経乳頭から水晶体の後極をつないでいる。硝子体動脈は生まれたばかりの仔ネコではみられるが，8～9週で消失する。ミッテンドルフ斑は硝子体動脈が付着していた跡で，水晶体嚢上の小さい不透明な点である。

　硝子体の機能は，網膜を支え，光を伝え，眼球の形を保持することである。

　加齢により，硝子体内で穴があいたり，液化（シネレシス）がおこる。

先天性異常

　イヌにおいて，ドーベルマンやスタフォードシャー・ブル・テリアといった種の遺伝的な眼疾患としておこる第1次硝子体過形成遺残（PHPV）という先天的な疾患は，ネコでは報告がない。

　硝子体動脈遺残はネコでまれなようである。KetringおよびGlaze（1994）は，前方水晶体脱臼を伴った1例を報告している。図13.1は，別の若齢ネコにおいて片眼にみられたものである。

硝子体疾患

　ネコにおいて硝子体浸潤は，後部ぶどう膜炎や重度の前部ぶどう膜炎（虹彩毛様体炎）の場合におこり，房水フレアを伴う場合も伴わない場合もある。図13.2および13.3

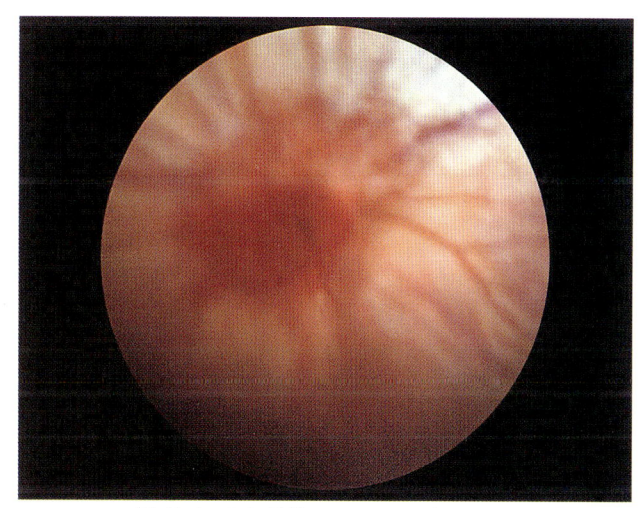

図13.1　7か月齢，オスのラグドール
片眼にみられた硝子体動脈遺残および少量の硝子体出血

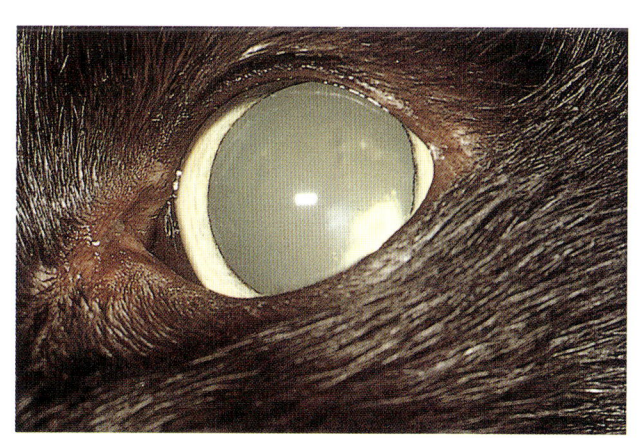

図13.2　11歳齢，避妊済みメスの在来短毛種
周辺部ぶどう膜炎：硝子体前部と水晶体後嚢に炎症性細胞がみられる。トキソプラズマ症の可能性が示唆される。

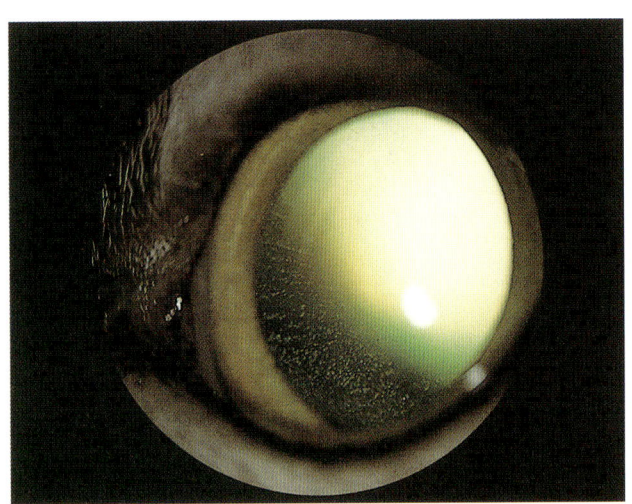

図13.3 4歳齢，去勢済みオスの在来短毛種
周辺部ぶどう膜炎，FIV陽性である。

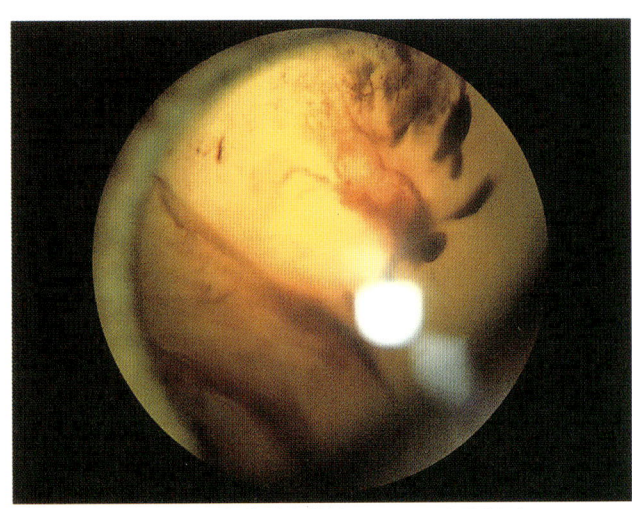

図13.5 10歳齢，去勢済みオスの在来短毛種
前方の硝子体出血および網膜剥離がみられる。酢酸メゲステロールを長期治療した結果発症した糖尿病に続発する高血圧症。

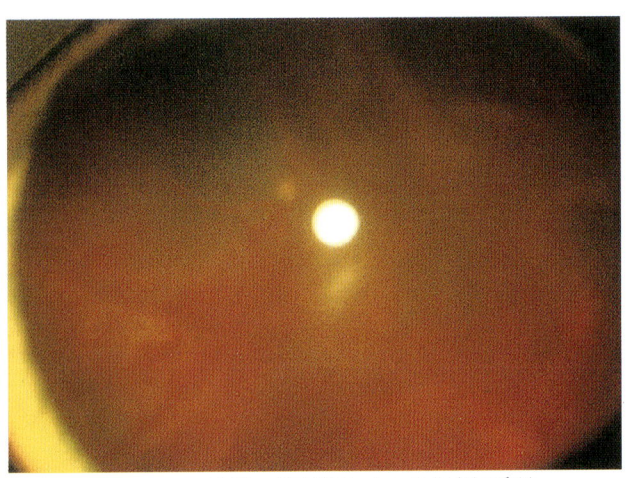

図13.4 8歳齢，避妊済みメスの在来短毛種
腎不全に続発する高血圧による，び漫性硝子体出血と両側の網膜剥離。

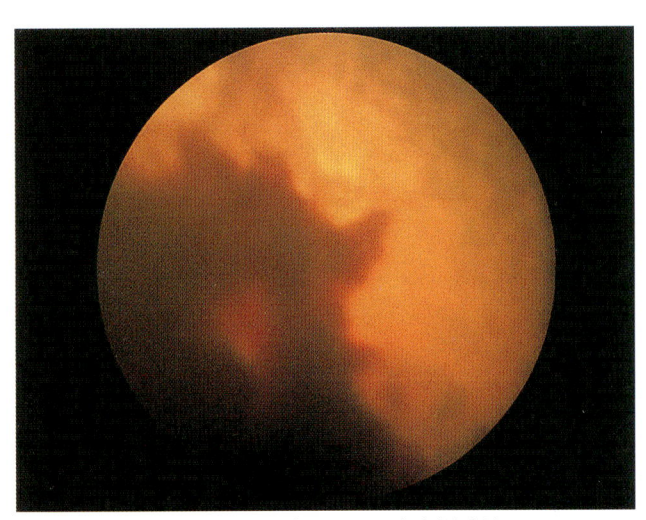

図13.6 14歳齢，オスの在来短毛種
多量の硝子体出血。原発性高血圧症。

は，周辺部ぶどう膜炎の症例における前部硝子体内の炎症性細胞を示している。

硝子体内出血は，日常診療で最も遭遇しやすく，炎症，外傷，腫瘍，血液凝固障害そして特に高血圧症に起因することがある。そのような例では網膜出血に随伴して硝子体内出血がみられることがあり，その例を図13.4〜13.6に示す（第14章も参照）。硝子体内出血は重篤な貧血をも引きおこす。

特に様々な原因による高血圧症の場合に，剥離した網膜の襞が硝子体内にみられることがある（第14章参照）。

眼ハエ幼虫症で，硝子体内に幼虫が存在している例がBrooksら（1984）により報告されている。硝子体の退行性変化である両側性の星状硝子体症の1例がWaldeら（1990）により，白いペルシャで報告されている。

引用文献

Brooks DE, Wolf ED and Merideth R (1984) Ophthalmomyiasis interna in two cats. *Journal of the American Animal Hospital Association* 20: 157–160.

Ketring KL and Glaze MB (1994) *Atlas of Feline Ophthalmology*, p. 95. Veterinary Learning Systems, New Jersey.

Walde I, Schaffer EH and Kostlin RG (1990) *Atlas of Ophthalmology in Dogs and Cats*, p. 295. B.C. Decker Inc., Toronto.

14　眼　底

はじめに

　眼底とは検眼鏡によって観察することのできる眼球の後部のことであり，下層の脈絡膜と強膜の上を覆っている網膜の外観がその主なものとなり，タペタム領域，ノンタペタム領域，視神経乳頭および網膜血管に区分される。図14.1は眼底の全体像であるが，タペタム領域とノンタペタム領域の相対的な大きさと位置および視神経乳頭の通常の位置を示している。タペタムおよびノンタペタム領域の組織像を図14.2および14.3に示す。イヌをはじめ，他の家畜に比べて，ネコの眼底のほうがより規則的で変化が少ない。

　網膜は通常10層からなると考えられている。網膜の最外層で脈絡膜に接して存在する網膜色素上皮は眼杯の外層（外胚葉）を起源とし，神経－感覚性網膜である残りの9層は眼杯の内層（同じく外胚葉）から発達する。タペタムを持つすべての動物の色素上皮には，タペタム領域を除いて色素が沈着している。

　ネコの眼底の血管の走行は，イヌと同様に網膜のほとんどが直接的な血液供給を受けているため，全血管的と分類される。主な血管として，毛様体網膜動脈と，それよりもわずかに太く，通常は蛇行していない静脈とがそれぞれ対になって3組存在し，これらの血管は視神経乳頭の近くあ

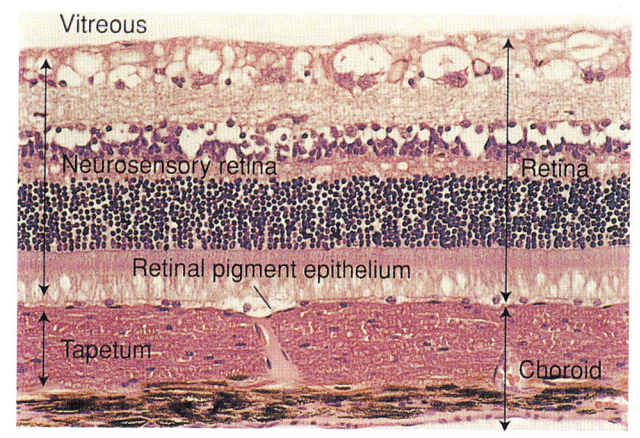

図14.2 ネコのタペタム領域の組織切片
ヘマトキシリン・エオジン染色。網膜(retina)の下に細胞性タペタムがあること，網膜色素上皮(retinal pigment epithelium)に色素がないことおよびタペタム(tapetum)を貫通して脈絡膜(choroid)から小さな血管が侵入していることに注目。vitreous：硝子体，neurosensory retina：神経－感覚性網膜

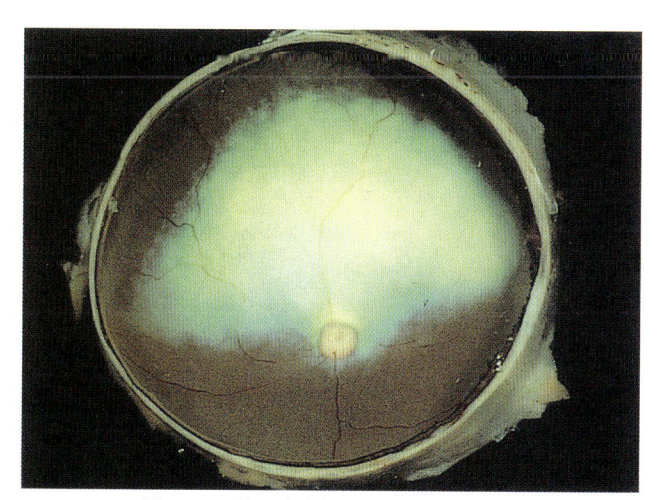

図14.1 若い在来短毛種の正常な眼底
タペタム領域の形と大きさおよび視神経乳頭の位置が後眼部をみると理解できる。

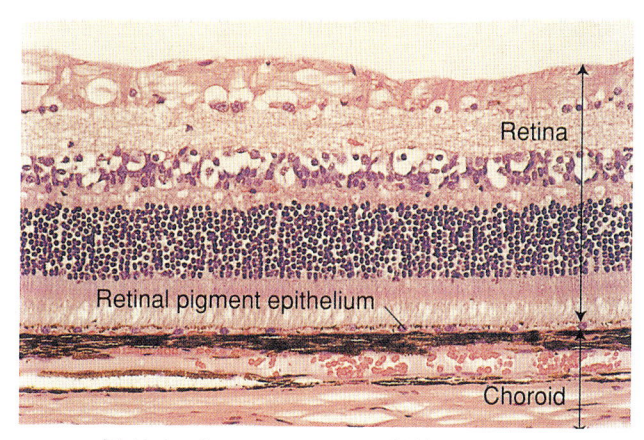

図14.3 ネコのノンタペタム領域の組織切片
ヘマトキシリン・エオジン染色。網膜色素上皮(retinal pigment epithelium)の中にメラニンが存在することおよびタペタムがないことに注目。choroid：脈絡膜，retina：網膜

るいはその辺縁から周辺部分へと広がってみられ，イヌと違って視神経乳頭の中央には血管が存在しない。ネコ網膜中心動脈は通常は存在しないが，報告例もある（Szymanski, 1987）。

図14.4 および 14.5 はそれぞれ動脈と動脈および静脈を充填させた蛍光血管造影写真である。明瞭ではあるが正常な，辺縁部で血管が沈んでみえる視神経乳頭の陥凹に注目されたい。

ネコの網膜疾患の分類は著者によって異なり，詳細に調査したにもかかわらず，多くの症例で病因がわからないという事実によって複雑なものになっている。ネコの網膜疾患はしばしば全身疾患と関連しているため，病気のネコの臨床検査には，全般的な眼科検査，特に眼底検査を加えるべきであり，多くの症例で診断の有力な手助けとなるであろう。眼底検査で得られる知見は，必ずしも特定の疾患の特徴とはならなくても，充分に全身疾患の存在を指摘してくれるであろう。本章では，「正常な眼底」に引き続いて，「先天性および早期に発生する異常」では網膜異形成，コロボーマおよびリソゾーム蓄積病について論述する。続いて「後天性の眼底疾患」では血管の異常（貧血，血液過粘稠症，網膜脂血症および出血），網膜剥離および高血圧について論述する。さらに，病因の明らかになっている特異的な変性性網膜疾患である「タウリン欠乏性網膜症」とアビシニアンにみられる2種類の異なったタイプの「遺伝性の進行性網膜萎縮」に言及する。「炎症性網膜疾患」（ウイルス性，細菌性，寄生虫性および真菌性）で網膜に関する項目は完了する。「視神経」は先天性疾患（無形成あるいは低形成およびコロボーマ）と後天性疾患（乳頭浮腫，視神経炎，緑内障性陥凹および視神経萎縮）に分けられる。最後に，「眼底の腫瘍」では網膜と脈絡膜の腫瘍および視神経と髄膜の腫瘍について記述する。

正常な眼底

ネコにはよく発達した，反射性の高い細胞性のタペタムがある。3角形の形状を持ち，みた目は顆粒状で，通常の色彩は黄色から緑色で，時に青色である（図14.6～14.9）。黒い色素を持った背景の上に，タペタムの小島が点在するように不完全な発達をすることはネコでは稀であるが，記録されている（Rubin, 1974）。眼が青く，白色あるいは毛色の薄いネコの中には，タペタムの欠如が生じたり，ブルーマールのイヌのようにタペタムが薄く脈絡膜の血管が透けてみえるネコもいる（図14.10～14.12）。ヒトの中心窩と同様に錐体細胞の密度が最も高い網膜中心野は視神経乳頭の約3mm外側に位置している（図14.13）。この領域には血管がなく，色彩的に緑色が濃くなっていることもある（図14.14）。タペタム領域の中でもこの領域は，タウリン欠乏性網膜症あるいはネコ中心性網膜変性症においては特に重要である（後のセクションを参照）。視神経乳頭の周囲には色素沈着や反射性の亢進（欠損）によるリングがしばしば存在するが（図14.15 および 14.17），ない場合もある（図14.16）。

ノンタペタム領域には通常では著しい色素沈着がみられ，暗調な灰色から褐色の色彩を表す（図14.18）。シャム

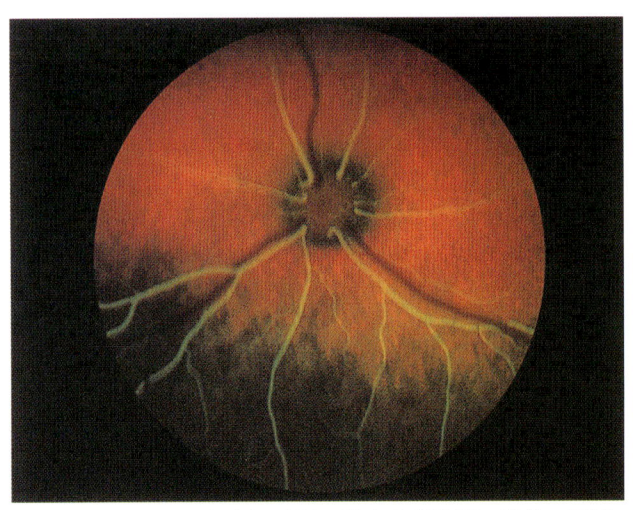

図14.4 成熟した在来短毛種の蛍光血管造影5秒後の写真で，動脈が造影されている（A. Leon 氏の好意による）。

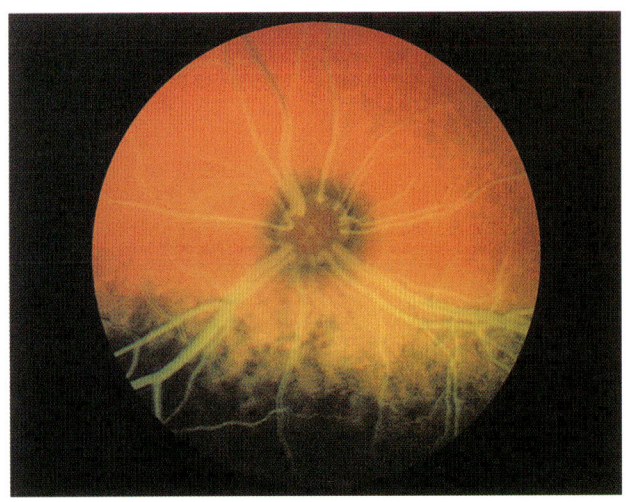

図14.5 同じネコの蛍光血管造影22秒後の写真で，動脈および静脈が造影されている（A. Leon 氏の好意による）。

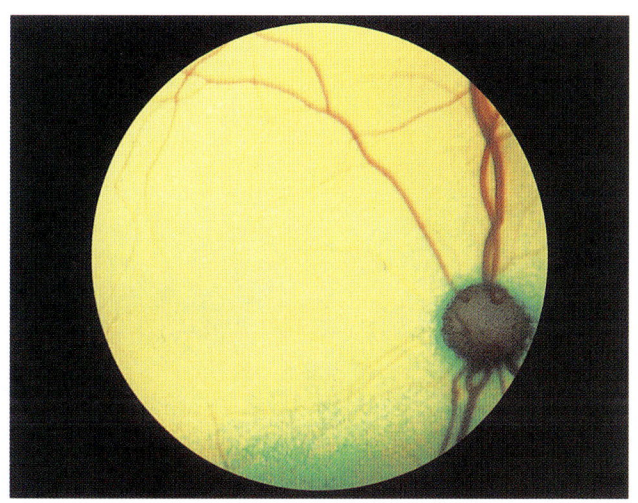

図 14.6　黄色いタペタムの眼底

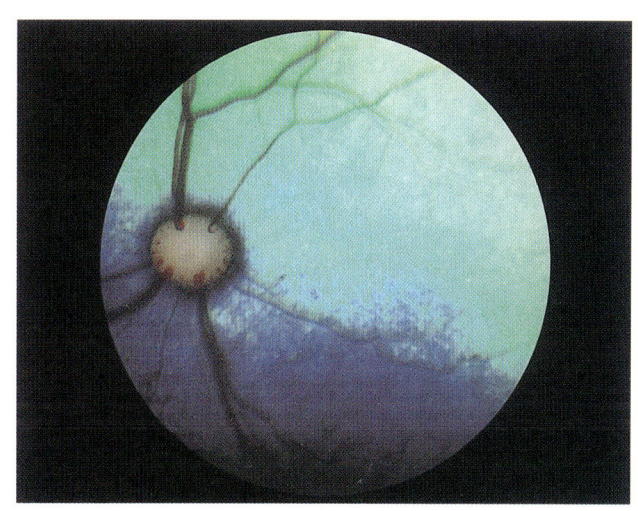

図 14.9　緑色から青色のタペタムの眼底

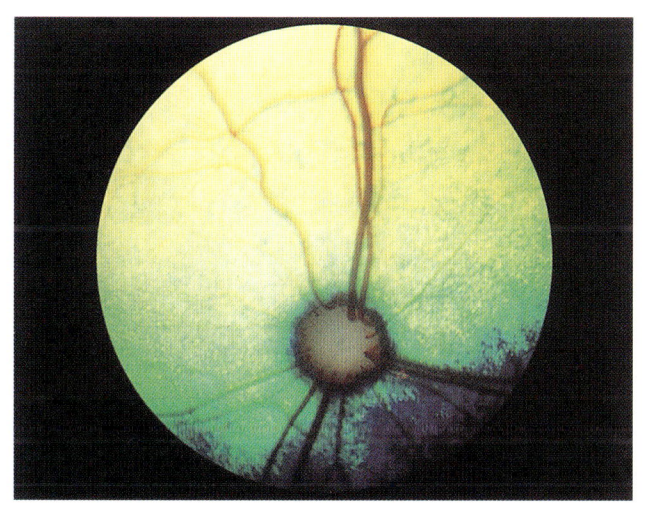

図 14.7　黄色から緑色のタペタムの眼底

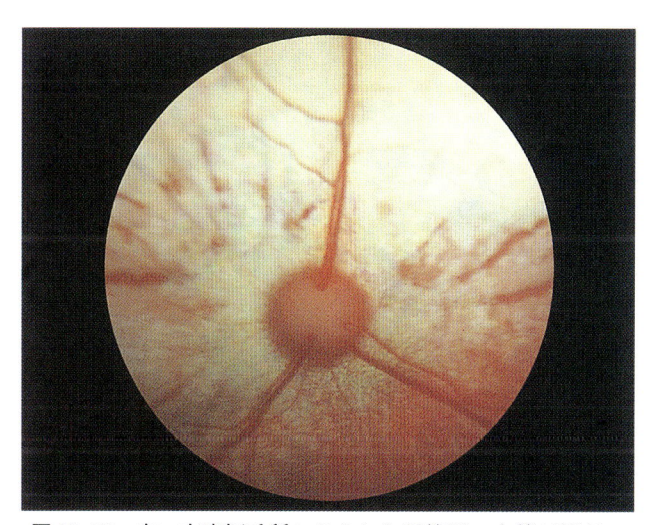

図 14.10　白い在来短毛種にみられた脈絡膜の血管が透見できる淡色で薄いタペタムの眼底

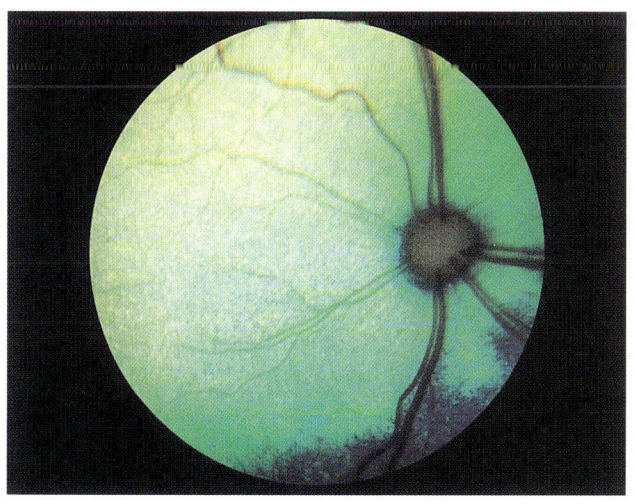

図 14.8　緑色のタペタムの眼底

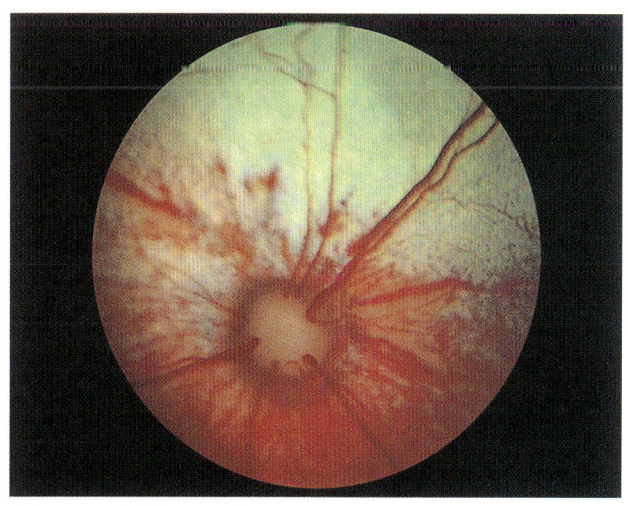

図 14.11　同様に眼が青く，若い在来短毛種にみられた淡色で薄いタペタムの眼底

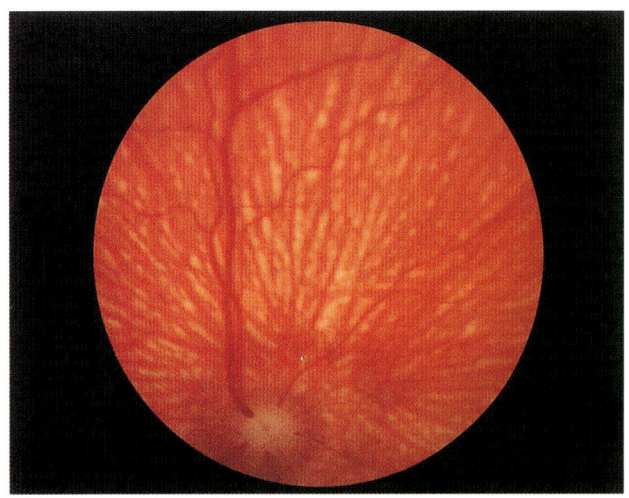

図14.12 眼が青く，白い被毛のネコにみられたタペタムを欠く準アルビノの眼底

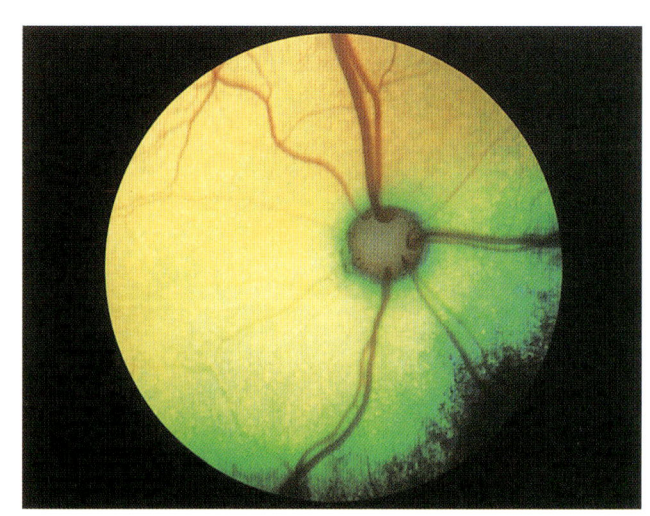

図14.15 色素が沈着し，帯色した乳頭周囲のリング

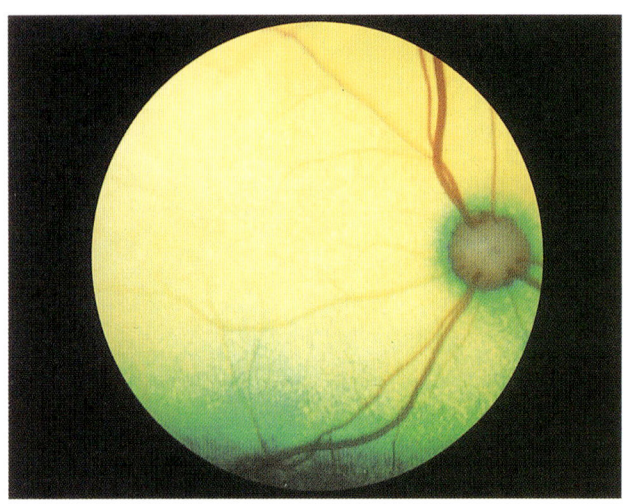

図14.13 視神経乳頭の外側にある網膜中心野（右眼）この領域に血管がないことに注目。

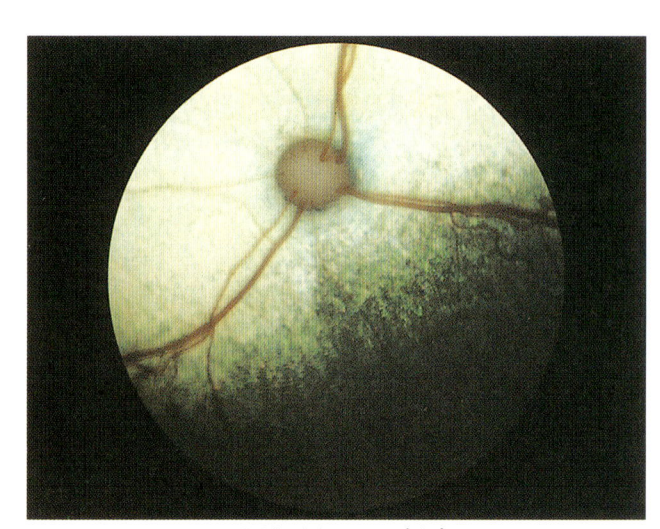

図14.16 乳頭周囲のリングを欠いている

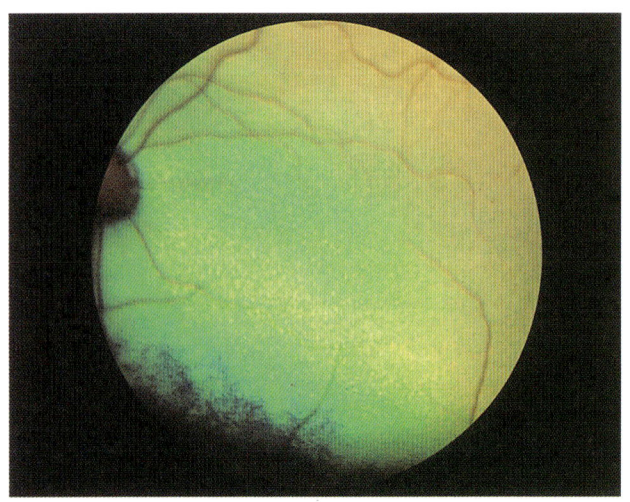

図14.14 視神経乳頭の外側にある網膜中心野（左眼）この領域がより暗調な緑色であることに注目。

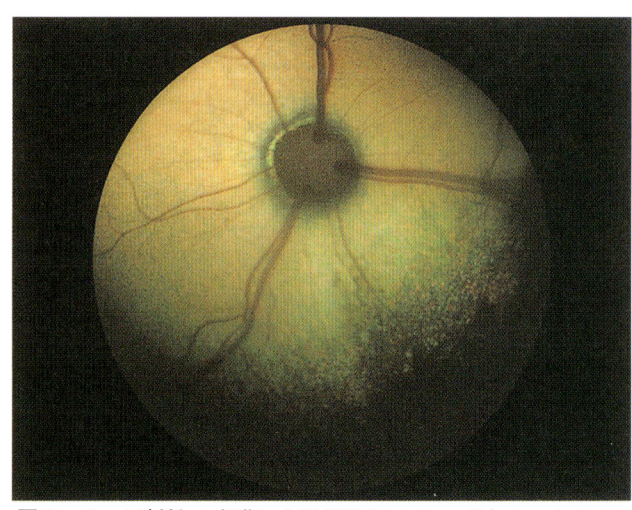

図14.17 反射性の亢進した乳頭周囲のリングあるいは生理的なコーヌス

やヒマラヤンのような眼に色素を欠いているような品種では，網膜色素上皮に色素がなく脈絡膜血管が透見できるため，ノンタペタム領域を虎斑状と表現できる（図14.19）。また眼が青く白色の個体には，脈絡膜の色素を欠いているものもいるし（図14.20），ノンタペタム領域にアルビノ様の斑を持つネコもまれに存在する（図14.21および14.22）。タペタム領域とノンタペタム領域との境界は通常は明瞭に区分されているが，時にノンタペタム領域にタペタムの小島が存在する場合がある（図14.23）。

ネコの視神経乳頭は小型でほぼ円形をし，陥凹を持ち，そ

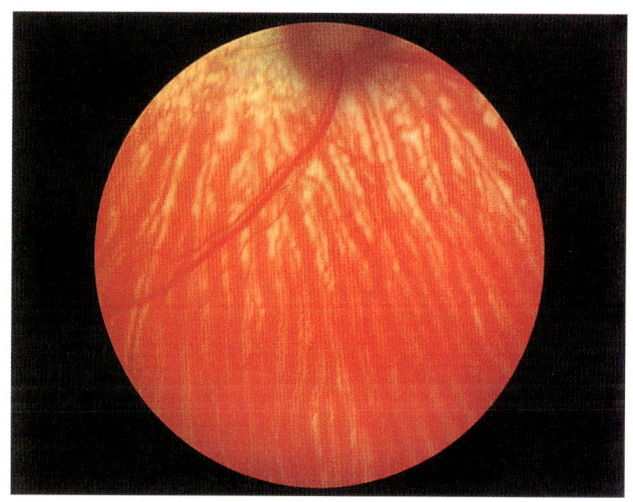

図14.20 眼が青く，白い在来短毛種にみられる準アルビノのノンタペタム領域の眼底
脈絡膜の血管がみえ，脈絡膜の色素が少ししかないことに注目。

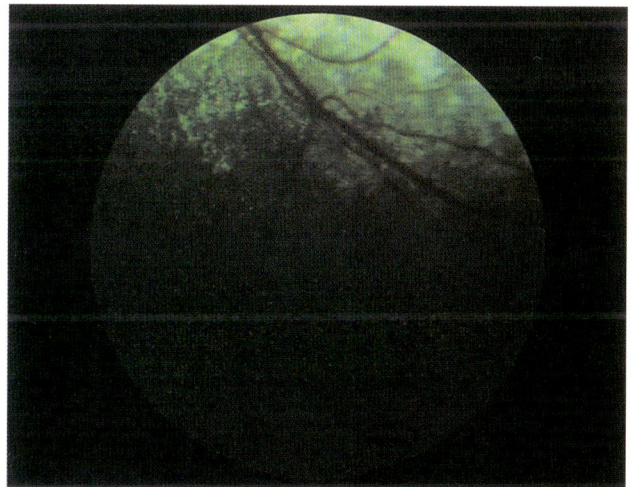

図14.18 成熟した縞模様の在来短毛種のノンタペタム領域の眼底

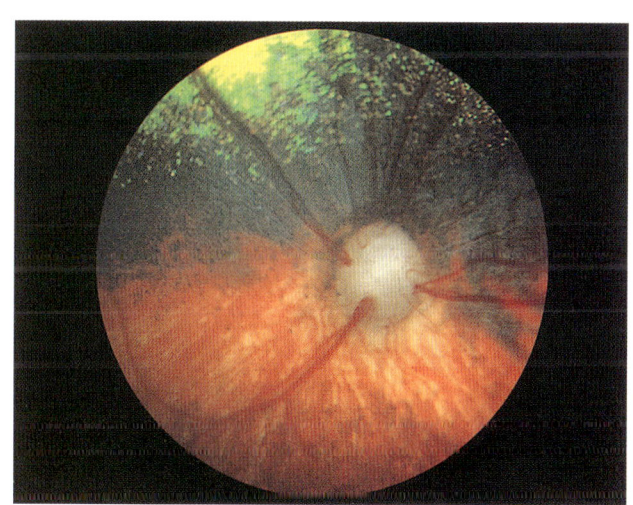

図14.21 白いペルシャにみられる部分的に準アルビノのノンタペタム領域の眼底

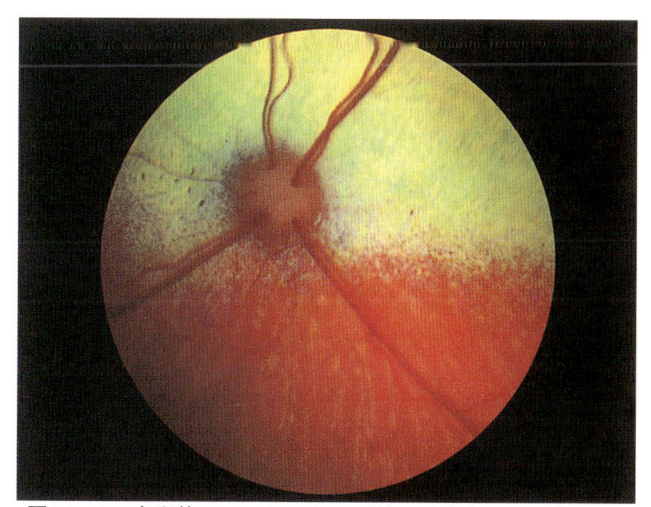

図14.19 虎斑状のノンタペタム領域の眼底（シールポイントのシャム）

の辺縁は明瞭である。タペタムを持つ動物では視神経乳頭は完全にタペタムの中に存在し，眼球の後極のわずかに外下方に位置している。時に，タペタムが視神経乳頭を包むところまで広がっていないこともある（図14.24）。視神経乳頭は灰色で，イヌとは異なりミエリンに包まれていない。また，篩板は検眼鏡下で観察することができる（図14.25）。ミエリンによる有髄化は通常は篩板の後方で始まるが，有髄化した神経線維あるいは不透明な神経線維が検眼鏡下で視神経乳頭の一部にみえることもある（図14.26および

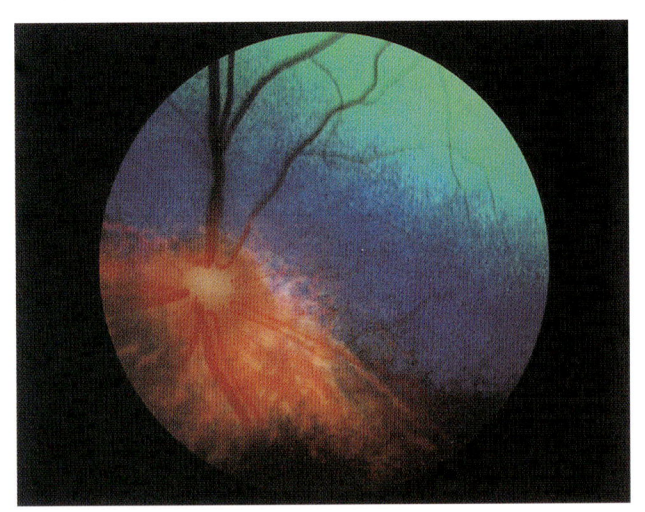

図14.22　色素沈着の多いノンタペタム領域の眼底にみられる部分的な準アルビノ

図14.23　ノンタペタム領域との境界に点在するタペタムの小島

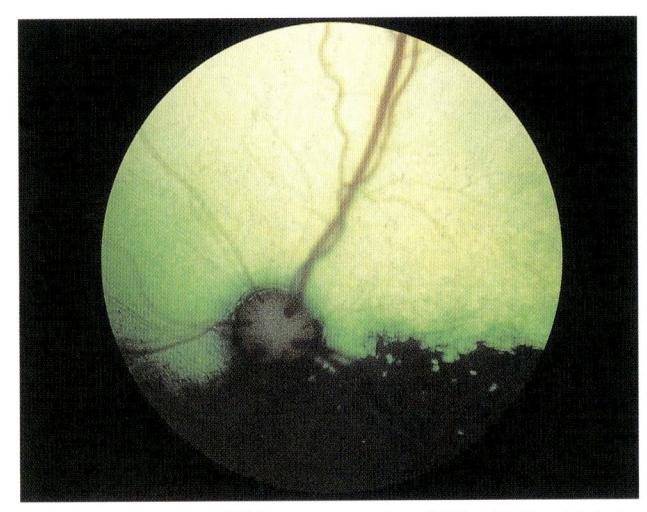

図14.24　タペタム領域とノンタペタム領域の境界に接する珍しい位置にある視神経乳頭（ネコの視神経乳頭は，通常はタペタム領域の内側にみられる）

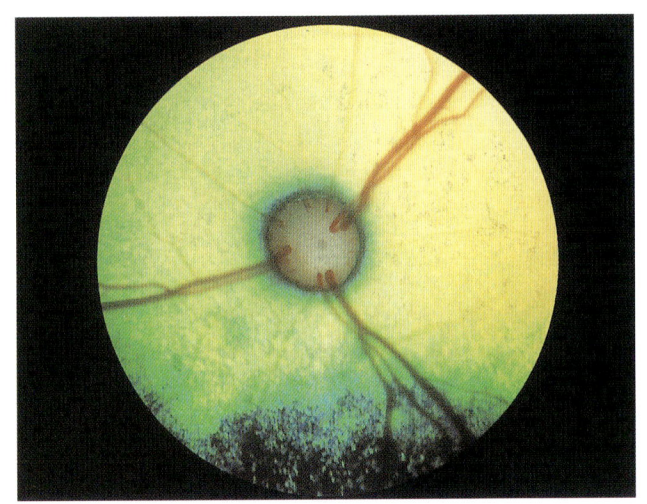

図14.25　篩板のみえる有髄化していない灰色の視神経乳頭

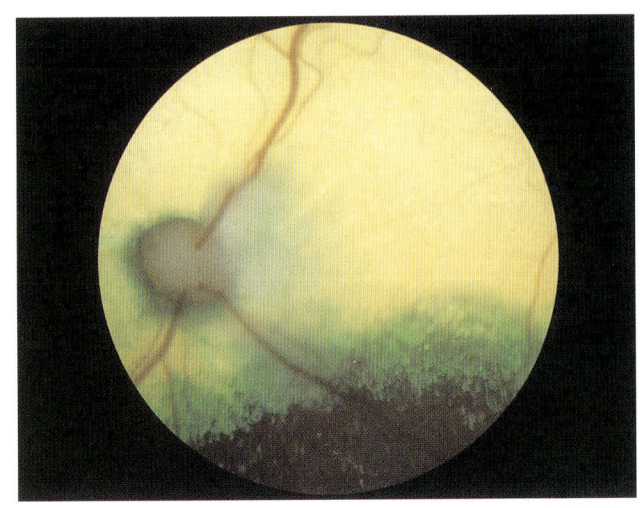

図14.26　検眼鏡下で1時から5時の方向にみえる有髄神経線維

14.27）。これは正常な変化であり，片眼にみられる場合もあれば，両眼にみられる場合もある。

　ネコの視神経乳頭は状態では陥凹し，その辺縁を乗り越えるように血管が弯曲している（図14.28，14.4および14.5）。図14.29には視神経乳頭上の異常な血管の走行を表している。ネコの眼底における動脈の過剰な蛇行はまれである（図14.30）。視神経乳頭のサイズはネコによって大きな変化はみられないが，小さな範囲内では生じる（図14.31および14.32）。

14. 眼　底

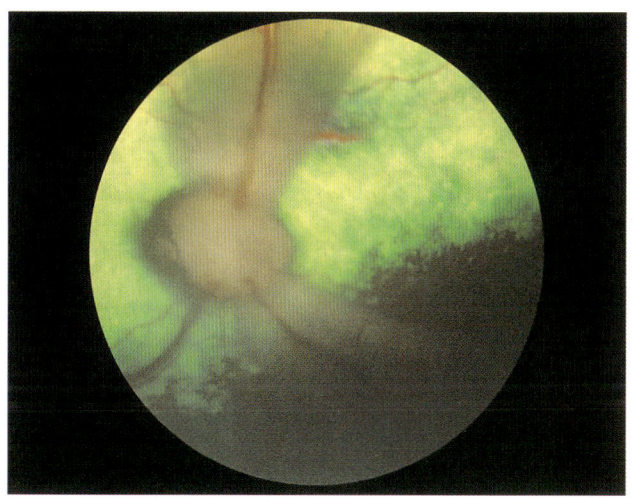

図 14.27　背側および腹側にみえる有髄神経線維（視神経乳頭も異常を呈する）

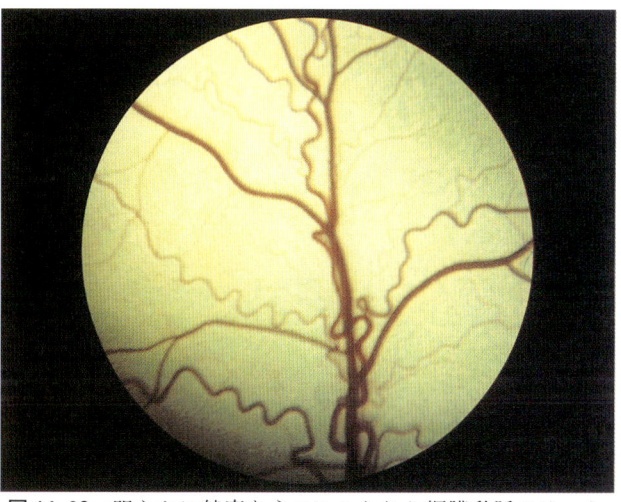

図 14.30　明らかに健康なネコにみられた網膜動脈のめったにない過剰な蛇行

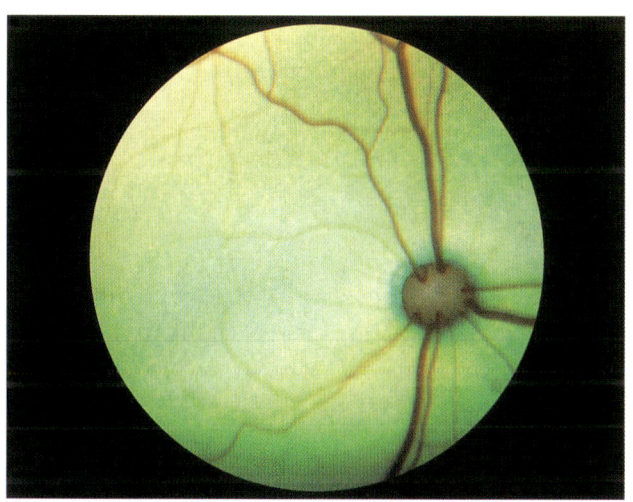

図 14.28　正常な陥凹のある視神経乳頭では，血管がその端を乗り越えるように弯曲してみえる。

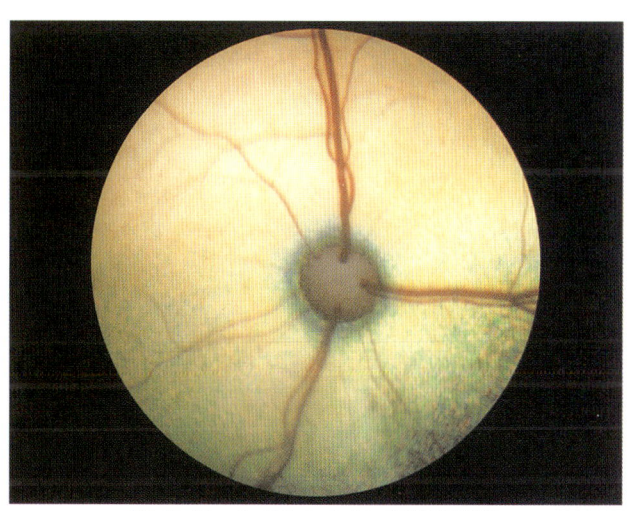

図 14.31　わずかに大きい視神経乳頭

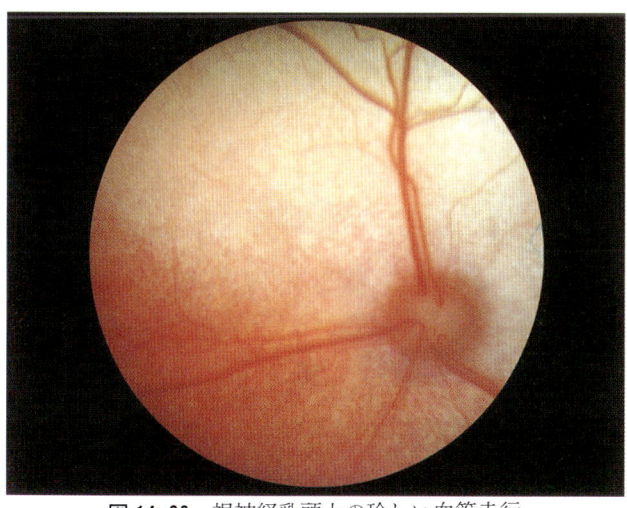

図 14.29　視神経乳頭上の珍しい血管走行

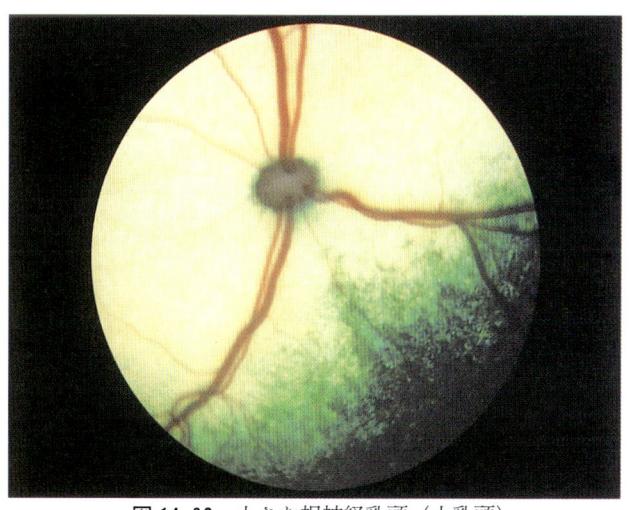

図 14.32　小さな視神経乳頭（小乳頭）

先天性および早期に発生する異常

網膜異形成

ネコの網膜異形成についての報告は散見され，通常は汎白血球減少症やネコ白血病のようなウイルス感染に続発したものであるが（Albert et al., 1977），物理的および化学的損傷に関連しているものもある。網膜異形成は単独で発見されることもあるし，白内障や小眼球症のような他の眼の欠陥を伴っておこることもある。時としてその原因は不明である（図14.33）。

ネコ汎白血球減少症ウイルスの催奇形性がよく知られている（Percy et al., 1975）。小脳の低形成をおこすことに加え，このウイルスは網膜の発達にダメージを与え，その結果，広範囲あるいは多発性の網膜変性を引きおこす。治療法はない。

コロボーマ

視神経乳頭，乳頭周辺領域，脈絡膜および強膜のいずれか，あるいはすべてにおよぶコロボーマ（図14.34および14.35）はネコではまれである（Belhorn et al., 1971）。視覚上の問題はあまりなく，コロボーマは眼科学的検査中に偶然に発見されることが多い。時に，別の先天的な欠損が存在することもある。

リソゾーム蓄積病

神経節細胞内に糖脂質が蓄積することによって，多発性の小さな点状の変化が網膜におこることがGM_1ガングリ

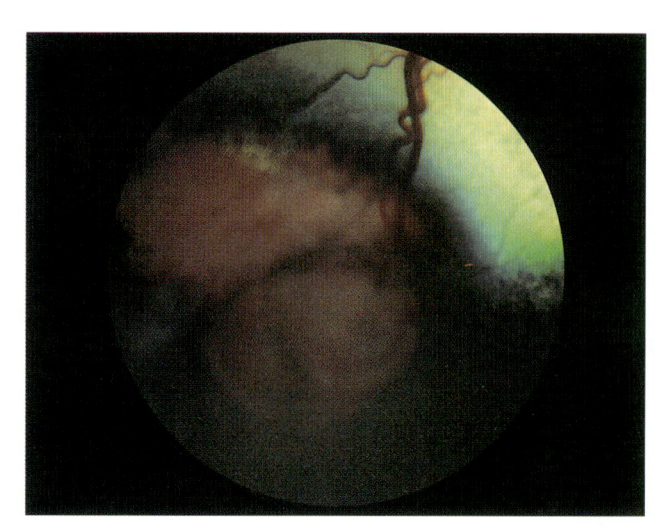

図14.34 1歳齢の在来短毛種にみられた視神経乳頭と隣接する網膜および脈絡膜のコロボーマ

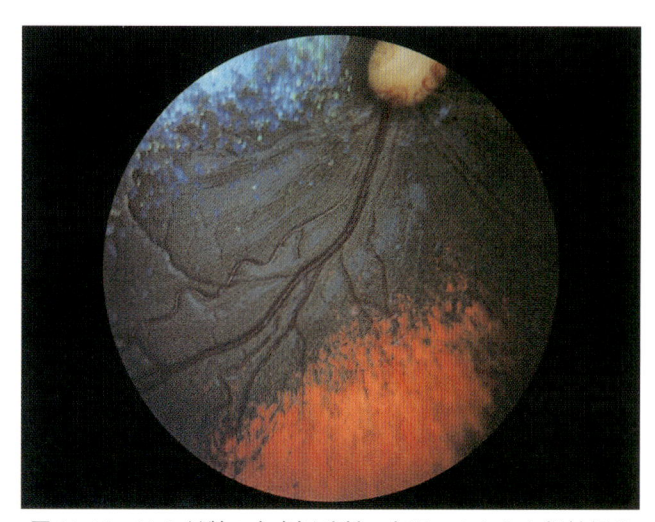

図14.35 10か月齢の在来短毛種の右眼にみられた視神経乳頭の腹側の虎斑領域として観察できるコロボーマ状の欠損
左眼は瞳孔膜遺残に伴った角膜の大きな混濁のために眼底検査が充分に行えなかった。しかし，視神経乳頭の腹側には同様の欠損があるように思われた。

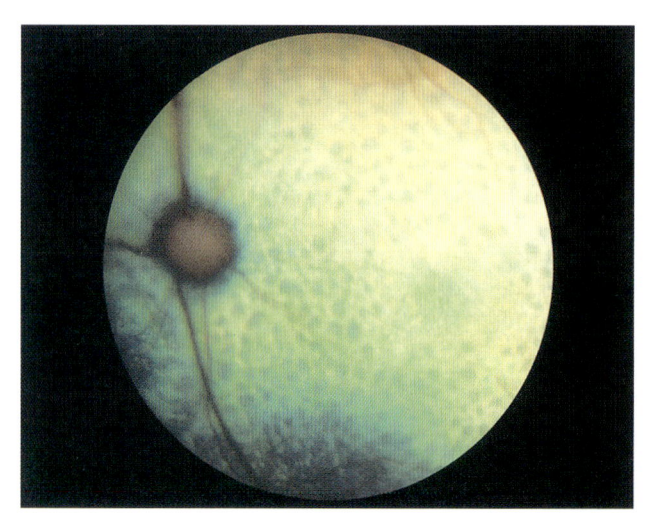

図14.33 幼い在来短毛種にみられた原因不明の網膜異形成

オシド症のネコで報告されている（Murray et al., 1977）。網膜中心野が鈍い灰色の顆粒状に変化することが$α$-マンノシド症のネコで記されている（Blakemore, 1986）。多数のムコ多糖症Ⅵ型のネコ（Haskins et al., 1979）とHubler et al.（1996）が報告したムコ脂肪症のネコの1症例において，その外観はび漫性の網膜変性のようと記述されていた。罹患した動物はすべて，生後2，3か月のうちに神経症状を発現する（第15章参照）。

後天性の眼底疾患

血管の異常

貧　血：貧血になると，観察できる眼底の血管の色調が薄くなり，視神経乳頭も正常時に比べて青白い外観を呈するようになる。動脈と静脈の判別は，細い血管において明瞭ではなかったが，貧血時には色調の対比が弱くなり，わずかに血管が広がるために，さらに困難となるであろう。ヘマトクリット値が10％以下になり，ヘモグロビン濃度が5g/l以下になると，網膜出血がみられることもある（図14.36）。出血の病因はおそらく，貧血によっておきた低酸素症に反応して循環動態が変化した結果，血管の脆弱性が増加したためである。同時に血小板減少症が存在すれば，出血はよりおこりやすくなるであろう。

　貧血の原因は，例えば外傷による血液喪失の急性および慢性的影響のようなものは明確になるかもしれない。しかしながら，多くの症例においては細部にわたる調査が必要で，そうすることで，非再生性貧血，自己免疫性溶血性貧血，血小板減少症（さまざまな原因を持つが），新生物（例：リンパ肉腫），汎白血球減少症，ヘモバルトネラ症および様々な毒血症などの正確な病気の原因を突き止めることができる。

血液過粘稠症：血液過粘稠症は，循環中の赤血球があまりに多すぎたり（多血症），血漿蛋白質濃度が上昇した（高蛋白血症）結果である。多血症は原発であることも，続発であることもある（図14.37および14.38）。続発性の多血症は心疾患あるいは種々の肺の不全症の結果である。ファロー四徴（心室中隔欠損，肺動脈狭窄，大動脈の右偏および右心室の肥大）のような先天的な心疾患は，動脈の低酸素血症をおこすために続発性の多血症の原因となり，罹患した動物は右一左短絡のためにチアノーゼを呈する。

　高蛋白血症には多くの原因が考えられるが（第12章参照），形質細胞性骨髄腫や形質細胞腫のような単クローン性

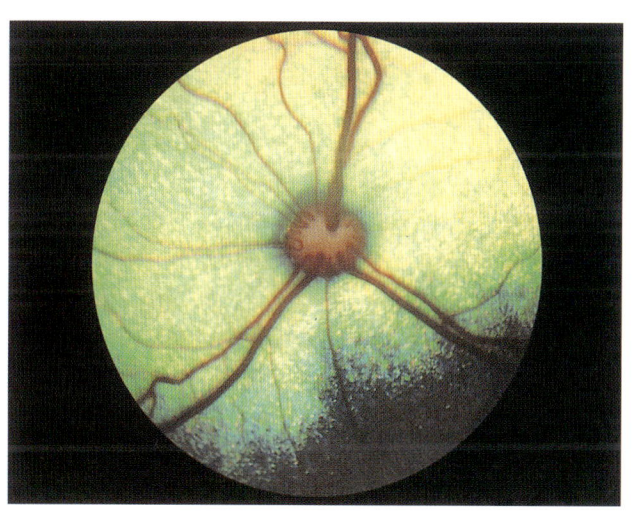

図14.37　原発性多血症に罹患した，8歳齢の在来短毛種の去勢済みのオス
血管病変は静脈で特に明瞭であるが，網膜血管が正常時よりも暗調になり，太くなっている。

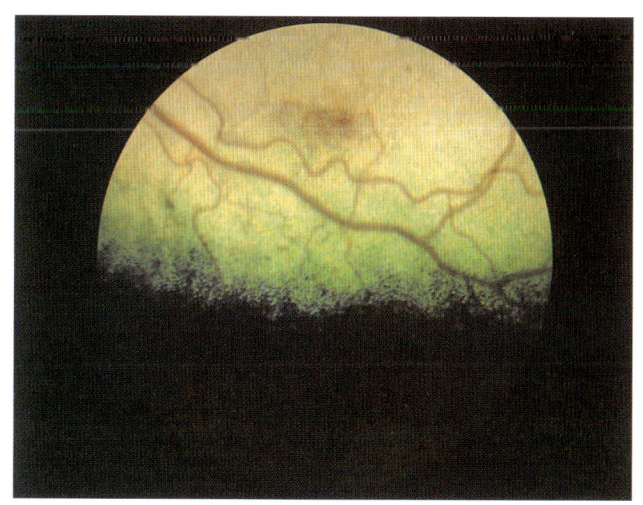

図14.36　3歳齢の在来短毛種の去勢済みのオス
網膜血管の色がわずかに薄く，網膜の神経線維層の部分に出血のみられる貧血性網膜症。このネコは原因不明の血小板減少症および貧血であった。

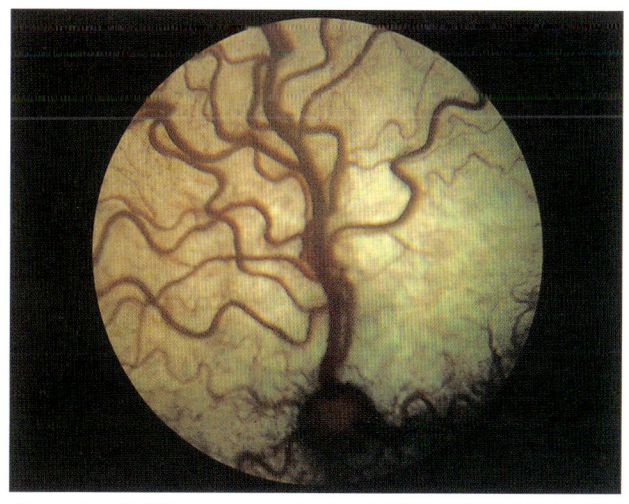

図14.38　続発性の多血症（ファロー四徴）に罹患した10か月齢の在来短毛種
このネコの結膜が図8.33に示されている。暗調でうっ血し，蛇行している網膜血管に注目（PCVは62％）。

ガンマパチーと免疫介在性疾患（例：全身性紅斑性狼瘡）や慢性的に抗原的な刺激を続ける疾患（例：ネコ伝染性腹膜炎）に関連した多クローン性ガンマパチーが存在する。

眼に現われる症状は印象的で，網膜静脈が太くなり（時には，連なったソーセージ状），蛇行する（図12.26）のが特徴である。網膜出血もまれに存在し，視神経乳頭が浮腫状となることもある。血液過粘稠症の管理は，潜在する原因を発見して治療することによる。

網膜脂血症：網膜脂血症は高カイロミクロン血症（トリグリセドの豊富な大型のリポ蛋白を過剰に含んでいる）が眼に現われたもので，原発性および続発性の両方の高トリグリセド血症あるいはもっと特殊な高トリグリセド血症に関連してみられる（Crispin, 1993）。

原発性の遺伝性のタイプが，リポ蛋白を分解する酵素の遺伝子の変異の結果，リポ蛋白を分解する酵素の活性が欠如することによって生じていることが実証されている（Ginzinger et al., 1996）。罹患した仔ネコはすべて急速に高脂血症に陥り，その多くが末梢性の神経障害をおこし，低脂肪食の食餌療法を始めなければ，病状は進行していく。

貧血（PCVが11%以下）に関連しておこる1次的な高リポ蛋白血症がGunn-Mooreら（1997）によって報告されており，4～5週齢の仔ネコの離乳時に高カイロミクロン血症がおこった。このタイプにおいても，遺伝的な要素が関与していると思われるが，一方ではその他の要因（ノミ，ヘモバルトネラおよび脂肪の摂取過多）も関係していると思われ，その病状を認識して治療すれば（急性の貧血に対しては吸気中の酸素濃度を高くし全血の輸血，ヘモバルトネラ感染に対してはドキシサイクリン投与，ノミに対しては毎日櫛でといて苦痛を減らしてやり，離乳後は低脂肪食を与える），その病状は完全に改善される。

高齢の動物では，トリグリセドの上昇を伴った続発性の高リポ蛋白血症が，糖尿病や酢酸メゲステロールの投与に関連して最も一般的にみられる。

網膜脂血症はノンタペタム領域の暗調な部分を背景とすると最も容易に観察することができ，患者のヘマトクリットが低いほど，クリーム状の血漿を覆い隠す赤血球が少ないため高脂血症の観察は容易となる。網膜の血管の中を充填してい血液の色調はサーモンピンクからクリーム色まで様々で，血管は正常時よりも広くなり，網膜脂血症が著しい時には通常以上に動脈と静脈を区別することが困難であろう（図14.39および14.40）。

出　血：ネコにおいて網膜出血はまれなことではなく，様々な原因からおこる。鈍的な外傷および穿孔性の外傷（図

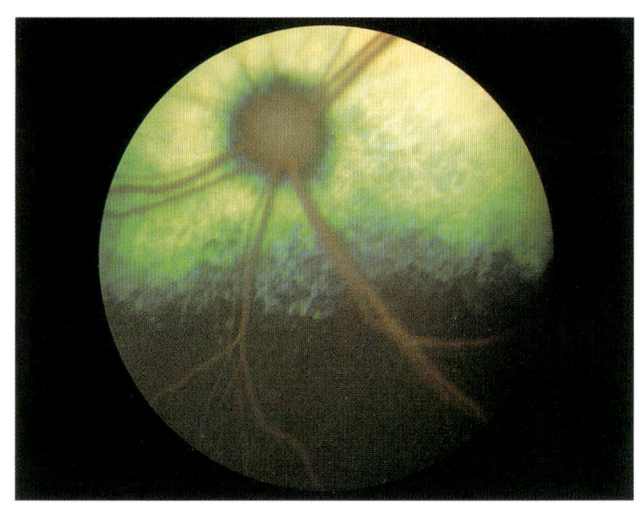

図14.39　網膜脂血症に罹患した4歳齢の在来短毛種の避妊済みのメス
右眼にはネコによる引っ掻き傷があり，その部位に脂質性角膜症が急速に発生した（図9.60）。眼底検査により網膜脂血症であることがわかった。血清中のコレステロールおよび中性脂肪濃度の上昇（それぞれ，9.89および79.8 nmol/l），カイロミクロン血症およびリポ蛋白の分画異常が血液生化学検査からわかった。

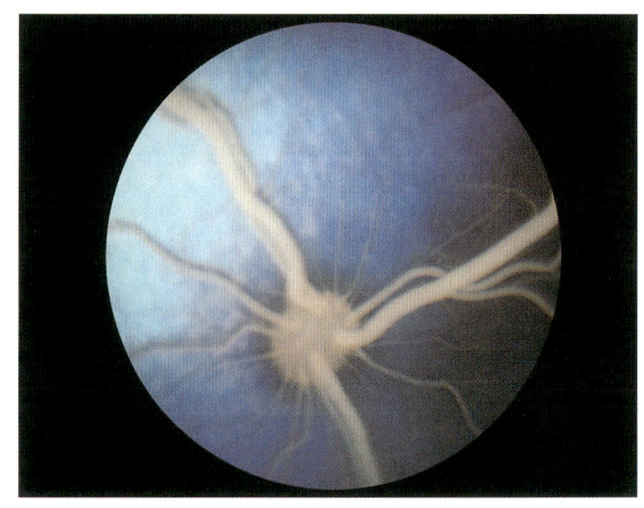

図14.40　網膜脂血症および貧血（血清コレステロール6.97 nmol/l，血清中性脂肪41.6 nmol/l，リポ蛋白分画異常，PCV 8%）に罹患した4週齢の在来短毛種

3.5および3.6）が最も一般的な網膜および脈絡膜の出血の原因である。貧血性の網膜症が出血の原因になることについては先に述べている（図14.36）。チアミナーゼの豊富な食餌やチアミンの含有量の少ない食餌の結果生じるチアミン欠乏症は，神経学的な徴候とともに（第15章参照）網膜血管の拡張，網膜出血，血管新生および乳頭周辺の浮腫（図

14.41）などの様々な影響を及ぼし，気がつかなければ最終的には昏睡，そして死をもたらす。炎症性の網膜症によって出血がおこることもあり（たとえばネコ伝染性腹膜炎），寄生虫の迷入によって出血がおこる可能性もある。原発性および続発性の新生物が生じた結果，出血することもある。高血圧（後述参照）もまた網膜および脈絡膜の出血の最も一般的な原因の1つである。血液凝固の異常と眼内出血とは必ずしも関連していない。

網膜剝離

網膜剝離は神経－感覚性網膜が，その下層の色素上皮から分離した結果である。網膜剝離の原因には，高血圧（後述参照），炎症（第12章参照），外傷（図3.6および14.42），腫瘍（後述参照），過粘稠性症候群およびエチレングリコール中毒（Barclay and Riis, 1979）などがある。網膜剝離の病理発生は原因によって異なる。すなわち，高血圧性の変化や炎症をおこしている脈絡膜や網膜からの滲出液が生じた場合は，水疱性および滲出性の網膜剝離がおこり，外傷や外科手術の後に生じた網膜の裂孔からは亀裂性の網膜剝離がおこり，また腫瘍が脈絡膜や網膜に浸潤して充実性の網膜剝離がおこることもある。炎症の後に硝子体に牽引索が形成された結果おこる牽引性の網膜剝離は，ネコでは通常は認められない。

網膜剝離の管理は，原因をはっきりさせることによる。不幸なことに，ネコに網膜剝離がおこると，1時間以内に網膜の変性が始まり，その変化は進行性で，通常回復はみられない。そのため，網膜が再接着を始められるように迅速な処置を行うことが，網膜の再生には重要である（Dziezyc and Millichamp, 1993）。

高血圧

網膜剝離や眼内出血に関連して突然に視力の消失が始まるのが，最も認知しやすい全身性の高血圧が存在する徴候である（Boldy, 1983；Morgan, 1986；Christmas and Guthrie, 1989；Kobayahi, 1990；Turner, 1990；Labato and Ross, 1991；Littman, 1994；Sansom, 1994；Stiles, 1994）。不幸なことに，これらの眼症状がみられたときには疾患はかなり進行し，回復しない病態にある。はっきり言って，ネコの高血圧の治療を成功させるには，早く発見し，正確な診断を下し，効果的な治療を，しっかりと監視しながら行うべきであろう。この疾患は，平均年齢が14〜15歳の高齢のネコに最もよくみつけられるが，高齢のネコに定期的な健康診断を行うと，初期の高血圧による変化を，もっと若い時期（平均年齢11〜12歳）に発見できることが分かっている。しかしながら，もっと若いネコにおいても，高血圧が健康上の問題になりうることを強調しておくことは重要である。

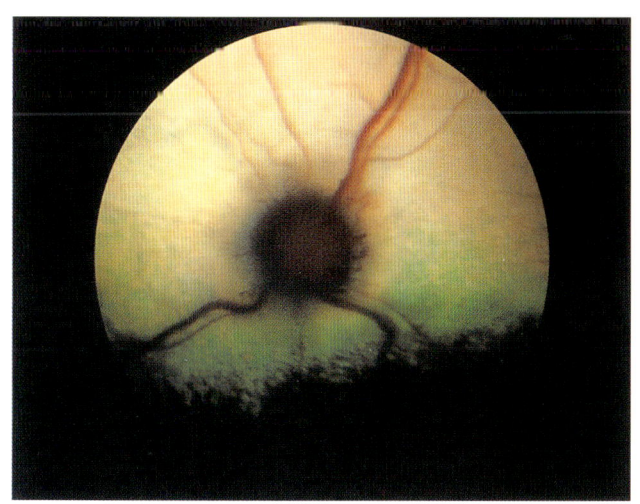

図14.41　チアミン欠乏症に罹患した在来短毛種
瞳孔は散大し，対光反応に乏しい。脊椎の過敏反応および頭頸部の下垂などの神経症状がみられる。網膜血管の拡張，網膜出血，血管新生および乳頭周辺の浮腫に注目。

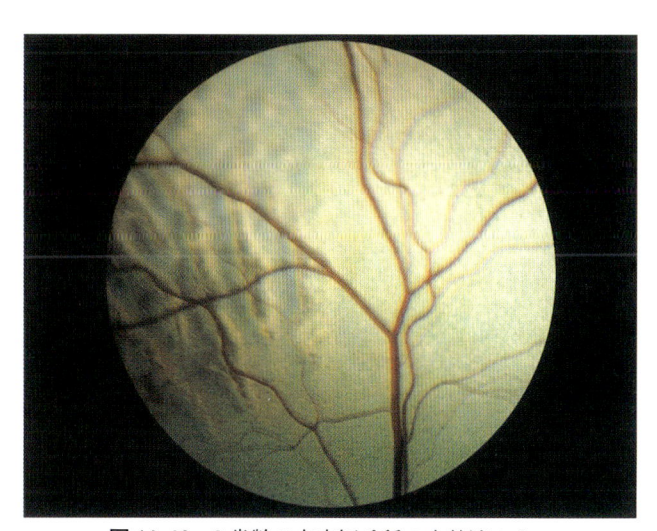

図14.42　3歳齢の在来短毛種の去勢済みオス
このネコは交通事故による外傷で顔面損傷し，左頬骨弓の骨折，顔面神経の損傷および左眼球の突出に陥っている。右眼の眼底を示しているが，背外側の明らかなひだは網膜の再接着を表している。右眼の網膜剝離は初診時には明瞭だったが，この症例は両眼について評価することが重要であることを実証しており，そうすることで外傷の全体像が把握でき，治療することができる（図15.10参照）。

高血圧は，ネコではありふれた疾患であり，原発性の場合も，続発性の場合もある。ネコの続発性高血圧の原因には，腎疾患，甲状腺疾患（甲状腺機能亢進症），慢性貧血，糖尿病，酢酸メゲステロールの投与，コルチコステロイドの長期使用（医原性副腎皮質機能亢進症）および原発性アルドステロン症などがある。それゆえ，かなり詳細な検査室検査が重要であり，発症した高血圧症がさらに別の組織に機能障害（例：糸球体硬化症，左心室肥大，高血圧性脳症）をおこすために病態はさらに複雑になってしまう。高血圧症の病態生理についてのさらに詳しい情報は，Dukesの総説(1992)から得ることができる。

高血圧症の影響を眼は特に受けやすい（Mould, 1993）ようで，詳細な検査を行いやすいのが幸いである。検眼鏡検査でみられる所見はさまざまで，もともと存在する病理発生によって大きく変化する（図14.43～14.52）。最も早期に眼底検査で発見できそうな高血圧症による変化は，おそらく脈絡膜の血管を起源として生じる脈絡毛細管板上に局所的に形成される境界不明瞭な混濁で，これはタペタムを背景とすると最も観察しやすい。この所見は，血漿やフィブリノーゲンの漏出を伴った脈絡毛細管板の機能不全を反映しているのであろう。網膜の血管に比べて，脈絡膜の血管のほうがより早く侵され，症状も重くなるのは，解剖学的な位置関係と網膜血管にあるような血流の自己調節機能を欠くためと思われる。もし高血圧が持続すると，脈絡膜血管のダメージはより重度となり，局所的な網膜内出血が観

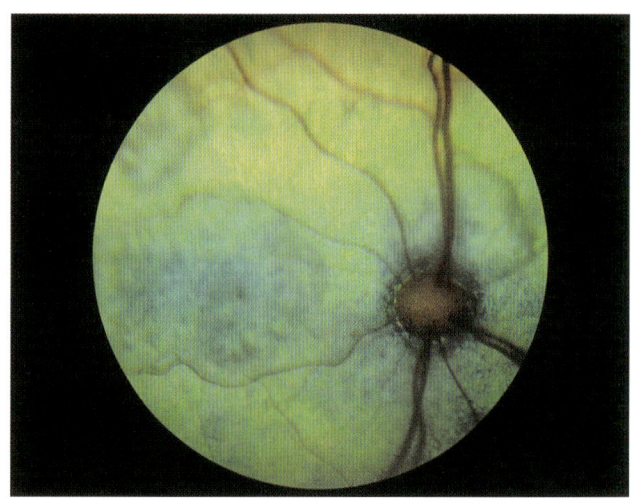

図14.44 高血圧症に罹患した在来短毛種
滲出によって生じた多発性の水疱性網膜剥離。

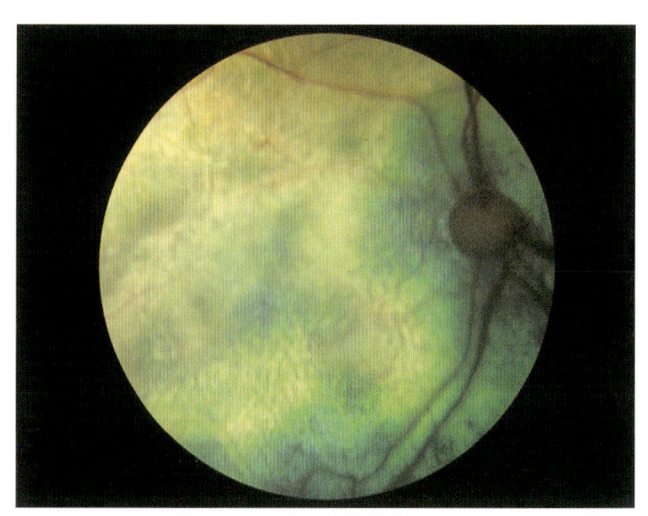

図14.45 原発性の高血圧症（収縮期血圧 280 mmHg）に罹患した14歳齢の在来短毛種
水疱性網膜剥離と網膜の再接着した領域。10時の位置に局所的な出血が1か所存在する。

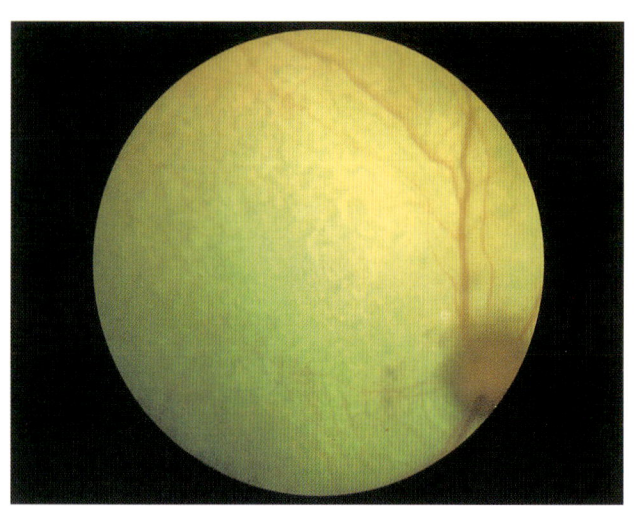

図14.43 原発性の高血圧症（収縮期血圧 245 mmHg）に罹患した12歳齢の在来短毛種
滲出がおこっている。乳頭周辺部に薄く広がっているもやもやした領域に注目。多発性の線状のひだもみられ，これは網膜剥離と網膜の再接着を示している。

察されるようになるであろう。

網膜剥離は，網膜色素上皮の虚血による障害と網膜下への滲出のしかるべき結果である。発病後間もない多くの症

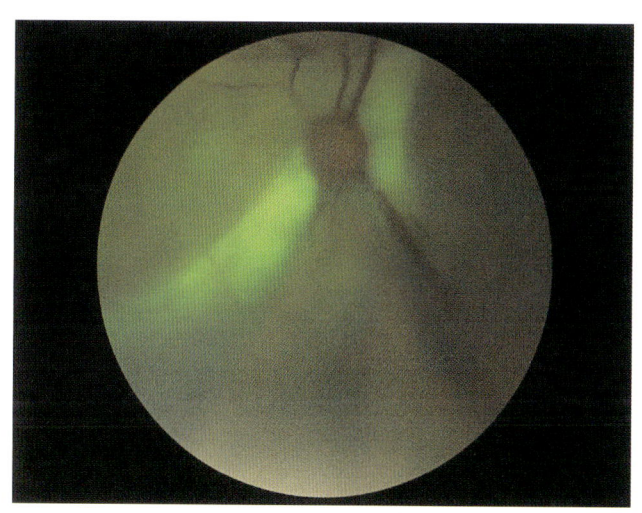

図 14.46 高血圧症に罹患した 11 歳齢の在来短毛種
滲出性の全網膜剝離。高血圧は甲状腺機能亢進症に続発したものであった。

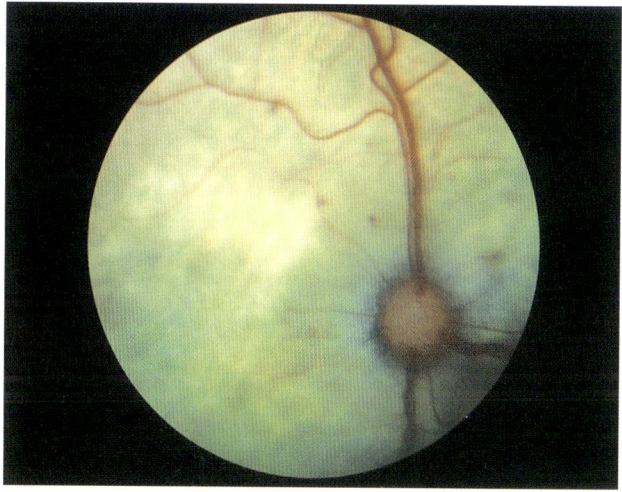

図 14.48 原発性の高血圧症（収縮期血圧 290 mmHg）に罹患した 7 歳齢の在来短毛種
一時的な虚脱のため診察に訪れた。対眼には前房出血がみられる。

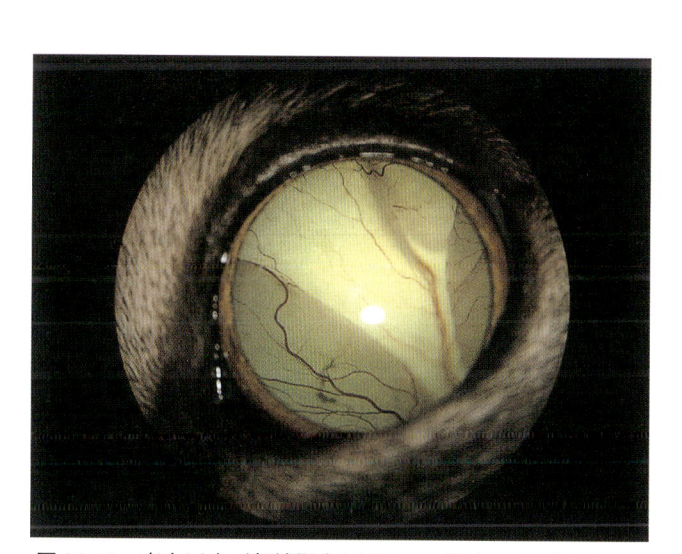

図 14.47 高血圧症（収縮期血圧 270 mmHg）に罹患した 13 歳齢の在来短毛種
滲出性の全網膜剝離。このネコは腎不全にも罹患していた。

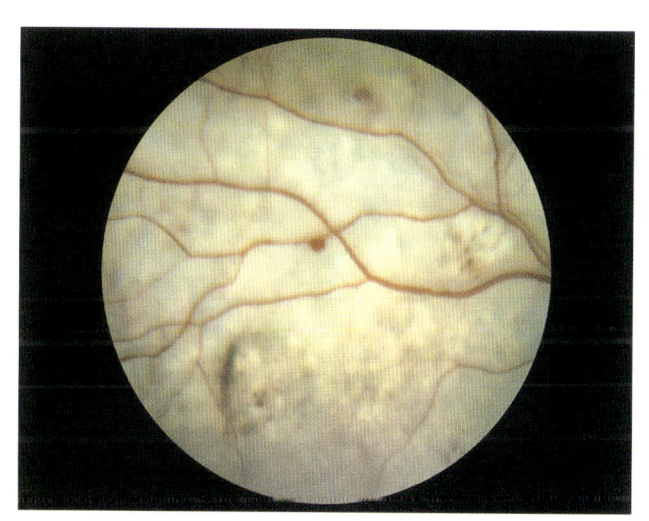

図 14.49 高血圧症（収縮期血圧 210 mmHg）に罹患した 12 歳齢の在来短毛種
多発性の局所的な微小出血，網膜剝離および網膜血管の明らかな変化に注目。網膜血管の変化とは，写真中央にみられる動脈瘤様の血管拡張および所々で血管が数珠状にみえるほどその直径の著しく異なっていることである。

例でみられるような，観察のたびにその所見（平坦な剝離や網膜ひだを伴った再接着）が異なるのは，おそらくは血圧の日内変動がその理由であろう．平坦な網膜剝離は，典型的には，眼底検査で認知できるような初期の変化であるが，血圧の高値が続けば，より広範な水疱性網膜剝離（通常は多発性の水疱），さらには全剝離へと進行するであろう．

網膜血管における初期の変化は認識しづらく，その変化とは，組織への血流を維持するために血管が収縮ためにおこる動脈の軽微な狭小化と直線化である．網膜血管のダメージが大きくなるにつれて病変は観察しやすくなり，血管径がさまざまな大きさになったり（血管拡張，血管鞘の形成，動脈硬化および動脈閉塞），動脈瘤が膨張したり，血管の蛇行が顕著になったり，さらには明瞭な出血さえもおこるようになる．もし高血圧に気付かなければ，出血はさらに広範になり，虹彩の血管からの出血のために前房出血

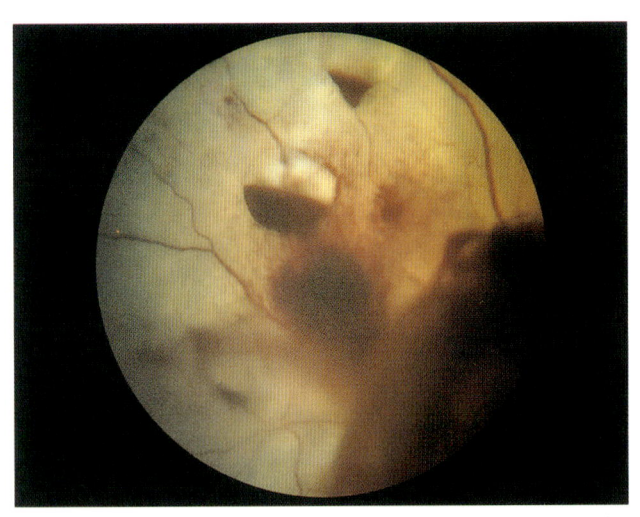

図 14.50 原発性の高血圧症（収縮期血圧 360 mmHg）に罹患した 13 歳齢の在来短毛種の右眼

「突然の視力喪失」の症例として診察に訪れ，進行した非可逆的な網膜の病態であった。両眼で網膜剥離がおこり，右眼では，腹側（4〜8 時）に大きな網膜剥離と広範な眼内出血がみられた。背側にみられる出血の中には動脈瘤（血液で満たされた胞）の破裂が原因になっているものがあることに注目。診察時，このネコは沈鬱，嗜眠，食欲不振を呈している。

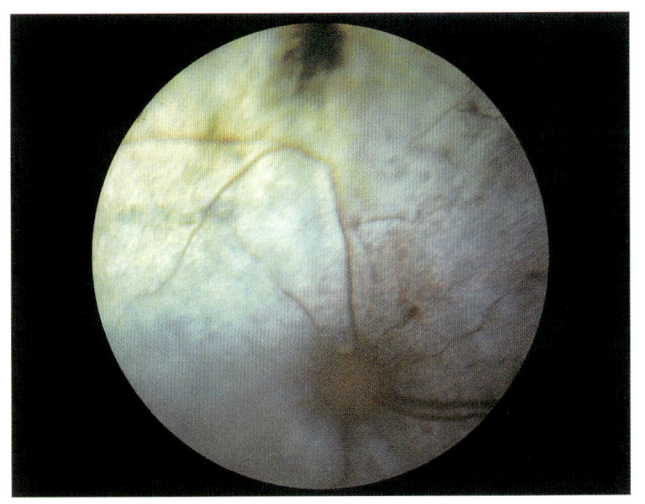

図 14.52 図 14.50 および図 14.51 と同じ眼

治療を始めてから 4 か月後である。収縮期血圧は 180 mmHg であった。眼内出血は吸収され，網膜は再接着しているが，網膜血管は全体的に異常で，網膜変性がみられる。両眼ともに同じような病状で，明らかに盲目が続いている。このネコの一般健康状態は大きく改善された。

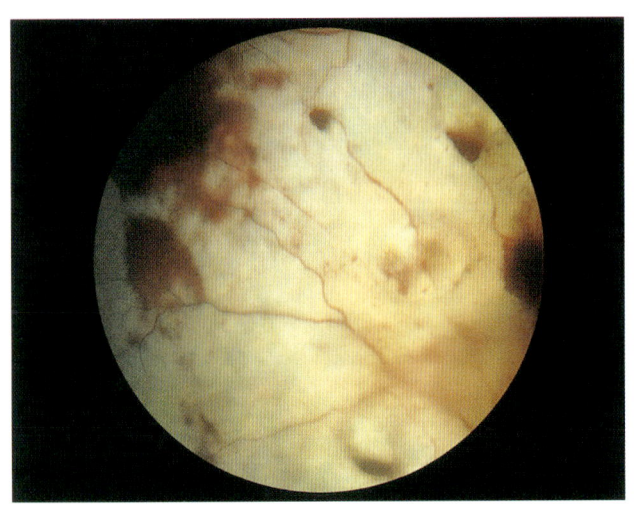

図 14.51 図 14.50 と同じ眼

治療を始めてから 2 週間後，出血は減少し，収縮期血圧は 220 mmHg であった。

もみられるようになる（第 10 章参照）。

漿液性網膜剥離に比べて，出血性漿液性網膜剥離のほうが血管病変がより進行しているため，予後は期待できない。再発性の眼内出血の結果，緑内障のような合併症が生ずることもある。

視力への影響は，発症の急性度，眼内の変化の重傷度および脳浮腫や脳出血のようなその他の合併症の有無にもおそらく左右されるであろう。

診断は連続して血圧を測定することで確定するのが最もよく，現在では振動測定式の血圧計あるいはドップラーシフト血圧計のどちらかを用いた間接的な侵襲性のない方法で評価することができる。ドップラー装置ではかなり正確に収縮期血圧のみを測定する。振動測定式のモニターでは，収縮期，拡張期および平均動脈圧を記録できる。ネコの正常範囲について確立はされていないが，覚醒時で精神的に安静な状態の正常ネコでの血圧測定では，通常 160/100 mmHg を越えることはない。収縮期圧が 180 mmHg を越える場合，高血圧の可能性がある。診断にあたっては体質，年齢およびストレス因子を考慮に入れるべきである。

抗高血圧薬の単独療法あるいは併用療法の使用と有効性についての情報が不足しているため，ネコの高血圧症の治療は多少経験に基づいて行うことになる。治療によって生存期間は延長するであろうが，いかに血圧の監視と眼科検

査ができるかに左右される。投薬は上昇した血圧という問題だけに狙いを定めるべきではなく，潜在する疾患や目的となる影響を受けている器官に基づいて，個々の患者に適するように実施すべきである。合理的な治療法は，心拍出量と末梢血管抵抗に影響するような処方に基づく。なぜならこの2つの要因が血圧を生むからである。表14.1にいくつか可能性のある処方を表しているが，これらの処方は初めにケージレストと組み合わせ，眼科所見と血圧とを長期間にわたって監視すべきである。

治療に対して最もよく反応しそうなのは，軽度の漿液性の網膜剥離のように，眼底にわずかな変化しかおこしていない初期の症例であり，これらの症例の中には網膜の再接着がおこり，視力の回復するものもあるだろう。多くのネコ，特に，もっと重度の網膜剥離や眼内出血を伴ったネコでは，網膜の再接着や眼内出血の吸収がおこったとしても，有用な視力を取り戻すことはできないであろう。視力の失ったままのネコでも，視力のないことにうまく対処でき，発症後も充分長く生存できる。治療によって，患者のquality of lifeの向上がみられるとともに，心不全，腎不全および脳血管障害などを引きおこしてしまうような標的器官へのダメージをコントロールできるであろう。

網膜変性症

タウリン欠乏性網膜症

ネコ中心性網膜変性症(FCRD)は，ニューヨークで飼育されていたネコから，BellhornとFischerによって1970年に最初に報告された。原因は不明であったが，はじめは栄養性の網膜症とは考えられていなかった。しかし後に，類似した網膜症が，ドッグフードを給餌されているネコで記録されており(Aguirre,1978)，1973年にはRabinらが，タウリン欠乏の結果，ネコに栄養性の網膜変性症がおこることを記述していた。

タウリン欠乏性網膜症あるいはFCRDは両側性で，通常は対称的に発現し，進行性の病変であり，性差はなく発生する。網膜の変化は典型的で，特に初期段階では同じような病変は他にみられず，かなり特異的である。最初の病変は，視神経乳頭から水平に耳側（外側）方向の血管のみられない領域である，網膜中心野に現われる。顆粒状の帯（図14.53）について記述されているが，最初にみられる明らかな変化は，横長に楕円形で境界の明瞭な，キビの実のような反射性の亢進したスポット（図14.54）である。タペタム領域の反射性の亢進は原因にかかわらず，網膜変性症のような網膜の菲薄化を示している。侵された領域は大きくなるが，境界は明瞭なままで横長の楕円の形を維持する（図14.55および14.57）。検眼鏡下では，境界部分，特に上端および下端には色素が沈着しているようにみえることもある（図14.56）。続いて，同様の病変が視神経乳頭の鼻側（内側）に現われる。こうして現われた2つの病変はお互いの方向に広がっていき（図14.58および14.59），接するとたちまち融合して，視神経乳頭の上方で架橋を形成する（図14.60）。さらに進行していくが，この時期まで臨床的に認知されるような，明かな視力の喪失はみられない。前述の

表14.1 高血圧症の治療法

心臓の拍出が弱い場合の処方		
(a)細胞外液量を減少させる		
ナトリウムの制限	低ナトリウム食	
利尿剤+	フロセミド	1日 1〜2 mg/kg 経口
	ヒドロクロロチアジド	1〜2 mg/kg 1日2回経口
(b)心拍数を減少させる		
β遮断薬	プロプラノロール	0.1〜0.2 mg/kg 1日2回経口
末梢血管抵抗が大きい場合の処方		
α₁遮断薬	プラゾシン	0.25〜0.1 mg 1日2回あるいは3回経口
アンギオテンシン転換酵素阻害剤	ベナゼプリル*	1日 0.25 mg/kg 経口
	マレイン酸エナラプリル*	0.25〜0.5 mg/kg 12〜24時間おき経口
カルシウムチャンネルブロッカー	ベンゼンスルフォン酸アムロジピン*	0.625 mg 24時間おき経口
	塩酸ジルチアゼム	1.75〜2.4 mg/kg 8〜12時間おき経口

*推奨される薬剤，+腎疾患を伴った高血圧症のネコには使用できない，注目：ベナゼプリルおよびベンゼンスルフォン酸アムロジピンは，単独使用で有意に血圧が下がらなかったときには併用も可能である。

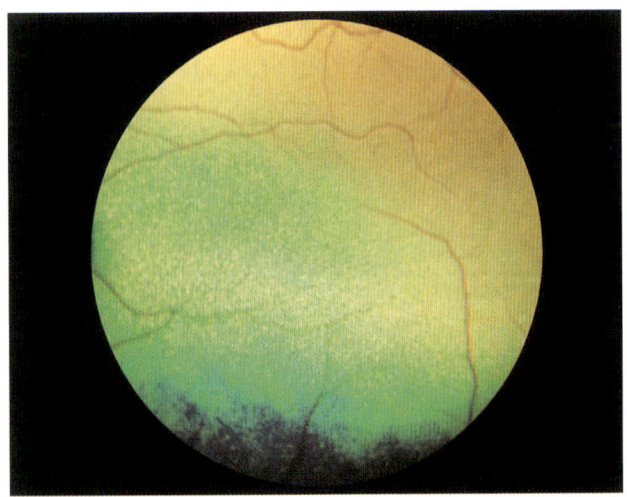

図 14.53　初期のタウリン欠乏症にみられる網膜中心野の顆粒状の帯

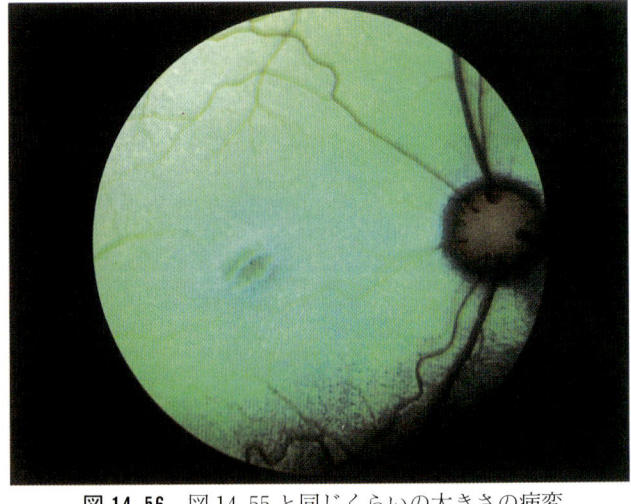

図 14.56　図 14.55 と同じくらいの大きさの病変
眼底検査の時の光と反射の角度によっては色素沈着しているような外観にみえることに注目。

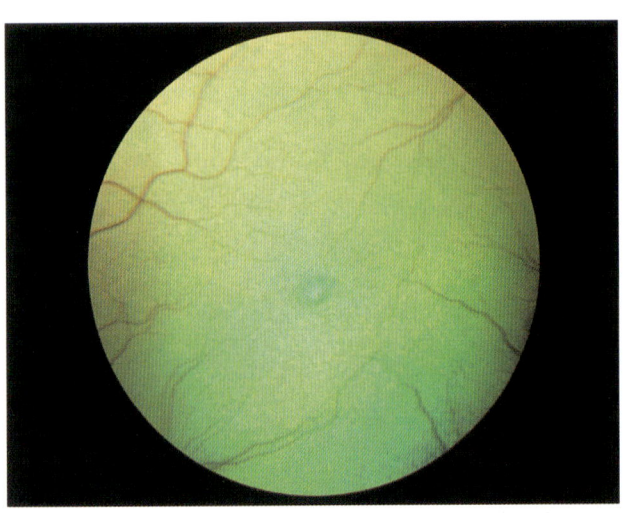

図 14.54　網膜中心野の小さく局所的な網膜変性症

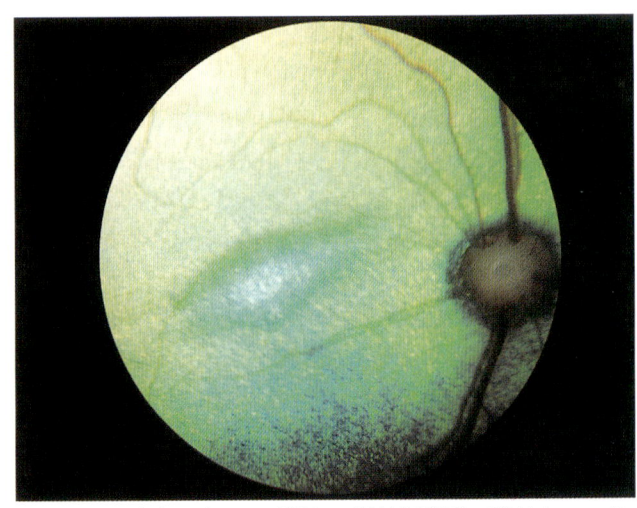

図 14.57　病変の大きさが増し、視神経乳頭に近付きつつある。

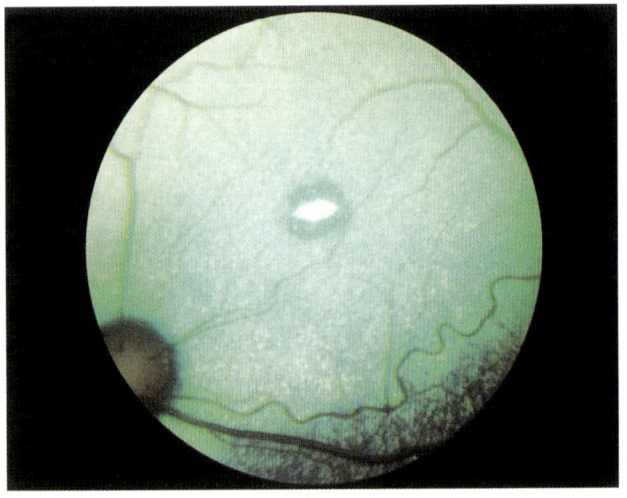

図 14.55　やや大きなタウリン欠乏性網膜症の病変
その病変が視神経乳頭の水平面よりもやや上方にあることに注目。

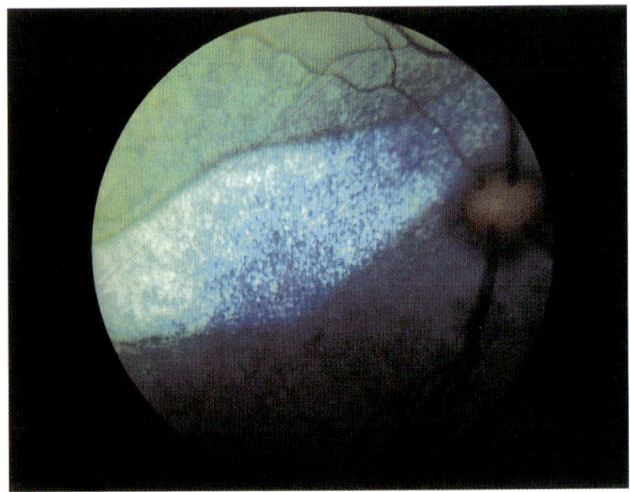

図 14.58　変性性の病変が今にも視神経乳頭に到達しそうである。

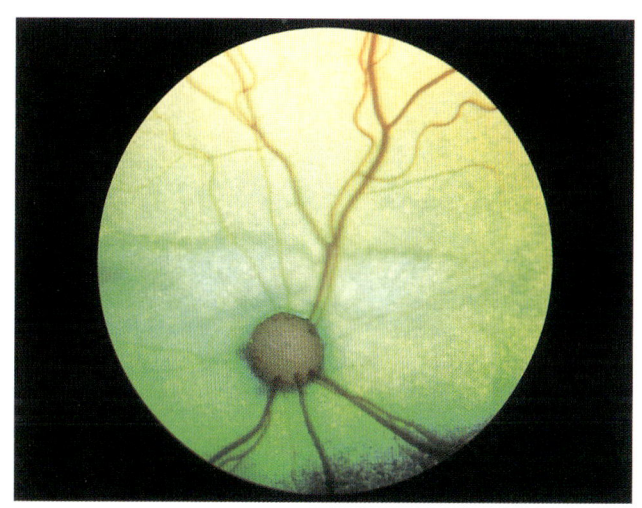

図 14.59 2つの病変が視神経乳頭の上方で接している。

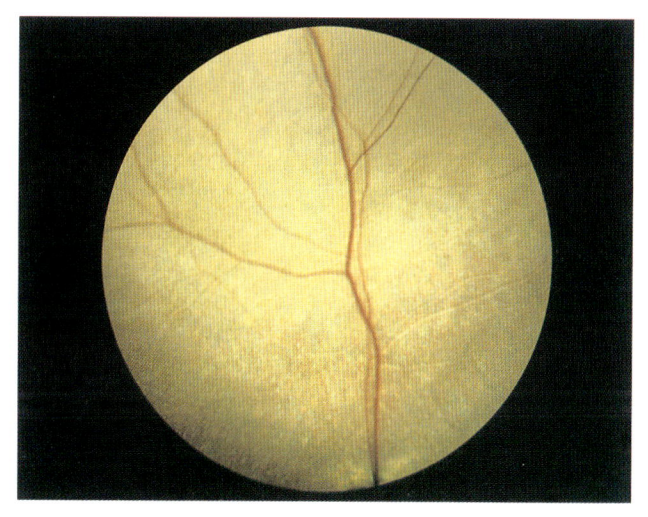

図 14.61 網膜血管の初期の狭小化のみられるび漫性網膜変性症

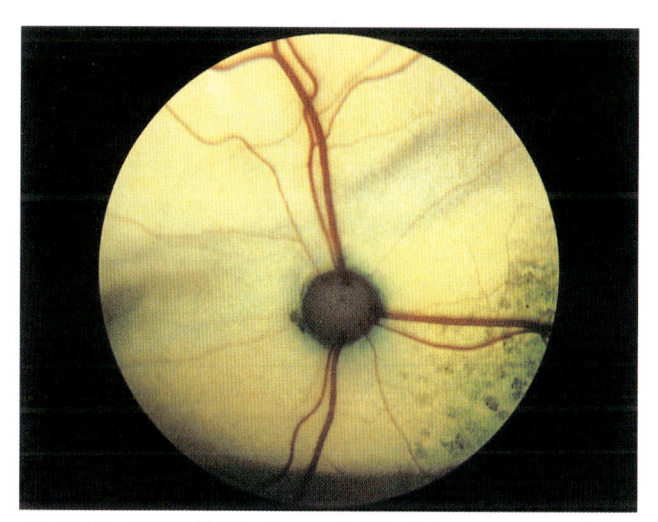

図 14.60 視神経乳頭の上方で架橋を形成したタウリン欠乏性網膜症

領域以外には何の変化もみられなかったにもかかわらず，時間の経過とともに眼底全体が侵され，検眼鏡下でタペタム領域の反射性が亢進してみえる汎網膜変性症に陥る（図14.61）。最終的には血管の消失と盲目がおこる。

図14.54～14.60に図示されている非常にわかりやすい眼底病変は，すべての著書で同様に著されており，これらの病変は錐体細胞の密度を反映してしているともいわれている。組織病理学的には炎症性の変化はないが，網膜外層が最もひどく侵され，光受容体が消失している。隣接する顆粒層および内層は比較的正常なままである。また，検眼鏡下で明らかに色素の沈着している境界部分を除けば，網膜色素上皮には光学顕微鏡下で変化はないと記されている。

食餌が原因のネコの網膜症は，カゼインから準精製された食餌を与えられていたネコから，GreavesとScott（1962）によって最初に記録されている。網膜変性症に加えて，他の眼症状も観察され，ビタミンAとの関係が考えられた。Morris（1962）もまたカゼインからの合成食を給餌することによってネコに変性性の網膜症をおこさせたが，ビタミンAとの関係については全く考慮していなかった。ネコで記述されているすべての栄養性網膜症の由来が同じものであるとも示唆されるが（Rubin et al., 1973），これが事実ならば，タウリン欠乏性網膜症の典型的な眼底病変は，それ以前の報告では知られていなかったであろう。アミノ酸の中にタウリンを含まないように精製した食餌を与えられた実験ネコ（Burger and Barnett, 1979）が，タウリン欠乏症独特の進行性の眼底病変を発症したものの，準精製されたカゼイン由来の食餌を与えられていたネコについての報告に比べて進行が緩やかで，あまり悪化しなかったことは興味深い。これらの事実は，カゼインの中にタウリンの働きを阻害するような何らかの因子が存在していることを示しているのかもしれない。アミノスルフォン酸タウリンは，現在ではネコにとって不可欠なものであることが認知されており，体重1kgあたり約10mgが成ネコの1日の必要量であることが解っている（Burger and Barnett, 1982）。

図14.53～14.61は，この網膜症の発生を研究するための調査の中でタウリンを含まないように精製された食餌を与えられていた異なるネコの網膜の写真である。この研究によって，ネコは食餌の中にタウリンが必要であることが証明された。ペットフードのメーカーは現在ではこの事実を

懸念しており，販売しているキャットフードの中には有効なタウリンが充分に入っている。しかしながら，時折，タウリン欠乏性の網膜症の自然発生が飼いネコで認められ，これらのネコは時として室内飼育で，ドッグフードだけのような（イヌは自分でタウリンを合成できる）変わった食餌を与えられている。図14.62はそのような症例を表している。

遺伝性の進行性網膜萎縮

進行性網膜萎縮（PRA）は世界中の多くの犬種が遺伝形質として持っているため，よく知られ，よく認識されているタイプの網膜変性症である。英国では，獣医師会，ケンネルクラブ，国際シープドッグ協会の遺伝性眼疾患の管理計画の中で，18種の系統のイヌがび漫性PRAの形質を明らかに持っているか，持っていると推測される犬種に挙げられている。これらすべての犬種に共通する遺伝様式は単純常染色体性劣性遺伝である。中心性PRAあるいは網膜色素上皮のジストロフィーとは反対に，び漫性PRAは萎縮のおこる時期によって異形成か変性症かに区分されてきた。しかしながら，検眼鏡でみるかぎり，この区分された病態は全く同一のものであり，発病時期だけが異なっているにすぎない。注目すべきは，現在までにネコで遺伝性の網膜萎縮が証明されているのはわずかに1品種のみで，さらにその品種であるアビシニアンには，発症年齢の異なる2タイプがあり，それぞれに優性遺伝と劣性遺伝によって発症する。

ネコのPRAに関する文献はほとんどない。遺伝性のものと推測される網膜変性症がシャムで報告されており（Barnett, 1965），さらに調査が進められてる（Carlisle, 1981）。米国では同腹の2匹のペルシャの仔ネコから遺伝性と思われる網膜変性症が報告されている（Rubin and Lipton, 1973）。また雑種の家ネコから2世代にわたって光受容体の異常な発達がみられたという記録もある（West-Hyde and Buyukmihci, 1982）。しかしながら，これらの報告の中に遺伝が原因であると証明したものは皆無である。アビシニアンのPRAは最初にNarfstrom（1981）によってスウェーデンとフィンランドで報告され，英国ではBarnett（1982）によって報告され，その後さらに数例の報告がなされている。

アビシニアンでは，進行性網膜萎縮は明らかな2つのタイプに区分できる。どちらのタイプも両眼が対称的に侵され，進行性で，遺伝性であることが証明されている。一方のタイプは若い仔ネコが罹患し，最初に観察できる臨床所見は瞳孔の散大，あるいは散瞳であり，この所見は，生後4週齢の時期に罹患していない同腹の仔ネコと比較すると明らかである（図14.63および14.64）。罹患した仔ネコには眼振がみられることもあり，そのタイプは様々で，断続的であったり，しばしば急速相を呈する。このタイプのPRAは杆体－錐体異形成であり，光受容体の変性は成ネコのなる前におこる。最初に眼底病変が観察できるようになるのは，罹患している仔ネコとそうでない仔ネコとが区分できるようになる生後約8週目である（図14.65および

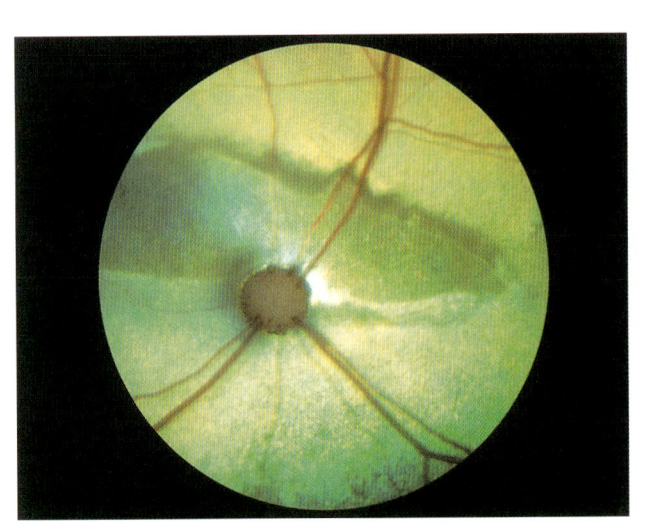

図14.62 典型的なタウリン欠乏性網膜症
飼育されているネコでみられる自然発生例。

図14.63 罹患していない仔ネコの瞳孔

14.66）。進行は早く，24週目には検眼鏡的に明かな違いがみられるようになる（図14.67および14.68）。検眼鏡でみた所見は，予想どおり，イヌのび漫性PRAと同じであり，タペタム領域の反射亢進，網膜血管の狭小化およびノンタペタム領域の色素の消失（図14.69）からなる。さらに進行すると，数か月後にはタペタムの構造がなくなってしまうが（図14.70），特に網膜中心野で顕著である。検眼鏡下でゴースト血管だけがみえ，明らかにタペタムが変性してしまったような進行した症例でも，明るい太陽光に対する瞳孔の対光反応をいくらかは維持しており，び漫性PRAのイヌで一般にみられるような続発性の白内障はネコではみられない。

前述したアビシニアンの杆体－錐体異形成においては，雑種，純血種を問わず，その遺伝形質を持たないメスネコとの交雑を行った場合に，最初の世代の仔ネコがすべて罹患してしまい，罹患している親としていない親との比率と，予想される比率との間に有意差がみられず，また両親ともに罹患していても，その産仔の中に正常な仔ネコが育つことから，この遺伝様式が常染色体性優性遺伝であることがわかってきている（Barnett and Curtis, 1985）。

アビシニアンにみられる進行性網膜萎縮のもう一方のタイプは，もう少し年齢が進んだ若い成ネコの時期に発症し，その大部分は1.5～2歳齢で臨床症状を現すが，時には3～4歳齢で現すネコもいる（Narfstrom, 1983）。このタイプでも両眼が侵され，進行性で，3～6年くらいのうちに，重

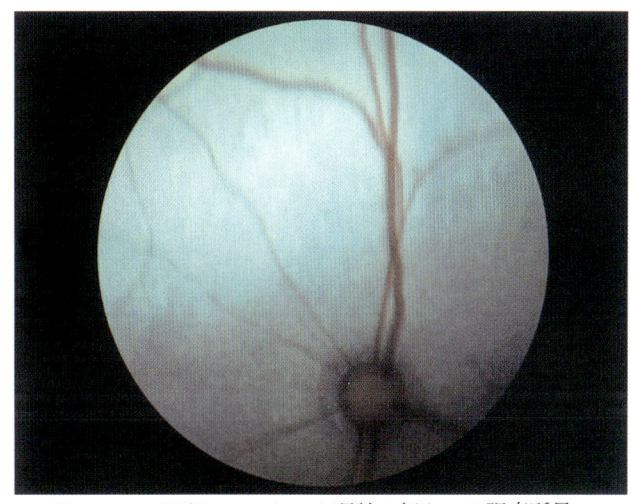

図 14.65 罹患していない8週齢の仔ネコの眼底所見

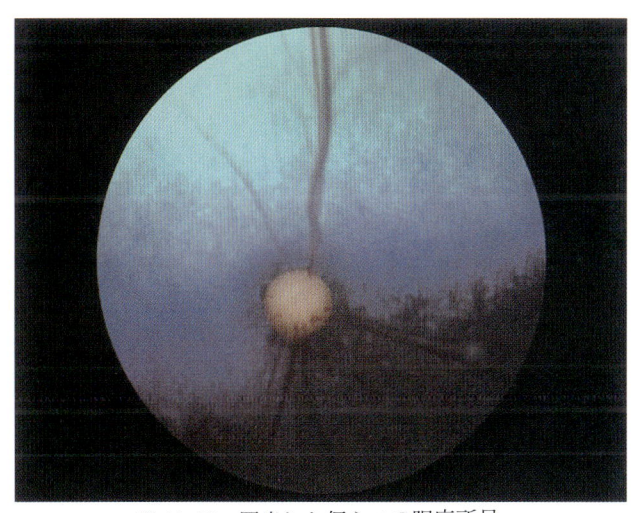

図 14.66 罹患した仔ネコの眼底所見
この仔ネコは図14.65の仔ネコと同腹仔である。

図 14.64 罹患した仔ネコにみられる散瞳
この仔ネコは図14.63の仔ネコと同腹仔である。

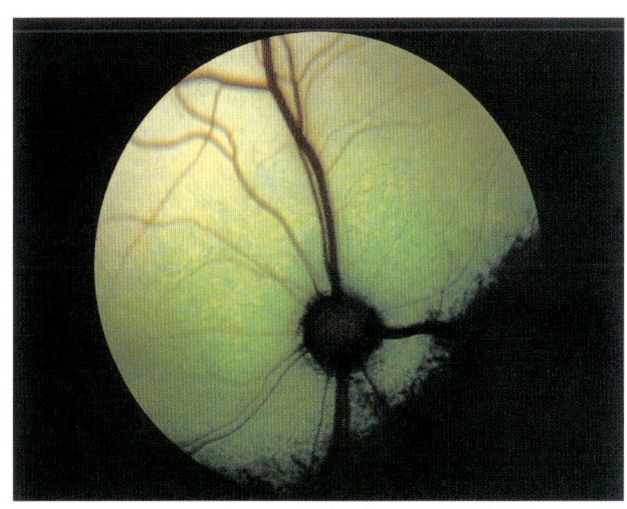

図 14.67 正常な24週齢の仔ネコの眼底所見

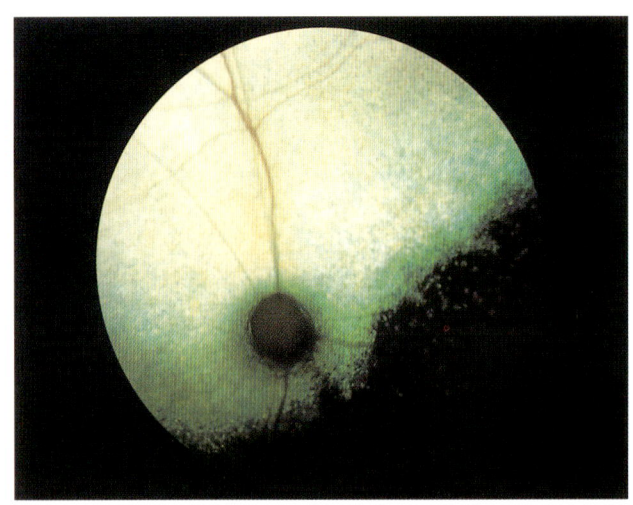

図 14.68 罹患した仔ネコの眼底所見
この仔ネコは図 14.67 の仔ネコと同腹仔である。

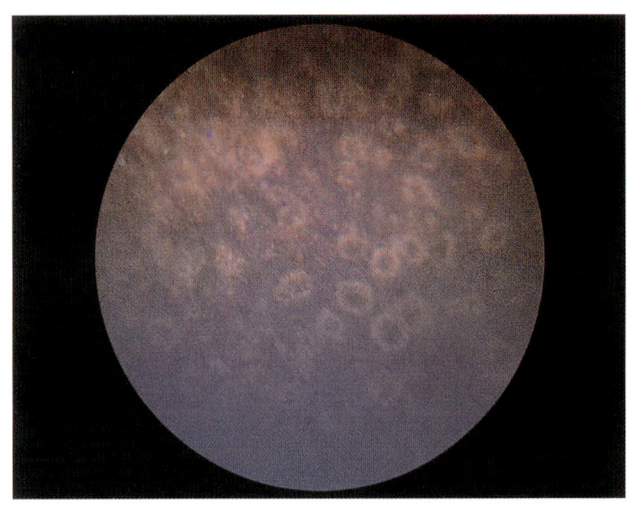

図 14.69 罹患した仔ネコのノンタペタム領域から色素が消失している。

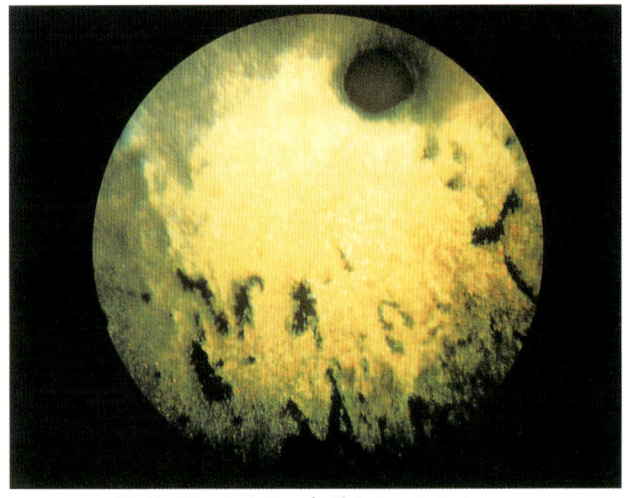

図 14.70 タウリン欠乏をおこしたネコ
タペタムの構造が失われている。

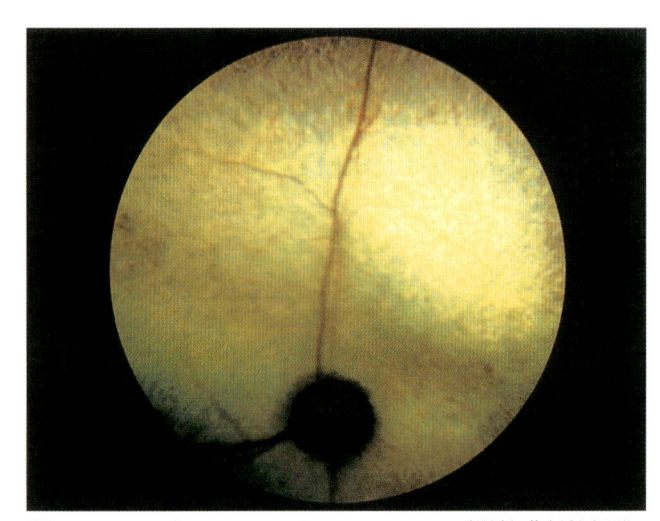

図 14.71 アビシニアンのネコにみられるび漫性進行性網膜萎縮
タペタムの反射性の亢進および血管の狭小化が観察される（K. Narfstrom 氏の好意による）。

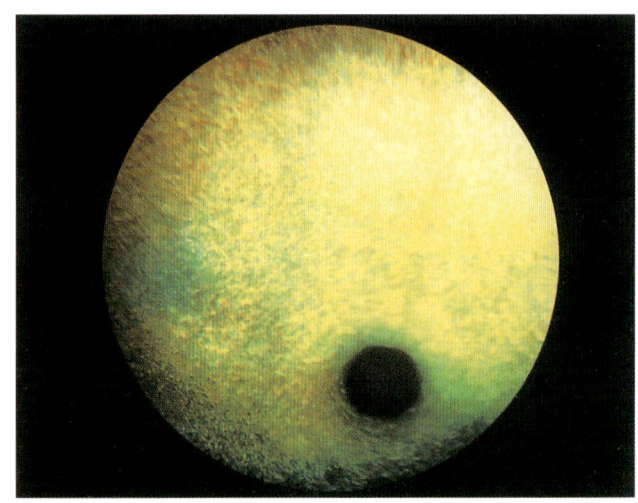

図 14.72 アビシニアンのネコにみられるび漫性進行性網膜萎縮
図 14.71 からさらに進行している（K. Narfstrom 氏の好意による）。

度の網膜萎縮に陥り，前述したのと同様の眼底所見がみられる（図 14.71 および 14.72）。興味深いことに，この疾患の遺伝様式を調べたところ（Narfstrom, 1983）常染色体性劣性遺伝であることがわかった。ともに罹患している両親から生まれた仔ネコがすべて発症すること，ともに発症していないキャリアーの両親から産まれたネコが発症することがあること，罹患しているネコと発症していないキャリアーと交配した場合に生まれてくる仔ネコが予想どおりの割合で発病することなどがその証拠である。

炎症性網膜症

　活動性の網膜炎には，浮腫，滲出，細胞浸潤，肉芽腫および出血を伴うことがある（第12章参照）。非活動性の炎後性の網膜症では通常，タペタム領域に反射亢進した部分がみられたり，ノンタペタム領域に灰色の病変がみられる。網膜，脈絡膜あるいはその両方の組織での色素の異常が，活動性でも非活動性でもみられる特徴であるが，この所見は時間の経過とともにさらに明瞭になる。

　活動性のウイルス，細菌，寄生虫および真菌の感染症については，第12章で詳しく触れてあるので，要約のみを後述する。イヌでよくみられるような非活動性の脈絡膜網膜症はネコではかなり稀である（図14.73）。

ウイルス：ネコ伝染性腹膜炎は化膿性肉芽腫性炎症を引きおこす古典的な原因であり，激しい脈管炎がしばしば顕著な特徴となる。脈絡膜からの滲出（網膜の分離とタペタムの反射性の低下をおこす），網膜血管周囲への細胞浸潤，網膜出血および網膜剥離が特徴である。視神経炎がおこる場合もある。血漿蛋白が増加すれば，過粘稠症もみられることがある（前項を参照）。

　時にネコ白血病－リンパ肉腫症候群に関連して，腫瘍性の細胞浸潤の結果，後眼部に病変が現われることがある。検眼鏡下では，色素の異常，脈絡膜網膜への細胞浸潤，網膜剥離および視神経炎が観察される。

　ネコ免疫不全ウイルスも後眼部の病変に関係することがある。この病変は免疫抑制に関連しておこると推測されるが，ウイルスによる神経病因を反映している可能性もある。

細菌：脈絡膜炎は最もよくみられるマイコバクテリウム感染の眼症状である。

寄生虫：トキソプラズマ症は，前部ブドウ膜炎と同様に網膜炎および脈絡膜炎に関与することがある。臨床所見については前述したとおりである。

　双翅目の幼虫が内・後部の眼ハエウジ症の原因であると考えられている。病変は特徴的であるといわれ，寄生虫自体をみることはほとんどないが，寄生虫の移行したルートを示す直線的あるいは曲線状の十字形の「小道」がその病変である（Gwin et al., 1984）。この小道は明瞭なエッジを平行に持ち，眼底ではタペタム領域とノンタペタム領域の両方に出現する。活発な移行は通常は網膜下でおこり，出血を伴うこともある。相当な脈絡膜網膜性の瘢痕は以前に寄生虫の活動があった名残である。

　眼が「平穏な」状態であれば治療の必要はないが，炎症があればコルチコステロイドの全身投与も使用できる。原因となる虫体はまれにしかみられないので，除去は常態では行わない。

真菌：真菌による日和見感染（例：クリプトコッカス症，ヒストプラズマ症，ブラストミセス症，コクシジオイデス症およびカンジダ症）によって，ブドウ膜に典型的に肉芽腫性炎症が引きおこされる。通常，真菌は吸入によって侵入し，血流に乗って眼に至る。眼底検査では，多発性の局所的な化膿性肉芽腫性病変が観察できる。

視神経

先天性疾患

　視神経の無形成あるいは低形成はまれにしかみられず，片眼あるいは両眼が侵され，他の異常（例：多発性の眼欠損）が併存することもある。無形成には盲目が伴うが，低形成の場合には，その視力障害は低形成の程度に左右される。BarnettとGrimes（1974）の報告した無形成の場合には（図14.74），視神経および視索とともに網膜血管系，神経線維層および神経節細胞層が消失していた。視神経に低形成がある場合には正常よりも小さな視神経乳頭がみられ，組織学的に検索を行えば，網膜の神経線維と神経節細胞の数が少なくなっていることを実証できる。

　視神経乳頭および乳頭周辺におよぶコロボーマ状の欠損についてはすでに前に述べている（図14.34）。

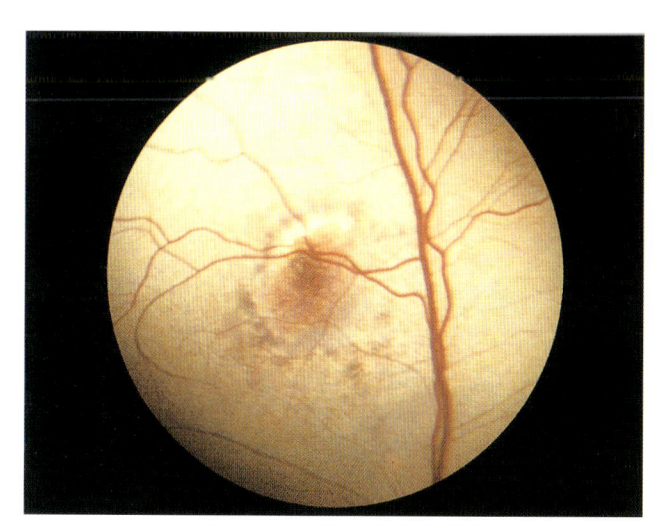

図14.73　9歳齢の在来短毛種
眼底検査中に偶然みつかったため，原因のわからない非活動性の脈絡膜網膜症。

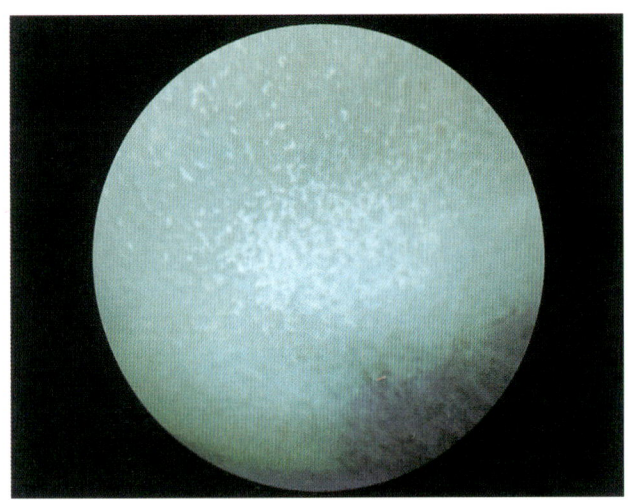

図14.74 在来短毛種の仔ネコにみられる視神経の無形成

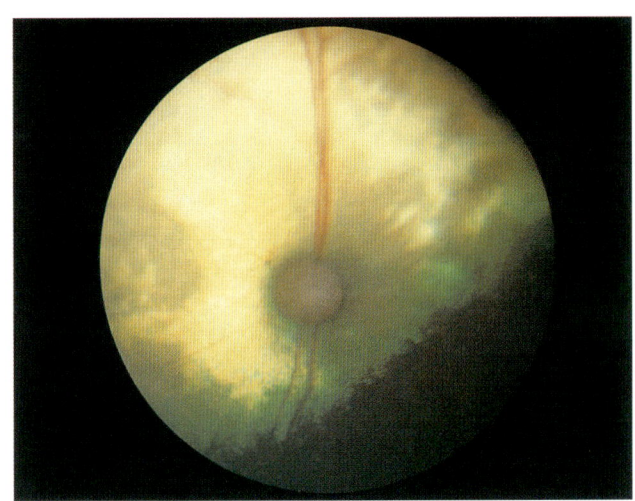

図14.76 11歳齢の在来短毛種
慢性緑内障に続発した視神経乳頭の明瞭な陥凹および網膜変性。

後天性疾患

乳頭浮腫：乳頭浮腫とは視神経乳頭が腫脹した状態であり、ネコではめったにみられない（第15章参照、図15.22）。しかしながら、重度の疾患あるいは進行してしまった疾患（例：水頭症、高血圧、脳炎、髄膜炎および腫瘍）において、乳頭浮腫が臨床的にみられることが特徴となりうるような病態は多い。

視神経炎：視神経の炎症である視神経炎は稀な疾患ではなく（図14.75）、最も一般的に、炎症性疾患（眼内の炎症、眼

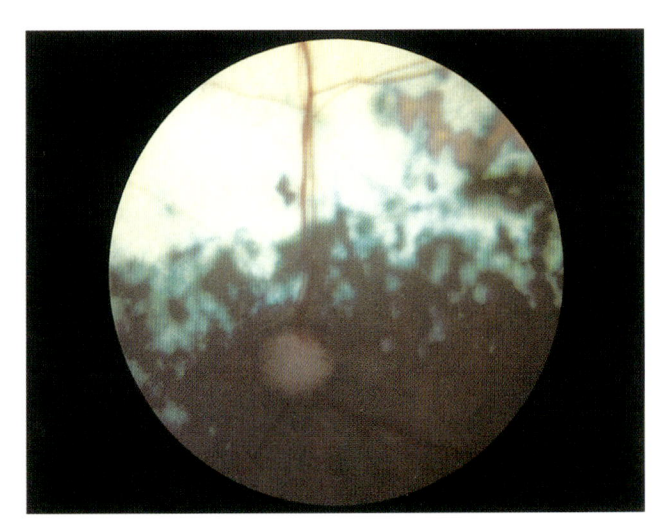

図14.77 7歳齢の在来短毛種の避妊済みメス
対眼を無事に摘出し、回復した後に盲目であることが明らかとなった。視力の喪失は麻酔とは関係なく、視交差を経て繋がっている視神経を引っ張ったことによる損傷が原因であった。数か月後には視神経萎縮が明かとなり、その結果、永久に視力は戻らなかった。

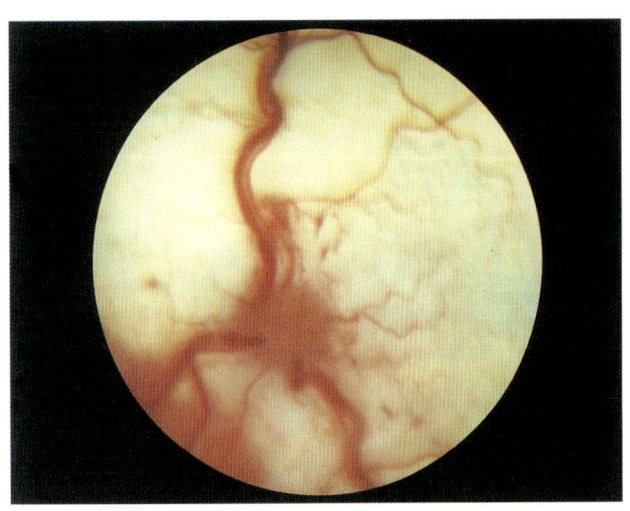

図14.75 眼窩蜂巣炎（*Pasteurella multocida* が眼窩から培養された）によって左眼に急性の眼球突出がおこった12歳齢のバーマン
左眼に視神経炎がみられる。眼窩蜂巣炎は、その後右眼にも波及した（P.W.Renwick氏の好意による）。

外の炎症、中枢神経系からの炎症の波及）に伴ってみられる。

緑内障性陥凹：緑内障性陥凹とは視神経乳頭が病的に引っ込んだ状態であり、慢性緑内障の特徴である（第10章参照）。正常なネコでも、視神経乳頭は陥凹しているので、この所見はイヌほど特徴的ではない（図14.76）。

14. 眼　底

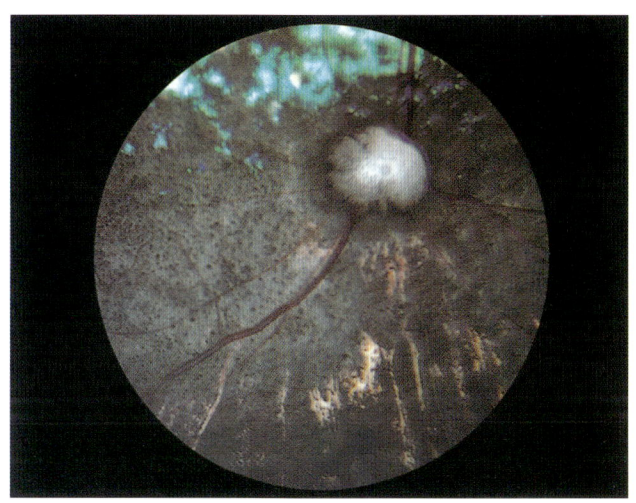

図 14.78 2歳齢の在来短毛種
盲目および失禁などの複数の神経学的機能障害を伴った視神経萎縮。7時の方向を走る1次静脈に，短い区間だけ著しい狭小化がみられることに注目。

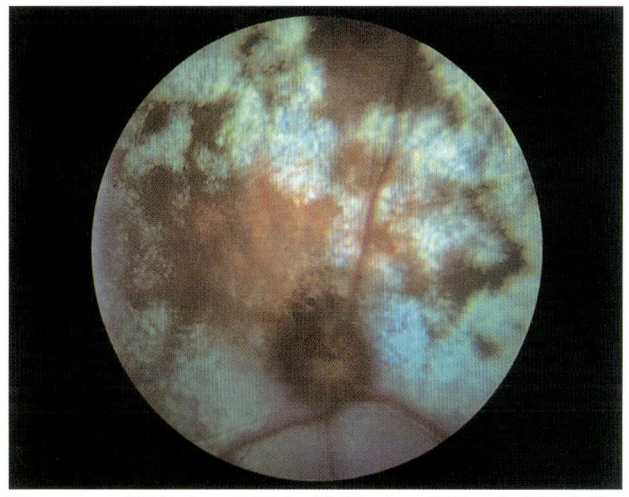

図 14.80 び漫性リンパ肉腫に罹患した7歳齢の在来短毛種の去勢済みオス
このネコは体調の不良を主訴に来院した。診察によって腎臓の腫瘤と全身性のリンパ腺症が発見された。リンパ肉腫であることは死後確定診断された。両側性の眼底病変も併存しており，右眼を図に示す。網膜の反射性の亢進および異様な色素沈着に加え，網膜内出血も存在する。網膜血管の狭小化および視神経萎縮に注目。

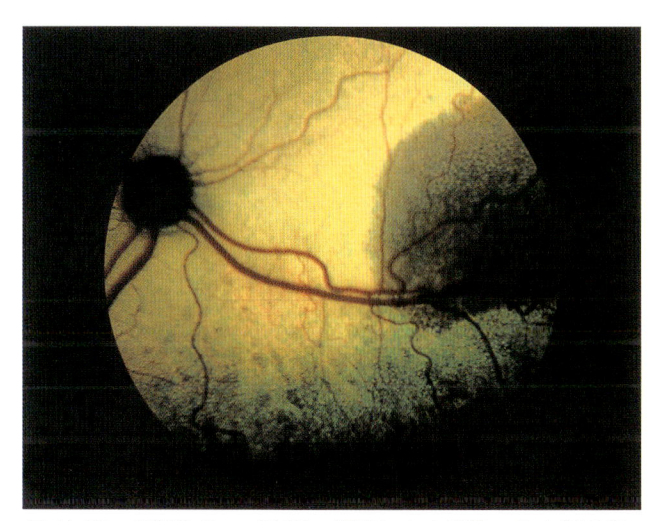

図 14.79 び漫性リンパ肉腫に罹患した3歳齢の在来短毛種（同じネコの記載されている図8.37も参照）。

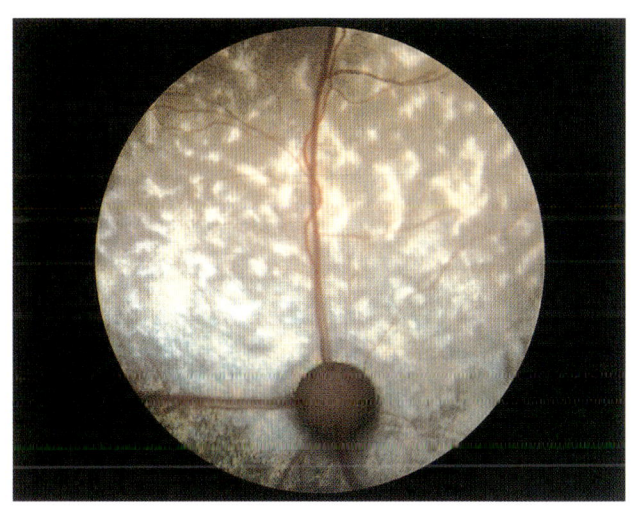

図 14.81 眼底にび漫性の色素異常，網膜変性および視神経萎縮がみられる13歳齢の在来短毛種
このネコには腹水が貯留し，転移性の腫瘍が推測される。

視神経萎縮：視神経萎縮は，外傷性の眼球突出，視神経の離断および眼球摘出の合併症として反対側の視神経に伝わった牽引性の損傷など多くの眼損傷の最終的な結末と言える（図14.77）。慢性緑内障，高血圧および網膜の変性症の結果として視神経萎縮がおこることもある（図14.78）。

眼底の新生物

網膜および脈絡膜

原発性の腫瘍は稀であり，単発の症例報告に限って，星状細胞腫（Gross and Dubielzig, 1984），神経膠腫（Jungherr and Wolf, 1939）および神経芽細胞腫（Grun, 1936）な

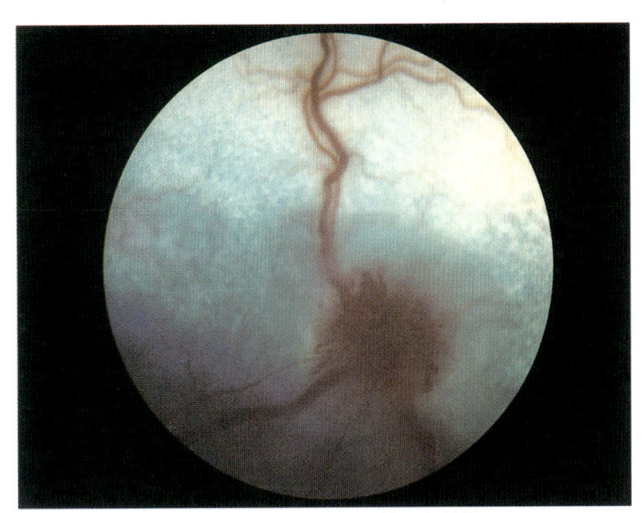

図 14.82 10歳齢の在来短毛種の去勢済みオス
視神経乳頭への血管新生を伴った視神経の髄膜腫。

どが報告されている。

続発性の腫瘍はもっと一般的にみられ(第4および12章参照)眼や眼窩を侵す腫瘍の中ではリンパ肉腫が最もよくみられる(図14.79～14.81)。眼底の様子を変化させるようなその他の腫瘍としては，扁平上皮癌，形質細胞性骨髄腫，細網内皮症，肉腫（例：血管肉腫）および癌腫（例：腺癌）などがある。虹彩および毛様体の黒色腫が広がって，時に脈絡膜の末梢部分へと侵入することもある。

視神経および髄膜

原発性の腫瘍の中では，髄膜腫が最もよく診断され，最も一般的なネコの頭蓋内に発生する腫瘍である（図14.82）。他に神経膠腫および星状細胞腫などの腫瘍も発生するが，稀である。続発性の腫瘍は，網膜および脈絡膜の腫瘍について前に述べたとおりである。

引用文献

Aguirre GD (1978) retinal degeneration associated with the feeding of dog foods to cats. *Journal of the American Veterinary Medical Association* **172**: 791–796.

Albert DM, Lahav M, Colby ED, Shadduck JA, Sang DN (1977) Retinal neoplasia and dysplasia. I. Induction by feline leukaemia virus. *Investigative Ophthalmology and Visual Science* **16**: 325–337.

Barclay SM, Riis RC (1979) Retinal detachment and reattachment associated with ethylene glycol intoxication in a cat. *Journal of the American Animal Hospital Association* **15**: 719–724.

Barnett KC (1965) Retinal atrophy. *Veterinary Record* **77**: 1543–1560.

Barnett KC (1982) Progressive retinal atrophy in the Abyssinian cat. *Journal of Small Animal Practice* **23**: 763–766.

Barnett KC, Curtis R (1985) Autosomal dominant progressive retinal atrophy in Abyssinian cats *J. Hered.* **76**: 168–170.

Barnett KC, Grimes TD (1974) Bilateral aplasia of the optic nerve in a cat. *British Journal of Ophthalmology* **58**: 663–667.

Bellhorn RW, Fischer CA (1970) Feline central retinal degeneration. *Journal of the American Veterinary Medical Association* **157**: 842–849.

Bellhorn RW, Barnett KC, Henkind P (1971) Ocular colobomas in domestic cats. *Journal of the American Veterinary Medical Association* **159**: 1015–1021.

Blakemore WF (1986) A case of mannosidosis in the cat: Clinical and histopathological findings. *Journal of Small Animal Practice* **27**: 447–455.

Boldy K (1983) Clinical and histological findings of systemic hypertension in dogs and cats. *Transactions of the American College of Veterinary Ophthalmologists* **14**: 14.

Burger IH, Barnett KC (1979) *Essentiality of Taurine for the Cat*. Kal Kan Symposium for the treatment of dog and cat diseases, September 1979, pp. 64–70. Kal Kan Foods Inc. Vernon, California, USA.

Burger IH, Barnett KC (1982) The taurine requirement of the adult cat. Waltham Symposium No. 4, *Recent Advances in Feline Nutrition*, pp. 533–537.

Carlisle JL (1981) Feline retinal atrophy *Veterinary Record* **108**: 311.

Christmas R, Guthrie B (1989) Bullous retinal detachment in a cat. *Canadian Veterinary Journal* **30**: 430–431.

Crispin SM (1993) Ocular manifestations of hyperlipoproteinaemia. *Journal of Small Animal Practice* **34**: 500–506.

Dukes J (1992) Hypertension: A review of the mechanisms, manifestations and management. *Journal of Small Animal Practice* **33**: 119–129.

Dziezyc J, Millichamp NJ (1993) The feline fundus. In Petersen-Jones SM and Crispin SM (eds) *Manual of Small Animal Ophthalmology*, pp. 259–265. BSAVA Publications.

Ginzinger DG, Lewis MES, Ma Y, Jones BR, Liu G, Jones SD, Hayden MR (1996) A mutation in the lipoprotein lipase gene is the molecular basis of chylomicronemia in a colony of domestic cats. *Journal of Clinical Investigation* **97**: 1257–1266.

Greaves JP, Scott PP (1962) feline retinopathy of dietary organ. *Veterinary Record* **74**: 904–905.

Gross SL, Dubielzig RR (1984) Ocular astrocytomas in a dog and cat. *Proceedings of the American College of Veterinary Ophthalmologists* **15**: 243.

Grün K (1936) Die Geschwülste des Zentralnervensystems und seiner Hüllen bei unseren Haustieren. Dissertation, Berlin.

Gunn-Moore DA, Watson TDG, Dodkin SJ, Blaxter AC, Crispin SM, Gruffydd-Jones TJ (1997) Transient hyperlipidaemia and associated anaemia in kittens. *Veterinary Record* **140**: 355–359.

Gwin RM, Merideth R, Martin C, Kaswan R (1984) Ophthalmomyiasis interna posterior in two cats and a dog. *Journal of the American Animal Hospital Association* **20**: 481–486.

Haskins ME, Jezyk PF, Patterson DF (1979) Mucopolysaccharide storage disease in three families of cats with arylsulfatase B deficiency: Leukocyte studies and carrier identification. *Paediatric Research* **13**: 1203–1210.

Hubler M, Haskins ME, Arnold S, Kaser-Hotz B, Bosshard NU, Briner J, Spycher MA, Gizelmann R, Sommerlade H-J, von Figura K (1996) Mucolipidosis type II in a domestic shorthair cat. *Journal of Small Animal Practice* 37: 435–441.

Jungherr E, Wolf A (1939) Gliomas in animals. *American Journal of Cancer* 37: 493–500.

Kobayashi DL, Peterson ME, Graves TK, Lesser M, Nichols CE (1990) Hypertension in cats with chronic renal failure or hyperthyroidism. *Journal of Veterinary Internal Medicine* 4: 58–62.

Labato MA, Ross LA (1991) Diagnosis and management of hypertension. In August JR (ed.) *Consultations in Feline Internal Medicine*, pp. 301–308. WB Saunders, Philadelphia.

Littman MP (1994) Spontaneous systemic hypertension in 24 cats. *Journal of Veterinary Internal Medicine* 8: 79–86.

Morgan RV (1986) Systemic hypertension in four cats: Ocular and medical findings. *Journal of the American Animal Hospital Association* 22: 615–621.

Morris ML (1965) Feline degenerative retinopathy. *Cornell Veterinarian* 50: 295–308.

Mould JRB (1993) Ophthalmic pathology of systemic hypertension in the dog and cat. Dissertation, Royal College of Veterinary Surgeons Diploma in Veterinary Ophthalmology.

Murray JA, Blakemore WF, Barnett KC (1977) Ocular lesions in cats with GM_1-gangliosidosis with visceral involvement. *Journal of Small Animal Practice* 18: 1–10.

Narfstrom K (1981) Progressive retinal atrophy in Abyssinian cats. *Svensk Veterinartidning* 33(6): 147–150.

Narfstrom K (1983) Hereditary progressive retinal atrophy in the Abyssinian cat. *J. Hered* 74: 273–276.

Percy DH, Scott FW, Albert DM (1975) Retinal dysplasia due to feline panleukopenia virus infection. *Journal of the American Veterinary Medical Association* 167: 935–937.

Rabin AR, Hayes KC, Berson EL (1973) Cone and rod responses in nutritionally induced retinal degeneration in the cat. *Investigative Ophthamology* 12: 694–704.

Rubin LF (1974) *Atlas of Veterinary Ophthalmoscopy*, p. 249. Lea & Febiger, Philadelphia.

Rubin LF, Lipton DF (1973) Retinal degeneration in kittens. *Journal of the American Veterinary Association* 162: 467–469.

Sansom J, Barnett KC, Dunn KA, Smith KC, Dennis R (1994) Ocular disease associated with hypertension in 16 cats. *Journal of Small Animal Practice* 35: 604–611.

Stiles J, Polzin DJ, Bistner SI (1994) The prevalence of retinopathy in cats with systemic hypertension and chronic renal failure or hyperthyroidism. *Journal of the American Animal Hospital Association* 30: 564–572.

Szymanski C (1987) Holzworth J. (ed.) *Diseases of the cat*. WB Saunders Co, Philadelphia.

Tilley L, King JN, Humbert-Droz E, Maurer M (1996) Benezepril activity in cats: inhibition of plasma ACE and efficacy in the treatment of hypertension. *Proceedings of the 14th American College of Internal Medicine Forum*, p. 745.

Turner JL, Brogdon JD, Lees GE, Greco DS (1990) Idiopathic hypertension in a cat with secondary hypertensive retinopathy associated with a high salt diet. *Journal of the American Veterinary Medical Association* 26: 647–651.

West-Hyde L, Buyukmihci N (1982) Photoreceptor degeneration in a family of cats. *Journal of the American Veterinary Association* 181: 243–247.

15 神経眼科学

はじめに

　ネコは優れた特殊感覚を持つことで生き残ってきた肉食動物である。嗅覚はイヌほど発達していないが，聴覚は鋭く，触覚のある震毛によって暗い条件下でも大胆な行動が可能である。震毛がなければネコは暗闇での行動が極端に制限され，この震毛の存在によって重度の視覚障害や失明に対処するネコの神秘的な能力が説明できる。

　ネコは不規則な対光反射をする眼を持っており様々な明るさのもとで行動できる。低照度の状況下では，タペタムと杆体主体の網膜が機能するという光学上の組み合わせによって，特に威力を発揮する。ネコでは杆体と錐体の両方の網膜電位図が証明されるし，緑色と青色を吸収する視細胞があり，充分ではないが色覚がある。ネコの眼は前頭部に位置し，網膜神経線維の約35％が非交叉性であるが，これは両眼視，立体視，および共同性眼球運動に必要な条件となっている。

眼疾患のあるネコに対する神経学的検査

　神経眼科学的疾患が疑われるネコを検査するうえで，完全な神経学的検査を行うことは不可欠だが魅力的な部分である。神経学的検査の目的は，
（1）神経学的異常の確認：神経学的疾患の存在を確認または除外するための客観情報が得られる。
（2）神経学的疾患の部位の確定：検出された神経学的異常を説明できる，中枢または末梢神経系の単一，巣状の疾患部位を探す。これができない時は，多巣性または漫性の疾患が存在する可能性がある。
（3）疾患の重篤度の評価：部分的には病歴上の特徴，また部分的には神経学的検査に基づく。ネコはゆっくりと進む視覚喪失によく順応するので，病歴は重要となることがあり，よく知っている環境とあまり知らない環境でのネコに関するオーナーの観察は特に重要である。
（4）鑑別診断：眼科検査，病歴および詳細な背景と神経学的検査所見に基づいて適切な鑑別診断が考慮され，合理的な手順で引き続いて診断検査を行うことが容易になる。

所見に誤りがないか，あるいは人為的なものではないかを証明するために，繰り返し（数時間，あるいは1日経過してから）神経学的検査を行う価値を軽視してはならない。このことは最初の所見が軽度の神経学的異常の存在を示唆している場合に特に有用である。神経学的検査を開始する前にネコを観察することは（ほんの数分でも），精神状態，姿勢および歩様を評価するために重要である。完全な神経学的検査とは脳神経，姿勢反応，脊髄反射および痛覚の注意深い評価を総合したものである。特に眼疾患に関係の深い神経学的検査項目（脳神経検査と視覚性踏み直り反応）は次に説明するが，その後に眼症状を発現した神経学的疾患の症例を挙げた。特に頭部と眼球に関する神経学的検査の詳細と，眼症状を示す神経学的疾患のより広い範囲での検討には，標準的な神経学的の教科書を参照していただきたい（De Lahunta, 1983；Oliver et al., 1987；Scagliotti, 1990；Christman, 1991；Moreau and Wheeler, 1995；Petersen-Jones, 1995）。

脳神経の評価

第II脳神経（視神経）

　視神経（CN II）は実質的に視覚（中枢性視路の異常については後述参照）と対光反射（瞳孔の異常については後述参照）の求心性経路として働く中枢神経系の経路である。視路は神経感覚網膜，視神経，視交叉，視索，外側膝状核，視放線および視覚皮質から構成されている（図15.1）。

視覚の評価：
§障害物検査　この検査ではネコが室内を歩き回る際，障害物を避けることができるかを評価する。正常なネコは初めての環境で歩き回らないことが多いので，この種では障害

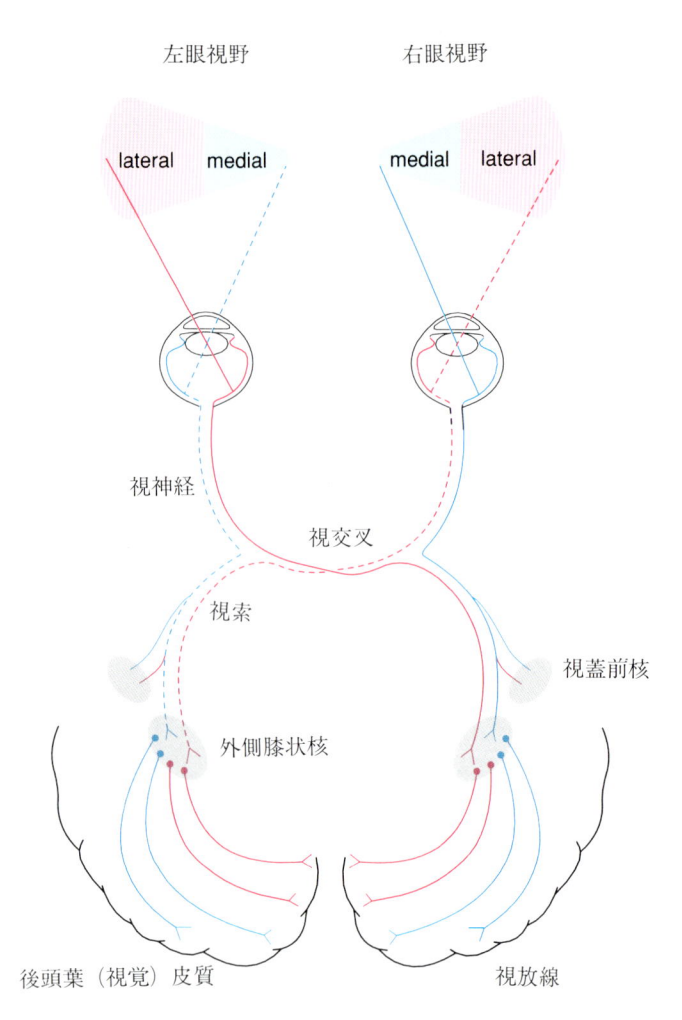

図 15.1 眼交感神経経路
BSAVA, Manual of Small Animal Neorology の許可の上複写
lateral：外側, medial：内側

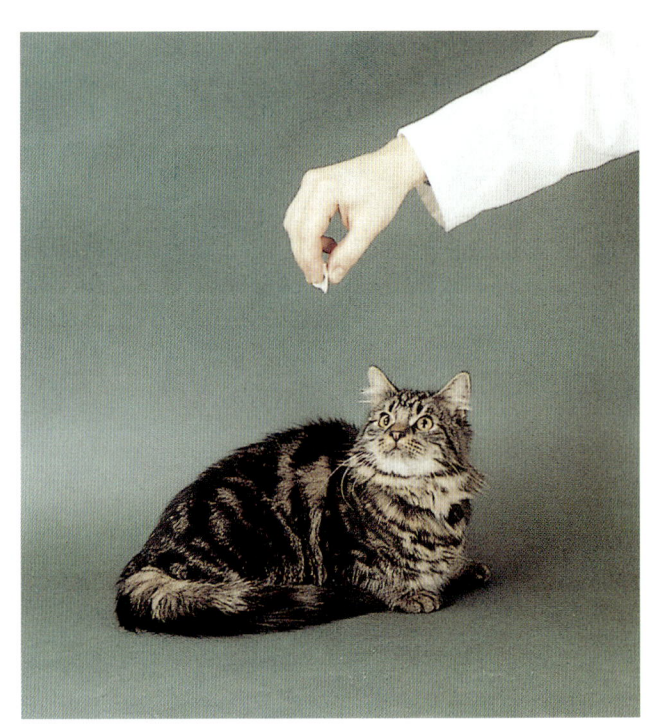

図 15.2 追跡運動，綿球を落とす前

図 15.3 追跡運動，綿球が落ちた後

路の価値は限られている。

§追跡運動　これは室内照明の通常の条件下で空中に落とした，あるいは軽く投げ上げた綿球を追いかける能力である（図 15.2 および 15.3）。中心視覚は動物の前に綿球を落として検査し，周辺視覚は左右に綿球を落として検査する。さらに，暗くした室内で様々な角度から明るい光を当てることもできる。残念ながら正常なネコの多くはこの種の検査に何の関心も示さないことが多いので，結果の解釈には注意が必要である。

§威嚇まばたき反応　眼に向けて緩徐かつ確実に動かした手や物体に反応して瞬目すること。求心性感覚経路（CN

II)に加えて，顔面神経(CN VII)経由の運動神経が含まれる。威嚇まばたき反応を行うときは角膜(CN V)を刺激しないことが重要である。

§網膜光(眩惑)反射　これは明るい光を眼の中に当てた時に，両側の眼瞼を部分的に閉じる皮質下の反射である。

§視覚性踏み直り反応　この検査では，台の縁にネコを近付けて台の上に適切に前肢を伸ばして置くかどうかを観察する。

第III脳神経（動眼神経）

動眼神経(CN III)は瞳孔の収縮（副交感神経経由），外眼筋（上，内，下直筋および下斜筋）の神経支配および上眼瞼（上眼瞼挙筋）の神経支配の一部を司る。

評　価：CN IIIは瞳孔径（対称性，直接および間接対光反射），眼球の位置および眼球の動きを観察して評価する。CN IIIの障害によって散瞳，すなわち光に反応して瞳孔が収縮する能力が無くなり，眼球が外側以外には動かなくなって下側外斜視がおこり陥凹する。

第IV脳神経（滑車神経），第VI脳神経（外転神経）

これらの神経は外眼筋の運動機能を支配する。滑車神経(CN IV)は上斜筋を支配し，外転神経(CN VI)は外直筋と眼球後引筋を支配する。

評　価：滑車神経(CN IV)の異常によって眼球の背側面が外側に軽度に回転（背-外側回転）する。したがって，眼球が異常な方向を向いていることは，検査すればこれに伴って瞳孔が回転していることで容易に識別できる。

外転神経(CN VI)の障害では内斜視がおこり，角膜に触れた場合，眼球を後ろに引く反応（角膜反射，感覚神経を支配するCN Vと合わせて検査する）注)が無くなる。

第V脳神経（三叉神経）

三叉神経(CN V)は顔面全体の感覚を支配し，また咀嚼筋の運動機能を司っている。

評　価：運動機能の障害によって口を閉じることができな

くなり，咀嚼筋の緊張低下（±萎縮）がおこる。

感覚機能は神経の3つの主な枝（眼神経，上顎神経，下顎神経）で評価できるが，ここでは眼からの求心性感覚刺激を伝達する眼神経枝のみを検討する。眼神経枝は眼瞼(瞬目)反射（内眼角に触れて誘発し，瞬目の運動神経を支配しているCN VIIと合わせて検査する）と角膜(瞬目)反射(CN IV参照)で検査する。眼神経の求心性線維の刺激によって涙液の分泌もおこる。角膜の感覚障害によって兎眼性角膜症がおこり，特に眼瞼裂の中で露出する部位の角膜が障害される。

第VII脳神経（顔面神経）

顔面神経(CN VII)は顔面表情筋の運動神経と涙腺の副交感線維を支配している（後述参照）。顔面神経は一旦脳幹部を出て内耳神経と隣接し内耳道に入る。したがって，1つの病変で両者が障害されることがある。

評　価：異常によって顔面麻痺がおこり，涙液の産生低下もおこる場合がある。片側性の障害は眼，眼瞼，口唇および鼻の左右不同として認められることがある。特殊検査には眼瞼反射(CN V参照)，威嚇まばたき反応(CN II参照)，シルマーティアーテストおよび眼と顔面の正常な動きの観察がある。ネコが瞬目しようとする時，眼球が後ろに引かれ瞬膜が角膜上を横切るが，上眼瞼と下眼瞼は動かない。

第VIII脳神経（内耳神経）

第8脳神経(CN VIII)の蝸牛部は聴覚を司り，前庭部は体位と歩行の平衡，眼球運動の協調を支配する（後述参照）。

評　価：蝸牛の障害では聴覚障害がおこり，前庭の障害では眼振がおこることがある。特発性の水平眼振があれば急速相は病変の側から遠ざかる方向に認められる。眼振には水平性，垂直性，回旋性があるが，垂直性であれば疾患の源が中枢にある（すなわち疾患が前庭神経核を障害している）ことを意味する。他の2つの型の眼振は中枢または末梢（前庭神経または前庭器官）の疾患でおこる。体位眼振は，頭位を変えることで発生したり変化する眼振として（例：ネコを側臥または背臥に寝かせる）検出できる。

シャムの中には，他には前庭疾患の兆候がない遺伝性の水平眼振の認められるものがあることに注意する（後述参照）。

片側性の前庭疾患でも運動失調を伴う病変方向への斜頸と回転運動がおこる。斜頸が軽度か不明瞭でもネコの骨盤を持ってぶら下げれば，明瞭になることがある。正常では前肢を床に向かって伸張し，頭部を床に対して約45°に保

監訳者注：原著では，角膜反射を「角膜に触れた場合に眼球を後ろに引く反応」として，外転神経(CN IV)と三叉神経(CN V)が関与した反応としているが，一般的にはこれは眼球後引筋反射と呼ばれるもので，角膜反射は求心路が三叉神経(CN V)，遠心路が顔面神経(CN VII)で，眼球を後引する反応ではなく，瞬目をする反応であるとされている。

持する。片側性の前庭疾患では著明な斜頸を認め，両側性の疾患では顎を胸に押し付けるように頭部を異常に屈曲させる。

姿勢反応

姿勢反応には手押し車，姿勢性伸筋突伸，一側起立，一側歩行，跳び直り，固有受容感覚反応および踏み直り反応がある。これらのうち視覚性踏み直り反応は特に視覚の評価を含んだ唯一の反応である（前述参照）。

対光反射経路

瞳孔径は瞳孔括約筋（コリン作働性副交感神経支配）と瞳孔散大筋（アドレナリン作働性交感神経支配，後述参照）によって調節されており，両者のバランスは一定の流動状態にある。対光反射は瞳孔対光反射（PLR）としても知られ，明るい光が受容体（おそらく光受容体）を刺激して網膜におこり，神経節細胞層から求心性経路が始まる。受容体細胞の刺激からおこる活動電位を伝える視神経線維の中の2次ニューロンの一部は瞳孔運動線維で，視索を離れ中脳に入って視蓋前核で3次ニューロンとシナプスし，3次ニューロンは続いて動眼神経核（ヒトではエーディンガーーウェストファル核として知られる）の副交感神経成分とシナプスする。視交叉では両側2次ニューロンの広範な交叉がおこり，後交連（視蓋前核と動眼核の間）で3次ニューロンが光刺激に対して両側瞳孔の反応をおこす。動眼神経核からの遠心性副交感神経線維は動眼神経（CN Ⅲ）に含まれ，眼窩裂を通って，視神経の外側の毛様体神経節でシナプスし，節後線維とともに2本の短毛様神経（鼻側ないし内側と耳側ないし外側）に分かれ，虹彩の筋肉組織を支配する（図15.4）。

眼球の交感神経路

虹彩の交感神経支配は視床下部に発する。上位運動ニューロンは下位運動ニューロンと脊髄のT1～T3の位置でシナプスし，その軸索は脊髄を出て胸部迷走－交感神経幹を通り，鼓室胞に近接する頭蓋頸部神経節でシナプスする。節後線維は中耳を通って三叉神経（CN Ⅴ）の眼枝と一緒になり，瞳孔散大筋と眼窩周囲の筋肉および眼瞼の平滑筋を神経支配する（図15.5）。

瞳孔反射の評価

さまざまな明るさの条件下で瞳孔を評価することが神経

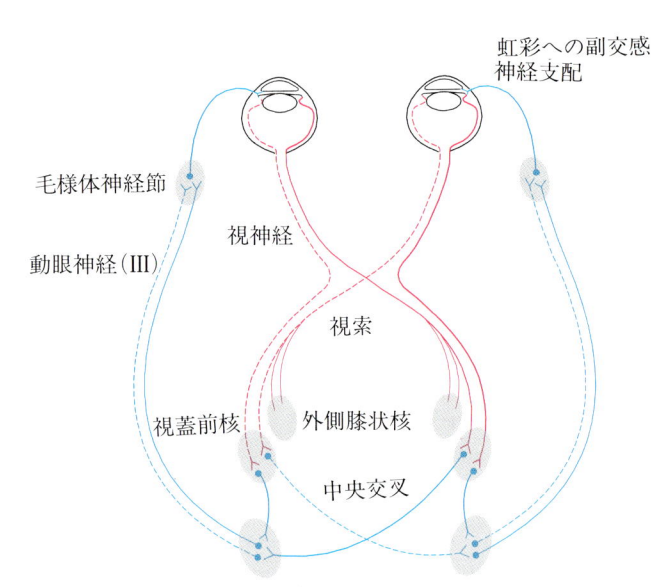

図 15.4　対光反射経路
BSAVA, Manual of Small Animal Neorology の許可の上複写．

眼科学的検査では重要な基礎となる。最初に普通の照明下で瞳孔の形，径および位置を検査してから，照明を落として検査を繰り返す。これは交感神経と副交感神経の障害を鑑別するのに有用な方法である。明るい照明下では副交感神経系が優位なので，交感神経の機能障害による縮瞳は検出が困難になる。しかし，薄暗い照明下では障害された側の瞳孔がより小さくなるので，瞳孔不同が明瞭になり，このような障害を明らかにできる。逆に，副交感神経の麻痺（例：毛様体神経節の外傷性損傷）で認められる散瞳が明るい照明下では明瞭になるが，薄暗い照明下では検出困難になる。

次に強い光に対する直接（同側性）と共感性（間接または対側）反射を評価するが，ほぼ真っ暗な条件で行うのが最適である。視交叉と中脳の後交連で視神経線維が部分的に交叉するので，一側の眼に明るい光を入れた場合の正常な瞳孔は，刺激を受けた側でより強い縮瞳を示す（動的収縮性瞳孔不同）。この光を素早く移動させて反対眼を刺激すると，今度は逆に刺激された眼が強く縮瞳し，一方から他方へ光源を移動させると縮瞳が交互に変化する（交互収縮性瞳孔不同）。これが相対的求心性瞳孔異常（マーカス・ガン徴候）の検出に行われる swinging flashlight test（交互対光反応試験）の原理である。例えば，視交叉の前に病変が

1次ニューロン
・視蓋脊髄路内
・視床下部と吻側中脳内の細胞体

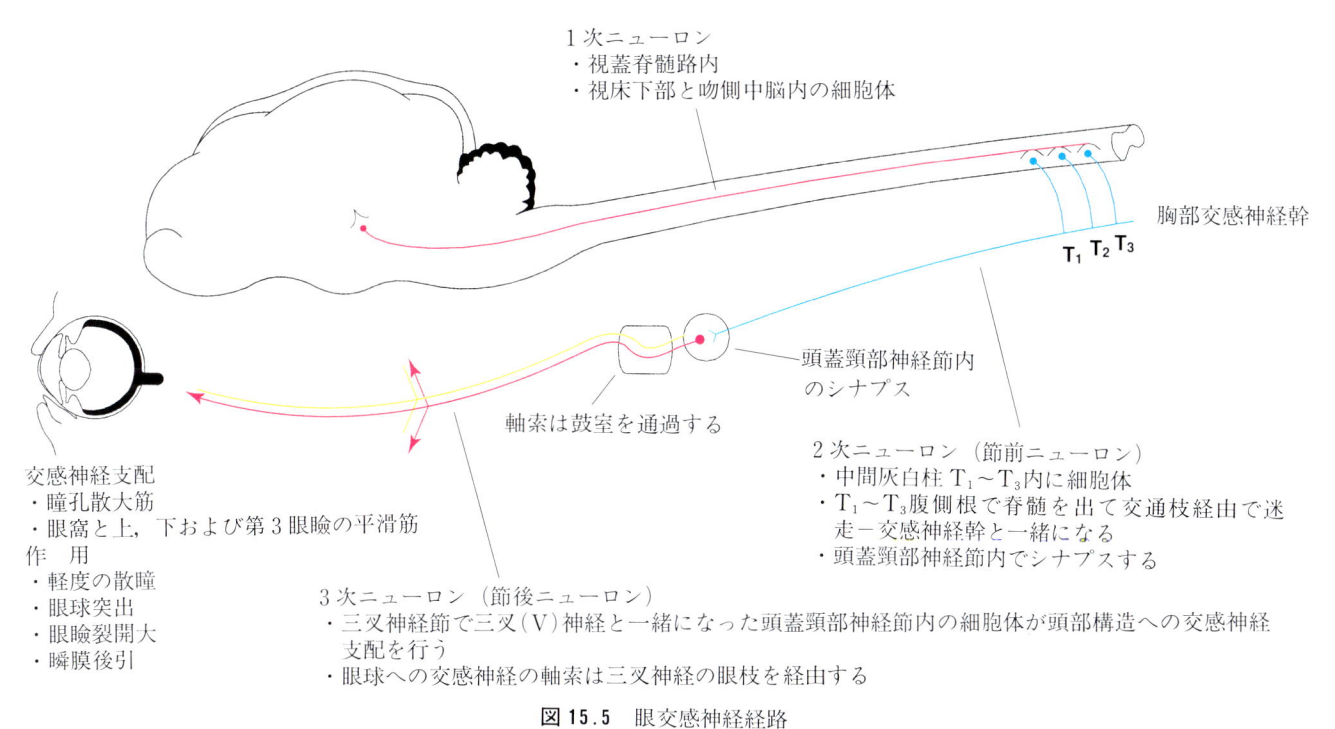

胸部交感神経幹

T_1 T_2 T_3

頭蓋頸部神経節内のシナプス

軸索は鼓室を通過する

2次ニューロン（節前ニューロン）
・中間灰白柱 T_1～T_3 内に細胞体
・T_1～T_3 腹側根で脊髄を出て交通枝経由で迷走－交感神経幹と一緒になる
・頭蓋頸部神経節内でシナプスする

交感神経支配
・瞳孔散大筋
・眼窩と上，下および第3眼瞼の平滑筋
作用
・軽度の散瞳
・眼球突出
・眼瞼裂開大
・瞬膜後引

3次ニューロン（節後ニューロン）
・三叉神経節で三叉（V）神経と一緒になった頭蓋頸部神経節内の細胞体が頭部構造への交感神経支配を行う
・眼球への交感神経の軸索は三叉神経の眼枝を経由する

図 15.5 眼交感神経経路
BSAVA, *Manual of Small Animal Neorology* の許可の上複写

あれば照明を振って対側眼を刺激した場合，収縮した瞳孔が直接照明を受けて突然散大する（swinging flashlight test 陽性）。

神経学的疾患の眼所見

正常な視覚を伴う瞳孔の異常

薬理学的散瞳と縮瞳：散瞳薬および毛様体筋麻痺薬（例：アトロピン，トロピカミド）は瞳孔を散大させ，縮瞳薬（例：ピロカルピン）は瞳孔を収縮させる。ケタミンのような麻酔薬でも散瞳がおこる。瞳孔の異常を評価するにあたり，特に紹介されてきた症例で，この種の薬剤が投与されていないかどうかを確認することが重要となる。最近の麻酔歴についても調べるのが賢明である。

交感および副交感神経系の節前性および節後性病変の鑑別をする上で薬理学的検査は有用で，これは脱神経による過敏症の原理に基づいている。脱神経された筋肉細胞は外部から投与された「神経伝達物質」に過敏となり，脱神経された眼の瞳孔反射は正常な眼の反射に比べて急速で，強く，長時間持続する（Collins and O'Brien, 1990）。

瞳孔不同：瞳孔不同（瞳孔径の不等）は眼球，眼球交感神経系，対光反射経路，中脳または小脳の異常の結果として発症する（図 15.6～15.10）。基礎疾患が，特に炎症性疾患と関連する場合，必ずしも明かになるとは限らず（図15.7），詳細な検査が必要となることがある（Neer and Carter, 1987；Collins and O'Brien, 1990；Bercovitch et al., 1995）。瞳孔不同が存在する場合，どちらの眼が異常かを検出することが重要となり，そのためには直接および共感性対光反射と低照度の条件に反応して瞳孔が散大するのを注意深く観察する必要がある。先天性もしくは後天性の虹彩の疾患（例：虹彩形成不全，虹彩萎縮，虹彩炎），緑内障および眼底の異常のような他の瞳孔不同の原因（図15.6）については他で（第 10，12 および 14 章参照）検討する。

§**特発性瞳孔不同** 瞳孔径の軽度の不等はネコでは全く一般的で，両眼の交感または副交感神経の緊張が根本的に相違すると考えられている。この型の瞳孔不同の原因は動眼神経の副交感神経核の核より上位の抑制性制御の不対称に起因する限りは「中枢性」の可能性がある。

§**片側性縮瞳－ホルネル症候群** ホルネル症候群では通常障害された側で縮瞳，眼瞼下垂，眼球陥凹および瞬膜突出が認められるが，瞳孔不同が唯一の最も一般的な徴候である（図15.8）。眼症状が瞳孔不同だけの症例もある（図

図 15.6　特発性ブドウ膜炎に続発した緑内障があり，右眼のブドウ膜炎によって瞳孔不同をきたした 11 歳齢の在来短毛種
角膜後面沈着物，虹彩の色の変化および散瞳に注目。

図 15.8　洗剤の水溶液で耳の洗浄をしてから片側性のホルネル症候群（右側に障害）を発症した 7 歳齢の在来長毛種
眼瞼下垂，縮瞳，眼球陥凹および瞬膜の突出に注目。

図 15.7　3 歳齢の在来長毛種避妊済みメス
瞳孔不同，左眼に障害。すなわち，両眼の眼底に散在する孤立性の巣状混濁部があった。進行性の神経学的異常を伴う中枢神経系のび漫性炎症。

図 15.9　10 歳齢の在来短毛種
交通事故（腕神経叢の裂離）で片側性のホルネル症候群（右側の障害）を発症。瞬膜の突出は明瞭ではないが，右側瞳孔がより縮瞳して瞳孔不同があることに注目。右側に橈骨神経の麻痺も認める。

図 15.10　10歳齢の在来短毛種
左側の眼に障害（散瞳）のある瞳孔不同。左眼は以前の外傷性突出のために失明し，持続性の顔面神経（VII）損傷もあった。眼球の後引と瞬膜の急速な突出によって正常な瞬目の効果的な代替ができていて，人工涙液療法で眼球表面の潤滑が保たれた。このネコの右眼は図14.42に載せてある。

15.9）。ホルネル症候群は冒された側の交感神経支配の損傷が原因で生じ（Neer, 1984 ; van den Broek, 1987 ; Morgan and Zanotti, 1989 ; Kern et al., 1989），脳または脊髄内の交感神経線維の損傷でもおこることがあるが，脊髄の外側に病変がおこるほうが一般的である。

　ホルネル症候群は冒された部位によって以下のように分類できる。すなわち，中枢性（1次ニューロン），節前性（2次ニューロン）および節後性（3次ニューロン）病変。病変の部位を特定するための薬理学的検査は脱神経に伴う過敏症の原理に基づいており，1％フェニレフリンの点眼（10％フェニレフリンを生理食塩水で1：10に希釈）のような直接作働性薬物を用いて実施できる。ただし，得られる結果は傷害後の時間，病変の程度，病変と虹彩の距離によって変化する。正常な眼ではこの低濃度の薬物では反応が認められない。病変が節後性であれば瞳孔は20分以内に散大し，節前性ならば瞳孔が散大するまでに30～40分かかる。ハイドロキシアンフェタミンのような間接作働性薬物も使うことができるが，検査は日を改めて実施すべきである。さらに詳細な薬理学的検査についてはCollinsおよびO'brien（1990）の論文を参考にしていただきたい。

　ホルネル症候群の症例の中には病因が特定できないものもあるが，一般的に特定可能な原因には頭部または頸部の外傷（迷走交感神経幹の損傷），前縦隔疾患（例：前縦隔リンパ肉腫），上腕神経叢と胸部の外傷，中/内耳の疾患（前庭疾患に併発することがある）および医原性損傷（頭部または鼓室胞の術中）がある。ネコでは，2次ニューロン性ホルネル症候群が同側の喉頭片麻痺を伴って発現することがある（Holland, 1996）。

§片側性散瞳　対光反射経路の求心性枝（図15.10），動眼神経（CN III）または動眼神経核の副交感神経部分を冒す病変では片側性散瞳がおこることがある。動眼神経の機能不全はまれであるが，その基になる原因には外傷と腫瘍がある。完全な麻痺の場合は瞳孔は大きく散大し明るい光にも反応しないが視覚は障害されない。損傷が神経/核の副交感神経の部分に限定されていない限りは動眼神経損傷の他の徴候が認められるはずである（すなわち，眼瞼下垂を伴うまたは伴わない下側外斜視）。「内眼筋麻痺」という用語は内眼筋（すなわち，瞳孔括約筋と毛様体筋）の麻痺に対して用いられる。

　片側性散瞳は時として片側性の小脳疾患に伴って認められることがある（反対側の瞳孔散大がおこる）。この瞳孔不同は小脳疾患の主要症状に随伴する。

§静的瞳孔不同（緊張性瞳孔症候群）　暗順応によっても部分的にしか，あるいは全く変化しない軽度の瞳孔不同を伴う不完全な両側性縮瞳（静的瞳孔不同）がFeLV感染で，おそらく短毛様神経または毛様体核のウイルス感染による直接作用としておこることが報告されている。視覚は障害されない。症状の重篤度は変化し，疾患の初期には徴候が間欠的であることもある。時には罹患した動物が，縮瞳よりもむしろ両側性の不完全な散瞳で上診される場合がある。静的瞳孔不同はネコ免疫不全ウイルスのような他のウイルスによってもおこることもある（図15.11）。

§片側性散大瞳孔（部分的内側眼筋麻痺，「D型」瞳孔）　虹彩縮瞳筋を支配する2つの短毛様神経のうち，一方だけが麻痺した状態に起因し，2つの神経のうちどちらが冒され

図15.11 3歳齢の在来短毛種
FIVに伴う静的瞳孔不同（「静的瞳孔症候群」）。

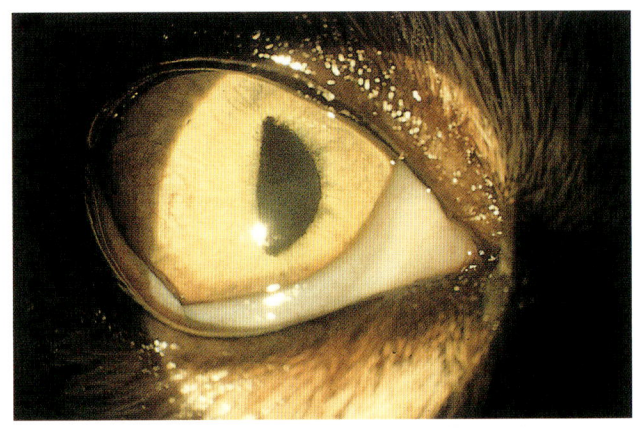

図.15.12 右眼の鼻側短毛様神経の損傷で「D」型瞳孔になった10歳齢の在来短毛種
このネコは両側性の後部ブドウ膜炎もあり，FIV陽性であった。

るかによって「D型」または「逆D型」瞳孔が発現する（図15.12および15.13）。例えば，外側（耳側）神経の傷害で左眼が冒されればD型瞳孔が，右眼が冒されれば逆D型瞳孔が観察される。逆に，内側（鼻側）の短毛様神経の損傷では，右眼が冒されればD型瞳孔が，左眼が冒されれば逆D型瞳孔が発生する。この型の眼筋麻痺は，例えばFeLVに伴うリンパ肉腫が一方の短毛様神経に浸潤した場合に認められる。

両側性散瞳：視覚障害を伴わない両側性散瞳は様々な神経学的疾患に随伴する。

<u>§自律神経障害</u>　現在の英国では最初に報告された時（Key and Gaskell, 1982）ほど一般的ではないが，ネコの自律神経障害の症例はいまだにヨーロッパで発生し，米国ではさらに発生頻度が低い。交感および副交感神経系の両方が冒される。瞬膜の突出，涙液産生の低下，羞明症を伴うことが多く，両側性に散大した無反応の瞳孔（図15.14）が主な眼症状である。全身的な自律神経障害でみられるその他の症状は通常明らかである（例：元気沈衰，食欲不振，体重減少，粘膜の乾燥，間欠的吐出，巨大食道症，イレウス，便秘，尿停滞，徐脈）が，古典的臨床症状を欠く場合や不明瞭な場合もある。死後の検査で自律神経と神経節が変性している所見が認められる。

確定診断された症例では脱神経性過敏症の結果として，0.1％ピロカルピン1滴を罹患したネコの眼に点眼すると縮瞳と瞬膜の復位がおこる（図15.15）が，0.25％硫酸フィゾスチグミンの点眼では何の作用も認められない（Guiford et al., 1988）。両方の薬剤を使うのであれば，間接作用型のフィゾスチグミンをまず投与し，翌日に直接作用型のピ

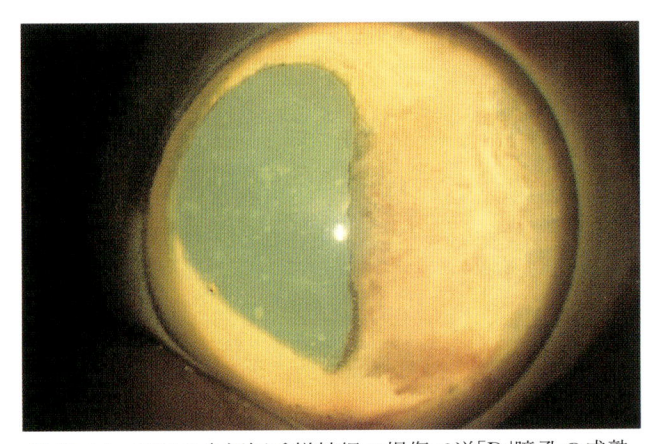

図15.13 左眼の鼻側短毛様神経の損傷で逆「D」瞳孔の成熟した在来短毛種
これはリンパ肉腫に伴うものであった。

図15.14 6歳齢のペルシャ去勢済みオス
両側性の散瞳を伴う自律神経障害。

図 15.15 図 15.12 に示したのと同じネコ 0.1%ピロカルピンを点眼してから 20 分後。

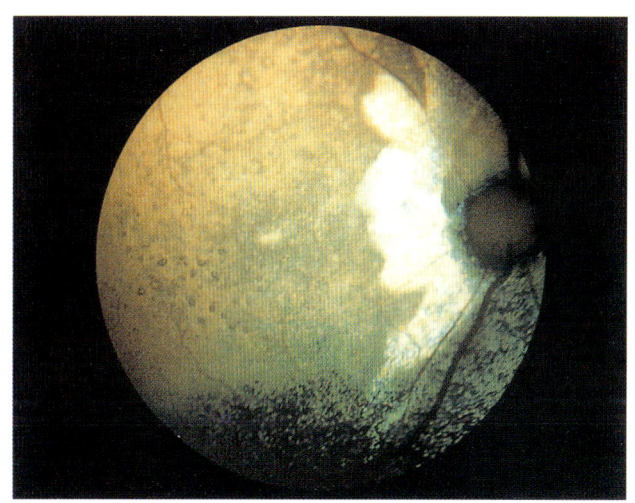

図 15.16 4 歳齢のシャム雑種去勢済みオスネコ海綿状脳症のネコの異常な眼底所見。

ロカルピンを投与する。しかし，薬理学的検査は侵襲性であることがあり，疾患のあるネコでは不利な点が利点を上回る場合がある。これらの薬剤は治療の一環としては使用すべきではない。

　自律神経障害の症例を治療する場合，急性期には非経口的栄養または咽頭瘻チューブ経由の栄養を，その後は水分の多い食餌を与え，粘膜が乾燥しなくなるまでは充分な看護が必要とされる。涙液産生が正常に回復するまでは人工涙液療法（例：0.2%ポリアクリル酸, Viscotears CIBA Vision；0.2% w/w Carbomer 940, GelTaers, Chauvin）も不可欠である。重度に冒されたネコでは予後は慎重に観察する必要があり，治療が成功している症例でも数か月にわたる看護が必要である。回復が不完全なネコもあれば，ストレスが引き金となって再発するネコもある。

§**肝性脳症**　脳症の経過中に両側性の散瞳を示すネコがある。この場合，運動失調，行動の変化および流涎過多のような他の神経症状を伴うのが常である。

§**ネコ海綿状脳症（FSE）**　FSE のネコの中には両側性の散瞳と失明を示すものがある。対光反射は鈍いか欠如する。通常は他に眼の異常を認めない（図 15.16）。持続性で進行性の運動失調，行動の変化（例：極度の不安）および流涎のような様々な神経学的異常も認められる。診断は脳の病理組織で確定する（Gruffydd-Jones et al., 1991）。

§**チアミン欠乏**　ネコのチアミン（ビタミン B_1）欠乏の臨床症状は特徴的で，食欲不振，小脳型運動失調，頸部の腹側への屈曲，両側性縮瞳がみられる。眼底検査では乳頭周囲の浮腫と乳頭の血管新生（図 14.41）を認めることがあるが，炎症性および腫瘍性疾患でも同様の所見が得られるので（第 14 章参照），これらはチアミン欠乏特有の所見ではない。治療は欠乏を補正するチアミンを補うことと全身的なコルチコステロイドで浮腫を引かせることである。すなわち，初期には両者を静脈内投与する。

§**急性脳疾患**　腫脹または圧迫といった中脳の急性び漫性脳疾患に伴う散瞳がおこることがある。散瞳が両側性であれば予後不良である。中枢神経系の外傷で可能性のある臨床症状と治療は本書の及ぶ範囲外であるが，さらに詳しいことは他を参照のこと（Griffiths, 1987；Hopkins, 1995）。

海綿静脈洞症候群：海綿静脈洞は下垂体窩の両側にある静脈洞であるが，眼球を神経支配する視神経以外の全ての脳神経の線維を含んでいる。多数の疾患の経過中に海綿静脈洞への影響が及ぶ。例えば，腫瘍，炎症性疾患および血管の障害がこの部分に作用して，片側性または両側性の固定（軽度に散瞳した）瞳孔と眼球運動の欠如がおこる。眼瞼下垂と瞬膜の突出もおこることがあり，特定のまたは複数の脳神経の麻痺によっては時として斜視が認められる（図 15.17）。海綿静脈洞症候群は完全な眼筋麻痺（外眼筋および内眼筋の麻痺）の最も一般的な原因である。

両側性縮瞳：

§**有機燐中毒**　著明な縮瞳（図 15.18）は有機燐中毒の特徴の 1 つであり，流涎，嘔吐，下痢，腹部痙攣，筋肉の痙縮，筋線維束痙縮，さらには痙攣のような他の神経学的症状を伴う（Wheeler, 1993）。

§**急性脳疾患**　散瞳と同様，縮瞳は重度の中脳疾患（図 15.19）の症状である可能性があり，これはおそらくより上位の中枢からの抑制が無くなったことによる（例：テントヘルニアに伴う中脳の重度の圧迫に起因する）可能性があ

図15.17　海綿静脈洞症候群に伴う軽度の眼瞼下垂，散瞳および著明な内斜視（内側への斜視）の在来短毛種

図15.19　脳腫瘍に伴う両側性縮瞳の在来短毛種

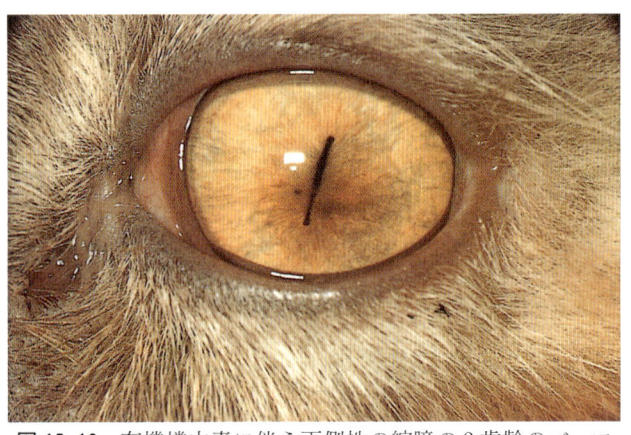

図15.18　有機燐中毒に伴う両側性の縮瞳の2歳齢のバーマン
左眼を示している。

る。瞳孔が縮瞳から散瞳に進行した場合の予後は不良である。

中枢性視路に関係する視覚障害

　視覚に影響を及ぼし，日常的な検眼鏡検査で検出できる異常に関しては前述（第12および14章）の通りで，これには視神経形成不全，視神経低形成，視神経コロボーマなどの先天性の異常と，視神経炎や視神経萎縮のような後天性の疾患が含まれる。ここでは視神経から大脳皮質の後頭葉皮質までの中枢性視路を冒すいくつかの疾患について記載する。

　視覚障害は検出が困難で，部分的な視覚欠損に関してはよほど注意深いオーナー以外には気付かれずに経過することが多い。同様にこれらを臨床検査によって証明することは困難であるが，時としてその構造が非常に特徴的であるために病変の正確な位置付けが可能となる場合もあり，逆にこれによってその原因を理解できることもある。ヒトに比べればネコの方がずっと正確な診断を下すことが困難であることは疑いの余地が無いが，画像診断の発達，特にMRIの導入によって将来への興味深い可能性が開かれている。

　中枢性視路の病変は習慣的に4つに分けられ，これは表15.1に要約してある。中枢性視路を障害する神経学的異常のいくつかの例を以下に示す。

異常な視路：色素の産生が欠損しているシャムやヒマラヤンの不完全白子で，輻湊内斜視（図15.20）と眼振は一般的な異常である（Creel, 1971；Johnson, 1991）。他の品種（例：バーマン）でも時としてこの異常がみられる。これらの品種の網膜色素上皮では軸索の成長に欠かせない調節因子であるメラニンが欠乏し，これによって眼球から脳への軸索の突出が誤った方向におこり，中枢性視路が適切に発育しない。中枢視覚線維が誤った経路をとるために視力の低下と両眼視の欠損がおこる。ネコの中には約3か月で輻湊内斜視（内斜視）となるものがあり，おそらくこれは視覚の異常の結果で脳が完全な視野を創造しようとする試みであろう。このようなネコの多くにみられる眼振のもとに

表15.1 中枢性視路の病変

視交叉前病変
視覚　視覚障害：部分的または完全な失明。一側ないし両側眼が障害される可能性がある。
PLR　片側性の病変：障害のある眼の方が若干散瞳して，通常の照度下では静的瞳孔不同。暗所では両側の瞳孔が同程度に散大。交互対光反応試験では異常が認められる。障害のある眼では直接および間接PLR陰性。
　　　両側性の病変：固定した散瞳。
病因　球後視神経炎，腫瘍，外傷および視神経の圧迫。

視交叉病変
視覚　完全な病変では両眼での完全な失明。不完全な病変の場合は部分的な両側性の障害のこともある（例：外側視野欠損－両側頭片側視野欠損）。
PLR　完全な病変では両側性の固定した散瞳。部分的な病変では様々な作用を示す。
病因　脳血管梗塞（視交叉の虚血性壊死がおこる），腫瘍（稀），炎症および膿瘍形成。

視索病変
視覚　視覚の障害は必ずしもおこるとは限らず，その他の症例でも視覚欠損の証明は困難なことがある。両側性の障害は稀である。
　　　片側性病変：病変の同側眼で内側視野の欠損，対側の外側視野欠損（相合性同側半盲）。視索病変の対側眼で視野欠損が最大になる。病変と対側の身体で片側感覚および片側運動障害もおこる場合がある。
PLR　近位（吻側）$2/3$：片側性病変，正常な照度下で静的瞳孔不同。視索病変の対側眼で求心性瞳孔異常のみられることがある。
　　　遠位（尾側）$1/3$：求心性の瞳孔線維は視索に沿って，その途中の約$2/3$で視索から離れるので遠位$1/3$の病変ではPLRの異常はおこらない。
病因　空間占拠性病変，炎症と膿瘍形成，血管梗塞と虚血。多くの症例では片側性だが重度の炎症では両側性の障害をおこすこともある。

外側膝状核，視放線および後頭葉皮質の病変．
視覚　片側性視索病変に記載されているような同側半盲。
PLR　視索の遠位$1/3$を障害する片側性視索病変に記載されているように障害されない。
病因　片側性病変：空間占拠性病変（例：腫瘍，出血），炎症（脳炎，髄膜脳脊髄炎）および膿瘍形成，外傷，血管梗塞。
　　　両側性病変：空間占拠性病変，炎症（脳炎）および膿瘍形成，外傷，毒素（例：鉛中毒，肝性脳症）。

図15.20 早発性輻湊内斜視のバーマン

なっている機序はあまりよくわかっていないが，中脳の段階で知覚する情報の矛盾によるものだろう。

水頭症：一般的な用語では水頭症とは脳脊髄液（CSF）の量が増加することを意味する。ネコの水頭症は脳組織の奇形と低形成による先天性の障害か，虚血性脳疾患，腫瘍または重度の髄膜炎と脳室上衣炎（例：ネコ伝染性腹膜炎）からの後天性の疾患のいずれかである。

　先天的な水頭症には頭蓋冠の拡大と泉門の開存を含む異常な頭蓋の形態を伴う（図15.21）。骨性眼窩も拡大し眼球は腹外側に変位するが，これはおそらく神経原性ではなく眼窩の奇形によるものだろう。グリセオフルビンのような胚子奇形を発生させる薬剤による傷害，またはネコ汎白血球減少症ウイルス感染から先天性水頭症が誘発される。

　虚血性脳疾患の結果としておこる水頭症は組織の破壊によってできた空間を満たすためにCSFの量が代償性に増加することによる。腫瘍と重度の炎症に伴い，CSFの流れが閉塞されるかまたは吸収が阻害され水頭症がおこるのが一般的である。

　水頭症のネコは嗜眠のような行動上の変化を示すのが常

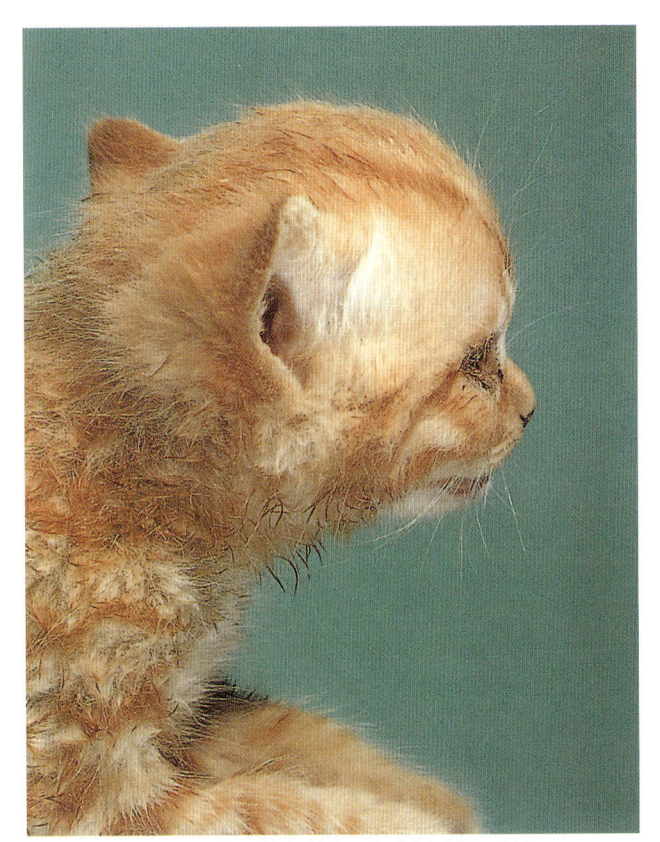

図15.21 先天性水頭症の在来短毛種の仔ネコ
著しく盛り上がった頭蓋に注目。
(D.A.Gunn-Moore氏の好意による)

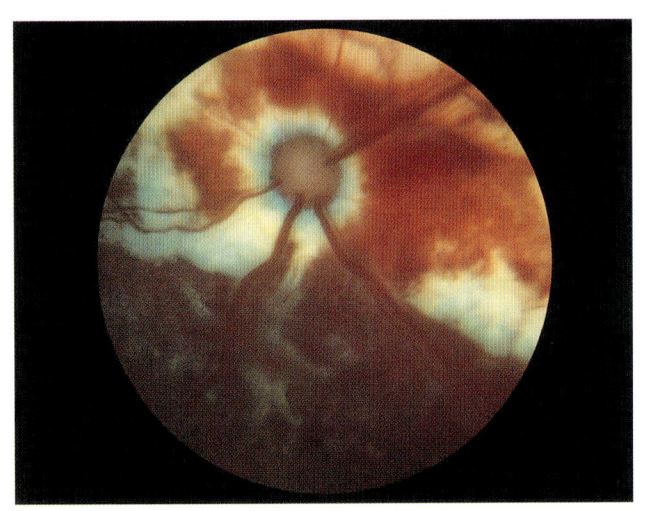

図15.22 1歳齢の在来短毛種
ネコ伝染性腹膜炎に伴う後天性水頭症。広範な出血と乳頭浮腫に注目。脳圧と脳脊髄圧は上昇していた。

図15.23 在来短毛種の仔ネコ
GM_1ガングリオシド症。軽度のび漫性角膜混濁，孤立性巣状網膜混濁部および視覚欠損がみられた。広く開いた足の位置に注目。この仔ネコは運動失調もあった。

であるが，臨床症状は様々である。対光反射は正常で両側性の視覚障害を示すのが最も一般的で一貫した症状である（De Lahunta, 1983）。原因によって，またCSF圧が上昇しているかどうかによって他の神経眼科学的症状が現れる（図15.22）。水頭症の治療は原因を確定することにかかっており，神経学専門医からの助言が必要になる。しかし，治療に反応しない症例も多い。

リソゾーム蓄積病：ネコでは数々の劣性遺伝する神経代謝病の記述があり，その他にもまだ記載されていないものがある（第9および14章も参照のこと）。これらの疾患の多くは神経学的な症状が共通しているが，それぞれの特徴付けは完全でもなければ特有でもない。通常失明が中枢神経病の結果で，例えばガングリオシド症（図15.23）やスフィンゴミエリン症でも失明する。ムコ多糖症Ⅰ型にも髄膜腫と水頭症が随伴している（Haskins and McGrath, 1983）。

無酸素症，低酸素症および虚血：第3章参照。

血管の梗塞：脳梗塞は様々な場所でおこる。例えば，後頭葉（視覚）皮質と視放線が梗塞で障害されると片側性視覚障害がおこるが，対光反射は正常であるのに対して，視交叉の部位で梗塞がおこれば両側性の散瞳と両側性の失明がおこる。

その他：感染性および炎症性疾患の多くには中枢性視覚障害と失明を伴うが，何ら視覚上の異常が検出されない症例もある。このような疾患のほとんどが第12および14章に記載されている。視覚障害を伴うこれらの疾患にはネコ伝染性腹膜炎，ネコ白血病－リンパ肉腫症候群，ネコ免疫不全ウイルス，トキソプラズマおよび真菌感染がある。

眼球の位置と運動の神経学的異常

視像の質は2つの主要な眼球運動に左右される。すなわち、前庭および視線運動系を介して網膜上に像を固定する眼球運動と、主にサッケード系を介して視線を変化させる眼球運動である(Scagliotti, 1990)。眼球の位置と運動の異常の評価は複雑で本書の範囲を超えているので神経眼科学の包括的概説はScagliotti(1990)を参照のこと。

前庭-眼球反射(VOR)によって、頭部が動いているときに眼球が同じく反対方向に動くことで網膜上の像が固定される。半規管内の感覚細胞が動きを感知し、前庭神経が信号を伝達してCN III、IVおよびVI経由で運動が調節される。

サッケード運動は眼球の運動の中で最も早い。この動きによって眼球は視力の最もよい網膜の部位(通常の照度条件下では中心野)で興味の対象に焦点が合うよう視線を向け直す。サッケード運動には視線固定を随意と不随意に変化させることと、前庭および視線運動性眼振の急速相が含まれる。

斜視は眼球が正常な方向を向いていないことを表現するのに使われる用語である。すでにシャムやヒマラヤンで概説した通り、先天性の異常は通常中枢視覚線維がわずかに経路を誤っている結果である。後天性の異常(図15.17)は外眼筋またはその神経支配(脳神経の評価と海綿静脈洞症候群も参照のこと)に対する障害による末梢性のものが多く、外眼筋麻痺という用語はこの結果としておこる外眼筋の麻痺を指している。

眼振とは急速相と緩徐相を有する不随意性の律動性眼球運動である。先天性の眼振はシャムとヒマラヤンの視路の異常に伴うものが最も多い。後天性の眼振は早期の視覚喪失(例:早期に発生するび漫性進行性網膜萎縮)と前庭疾患(中枢性および末梢性)に伴ってみられるのが最も一般的である。

付属器の神経学的異常

眼瞼の閉鎖異常:顔面神経(CN VII)の眼瞼枝の支配を受けた眼輪筋によって眼瞼の閉鎖が行われる。この遠心性神経に対する損傷では眼瞼の閉鎖ができなくなり、威嚇まばたき反応も陰性となる。視神経と三叉神経は眼瞼閉鎖の求心性枝の伝達を媒介しているので、これらのいずれかを評価する場合は様々な神経成分をわけることが重要である。

末梢性の顔面神経機能不全の原因は、この神経が頬骨弓の側頭領域を通る所での外傷である。眼瞼閉鎖が不充分にもかかわらず、角膜は臨床的に正常なことがある。これは、この部位での病変が涙腺の神経支配を障害せず、そのため涙液の産生は冒されず、さらに瞬膜機能は無傷のため涙膜の分泌は正常に維持されるからである。

より中枢性の病変では顔面が不対称になり、口唇の下垂、流涎、上唇溝の偏向、涙液産生の低下がおこる(図15.24)。これは外傷、中耳炎、腫瘍、一時的でも耳手術、特に鼓室切開、の合併症としておこる可能性がある(図12.25)。併発する涙膜の異常のため、このようなネコでは角膜の機能低下が最も一般的である。このような症例では1%ピロカルピン1滴を食餌に1日2回加えることで涙液産生を刺激できることがあるが、ネコは食餌に混ぜ物をすることと薬剤の副作用の両方を嫌うので人工涙液療法の方がより実践的な手段である。時として瞼板縫合、瞬膜弁、または結膜移植が適応される。

眼瞼の開放異常:どのレベルででも動眼神経が損傷を受け

図15.24 交通事故で頭部外傷を受け持続性の顔面神経麻痺(左側)になった14歳齢の在来短毛種
顔面の不対称と、涙液産生低下と眼球閉鎖不能による角膜炎に注目。

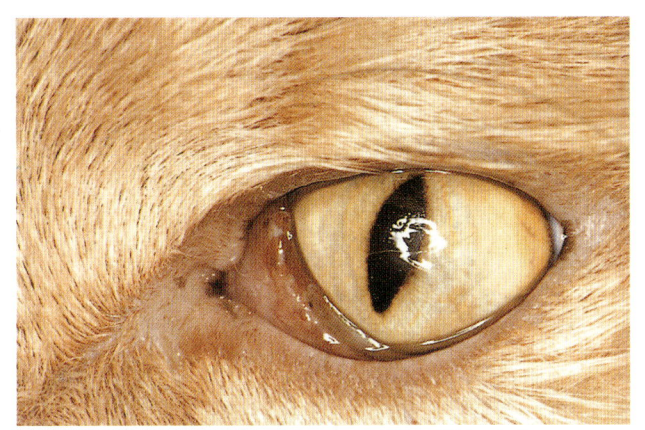

図15.25 左側の鼓室切開後の一時的顔面神経麻痺とホルネル症候群の在来短毛種
軽度の兎眼性角膜症に注目。

図15.26 在来短毛種の若いネコ
皮膚，筋肉から頭骸骨を貫く穿孔創の後，破傷風を発症した。このネコは治療によって完治した。

ると，あるいは頻度は低いが上眼瞼挙筋の直接損傷によって，眼瞼下垂，または上眼瞼の下垂がおこる可能性がある。動眼神経は外眼筋の大部分と瞳孔括約筋に分布する副交感神経の神経支配をしているので，理論的に正確な損傷部位の特定が可能なこともある。眼瞼下垂は遠心性交感神経経路の損傷の結果としておこるホルネル症候群（上記参照）の症状の一つである。ホルネル症候群では上眼瞼が下垂し，下眼瞼が軽度に上昇するので眼瞼裂は狭くなる（図15.8）。この症候群の他の症状（瞬膜突出，縮瞳および眼球陥凹）によって診断は容易である。

瞬膜の異常：瞬膜には平滑筋（交感神経支配）と骨格筋（外転神経CN VIの神経支配を受ける外側直筋の延長）がある。瞬膜の後引されている正常な状態は瞬膜の平滑筋と眼窩平滑筋の中の交感神経の緊張による。しかし，交感神経の緊張が無くなると（ホルネル症候群），既述の通り瞬膜の突出がおこる（図15.8）。外転神経またはその神経核が損傷を受けても瞬膜の突出がおこる（図15.17）。

慢性の下痢を伴う両側性の瞬膜突出がおこることがある（第6章参照）。

ネコで時として破傷風がおこるが，外傷からの感染が普通である（図15.26）。音や接触に対する通常みられる過敏症と，この疾患に特有の強直と硬直に加え，感染したネコが瞬膜の短時間の急速な両側性突出を示すことがある。

流涙の異常：3つの異なるタイプの流涙が区別できる（第7章も参照）。例えば，風，寒さ，光，化学物質および異物に暴露された結果，三叉神経（求心性経路）の感覚神経遊離端と顔面神経（遠心性経路）の副交感線維を経由して涙液産生がおこる。ネコでは基礎（持続性）涙液産生は副涙腺によるもので，瞬膜の漿液粘液性浅層腺がこれに含まれ，これもまた副交感神経系に支配されている（図15.10）。第3の型の流涙（誘発される涙液産生）は様々な薬剤によっておこるが，涙腺の分泌細胞に直接的に副交感神経様作用によって流涙をおこさせるピロカルピンの様な薬剤や，直接刺激またはアレルギー反応をおこすことによって作用する薬剤に注意が必要である（Scagliotti, 1990）。

§**評　価**　シルマーIおよびシルマーIIティアーテストは基礎産生と反射性産生の和と基礎産生単独のそれぞれの量的評価に使われる。さらに詳しい涙膜の評価と涙膜の異常については第1および7章にそれぞれ記載した。

引用文献

Bercovitch M, Krohne S, Lindley D (1995) A diagnostic approach to anisocoria. *The Compendium on Continuing Education for the Practicing Veterinarian* 17: 661–673.

Chrisman CL (1991) *Problems in Small Animal Neurology*, 2nd edn. Philadelphia, Lea and Febiger.

Collins BK, O'Brien DP (1990) Autonomic dysfunction of the eye. *Seminars in Veterinary Medicine and Surgery* 5: 24–36.

Creel DJ (1971) Visual anomaly associated with albinism in the cat. *Nature* 231: 465–466.

De Lahunta A (1983) *Veterinary Neuroanatomy and Clinical Neurology*, 2nd edn. WB Saunders, Philadelphia.

Griffiths IR (1987) Central nervous system trauma. In Oliver JE,

Hoerlein BF, Mayhew IG (eds) *Veterinary Neurology*, pp. 303–320. WB Saunders Co, Philadelphia.

Gruffydd-Jones TJ, Galloway PE, Pearson GR (1991) Feline spongiform encephalopathy. *Journal of Small Animal Practice* **33**: 471–476.

Guilford WG, O'Brien DP, Aller A, Ermeling HM (1988) Diagnosis of dysautonomia in a cat by autonomic nervous system function testing. *Journal of the American Veterinary Medical Association* **193**: 823–828.

Haskins ME, McGrath JT (1983) Meningiomas in young cats with mucopolysaccharidosis I. *Journal of Neuropathology and Experimental Neurology* **42**: 664–670.

Holland CT (1996) Horner's syndrome and ipselateral laryngeal hemiplegia in three cats. *Journal of Small Animal Practice* **37**: 442–446.

Hopkins AL (1995) Special neurology of the cat. *In* Wheeler SJ (ed) *Manual of Small Animal Neurology*, 2nd edn, pp. 219–232. BSAVA Publications.

Johnson BW (1991) Congenitally abnormal visual pathways of Siamese cats. *The Compendium on Continuing Education for the Practicing Veterinarian* **13**: 374–377.

Kern TJ, Aramondo MC, Erb HN (1989) Horner's syndrome in cats and dogs: 100 cases (1975–1985). *Journal of the American Veterinary Medical Association* **195**: 369–373.

Key T, Gaskell CJ (1982) Puzzling syndrome in cats associated with pupillary dilation (correspondence). *Veterinary Record* **110**: 160.

Moreau PM, Wheeler SJ (1995) Examination of the head. In Wheeler SJ (ed) *Manual of Small Animal Neurology*, 2nd edn, BSAVA Publications. pp. 13–26.

Morgan RV, Zanotti SW (1989) Horner's syndrome in dogs and cats: 49 cases (1980–1986). *Journal of the American Veterinary Medical Association* **194**: 1096–1099.

Neer TM (1984) Horner's syndrome: Anatomy, diagnosis and causes. *The Compendium on Continuing Education for the Practicing Veterinarian* **6**: 740–746.

Neer TM, Carter JD (1987) Anisocoria in dogs and cats: ocular and neurologic causes. *Compendium on Continuing Education for the Practicing Veterinarian* **9**: 817–823.

Oliver JE, Hoerlein BF, Mayhew IG (eds) (1987) *Veterinary Neurology*. WB Saunders Co, Philadelphia.

Petersen-Jones SM (1995) Abnormalities of Eyes and Vision. In Wheeler SJ (ed) *Manual of Small Animal Neurology*, 2nd edn, BSAVA Publications. pp. 125–142.

Scagliotti RH (1990) Neuro-ophthalmology. *Progress in Veterinary Neurology* **1**: 157–170.

van den Broek AHM (1987) Horner's syndrome in cats and dogs: A review. *Journal of Small Animal Practice* **28**: 929–940.

Wheeler SJ (1993) Disorders of the Nervous System. In Wills J, Wolf A (eds) *Handbook of Feline Medicine*. Pergamon, Oxford. pp. 267–282.

付録 I

備 品

基本的器具

集光レンズ（例：Heine, Nikon, Volk, Welch Allyn）
直像検眼鏡（例：Heine, Keeler, Welch Allyn）
拡大ルーペ（例：Heine, Keeler）
耳鏡（例：Heine, Keeler, Welch Allyn）
ペンライト（例：Heine, Keeler, Welch Allyn）

付加的な器具

角膜知覚計
双眼型倒像検眼鏡（例：Clement Clarke, Heine, Keeler, Welch Allyn）
Finoff 徹照装置（例：Heine, Keeler, Welch Allyn）
手持ち式眼底カメラ（Kowa Genesis；Keeler*）
単眼式倒像検眼鏡（American Optical Company；Reichert Opthalmic Instruments）
ポータブル型細隙灯顕微鏡（例：Kowa SL 14；Keeler*, Haag-Streit 904, Clement Clarke）
眼圧計（シエッツ眼圧計あるいはその他の電気的圧平眼圧計）

---

*監訳者注：Kowa 社発売の Genesis および SL 14 は英国では販売元が Keeler 社となっているが，日本においては興和オプチド㈱が販売元である。

消耗品

脱脂綿
涙管カニューレ（金属製またはプラスチック製のもの）
散瞳剤（1%トロピカミド，Mydriacyl；Alcon）
眼科用染色液（1%フルオレスセイン液，Minims Fluorescein Sodium および 1%ローズベンガル，Minims Rose Bengal，両者は Smith and Nephew より発売）
一般的な細菌培養培地（例：血液寒天，サブロー寒天培地）
シルマーティアーテストペーパー（Sno Strip；Smith and Nephew）
細胞診用スパーテルおよびスライドグラス
細菌培養およびウイルス分離用綿棒
点眼麻酔薬（0.5%塩酸プロキシメタカイン，Ophthaine；Squibb）
ウイルスおよびクラミジア輸送用培地

付録 II

先天性異常および早発性眼異常

第4章　眼球および眼窩
無眼球症
牛　眼
単眼症
小眼球
眼　振
新生仔眼炎
斜　視

第5章　上眼瞼および下眼瞼
眼瞼形成不全および眼瞼欠損症
眼瞼癒着
類皮腫
外眼角発育不全
新生仔眼炎

第7章　涙器
鼻涙管閉塞および鼻涙管形成不全

第8章　結膜，角膜輪部，上強膜および強膜
前眼部発育異常
類皮腫
瞼球癒着

第9章　角膜
類皮腫
小角膜症／巨大角膜症

第10章　眼房水および緑内障
牛　眼

第11章　水晶体
無水晶体（眼）
白内障
水晶体欠損
円錐水晶体
小水晶体症

第12章　ぶどう膜
瞳孔形状異常
白子症
虹彩欠損
虹彩異色
虹彩形成不全
瞳孔膜遺残

第13章　硝子体
硝子体動脈遺残

第14章　眼底
視神経乳頭無形成／視神経乳頭形成不全
網膜欠損／視神経乳頭欠損
網膜異形成

第15章　神経眼科
水頭症
眼　振
斜　視

付録 III

遺伝的眼疾患

第4章　眼球および眼窩

眼振（シャム）
斜視（シャム，ヒマラヤン）

第5章　上眼瞼および下眼瞼

眼瞼癒着（ペルシャ）
類皮腫（バーミーズ，バーマン）
眼瞼内反（ペルシャ）
外眼角発育不全（バーミーズ）

第8章　結膜，角膜輪部，上強膜および強膜

類皮腫（バーマン）

第9章　角　膜

角膜黒色壊死症（バーマン，バーミーズ，カラーポイント，ヒマラヤン，ペルシャ，シャム）
類皮腫（バーマン）
角膜内皮ジストロフィー（在来短毛種）
リソゾーム蓄積病（在来短毛種）
角膜実質ジストロフィー（マンクス）

第11章　水晶体

白内障（ペルシャ，ブリティッシュショートヘアー）
チェディアクーヒガシ症候群（ブルースモークペルシャ）

第12章　ぶどう膜

チェディアクーヒガシ症候群（ブルースモークペルシャ）

第14章　眼　底

高カイロミクロン血症
リソゾーム蓄積病（在来短毛種）
進行性網膜萎縮－劣性遺伝型（アビシニアン）
杆体-錐体形成不全－優性遺伝型（アビシニアン）

第15章　神経眼科

眼振（シャム）
斜視（シャム，ヒマラヤン）

付録 IV

新生物

*は眼球各部位における最も一般的な腫瘍を示している。

第3章 眼科救急疾患および外傷

（ほとんど見分けがつかない肉腫との鑑別のためには水晶体の下方をみるとよい。）

第4章 眼球および眼窩

腺　癌
エナメル芽細胞腫
癌　腫
軟骨腫
線維肉腫
血管肉腫
リンパ肉腫
黒色腫
髄膜腫
骨　腫
骨肉腫
横紋筋肉腫
肉　腫
扁平上皮癌

第5章 上眼瞼および下眼瞼

腺　腫
腺　癌
基底細胞癌
線維腫
線維肉腫
血管腫
血管肉腫
肥満細胞腫
黒色腫
神経線維腫
神経線維肉腫
乳頭腫
肉腫（ネコ肉腫ウイルス）
扁平上皮癌*
未分化癌

第6章 瞬　膜

腺　癌
線維肉腫
リンパ肉腫
肥満細胞腫
扁平上皮癌
未分化癌

第7章 涙　器

腺　癌
リンパ肉腫
扁平上皮癌

第8章 結膜，角膜輪部，上強膜および強膜

腺　癌
線維肉腫
リンパ肉腫
黒色腫
扁平上皮癌*

第9章 角　膜

原発性腫瘍の報告はないので続発性のものを下記に示す：

線維肉腫
リンパ肉腫
強膜架黒色腫

第10章　眼房水および緑内障

緑内障は隅角に浸潤した腫瘍に続発して発症することがある。

腺　癌
血管肉腫
リンパ肉腫
黒色腫

第11章　水晶体

眼球や水晶体の外傷後に水晶体上皮由来の腫瘍が発生する可能性がある。(肉腫との鑑別が困難なものとして文献に記載されている)

第12章　ぶどう膜

腺　腫
腺　癌
線維肉腫
血管肉腫
平滑筋腫
平滑筋肉腫
リンパ肉腫
黒色腫*
形質細胞骨髄腫
扁平上皮癌

第13章　硝子体

原発性腫瘍の報告はない。多くは隣接する組織、通常はぶどう膜から浸潤した2次的なものである。

第14章　眼　底

網　膜

腺　癌
星状細胞腫
癌　腫
神経膠腫
血管肉腫
リンパ肉腫
神経芽細胞腫
形質細胞骨髄腫
細網症
肉　腫

視神経

星状細胞腫
神経膠腫
リンパ肉腫
髄膜腫*
扁平上皮癌

第15章　神経眼科

眼症状はさまざまな腫瘍に関連して発生する。たとえば髄膜腫は最も一般的な原発性の腫瘍であり、リンパ肉腫は最も多い続発性の腫瘍である。その他の腫瘍は次の如くである。

上衣細胞腫
リンパ肉腫*
髄芽細胞腫
髄膜腫*
下垂体腫瘍
細網症

付録 V

全身性疾患

全身性（転移性）腫瘍は付録IVに記載した。

第3章 眼科救急疾患および外傷

脳腫瘍（付録IV参照）
全身性炎症性疾患
高血圧

第4章 眼球および眼窩

先天性水頭症は頭蓋冠と骨性眼窩の拡大と関連しており，眼球は腹外側へ偏位する
播種性感染症，例：*Penicillium* sp.
栄養性黄色脂肪腫
眼窩部の拡張もまた歯の疾患や副鼻腔炎などの合併症としておこる
寄生虫疾患：眼窩内（例：*Thelazia californiensis*，ウジ幼虫）
　　　　　　眼内（例：Nematodes，双翅目の幼虫）

第5章 上眼瞼および下眼瞼

アレルギー性眼瞼炎，例：食餌性アレルギー
免疫介在性，例：紅斑性天疱瘡，落葉性天疱瘡，全身性紅斑性狼瘡
真菌性，例：*Microsporum canis*
寄生虫性，例：*Notoedres cati*，ウジ幼虫

第6章 瞬膜

ウイルス性疾患に関係する慢性下痢症（両眼性の瞬膜突出）
播種性感染症や眼窩部蜂巣炎（片眼性ないし両眼性の瞬膜突出）
自律神経異常（両眼性の瞬膜突出）
ホルネル症候群（通常片眼性の瞬膜突出，稀に両眼性）（第15章神経眼科参照）
テタニー（*Clostridium tetani*）（両眼性の瞬膜突出）

第7章 涙器

涙腺炎（例：マイコバクテリウム感染症）
涙嚢炎（例：慢性鼻炎などの合併症として）
自律神経異常に関連した乾性角結膜炎

第8章 結膜，角膜輪部，上強膜および強膜

隣接組織からの侵入（例：副鼻腔炎，眼窩蜂巣炎，膿瘍）
寄生虫性（例：テラジア症）
呼吸器のウイルス感染症（例：ネコヘルペスウイルス1型，ネコカリシウイルス）

第9章 角膜

細菌性：*Mycobacterium* sp.
糖尿病では角膜感染の可能性が増加する。
免疫介在性疾患（例：再発性多発性軟骨炎）および免疫抑制性疾患（例：ネコ白血病ウイルスおよびネコ免疫不全ウイルス）の角膜に対する影響に注意
リポ蛋白欠乏症に関係する角膜脂質沈着症があるが稀
代謝性：先天性代謝異常症（例：GM_1およびGM_2ガングリオシド症，ムコ多糖症I型，VI型，VII型およびマンノシド症）
真菌性：*Candida albicans*, *Aspergillus fumigatus*, *Drechslera spicifera*, *Rhinosporidium* spp.
寄生虫性：*Microsporidium* spp.
ウイルス性：ネコヘルペスウイルス1型

第10章 眼房水および緑内障

前房出血（例：高血圧，血液疾患）
脂血性房水（例：高トリグリセリド血症，高カイロミクロン血症）

第11章　水晶体

代謝性疾患に関連する白内障（例：糖尿病，上皮小体機能低下症）
栄養性疾患に関連する白内障（例：アルギニン欠乏症）
薬物性疾患に関連する白内障（例：抗コリンエステラーゼの慢性的な使用に関連するもの）

第12章　ぶどう膜

真菌性：クリプトコッカス症，ヒストプラズマ症，ブラストミセス症，コクシジオイデス症
寄生虫性：*Toxoplasma gondii*，ウジ幼虫，*Dirofilaria immitis*
ウイルス性：ネコ伝染性腹膜炎ウイルス，ネコ白血病ウイルス，ネコ免疫不全ウイルス

第13章　硝子体

硝子体出血（例：高血圧性網膜症に続発するもの）
第12章ぶどう膜，第14章眼底で示すような感染症が2次的に硝子体へ広がったものなど

第14章　眼　底

網膜および脈絡膜

チェディアック−ヒガシ症候群（眼底の色素が薄くなる）
子宮内汎白血球減少症感染の結果として起こる先天性網膜形成不全（小脳の低形成を伴ったり，伴わなかったりする）。汎白血球減少症は老齢ネコの網膜脈絡膜炎と関連していることがある。（後述参照）
網膜剝離：高血圧，毒素（例：エチレングリコール），上記にあげた感染症，腫瘍
出　血：高血圧，チアミン欠乏症，ヘモバルトネラ感染症，寄生虫の眼内移行
先天性代謝異常症：GM$_1$ガングリオシド症，ムコ多糖症Ⅵ型，αマンノシド症，ムコ脂肪症Ⅱ型
栄養性：タウリン欠乏症，チアミン欠乏症
真菌性：クリプトコッカス症，ヒストプラズマ症，ブラストミセス症，コクシジオイデス症，カンジダ症
寄生虫性：*Toxoplasma gondii*，線虫および双翅虫の幼虫の眼内移行症
血管の変化：脂質−高カイロミクロン血症による網膜脂血症
　　　　　高粘稠性−多血症（例：先天性心疾患）
　　　　　貧血（例：再生不良性，自己免疫性溶血性貧血，腫瘍による貧血）
　　　　　高蛋白血症（例：骨髄腫，ネコ伝染性腹膜炎）
　　　　　高血圧−原発性および続発性
ウイルス性：ネコ伝染性腹膜炎ウイルス，ネコ白血病ウイルス，ネコ免疫不全ウイルス，ネコ汎白血球減少症ウイルス

視神経

視神経炎−ネコ伝染性腹膜炎，ネコ白血病−リンパ肉腫症候群

第15章　神経眼科

瞳孔異常

自律神経異常
肝性脳症
ホルネル症候群〔例：頸部の傷害によるもの，縦隔占有病変，上腕神経叢の障害，中耳の感染やポリープ，医原性疾患（例：鼓室胞切開術後）〕
腫瘍（例：ネコ白血病−リンパ肉腫症候群）
有機リン中毒
チアミン欠乏症

失　明

慢性タウリン欠乏症
酸素欠乏症，低酸素症，虚血症の結果
視神経炎（上記参照）
リソソーム蓄積病（例：スフィンゴミエリン症，ガングリオシド症）
血管梗塞

副読本

Acland G (1979) Intraocular tumours in dogs and cats. *Compendium on Continuing Education for the Practicing Veterinarian* 1: 558–565.

Aguirre GD, Gross SL (1980) Ocular manifestations of selected systemic disease. *Compendium on Continuing Education for the Practicing Veterinarian* 2: 144–153.

American Society of Veterinary Ophthalmology (1965) *Canine and Feline Ocular Fundus*. American Animal Hospital Association.

American Society of Veterinary Ophthalmology (1970) *Diseases of the Canine and Feline Conjunctiva and Cornea*. American Animal Hospital Association.

Barnett KC (1990) *A Colour Atlas of Veterinary Ophthalmology*. Wolfe Publishing Ltd, London.

Barnett KC, Ricketts JD (1985) The Eye. In: *Feline Medicine and Therapeutics* (EA Chandler, ADR Hilbery, CJ Gaskell, eds) pp. 176–197. Blackwell Scientific Publications, Oxford.

Bjorab MJ (ed.) (1990) *Current Techniques in Small Animal Surgery*, 3rd edn. Lea and Febiger, Philadelphia.

Bonagura JD (ed.) (1995) *Kirk's Current Veterinary Therapy XII Small Animal Practice*. W.B. Saunders, Philadelphia.

Catcott EJ (ed.) (1975) *Feline Medicine and Surgery*, 2nd edn. American Veterinary Publications Inc., Santa Barbara.

Chrisman CL (1991) *Problems in Small Animal Neurology*, 2nd edn. Lea and Febiger, Philadelphia.

Crouch JE (1969) *Text-Atlas of Cat Anatomy*. Lea and Febiger, Philadelphia.

Collin JRO (1989) *A Manual of Systematic Eyelid Surgery*, 2nd edn. Churchill Livingstone, Edinburgh.

De Lahunta A (1983) *Veterinary Neuroanatomy and Clinical Neurology*, 2nd edn. W.B. Saunders, Philadelphia.

Gelatt KN (1979) Feline Ophthalmology. *Compendium on Continuing Education for the Practicing Veterinarian* 1(8): 576–583.

Gelatt KN (ed.) (1981) *Veterinary Ophthalmology*. Lea and Febiger, Philadelphia.

Gelatt KN (ed.)(1991) *Veterinary Ophthalmology*, 2nd edn. Lea and Febiger, Philadelphia.

Gelatt KN, Gelatt JP (1994) *Handbook of Small Animal Ophthalmic Surgery*, Vols I and II. Pergamon, Oxford.

Glaze MB (1995) The Retina and Optic Nerve. In: *Veterinary Pediatrics – Dogs and Cats from Birth to Six Months* (JD Hoskins ed.) pp. 325–336. W.B. Saunders, Philadelphia.

Glaze MB (ed.) (1996) *Ophthalmology in Small Animal Practice. The Compendium Collection*. Veterinary Learning Systems, Trenton, New Jersey.

Goldston RT, Hoskins JD (eds) (1995) *Geriatrics and Gerontology of the Dog and Cat*. W.B. Saunders, Philadelphia.

Ketring KL, Glaze MB (1994) *Atlas of Feline Ophthalmology*. Veterinary Learning Systems Co., Inc., Trenton, New Jersey.

Kirk RW, Bonagura JD (eds) (1992) *Kirk's Current Veterinary Therapy XI Small Animal Practice*. W.B. Saunders, Philadelphia.

Millichamp NJ, Dziezyc J (eds) (1990) *Veterinary Clinics of North America: Small Animal Practice* 20(3). W.B. Saunders, Philadelphia.

Mustardé JC (ed.) (1991) *Repair and Reconstruction in the Orbital Region*. 3rd Edn. Churchill Livingstone, Edinburgh.

Nasisse MP (1991) Feline Ophthalmology. In: *Veterinary Ophthalmology*, 2nd edn (KN Gelatt, ed.) pp. 529–575. Lea and Febiger, Philadelphia.

Oliver JE, Hoerlein BF, Mayhew IG (eds) (1987) *Veterinary Neurology*. W.B. Saunders, Philadelphia.

Patraik AK, Mooney S (1988) Feline melanoma: A comparative study of ocular, oral and dermal neoplasms. *Veterinary Pathology* 25: 105.

Peiffer RL (1981) Feline Ophthalmology In: *Veterinary Ophthalmology* (KN Gelatt, ed.) pp. 521–568. Lea and Febiger, Philadelphia.

Peiffer RL (ed.) (1989) *Small Animal Ophthalmology: a Problem-oriented Approach*. W.B. Saunders, London.

Peiffer RL (ed.) (1990) *Veterinary Clinics of North America: Small Animal Practice*. 10(2). W.B. Saunders, Philadelphia.

Peiffer RL & Petersen-Jones SM (eds) (1997) *Small Animal Ophthalmology: A Problem-oriented Approach*, 2nd edn. W.B. Saunders, London.

Petersen-Jones SM, Crispin SM (eds) (1993) *Manual of Small Animal Ophthalmology*. British Small Animal Veterinary Association Publications, Cheltenham.

Phillipson AT, Hall LW, Pritchard WR (eds) (1980) *Scientific Foundations of Veterinary Medicine*. William Heinemann Medical Books Ltd, London.

Pratt PW (ed.) (1983) *Feline Medicine*. American Veterinary Publications Inc, Santa Barbara.

Prince JH, Diesem CD, Eglitis I, Ruskell GL (1960) *Anatomy and Histology of the Eye and Orbit in Domestic Animals*. Charles C Thomas, Springfield, Illinois.

Rose M (ed.) (1992) Ophthalmologie du Chat. *Pratique Médicale et Chirurgicale* 27: Supplement No. 3.

Rubin LF (1974) *Atlas of Veterinary Ophthalmoscopy*. Lea and Febiger, Philadelphia.

Sansom J (1994) The Eye. In: *Feline Medicine and Therapeutics*, 2nd edn. (EA Chandler, CJ Gaskell, RM Gaskell, eds) pp. 322–359. Blackwell Scientific Publications, Oxford.

Slatter D (1990) *Fundamentals of Veterinary Ophthalmology*, 2nd edn. W.B. Saunders, Philadelphia.

Slatter D (ed.) (1993) *Textbook of Small Animal Surgery*, 2nd edn. W.B. Saunders, Phildelphia.

Szymanski C (1987) The Eye. In: *Diseases of the Cat* (Holzworth J, ed.) pp. 676–723. WB Saunders Co, Philadelphia.

Walde I, Schäffer EH, Kostlin RG (1990) *Atlas of Ophthalmology in Dogs and Cats*. B.C. Decker Inc., Toronto, Philadelphia.

Walde I, Schäffer EH, Kostlin RG (1997) *Atlas der Augenerkrankungen bei Hund und Katz*, 2nd edn. Schattauer Stuttgart, New York.

Wheeler SJ (ed.) (1995) *Manual of Small Animal Neurology*. British Small Animal Veterinary Association Publications, Cheltenham.

Whitley RD, Moore CP (1984) Advances in feline ophthalmology. *Veterinary Clinics of North America: Small Animal Practice* (JR August, AS Loar, eds) **14**: 1271–1288.

Whitley RD, Hamilton HL, Weigand CM (1993) Glaucoma and disorders of the uvea, lens, and retina in cats. *Veterinary Medicine* **88**: 1164–1173.

Whitley RD, Gilger BC, Whitley EM, McLaughlin SA (1993) Diseases of the orbit, globe, eyelids and lacrimal system in the cat. *Veterinary Medicine* **88**: 1150–1162.

Whitley RD, Whitley EM, McLaughlin SA (1993) Diagnosing and treating disorders of the feline conjunctiva and cornea. *Veterinary Medicine* **88**: 1138–1149.

Wilkie DA (1994) Diseases and Surgery of the Eye. In: *The Cat: Diseases and Clinical Management, Volume II*, 2nd edn. (RG Sherding, ed.) pp. 2011–2046. Churchill Livingstone, New York.

Wills J, Wolf A (eds) (1993) *Handbook of Feline Medicine*. Pergamon, Oxford.

Wyman M (1986) *Manual of Small Animal Ophthalmology*. Churchill Livingstone, New York.

索　引

〔C〕
Chemosis ··············· 77
Chlamydia psittaci ········ 78, 82
CT ··················· 10

〔F〕
FCRD ················ 171
FeLLC ················ 141
FIPV ················· 138
FIV ·················· 141

〔M〕
MRI ················ 10, 42
Mycoplasma felis ·········· 82
Mycoplasma spp. ··········· 78

〔P〕
PLR ················· 186
PRA ················· 174
ptf ·················· 65

〔S〕
swinging flashlight test ····· 186

〔T〕
Thelazia californiensis ······· 79

〔あ〕
アクシロヴィル ············ 99
アセタゾラミド ··········· 115
アセチルサリチル酸 ········ 150
アトロピン眼軟膏 ········· 150
アルギニン欠乏 ··········· 123
アルビノ ··············· 133
アレルギー性眼瞼炎 ········· 53
アレルギー性眼内炎 ········· 53
アレルギー性結膜炎 ········· 79
暗室検査 ················ 5
アンフォテシリンB ········ 148

〔い〕
威嚇まばたき運動 ······ 184, 185
異常な視路 ············· 192
異所性睫毛 ·············· 50
異所的組織腫 ············· 73
イトラコナゾール ········· 147
異物 ·················· 21
　　──鈎 ·············· 23
　　──針 ·············· 23

〔う〕
ウイルス性眼瞼炎 ·········· 51
ウイルス性眼内炎 ·········· 51

ウイルス性結膜炎 ·········· 81
ウイルス性ぶどう膜炎 ······ 138
うっ血性緑内障 ··········· 112

〔え〕
栄養性白内障 ············ 123
栄養性網膜症 ············ 173
液化 ················· 155
遠隔直像鏡検査 ············ 4
塩酸シプロフロキサシン ····· 97
炎症性肉芽腫性病変 ········· 41
円錐角膜 ··············· 91
円錐水晶体 ············· 120

〔お〕
押捺標本 ··············· 7
オフロキサシン ··········· 97

〔か〕
外斜視 ················ 15
外傷（角膜の）··········· 26
　　──（眼窩の）········· 18
　　──（眼球の）········· 19
　　──（眼瞼の）········· 24
　　──（結膜の）········· 25
　　──後の肉腫 ·········· 44
外傷性白内障 ············ 123
外転神経 ·············· 185
解剖学的眼瞼内反症 ········· 49
海綿静脈洞症候群 ······ 191, 192
潰瘍性角膜炎 ············· 94
核硬化症 ·········· 119, 123
拡大鏡 ················· 2
角膜 ················· 89
　　──炎 ·············· 93
　　──炎（潰瘍性）········ 94
　　──炎（寄生虫性）····· 106
　　──炎（脂質性）······· 107
　　──炎（真菌性）······· 106
　　──炎（兎眼性）··· 107, 114
　　──炎（ヘルペス性）···· 97
　　──炎（マイコバクテリウム性）·106
　　──炎（慢性実質性）···· 98
　　──炎（免疫介在性）··· 107
　　──環 ············· 107
　　──後面沈着物
　　　··· 139, 140, 141, 142, 143, 145
　　──黒色壊死症 ········ 102
　　──コラーゲンシールド ·· 30
　　──生検 ·············· 7
　　──石灰沈着 ········· 109

　　──創傷治癒 ·········· 90
　　──内皮 ············· 89
　　──内皮ジストロフィー ·· 92
　　──反射 ········· 89, 185
　　──膿瘍 ············· 97
　　──の脂質沈着 ········ 107
　　──の化学物質による損傷 · 32
　　──びらん ·········· 150
　　──浮腫 ············· 90
　　──輪部 ············· 83
画像診断法 ··············· 9
片側性散大瞳孔 ·········· 189
片側性散瞳 ············· 189
片側性縮瞳 ············· 187
滑車神経 ·············· 185
硝子体 ················ 155
　　──窩 ············· 155
　　──浸潤 ············ 155
　　──穿刺 ············ 147
　　──前部 ············· 6
　　──動脈 ············ 119
　　──動脈遺残 ········· 155
　　──内出血 ··········· 156
眼圧測定 ················ 9
眼炎（新生仔）············ 38
眼窩 ················· 35
　　──出血 ············· 40
　　──の発達 ············ 35
眼窩蜂巣炎 ·········· 20, 39
眼球 ················· 35
　　──および付属器官の検査の
　　　プロトコール ········· 4
　　──陥入 ············· 43
　　──上の類皮腫（眼瞼）·· 48
　　──振盪 ············· 36
　　──脱出 ············· 42
　　──突出 ·········· 37, 39
　　──の発達 ············ 35
　　──の表面 ············ 5
　　──癒着 ············· 61
　　──癆 ·········· 38, 61
眼瞼 ················ 5, 45
　　──炎（アレルギー性）··· 53
　　──炎（ウイルス性）···· 51
　　──炎（細菌性）······· 52
　　──炎（真菌性）······· 51
　　──外反症 ··········· 50
　　──の開放異常 ······· 195

索引

——欠損症 ・・・・・・・・・ 46
——内反症 ・・・・・・・・・ 49
——の皮膚疾患 ・・・・・・ 50
——の閉鎖不全 ・・・・・ 195
——反射 ・・・・・・・・・・ 185
——癒着 ・・・・・・・・・・ 46
カンジダ症 ・・・・・・・・・・ 177
眼振 ・・・・・・・・・ 185, 195
乾性角結膜炎 ・・・・・・ 66, 82
肝性脳症 ・・・・・・・・・・ 191
眼底 ・・・・・・・・・・・・ 157
眼内圧（正常値）・・・・・・ 111
眼内炎 ・・・・・・・・・・・ 20
——（アレルギー性）・・・・ 53
——（ウイルス性）・・・・・ 51
——（寄生虫性）・・・・・・ 51
——（細菌性）・・・・・・・ 52
——（真菌性）・・・・・・・ 51
——（免疫介在性）・・・・・ 53
眼内肉腫 ・・・・・・・・・・ 44
眼ハエウジ症 ・・・・・・・ 177
眼ハエ幼虫症 ・・・・ 118, 156
眼房水 ・・・・・・・・・・・ 115
顔面神経 ・・・・・・・・・ 185
——機能不全 ・・・・・・ 195
顔面麻痺 ・・・・・・・・・ 185
眼リンパ肉腫 ・・・・・・・ 141

〔き〕

寄生虫性角膜炎 ・・・・・・ 106
寄生虫性眼瞼炎 ・・・・・・ 51
寄生虫性眼内炎 ・・・・・・ 51
寄生虫性ぶどう膜炎 ・・・ 142
偽多瞳孔 ・・・・・・・・・ 133
基底膜 ・・・・・・・・・・・ 89
牛眼 ・・・・・・・ 37, 43, 111, 114
球結膜 ・・・・・・・・・・・ 73
球後膿瘍 ・・・・・・・・ 20, 39
球状角膜 ・・・・・・・・・・ 91
弓状角膜脂質沈着 ・・・・ 107
急性水疱性角膜症 ・・・・・ 93
急性脳疾患 ・・・・・・・・ 191
急性ぶどう膜炎 ・・・・・・ 138
急性緑内障 ・・・・・・・・ 112
強膜 ・・・・・・・・・・・ 73, 89
局所眼科染色 ・・・・・・・・ 7
局所検査 ・・・・・・・・・・・ 2
巨大角膜 ・・・・・・・・・・ 91
巨大眼球 ・・・・・・・・・ 114
緊張性瞳孔症候群 ・・・・ 189

〔く〕

櫛状靱帯 ・・・・・・・・・ 111
クリプトコッカス症 ・・ 147, 177

クロケー管 ・・・・・・・・ 155

〔け〕

経口ヒトインターフェロン ・・・ 99
痙攣性眼瞼内反症 ・・・・・ 50
血液過粘稠症 ・・・・・・・ 165
結節性動脈周囲炎 ・・・・ 149
欠損症 ・・・・・・・・ 46, 133
——（眼瞼）・・・・・・・・・ 46
——（虹彩）・・・・・・・・ 133
ケッペ結節 ・・・・・・・・ 143
結膜 ・・・・・・・・・・・・ 73
——の新生物 ・・・・・・・ 83
——炎 ・・・・・・・・・ 62, 78
——炎（アレルギー性）・・・ 79
——炎（ウイルス性）・・・・ 81
——炎（乾性角）・・・・・・ 82
——炎（細菌性）・・・・・・ 82
——炎（真菌性）・・・・・・ 78
——炎（慢性）・・・・・・・ 78
——下出血 ・・・・・・・・ 74
——囊胞 ・・・・・・・・・ 74
——浮腫 ・・・・・・・・・ 77
——有茎被弁 ・・・・・ 27, 30
ケトコナゾール ・・・・ 147, 148
瞼球癒着 ・・・・・・・・ 62, 74
ゲンタマイシン ・・・・・・ 96
原発性緑内障 ・・・・・・・ 112
眩惑反射 ・・・・・・・・・ 185

〔こ〕

高カイロミクロン血症 ・・・ 166
高血圧 ・・・・・・・・・・ 167
抗高血圧薬 ・・・・・・・・ 170
交互収縮性瞳孔不同 ・・・ 186
虹彩 ・・・・・・・・・・ 6, 131
——萎縮 ・・・・・・・・・ 136
——異色 ・・・・・・・・・ 133
——角膜角 ・・・・・・・・ 111
——括約筋 ・・・・・・・・ 131
——形成不全 ・・・・・・・ 133
——結節 ・・・・・・・・・ 143
——欠損症 ・・・・・・・・ 133
——捲縮輪 ・・・・・・・・ 131
——後癒着 ・・・・・・・・ 137
——散大筋 ・・・・・・・・ 131
——色素沈着 ・・・・・・・ 134
——前癒着 ・・・・・・・・ 137
——囊胞 ・・・・・・・・・ 136
——の結節 ・・・・・・・・ 141
——の新生物 ・・・・・・・ 135
——メラノーマ ・・・・・・ 151
好酸球性（増殖性）角結膜炎 ・・・ 100
高脂血症 ・・・・・・・・・ 118

後水晶体血管膜 ・・・・・・ 12
後部ぶどう膜炎 ・・・・・・ 137
コクシジオイデス症 ・・・・ 177
黒色壊死 ・・・・・・・・・ 102
黒色腫 ・・・・・・ 86, 135, 150
コハク酸メチルプレドニゾロン
　　ナトリウム ・・・・・・ 18
5-フルオロシトシン ・・・・ 147
コロボーマ ・・・・・・ 133, 164
コンピューター断層診断法 ・・・ 10

〔さ〕

細菌性眼瞼炎 ・・・・・・・ 52
細菌性眼内炎 ・・・・・・・ 52
細菌性結膜炎 ・・・・・・・ 82
サイクロスポリン ・・・・・ 102
細隙灯顕微鏡 ・・・・・・・・ 2
サイデルテスト ・・・・・・・ 7
酢酸プレドニゾロン ・・・・ 149
酢酸メゲステロール ・・・・ 102
サッケード運動 ・・・・・・ 195
三叉神経 ・・・・・・・・・ 185
散瞳性調節麻痺薬 ・・・・・ 29
サンプリング法 ・・・・・・・ 6
霰粒腫 ・・・・・・・・・・・ 54

〔し〕

視覚性踏み直り反応 ・・・ 185
磁気共鳴画像診断法 ・・・・ 10
ジクロフェナミド ・・・・・ 115
脂質性角膜炎 ・・・・・・・ 107
視神経 ・・・・・・・・・・ 183
——萎縮 ・・・・・・・・・ 179
——炎 ・・・・・・ 139, 141, 178
——乳頭 ・・・・・・・・・ 161
——の髄膜腫 ・・・・・・・ 180
——の低形成 ・・・・・・・ 177
——の無形成 ・・・・・・・ 177
——板 ・・・・・・・・・・・ 6
姿勢反応 ・・・・・・・・・ 186
自然光下での検査 ・・・・・・ 5
実質 ・・・・・・・・・・・・ 89
シネレシス（硝子体）・・・・ 155
斜頭 ・・・・・・・・・ 185, 195
集光照明 ・・・・・・・・・・ 1
周辺部ぶどう膜炎 ・・・・・ 142
瞬膜結膜 ・・・・・・・・・ 73
瞬膜 ・・・・・・・・・・・・ 59
——腺 ・・・・・・・・・・ 59
——腺の脱出 ・・・・・・・ 62
——突出 ・・・・・・・・・ 196
——反射 ・・・・・・・・・ 185
漿液性網膜剥離 ・・・・・・ 147
障害物検査 ・・・・・・・・ 183

小角膜	91
小眼球症	36, 61
上強膜	73
小虹彩輪	131
小水晶体	120
上皮(角膜)	89
上皮びらん	93
照明下での検査	5
睫毛重生	50
自律神経障害	60, 67, 190
シルマーⅠティアテスト	8, 65
シルマーⅡティアテスト	8, 65
シルマーティアテスト	8
真菌性角膜炎	106
真菌性眼瞼炎	51
真菌性眼内炎	51
真菌性結膜炎	78
真菌性ぶどう膜炎	147
神経学的検査	183
神経芽細胞腫	179
神経膠腫	179, 180
進行性網膜萎縮	121, 174
滲出性脈絡網膜炎	147
新生仔眼炎	38, 46, 70, 81
新生物	
——(眼窩の)	40
——(眼瞼の)	54
——(眼底の)	179
——(結膜の)	83
——(瞬膜の)	62
——(ぶどう膜の)	150
——(輪部,上強膜および強膜の)	86
——(涙器の)	72

〔す〕

水晶体	6, 119
——血管膜	119
——後方脱臼	129
——コロボーマ	120
——前方脱臼	129
——脱臼	112, 150
——脱臼(先天性)	128
——脱臼(続発性)	129
水頭症	193, 194
水疱性角膜症	112
水疱性網膜剥離	168, 169
髄膜腫	180
スリットランプ	2
スワブ	6

〔せ〕

星状硝子体症	156
星状細胞腫	179, 180
正常眼内圧	111
静的瞳孔不同	189, 190
セファゾリン	96
線維肉腫	56, 86
線維柱帯	111
腺癌	72
全眼球炎	20
前眼部奇形	133
前眼部涙膜	65
前水晶体血管膜	12
前庭－眼球反射	195
先天性異常	36
先天性水晶体脱臼	128
先天性白内障	120
先天性緑内障	111
前房	6
——隅角	111
——出血	118, 138, 141, 142
——蓄膿	118, 139, 140, 141, 142
——フレア	138, 141, 142, 145
全ぶどう膜炎	145
前部ぶどう膜炎	137, 144

〔そ〕

巣状肉芽腫性病変	147, 148
巣状肉芽腫性脈絡網膜炎	147, 148
巣状脈絡網膜炎	142
搔爬	7
続発性水晶体脱臼	129
続発性緑内障	112

〔た〕

大虹彩輪	131
対光反射	185
対光反射経路	186
第3眼瞼	59
——軟骨の反転	62
——の疾患	60
——の新生物	62
——の突出	60
——フラップ	30, 63, 64, 96, 105
タウリン欠乏症	172, 176
タウリン欠乏性網膜症	171, 173
多神経節傷害	67
タペタム	158
単眼症	36
炭酸脱水酵素阻害剤	115

〔ち〕

チアミン欠乏症	166, 167, 191
チェディアック－ヒガシ症候群	121
中間部ぶどう膜炎	137, 142
超音波画像診断法	9
直像鏡検査	4
治療用ソフトコンタクトレンズ	30, 64, 94, 95, 105

〔つ〕

追跡運動	184

〔て〕

「D」型瞳孔	189, 190
デスメ膜	89
——瘤	90
——の損傷	114
点状角膜切開術	94

〔と〕

動眼神経	185
瞳孔	6
——括約筋	131
——散大筋	132
——対光反射	186
——反射	186
——不同	187
——偏位	133
——膜	11
——膜遺残	91, 119, 133
倒像鏡検査	3
動的収縮性瞳孔不同	186
糖尿病性白内障	123
兎眼性角膜炎	107, 114
トキソプラズマ症	112, 142, 177
特発性瞳孔不同	187
特発性リンパ球性－プラズマ細胞性ぶどう膜炎	149

〔な〕

内耳神経	185

〔に〕

肉腫(外傷後の)	44
ニトロプルシッドナトリウム	18
乳腺癌	56
乳頭	6
——浮腫	178

〔ね〕

ネコ海綿状脳症	191
ネコカリシウイルス	78
ネコ中心性網膜変性症	171
ネコ伝染性腹膜炎	177, 194
——ウイルス	138
ネコ白血病－リンパ肉腫症候群	141
ネコヘルペスウイルス	74, 78, 81, 82
ネコ免疫不全ウイルス	141, 177
熱傷	32

〔の〕

ノンタペタム	158

〔は〕

バイオプシー	7
培地	6
背理性流涙	66
白色虹彩	133

索引

白色瞳孔 ……………… 143
白内障(栄養性) ……… 123
　　——(外傷性) ……… 123
　　——(先天性) ……… 120
　　——(糖尿病性) …… 123
破傷風 ………………… 61
瘢痕性眼瞼内反症 …… 50

〔ひ〕

ヒストプラズマ症 …… 148, 177
皮膚疾患(眼瞼の) …… 50
肥満細胞腫 …………… 56
び漫性虹彩黒色腫 …… 134
び漫性進行性網膜萎縮 … 171
鼻涙管造影法 ………… 9
鼻涙管排泄試験 ……… 8
ピロカルピン ………… 68, 115, 190
貧血 …………………… 165

〔ふ〕

ファロー四徴 ………… 165
フェニレフリン ……… 189
輻湊内斜視 …………… 193
ブサッカ結節 ………… 143
ぶどう膜 ……………… 131
　　——炎 ……………… 32
　　——炎の合併症 …… 150
　　——炎の対症療法 … 149
　　——炎の臨床症状 … 138
ぶどう膜外反 ………… 135
ぶどう膜の新生物 …… 150
部分的内側眼筋麻痺 … 189
ブラストミセス症 …… 148, 177
プラズマ細胞性骨髄炎 … 153
フルオレセイン ……… 7
ブルック膜 …………… 132
フルビプロフェンナトリウム … 150
プレドニゾロン ……… 149
フロセミド …………… 18
フロリダスポット …… 107

〔へ〕

β-アドレナリン遮断薬 … 115
ヘルペス性角膜炎 …… 97
辺縁部角膜脂質沈着症 … 107
扁平上皮癌 …………… 54, 55, 72

〔ほ〕

胞状網膜剥離 ………… 146

房水フレア …………… 139
ポリメラーゼ連鎖反応 … 82
ホルネル症候群 ……… 61, 187

〔ま〕

マイコバクテリウム …… 53, 177
マイコバクテリウム性角膜炎 … 106
マイボーム腺 ………… 45
マイボーム炎 ………… 54, 65
マーカス・ガン徴候 …… 186
マンクスの角膜実質ジストロフィー … 92
慢性結膜炎 …………… 78
慢性下痢 ……………… 60
慢性実質性角膜炎 …… 98
慢性ぶどう膜炎 ……… 138
マンニトール ………… 18

〔み〕

ミッテンドルフ斑 …… 155
脈管炎 ………………… 139, 142
脈絡膜 ………………… 132
脈絡網膜炎 …………… 139, 146

〔む〕

無眼球症 ……………… 36
無形成(眼底の) ……… 46
無水晶体 ……………… 120
無痛性潰瘍 …………… 93

〔め〕

免疫介在性角膜炎 …… 107
免疫介在性眼瞼炎 …… 53
免疫介在性眼内炎 …… 53

〔も〕

網膜 …………………… 157
　　——異形成 ………… 164
　　——炎 ……………… 177
　　——光反射 ………… 185
　　——脂血症 ………… 166
　　——中心野 ………… 158
　　——剥離 …………… 139, 141, 142, 167, 168, 169
　　——浮腫 …………… 139
盲目(片側性の) ……… 17
　　——(突然の) ……… 17
　　——(両眼性の) …… 17
毛様体 ………………… 132
　　——筋麻痺薬 ……… 187
　　——腺癌 …………… 152
　　——腺腫 …………… 152

　　——ひだ部 ………… 132
　　——扁平部 ………… 132

〔ゆ〕

融解性実質壊死 ……… 31
有機燐中毒 …………… 191
雪玉状混濁 …………… 142, 144
雪だまり ……………… 142, 143
癒着(虹彩) …………… 137

〔り〕

リソゾーム蓄積病 …… 91, 164, 194
硫酸フィゾスチグミン … 190
流涙 …………………… 196
両眼性内斜視 ………… 36
良性メラノーシス …… 134
緑内障 ………………… 33, 112, 150
　　——(うっ血性) …… 112
　　——(急性) ………… 112
　　——(原発性) ……… 112
　　——(続発性) ……… 112
緑内障性陥凹 ………… 178
リンパ球性－プラズマ細胞性
　　前部ぶどう膜炎 …… 137
リンパ肉腫 … 83, 86, 152, 153, 179, 180

〔る〕

涙液代用液 …………… 105
涙液の産生 …………… 65
涙液の排出 …………… 66
涙管カニューレ ……… 69
涙管洗浄針 …………… 9
涙器 …………………… 5, 65
涙湖 …………………… 66
涙腺炎 ………………… 72
涙点 …………………… 65
　　——形成不全 ……… 68
　　——閉鎖 …………… 68
涙嚢炎 ………………… 71
涙排出器の後大性通過障害 … 70
類皮腫 ………………… 48, 73, 90
涙膜の拡散 …………… 66

〔れ〕

レトロイルミネーション … 3

〔ろ〕

ローズベンガル ……… 7

カラーアトラス	
最新 ネコの臨床眼科学	定価(本体 25,000 円+税)

2000 年 2 月20日 印　刷　　　　　　　　　　　　　　〈検印省略〉
2000 年 3 月 1日 発　行

編　者　K.C.Barnett, S.M.Crispin
監　訳　朝倉宗一郎, 太田　充治
発行者　永　井　富　久

発　行　**文永堂出版株式会社**
　　　　東京都文京区本郷 2 丁目 27 番 18 号
　　　　電　話　03(3814)3321(代表)
　　　　FAX　03(3814)9407
　　　　振　替　00100-8-114601

Ⓒ 2000　朝倉宗一郎, 太田　充治　　印刷　エイトシステム　　Printed in Korea

ISBN 4-8300-3173-5　C 3061